普通高等教育“十一五”国家级规划教材

网络互连技术——路由、交换与远程访问

（第二版）

主　编　张保通　李伟红

副主编　陶　柳　张　洁　杨丽娟

中国水利水电出版社
www.waterpub.com.cn

内 容 提 要

本书对网络互连技术的三个主要方面：路由、交换和远程访问技术进行了详细的、深入浅出的介绍。全书共分 11 章，主要内容有：网络技术基础知识、IP 编址、路由技术基础知识、路由器安全管理、IP 路由基础、RIP 动态路由协议和 OSPF 动态路由协议、交换技术基础知识、虚拟局域网技术、冗余交换链路与生成树协议、远程访问技术基础知识、HDLC 及 PPP 配置。

本书由多年从事网络技术教学工作的教师及参与系统集成项目的工程技术人员编写。可用作高职高专计算机专业及相近专业的教材，也适合用作网络互连技术的培训、自学教材。此外，也可供网络工程技术人员和管理人员参考。

本书电子教案可以从中国水利水电出版社网站免费下载，网址为：http://www.waterpub.com.cn/softdown/。

图书在版编目（CIP）数据

网络互连技术：路由、交换与远程访问 / 张保通，李伟红主编．—2 版．—北京：中国水利水电出版社，2008（2016.1 重印）

普通高等教育“十一五”国家级规划教材

ISBN 978-7-5084-5811-3

Ⅰ．网… Ⅱ．①张…②李… Ⅲ．计算机网络—高等学校—教材 Ⅳ．TP393

中国版本图书馆 CIP 数据核字（2008）第 119466 号

书　　名	普通高等教育“十一五”国家级规划教材 网络互连技术——路由、交换与远程访问（第二版）
作　　者	主　编　张保通　李伟红 副主编　陶　柳　张　洁　杨丽娟
出版　发行	中国水利水电出版社 （北京市海淀区玉渊潭南路 1 号 D 座　100038） 网址：www.waterpub.com.cn E-mail：mchannel@263.net（万水） sales@waterpub.com.cn 电话：（010）68367658（发行部）、82562819（万水）
经　　售	北京科水图书销售中心（零售） 电话：（010）88383994、63202643、68545874 全国各地新华书店和相关出版物销售网点
排　　版	北京万水电子信息有限公司
印　　刷	三河市铭浩彩色印装有限公司
规　　格	184mm×260mm　16 开本　19.75 印张　477 千字
版　　次	2004 年 9 月第 1 版　2004 年 9 月第 1 次印刷 2008 年 8 月第 2 版　2016 年 1 月第 13 次印刷
印　　数	45001—48000 册
定　　价	32.00 元

第二版前言

本书的第一版出版至今已经过了近四年时间，其间网络技术亦获得了快速发展，IPv6 的更为广泛的部署及日益严峻的网络安全形势都促使了本书的改版。

在本书的第二版中主要增加了对 IPv6 技术的介绍以及网络安全相关技术的介绍，如路由器安全、路由协议安全等。另一方面，为增强读者的实际动手能力，加强了实验环节的介绍和指导。在每章的最后都安排了对应的实验以巩固相应章节的理论知识。

同时，为了方便没有实验设备的读者完成实验，全书的实验均采用 Cisco 路由器模拟器软件 Dynamips/Dynagen 进行设计。在本书的附录部分对 Dynamips/Dynagen 的使用进行了介绍并给出了每章实验使用的 Dynagen 配置文件供参考。

改版后，全书共分四个部分，主要内容有：网络互连技术基础（第 1、2、3、4 章）；路由技术（第 5、6、7 章）；交换技术（第 8、9 章）；远程访问技术（第 10、11 章）。

本书由张保通、李伟红担任主编，陶柳、张洁、杨丽娟担任副主编。本书各章编写分工如下：第 1、2 章及附录由张保通编写，第 3、4、7、8 章由李伟红编写，第 5 章由陶柳编写，第 9 章由张洁编写，第 6、10、11 章由杨丽娟编写。陶柳、张洁对全书做了校对。陶柳、张洁、邹彭涛、王振夺、朱蓬华、王永平、李冰冰制作了本书的部分插图。

在本书再版的编写过程中，参阅了很多的相关资料，在此谨表谢意。

由于作者水平有限，书中可能存在一些错误或不妥之处，诚望各位专家、读者批评指正。笔者的 E-mail 为：zhangbt@gmail.com。

编者

2008 年 5 月

第一版前言

路由、交换与远程访问技术是网络互联中的三大主要支撑技术体系，它们几乎涵盖了一个完整园区网实现的方方面面。交换技术是园区网实现的核心。现代交换网络通过引入 VLAN（虚拟局域网）的概念消除了各网段主机之间的广播通信对其他网段的影响。各 VLAN 间需要通信时，需要借助路由器采用静态、默认路由来实现 VLAN 间的路由选择，也可以采用如 RIP、OSPF 这样的动态路由协议来实现。除了可以完成主要的路由功能，园区网中的路由器或路由模块还可以用来完成以路由器为中心的流量控制和过滤功能。远程访问也是园区网络必须提供的服务之一。它可以为家庭办公用户和出差在外的员工提供移动接入服务。

本书以目前市场上的主流网络互连设备——Cisco 网络产品为基线，从最基本的内容开始对网络互联技术的三个主要方面：路由、交换和远程访问技术进行了详细的、深入浅出的介绍。全书共分 14 章，主要内容有：网络互连技术基础（第 1、2、4 章）；路由技术（第 3、5、6、7 章）；交换技术（第 8、9、10 章）；远程访问技术（第 11、12、13、14 章）。

本书根据《高职高专教育基础课程教学基本要求》和《高职高专教育专业人才培养目标及规格》的精神进行编写，内容直接面向高职高专教育，注重理论联系实际，强调应用技术和实践。本书的目的是使读者熟悉大型局域网、广域网的运行原理；掌握路由、交换和远程访问相关设备的配置和维护技巧，为读者进一步的学习和实践打下坚实基础。

本书由多年从事网络技术教学工作及系统集成项目的教师及工程技术人员编写。本书各章均详列有学习目标，并配有用于巩固所讲授内容的思考与练习题。此外，在部分章的最后安排了对应的实验环节以巩固相应章节的理论知识。

本书对于有一定计算机网络基础知识或局域网组网工程基础知识的读者都是适用的。本书可用作高职高专计算机专业及相关专业和本科计算机相关专业的教材，也适合用作网络互连技术的培训、自学教材。此外，也可供网络工程技术人员和管理人员参考。

本书由张保通任主编，安志远、张保瑞任副主编。第 1、5、6、7、8、9、10、14 章由张保通编写，第 2、11、12、13 章由安志远编写，第 3、4 章由张保瑞编写。李伟红、王永平、陶力对全书做了校对。邹彭涛、王振夺、朱蓬华、刘博涛、王永平制作了本书的部分插图。

在编写本书的过程中，参考了大量的相关资料，汲取了许多同仁的宝贵经验，在此谨表谢意。由于作者水平有限，书中的不妥和错误在所难免，诚望各位专家、读者不吝指正。笔者的 E-mail 为：zbt@nciae.edu.cn。

编 者

2004 年 7 月

目　　录

前言
第1章　网络技术基础回顾 1
本章学习目标 1
1.1　OSI参考模型 1
1.1.1　OSI参考模型的分层结构 1
1.1.2　OSI参考模型中各层的作用 2
1.1.3　OSI参考模型中的数据封装过程 3
1.2　TCP/IP协议栈模型 4
1.2.1　TCP/IP协议栈模型的层次结构 4
1.2.2　TCP/IP报文格式 5
1.2.3　套接字 8
1.2.4　TCP连接建立、释放时的握手过程 9
1.2.5　滑动窗口 10
1.3　局域网技术 11
1.3.1　以太网概述 11
1.3.2　以太网技术概述 11
1.3.3　以太网帧格式 13
1.3.4　IEEE 802标准系列 15
1.4　ARP协议和ICMP协议 17
1.4.1　ARP协议 17
1.4.2　ICMP协议 19
1.5　路由、交换与远程访问技术 22
1.5.1　路由技术 22
1.5.2　交换技术 23
1.5.3　远程访问技术 23
1.5.4　完整的园区网实现 24
思考与练习 25
第2章　IP编址 26
本章学习目标 26
2.1　IP地址与子网掩码 26
2.1.1　IP地址的格式 27
2.1.2　IP地址的种类 27
2.1.3　子网掩码 30
2.2　VLSM 31
2.2.1　非标准子网划分 31

2.2.2 全 0 和全 1 网段......35
2.2.3 专用地址空间......36
2.2.4 VLSM 和 CIDR......37
2.3 IPv6......39
2.3.1 IPv6 的优势......39
2.3.2 IPv6 的编址......39
2.3.3 IPv6 地址类型......40
2.3.4 IPv6 的头部格式......43
2.3.5 IPv4～IPv6 的过渡......45
2.3.6 IPv6 路由选择协议......45
思考与练习......46
第 3 章 路由器基本配置......47
本章学习目标......47
3.1 路由器软件和硬件概述......47
3.1.1 路由器产品概述......47
3.1.2 路由器硬件概述......49
3.1.3 路由器软件概述......51
3.1.4 路由器启动过程概述......52
3.2 路由器基本配置......53
3.2.1 路由器配置方式......53
3.2.2 路由器配置向导......55
3.3 IOS 配置基础......57
3.3.1 路由器命令解释器及路由器配置模式......57
3.3.2 路由器的上下文帮助......57
3.3.3 历史命令和命令编辑快捷键......60
3.3.4 搜索、过滤 show 命令的输出结果......61
3.3.5 常用路由器基本配置命令......62
3.4 配置文件与 IOS 文件管理......71
3.4.1 配置文件管理......71
3.4.2 IOS 文件管理......75
实验 3-1 路由器配置向导......75
实验 3-2 路由器基本配置命令......76
实验 3-3 配置文件与 IOS 文件管理......77
思考与练习......78
第 4 章 路由器安全管理......79
本章学习目标......79
4.1 Telnet 会话管理......79
4.1.1 呼出 Telnet 会话管理......79
4.1.2 呼入 Telnet 会话管理......81

4.2 访问控制列表——ACL......83
4.2.1 访问控制列表概述......83
4.2.2 标准 ACL 配置方法......84
4.2.3 扩展 ACL 配置方法......87
4.2.4 命名访问控制列表......88
4.2.5 ACL 日志......89
4.3 路由器的安全管理......91
4.3.1 本地登录认证......91
4.3.2 访问类语句......91
4.3.3 HTTP/HTTPS......92
4.3.4 SSH......96
实验 4-1 Telnet 会话管理......100
实验 4-2 标准 ACL......101
实验 4-3 扩展 ACL......102
实验 4-4 加强路由器登录安全性......103
实验 4-5 以 HTTP/HTTPS 方式访问路由器......104
实验 4-6 以 SSH 方式访问路由器......105
思考与练习......106
第 5 章 IP 路由基础......107
本章学习目标......107
5.1 路由协议概述......107
5.1.1 路由基本原理......107
5.1.2 路由协议的分类......111
5.2 静态路由和缺省路由配置......114
5.2.1 静态路由配置......114
5.2.2 缺省路由配置......120
实验 5-1 常规静态路由和缺省路由配置......120
实验 5-2 汇总静态路由、负载分担静态路由、浮动静态路由配置......121
思考与练习......122
第 6 章 RIP 动态路由协议原理与配置......123
本章学习目标......123
6.1 RIP 动态路由协议原理......123
6.1.1 RIP 概述......123
6.1.2 RIP 原理......123
6.2 RIPv1 动态路由协议配置......129
6.2.1 RIP 基本配置......129
6.2.2 RIP 基本诊断命令......130
6.2.3 被动接口配置......131
6.2.4 负载分担配置......132

6.2.5 缺省路由配置……134
6.3 RIPv2 动态路由协议配置……135
6.3.1 RIPv2 的基本配置与版本控制……136
6.3.2 RIPv2 自动汇总与手工汇总……138
6.3.3 RIPv2 认证……140
实验 6-1 RIPv1 动态路由协议配置……143
实验 6-2 RIPv2 的配置……144
思考与练习……145
第 7 章 OSPF 动态路由协议原理与配置……147
本章学习目标……147
7.1 OSPF 动态路由协议原理……147
7.1.1 OSPF 特点……147
7.1.2 OSPF 协议的基本术语……148
7.1.3 OSPF 数据包类型及 OSPF 数据包头部结构……149
7.1.4 5 种类型的 OSPF 数据包……150
7.1.5 LSA 数据包……152
7.1.6 OSPF 网络介质分类……154
7.1.7 SPF 过程……156
7.1.8 OSPF 区域……159
7.2 OSPF 动态路由协议配置……160
7.2.1 单区域 OSPF 配置……160
7.2.2 点到点链路 OSPF 配置……161
7.2.3 点到点链路 OSPF 诊断……162
7.2.4 广播网络 OSPF 配置……169
7.2.5 广播介质网络 OSPF 诊断……170
7.2.6 OSPF 认证配置……174
7.2.7 DR/BDR/DROTHER 角色调整……176
7.2.8 影响 OSPF 选路……178
实验 7-1 点到点链路 OSPF 配置……180
实验 7-2 广播网络 OSPF 配置……181
实验 7-3 OSPF 选路调整……182
思考与练习……183
第 8 章 交换机原理与基本配置……184
本章学习目标……184
8.1 交换技术概述……184
8.1.1 网络互连设备……184
8.1.2 第 2 层交换……189
8.1.3 第 3 层交换……191
8.1.4 多层交换……191

8.1.5 园区网分层设计模型......191
8.2 交换机基本配置......193
8.2.1 交换机概述......193
8.2.2 交换机配置向导......195
8.2.3 交换机的手工配置......197
8.2.4 交换机配置检查......198
8.2.5 交换机配置文件及 IOS 文件管理......199
8.3 VLAN 原理及配置......201
8.3.1 VLAN 原理......201
8.3.2 VLAN 基本配置......202
8.3.3 VLAN 中继配置......205
8.3.4 VLAN 间路由选择......208
实验 8-1 交换机基本配置......209
实验 8-2 VLAN 配置......211
实验 8-3 VLAN 主干道配置......212
实验 8-4 VLAN 间路由配置......213
思考与练习......214
第 9 章 生成树协议原理与配置......215
本章学习目标......215
9.1 冗余拓扑结构......215
9.1.1 广播风暴......216
9.1.2 单帧的多次递交......216
9.1.3 桥接表的不稳定......217
9.2 生成树协议概述......218
9.2.1 生成树协议概述......218
9.2.2 生成树协议术语......218
9.2.3 根网桥选举......220
9.2.4 生成树代价......220
9.2.5 生成树协议操作......222
9.2.6 生成树的重新计算......223
9.3 生成树协议诊断......223
9.4 生成树协议调整......226
9.4.1 加速生成树收敛时间......226
9.4.2 每 VLAN 生成树......227
9.4.3 根网桥调整......228
9.4.4 多 VLAN 生成树......232
实验 9-1 生成树诊断、调整......233
思考与练习......234

第 10 章 远程访问技术基础 235
本章学习目标 235
10.1 广域网连接类型 235
10.1.1 专线连接 236
10.1.2 电路交换 236
10.1.3 包交换 237
10.2 广域网连接技术 237
10.2.1 X.25 与帧中继 237
10.2.2 ISDN 239
10.2.3 DSL 239
10.3 路由器常用（非以太网）接口 240
10.3.1 EIA/TIA 232 240
10.3.2 控制台端口 243
10.3.3 辅助端口 243
10.3.4 异步及同步串行接口 243
10.3.5 线路编号 245
10.4 NAT 配置 246
10.4.1 NAT 原理 247
10.4.2 NAT 术语 248
10.4.3 静态 NAT 配置、诊断 248
10.4.4 动态 NAT 配置、诊断 250
10.4.5 接口复用 NAT 配置、诊断 252
10.4.6 调整 NAT 条目超时时间 254
实验 10-1 NAT 配置 255
思考与练习 256
第 11 章 HDLC 及 PPP 原理与配置 257
本章学习目标 257
11.1 HDLC 概述 257
11.1.1 HDLC 帧格式 257
11.1.2 HDLC 的“数据透明”实现 258
11.1.3 HDLC 的控制字段 258
11.1.4 Cisco 的 HDLC 实现 259
11.2 HDLC 配置 259
11.3 PPP 概述 262
11.3.1 PPP 概述 262
11.3.2 PPP 过程 263
11.3.3 PPP 帧格式 263
11.3.4 LCP 协商选项 265
11.3.5 PAP 和 CHAP 265

11.3.6 LCP 协商的其他选项 266
11.4 PPP 配置 267
11.4.1 PPP 基本配置 267
11.4.2 PAP 配置 269
11.4.3 CHAP 配置 271
实验 11-1 HDLC、PPP 配置 273
思考与练习 274
附录 A 实验模拟器 Dynamips/Dynagen 275
A.1 Dynamips 简介 275
A.1.1 Dynamips 概述 275
A.1.2 Dynamips 命令行 275
A.1.3 Dynagen 概述 276
A.2 Dynagen 简要使用说明 277
A.2.1 Dynagen 的安装 277
A.2.2 Dynagen 的管理控制台 277
A.2.3 .NET 文件解析 280
A.2.4 Dynagen 使用技巧 283
A.2.5 相关链接 291
附录 B 各章实验使用的 Dynagen 配置文件 292
B.1 第 3 章 路由器基本配置 292
B.1.1 实验 3-1 路由器配置向导 292
B.1.2 实验 3-2 路由器基本配置命令 292
B.1.3 实验 3-3 配置文件与 IOS 文件管理 292
B.2 第 4 章 路由器安全管理 292
B.2.1 实验 4-1 Telnet 会话管理 292
B.2.2 实验 4-2 标准 ACL 293
B.2.3 实验 4-3 扩展 ACL 293
B.2.4 实验 4-4 加强路由器登录安全性 293
B.2.5 实验 4-5 以 HTTP/HTTPS 方式访问路由器 293
B.2.6 实验 4-6 以 SSH 方式访问路由器 294
B.3 第 5 章 IP 路由基础 294
B.3.1 实验 5-1 常规静态路由和缺省路由配置 294
B.3.2 实验 5-2 汇总静态路由、负载分担静态路由、浮动静态路由配置 294
B.4 第 6 章 RIP 动态路由协议原理与配置 294
B.4.1 实验 6-1 RIPv1 动态路由协议配置 294
B.4.2 实验 6-2 RIPv2 的配置 295
B.5 第 7 章 OSPF 动态路由协议原理与配置 295
B.5.1 实验 7-1 点到点链路 OSPF 配置 295
B.5.2 实验 7-2 广播网络 OSPF 配置 296

B.5.3 实验 7-3 OSPF 选路调整 296
B.6 第 8 章 交换机原理与基本配置 296
B.6.1 实验 8-1 交换机基本配置 296
B.6.2 实验 8-2 VLAN 配置 297
B.6.3 实验 8-3 VLAN 主干道配置 298
B.6.4 实验 8-4 VLAN 间路由配置 299
B.7 第 9 章 生成树协议原理与配置 300
B.8 第 10 章 远程访问技术基础 300
B.9 第 11 章 HDLC 及 PPP 原理与配置 301
参考文献 302

第1章　网络技术基础回顾

本章学习目标

本章主要介绍与后面章节相关的一些网络技术基础知识。通过本章的学习，读者应该掌握以下内容:

- 了解OSI参考模型的结构
- 掌握OSI参考模型与TCP/IP协议栈模型中出现的相关术语
- 理解OSI参考模型中各层的作用以及数据封装过程
- 掌握TCP/IP协议栈模型的层次结构和TCP/IP报文格式
- 理解TCP/IP协议栈模型中套接字和滑动窗口的工作原理
- 理解TCP/IP协议栈模型中TCP连接建立、释放的握手过程
- 了解局域网技术中的常用术语
- 了解常见的以太网帧格式
- 了解常见的IEEE 802标准系列
- 理解ARP协议的工作原理
- 掌握ARP协议相关命令的使用
- 理解ICMP协议的工作原理
- 掌握ICMP协议相关命令的使用
- 了解路由、交换、远程访问技术原理及其概况

1.1　OSI参考模型

和TCP/IP协议栈模型相比，OSI参考模型的实际应用意义不大。但其的确对于理解网络协议内部的运作很有帮助，也为我们学习网络协议提供了一个很好的参考。在现实网络世界里，TCP/IP协议栈模型获得了更为广泛的应用。

1.1.1　OSI参考模型的分层结构

OSI参考模型（OSI/RM）的全称是开放系统互连参考模型（Open System Interconnection Reference Model，OSI/RM)，它是由国际标准化组织（International Standard Organization，ISO）提出的一个网络系统互连模型。

OSI参考模型采用分层结构，如图1-1所示。

在OSI七层模型中，每一层都为其上一层提供服务并为其上一层提供一个访问接口或界面。

不同主机之间的相同层次称为对等层。如主机A中的表示层和主机B中的表示层互为对等层、主机A中的会话层和主机B中的会话层互为对等层等。

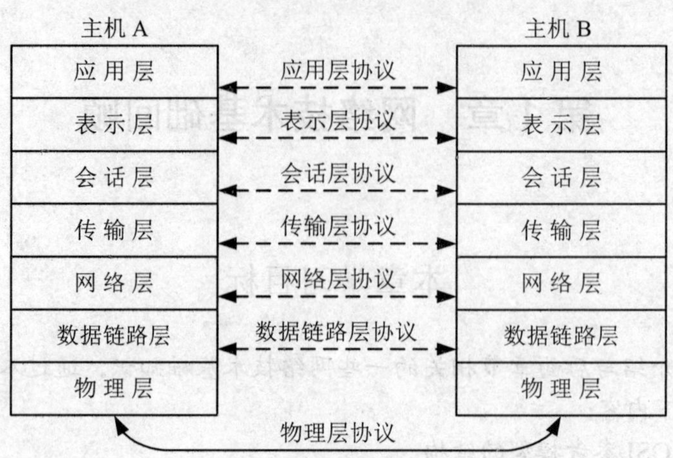

图 1-1 OSI 参考模型

对等层之间互相通信需要遵守一定的规则，如通信的内容、通信的方式等，我们将其称为协议（Protocol）。

将某个主机上运行的某种协议的集合称为协议栈。主机正是利用这个协议栈来接收和发送数据的。

OSI 参考模型通过将协议栈划分为不同的层次，可以简化问题的分析、处理过程以及网络系统设计的复杂性。

OSI 参考模型的提出是为了解决不同厂商、不同结构的网络产品之间互连时遇到的不兼容性问题。但是该模型的复杂性阻碍了其在计算机网络领域的实际应用。与此对照，后面将要学习的 TCP/IP 协议栈模型，反而获得了非常广泛的应用。实际上，其也是目前因特网范围内运行的唯一一种协议。

1.1.2 OSI 参考模型中各层的作用

在 OSI 参考模型中，从下至上，每一层完成目标明确的不同的功能。

1. 物理层（Physical Layer）

物理层规定了激活、维持、关闭通信端点之间的机械特性、电气特性、功能特性以及过程特性。该层为上层协议提供了一个传输数据的物理介质。

在这一层，数据的单位称为比特（bit）。

属于物理层定义的典型规范代表包括：EIA/TIA RS-232、EIA/TIA RS-449、V.35、RJ-45 等。

2. 数据链路层（Data Link Layer）

数据链路层在不可靠的物理介质上提供可靠的传输。该层的作用包括：物理地址寻址、数据的成帧、流量控制、数据的检错、重发等。

在这一层，数据的单位称为帧（frame）。

数据链路层协议的代表包括：SDLC、HDLC、PPP、STP、帧中继等。

3. 网络层（Network Layer）

网络层负责对子网间的数据包进行路由选择。此外，网络层还可以实现拥塞控制、网际互连等功能。

在这一层，数据的单位称为数据包（packet）。

网络层协议的代表包括：IP、IPX 等。

4. *传输层*（Transport Layer）

传输层是第一个端到端，即主机到主机的层次。传输层负责将上层数据分段并提供端到端的、可靠的或不可靠的传输。此外，传输层还要处理端到端的差错控制和流量控制问题。

在传输层，数据的单位称为数据段（segment）。

传输层协议的代表包括：TCP、UDP、SPX 等。

5. *会话层*（Session Layer）

会话层管理主机之间的会话进程，即负责建立、管理、终止进程之间的会话。会话层还利用在数据中插入校验点来实现数据的同步。

会话层协议的代表包括：NetBIOS、ZIP（AppleTalk 区域信息协议）等。

6. *表示层*（Presentation Layer）

表示层对上层数据或信息进行变换以保证一个主机的应用层信息可以被另一个主机的应用程序理解。表示层的数据转换包括数据的加密、压缩、格式转换等。

表示层协议的代表包括：ASCII、ASN.1、JPEG、MPEG 等。

7. *应用层*（Application Layer）

应用层为操作系统或网络应用程序提供访问网络服务的接口。

应用层协议的代表包括：Telnet、FTP、HTTP、SNMP 等。

1.1.3　OSI 参考模型中的数据封装过程

如图 1-2 所示，在 OSI 参考模型中，当一台主机需要传送用户的数据（Data）时，数据首先通过应用层的接口进入应用层。在应用层，用户的数据被加上应用层的报头（Application Header，AH），形成应用层协议数据单元（Protocol Data Unit，PDU），然后被递交到下一层——表示层。

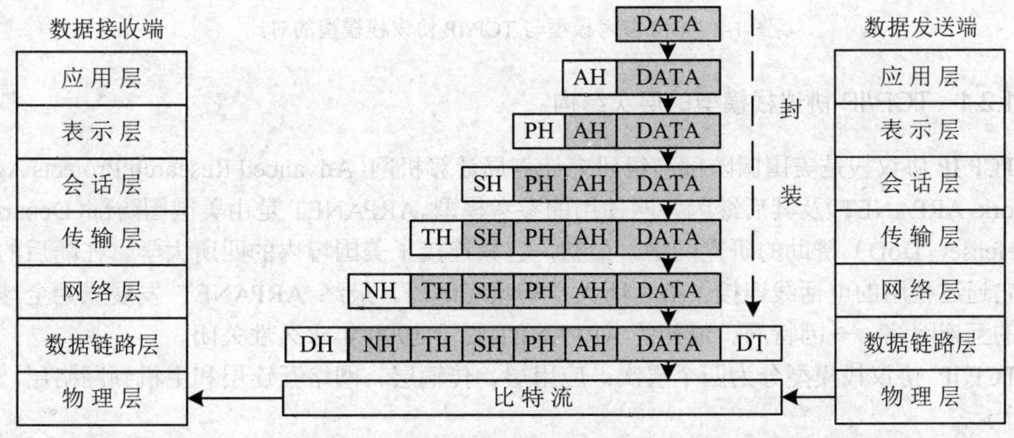

图 1-2　OSI 参考模型中的数据封装过程

表示层并不“关心”上层——应用层的数据格式而是把整个应用层递交的数据包看成一个整体进行封装，即加上表示层的报头（Presentation Header，PH）。然后，递交到下层——会话层。

同样，会话层、传输层、网络层、数据链路层也都要分别给上层递交下来的数据加上自己的报头。分别是：会话层报头（Session Header，SH）、传输层报头（Transport Header，TH）、网络层报头（Network Header，NH）和数据链路层报头（Data link Header，DH）。其中，数据链路层还要给网络层递交的数据加上数据链路层报尾（Data link Trailer，DT）形成最终的一帧数据。

当一帧数据通过物理层传送到目标主机的物理层时，该主机的物理层把它递交到上层——数据链路层。数据链路层负责去掉数据帧的头部 DH 和尾部 DT（同时还进行数据校验）。如果数据没有出错，则递交到上层——网络层。

同样，网络层、传输层、会话层、表示层、应用层也要做类似的工作。最终，原始数据被递交到目标主机的具体应用程序中。

1.2 TCP/IP 协议栈模型

ISO 制定的 OSI 参考模型因其过于庞大、复杂而招致了许多批评。与此对照，由技术人员自己开发的 TCP/IP 协议栈则获得了更为广泛的应用。如图 1-3 所示，是 TCP/IP 协议栈模型和 OSI 参考模型的对比示意图。

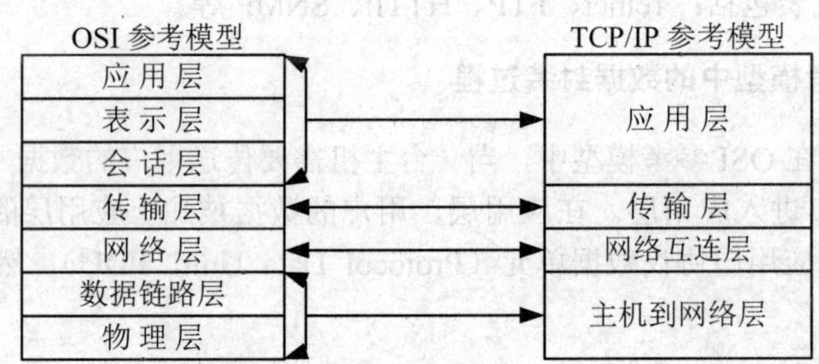

图 1-3 OSI 参考模型与 TCP/IP 协议栈模型的对比

1.2.1 TCP/IP 协议栈模型的层次结构

TCP/IP 协议栈是美国国防部高级研究计划局计算机网（Advanced Research Projects Agency Network，ARPANET）及其后继因特网使用的参考模型。ARPANET 是由美国国防部（Department of Defense，DoD）赞助的研究网络。最初，它只连接了美国境内的四所大学。在随后的几年中，它通过租用的电话线连接了数百所大学和政府部门。最终 ARPANET 发展成为全球规模最大的互连网络——因特网。最初的 ARPANET 则于 1990 年永久性关闭。

TCP/IP 协议栈模型分为四个层次：应用层、传输层、网络互连层和主机到网络层。如图 1-4 所示。

在 TCP/IP 协议栈模型中，去掉了 OSI 参考模型中的会话层和表示层（这两层的功能被合并到应用层实现）。同时将 OSI 参考模型中的数据链路层和物理层合并为主机到网络层。下面分别介绍各层的主要功能。

<table>
<tr><td>应用层</td><td colspan="3">FTP、TELNET、HTTP</td><td>SNMP、TFT、PNTP</td></tr>
<tr><td>传输层</td><td colspan="3">TCP</td><td>UDP</td></tr>
<tr><td>网络互连层</td><td colspan="4">IP</td></tr>
<tr><td rowspan="2">主机到网络层</td><td rowspan="2">以太网</td><td rowspan="2">令牌
环网</td><td>802.2</td><td>HDLC、PPP、Frame-Relay（帧中继）</td></tr>
<tr><td>802.3</td><td>EIA/TI A-232、449、V.35，V.21</td></tr>
</table>

图 1-4　TCP/IP 协议栈模型的层次结构

1. 主机到网络层

实际上 TCP/IP 协议栈模型没有真正描述这一层的实现，只是要求能够提供给其上层（网络互连层）一个访问接口，以便在其上传递 IP 分组。由于这一层未被定义，所以其具体的实现方法也将随着网络类型的不同而不同。

2. 网络互连层

网络互连层是整个 TCP/IP 协议栈的核心。它的功能是把分组发往目标网络或主机。同时，为了尽快地发送分组，可能需要沿不同的路径同时进行分组传递。因此，分组到达的顺序和发送的顺序可能不同，这就要求上层必须对分组进行排序。

网络互连层定义了分组格式和协议，即 IP 协议（Internet Protocol）。

网络互连层除了需要完成路由的功能外，也可以完成将不同类型的网络（异构网）互连的任务。除此之外，网络互连层还需要完成拥塞控制的功能。

3. 传输层

在 TCP/IP 模型中，传输层的功能是使源端主机和目标端主机上的对等实体可以进行会话。在传输层定义了两种服务质量不同的协议。即传输控制协议（Transmission Control Protocol，TCP）和用户数据报协议（User Datagram Protocol，UDP）。

TCP 协议是一个可靠的、面向连接的协议。它将一台主机发出的字节流无差错地发往互联网上的其他主机。在发送端，它负责把上层传送下来的字节流分成报文段并传递给下层。在接收端，它负责把收到的报文进行重组后递交给上层。TCP 协议还要处理端到端的流量控制，以避免缓慢接收的接收方没有足够的缓冲区接收发送方发送的大量数据。

UDP 协议是一个不可靠的、无连接协议，主要适用于不需要对报文进行排序和流量控制的场合。

4. 应用层

TCP/IP 模型将 OSI 参考模型中的会话层和表示层的功能合并到应用层实现。

应用层面向不同的网络应用引入了不同的应用层协议。其中，有基于 TCP 协议的，如文件传输协议（File Transfer Protocol，FTP）、虚拟终端协议（TELNET）、超文本传输协议（Hyper Text Transfer Protocol，HTTP）；也有基于 UDP 协议的，如简单网络管理协议（Simple Network Management Protocol，SNMP）、简单文件传输协议（Trivial File Transfer Protocol，TFTP）、网络时间协议（Network Time Protocol，NTP）等。

1.2.2　TCP/IP 报文格式

1. IP 报文格式

IP 协议是 TCP/IP 协议栈中最核心的协议，它提供不可靠、无连接的服务，也即依赖其他层的协议进行差错控制。在局域网环境，IP 协议往往被封装在以太网帧（见 1.3 节）中传送。而所有的 TCP、UDP、ICMP、IGMP 数据都被封装在 IP 数据报中传送，如图 1-5 所示。

Ethemet 帧头	IP 头部	TCP 头部	上层数据	FCS

图 1-5　TCP/IP 报文封装

图 1-6 是 IP 头部（报头）格式（RFC 791）。

00 01 02 03 04 05 06 07 08 09 10 11 12 13 14 15 16 17 18 19 20 21 22 23 24 25 26 27 28 29 30 31 bti

版本	报头长度	服务类型	总长度	
标识			标志位	段偏移量
生存期		协议	头部校验和	
源地址				
目标地址				
可选项				
数据				

图 1-6　IP 头部格式

其中：

- 版本（Version）字段：占 4 位。用来表明 IP 协议实现的版本号，当前一般为 IPv4，即 0100。
- 报头长度（Internet Header Length，IHL）字段：占 4 位。代表头部数据的长度（单位为双字），包括可选项。普通 IP 数据报（没有任何选项），该字段的值是 5，即 160 位=20 字节。此字段最大值为 60 字节。
- 服务类型（Type of Service，TOS）字段：占 8 位。其中前 3 位为优先权子字段（Precedence，现已被忽略）。第 8 位保留未用。第 4 位至第 7 位分别代表延迟、吞吐量、可靠性和花费。当它们取值为 1 时分别代表要求最小时延、最大吞吐量、最高可靠性和最少花费。这 4 位中只能置其中 1 位为 1，但 4 位可以全置为 0，若全为 0 则表示一般服务。服务类型字段声明了数据报被网络系统传输时可以以怎样的方式处理。例如：TELNET 协议可能要求有最小延迟，FTP 协议（数据）可能要求有最大吞吐量，SNMP 协议可能要求有最高可靠性，NNTP（Network News Transfer Protocol，网络新闻传输协议）可能要求最少花费，而 ICMP 协议可能无特殊要求（4 位全为 0）。实际上，大部分主机会忽略这个字段。在最近的实现中，还可以将此字段作为新开发的 DIFF SERVICE 使用，限于篇幅，这里不再展开讨论，请读者参考相关 RFC。
- 总长度字段：占 16 位。指明整个数据报的长度（以字节为单位）。最大长度为 65535 字节。
- 标识字段：占 16 位。用来唯一地标识主机发送的每一份数据报。通常每发一份报文，它的值会加 1。
- 标志位字段：占 3 位。标志一份数据报是否要求分段。
- 段偏移量字段：占 13 位。如果一份数据报要求分段的话，此字段指明该段偏移距原始数据报开始的位置。

- 生存期（Time To Live，TTL）字段：占 8 位。用来设置数据报最多可以经过的路由器数。由发送数据的源主机设置，通常为 32、64、128 等。每经过一个路由器，其值减 1，直到 0 时该数据报被丢弃。
- 协议字段：占 8 位。指明 IP 层所封装的上层协议类型，如 ICMP（1）、IGMP（2）、TCP（6）、UDP（17）等。
- 头部校验和字段：占 16 位。内容是根据 IP 头部计算得到的校验和码。计算方法是：对头部中每 16 位进行二进制反码求和（和 ICMP、IGMP、TCP、UDP 不同，IP 不对头部后的数据进行校验）。
- 源地址、目标地址字段：各占 32 位。用来标明发送 IP 数据报文的源主机地址和接收 IP 报文的目标主机地址。
- 可选项字段：占 32 位。用来定义一些可选项：如记录路径、时间戳等。这些选项很少被使用，同时并不是所有主机和路由器都支持这些选项。可选项字段的长度必须是 32 位的整数倍，如果不足，必须填充 0 以达到此长度要求。

2. TCP 数据段格式

TCP 是一种可靠的、面向连接的字节流服务。源主机在传送数据前需要先和目标主机建立连接。然后，在此连接上，被编号的数据段按序收发。同时，要求对每个数据段进行确认，这样保证了可靠性。如果在指定的时间内没有收到目标主机对所发数据段的确认，源主机将再次发送该数据段。

如图 1-7 所示是 TCP 头部结构（RFC 793、1323）。

00 01 02 03 04 05 06 07 08 09 10 11 12 13 14 15 16 17 18 19 20 21 22 23 24 25 26 27 28 29 30 31 bti

<table>
<tr><td colspan="8">源端口号</td><td>目标端口号</td></tr>
<tr><td colspan="9">顺序号</td></tr>
<tr><td colspan="9">确认号</td></tr>
<tr><td>头部长度</td><td>保留</td><td>U
R
G</td><td>A
C
K</td><td>P
S
H</td><td>R
S
T</td><td>S
Y
N</td><td>F
I
N</td><td>窗口大小</td></tr>
<tr><td colspan="8">校验和</td><td>紧急指针</td></tr>
<tr><td colspan="9">可选项</td></tr>
<tr><td colspan="9">数据</td></tr>
</table>

图 1-7　TCP 头部结构

- 源、目标端口号字段：各占 16 位。TCP 协议通过使用“端口”来标识源端和目标端的应用进程。端口号可以使用 0～65535 之间的任何数字。在收到服务请求时，操作系统动态地为客户端的应用程序分配端口号。在服务器端，每种服务在“众所周知的端口”（Well-Know Port）为用户提供服务。
- 顺序号字段：占 32 位。用来标识从 TCP 源端向 TCP 目标端发送的数据字节流，它表示在这个报文段中的第一个数据字节。
- 确认号字段：占 32 位。只有 ACK 标志为 1 时，确认号字段才有效。它包含目标端所期望收到源端的下一个数据字节。

- 头部长度字段：占 4 位。代表头部数据的长度（单位为双字）。没有任何选项字段的 TCP 头部长度为 20 字节；最多可以有 60 字节的 TCP 头部。
- 标志位字段（U、A、P、R、S、F）：占 6 位。各位的含义如下：
  - ➢ URG：紧急指针（urgent pointer）有效。
  - ➢ ACK：确认序号有效。
  - ➢ PSH：接收方应该尽快将这个报文段交给应用层。
  - ➢ RST：重建连接。
  - ➢ SYN：发起一个连接。
  - ➢ FIN：释放一个连接。
- 窗口大小字段：占 16 位。此字段用来进行流量控制。单位为字节数，这个值是本机期望一次接收的字节数。
- 校验和字段：占 16 位。对整个 TCP 报文段，即 TCP 头部和 TCP 数据进行校验和计算，并由目标端进行验证。
- 紧急指针字段：占 16 位。它是一个偏移量，和序号字段中的值相加表示紧急数据最后一个字节的序号。
- 可选项字段：占 32 位。可能包括“窗口扩大因子”、“时间戳”等选项。

3. UDP 数据段格式

UDP 是一种不可靠的、无连接的数据报服务。源主机在传送数据前不需要和目标主机建立连接。数据被冠以源、目标端口号等 UDP 报头字段后直接发往目标主机。这时，每个数据段的可靠性依靠上层协议来保证。在传送数据较少、较小的情况下，UDP 比 TCP 更加高效。

如图 1-8 所示是 UDP 头部结构（RFC 793、1323）。

00 01 02 03 04 05 06 07 08 09 10 11 12 13 14 15 16 17 18 19 20 21 22 23 24 25 26 27 28 29 30 31 bti

00–15	16–31
源端口号	目标端口号
长度	校验和
数据	

图 1-8　UDP 数据段格式

- 源、目标端口号字段：各占 16 位。作用与 TCP 数据段中的端口号字段相同，用来标识源端和目标端的应用进程。
- 长度字段：占 16 位。标明 UDP 头部和 UDP 数据的总长度字节。
- 校验和字段：占 16 位。用来对 UDP 头部和 UDP 数据进行校验。和 TCP 不同的是，对 UDP 来说，此字段是可选项，而 TCP 数据段中的校验和字段是必须有的。

1.2.3　套接字

在每个 TCP、UDP 数据段中都包含源端口号和目标端口号字段。有时，把一个 IP 地址和一个端口号合称为一个套接字（Socket），而一个套接字对（Socket Pair）可以唯一地确定互连网络中每个 TCP 连接的双方（客户 IP 地址、客户端口号、服务器 IP 地址、服务器端口号）。

如图 1-9 所示是常见的一些协议和它们对应的服务端口号。

需要注意的是，不同的应用层协议可能基于不同的传输层协议，如 FTP、TELNET、SMTP

协议基于可靠的 TCP 协议；TFTP、SNMP、RIP 则基于不可靠的 UDP 协议。

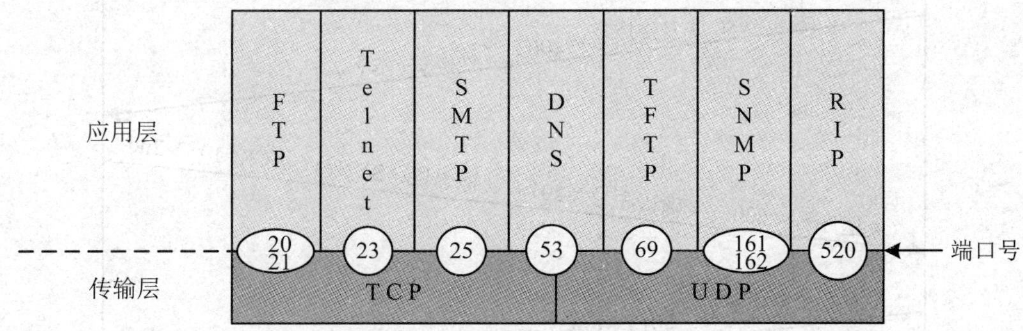

图 1-9　常见协议和对应的端口号

同时，有些应用层协议占用了两个不同的端口号，如 FTP 的 20、21 端口，SNMP 的 161、162 端口。这些应用层协议在不同的端口提供不同的功能。如 FTP 的 21 端口用来侦听用户的连接请求，而 20 端口用来传送用户的文件数据。再如，SNMP 的 161 端口用于 SNMP 管理进程获取 SNMP 代理的数据，而 162 端口用于 SNMP 代理主动向 SNMP 管理进程发送数据。

还有一些协议使用了传输层的不同协议提供的服务。如 DNS 协议同时使用了 TCP 53 端口和 UDP 53 端口。DNS 协议在 UDP 的 53 端口提供域名解析服务，在 TCP 的 53 端口提供 DNS 区域文件传输服务等。

1.2.4　TCP 连接建立、释放时的握手过程

1. TCP 建立连接的三次握手过程

TCP 会话通过三次握手来初始化。三次握手的目标是使数据段的发送和接收同步。同时也向其他主机表明其一次可接收的数据量（窗口大小），并建立逻辑连接。这三次握手的过程可以简述如下：

（1）源主机发送一个同步标志位（SYN）置 1 的 TCP 数据段，此段中同时标明初始序号（Initial Sequence Number，ISN）。ISN 是一个随时间变化的随机值。

（2）目标主机发回确认数据段，此段中的同步标志位（SYN）同样被置 1，且确认标志位（ACK）也置为 1，同时在确认序号字段标明目标主机期待收到源主机下一个数据段的序号（即表明前一个数据段已收到并且没有错误）。此外，此段中还包含目标主机的段初始序号。

（3）源主机再回送一个数据段，同样带有递增的发送序号和确认序号。

至此为止，TCP 会话的三次握手完成。接下来，源主机和目标主机可以互相收发数据。整个过程可用图 1-10 表示。

2. TCP 释放连接的四次握手过程

TCP 连接的释放则需要进行四次握手，步骤是：

（1）源主机发送一个释放连接标志位（FIN）为 1 的数据段发出结束会话请求。

（2）目标主机回送一个数据段，并带有相应的发送序号和确认序号。

（3）目标主机发送释放连接标志位（FIN）为 1 的数据段发出结束会话请求。

（4）源主机回送一个数据段，并带有相应的发送序号和确认序号。

（5）至此，该次 TCP 连接释放。整个过程可用图 1-11 表示。

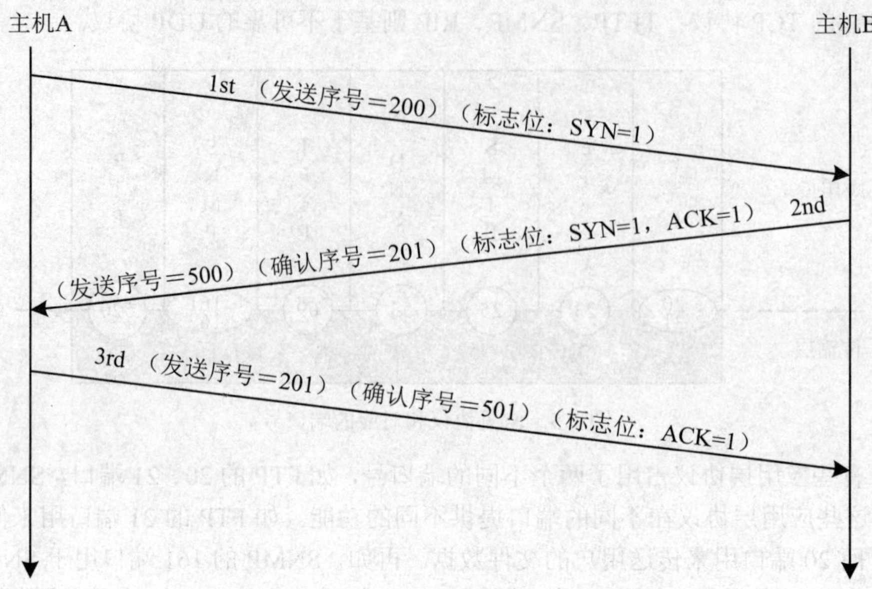

图 1-10　TCP 建立连接的三次握手过程

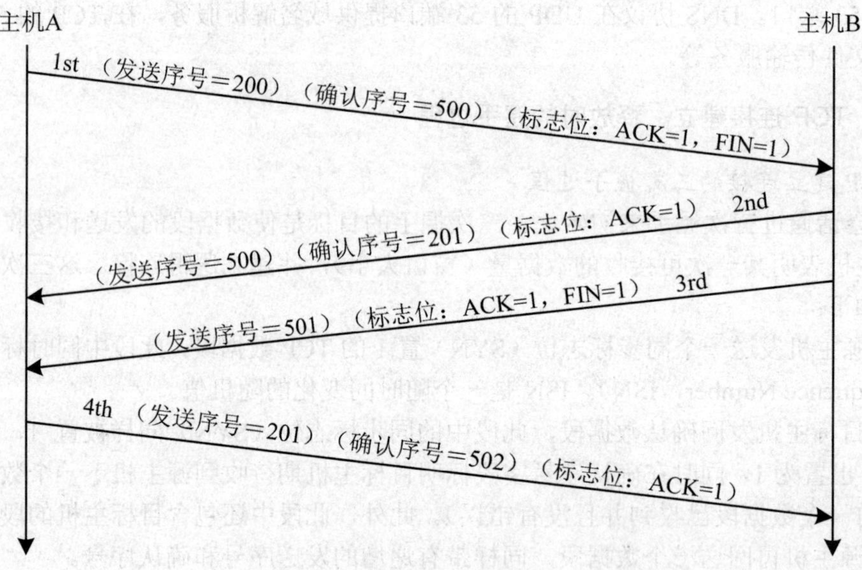

图 1-11　TCP 断开连接的四次握手过程

1.2.5　滑动窗口

滑动窗口（Sliding Window）用来实现流量控制，它用来防止发送过快的发送端的数据将接收缓慢的接收端淹没，造成接收端缓冲区溢出。

在通信过程中，通信双方各自要准备两个数据缓冲区：一个用于接收数据，另一个用于发送数据。

当主机 A 向主机 B 发送数据时，它将声明自己的数据接收缓冲区大小以通知主机 B 自己一次能够接收的数据量大小，这个值被称为窗口大小。同时，主机 B 也要在自己发给主机 A 的数据包中声明自己的窗口大小。

在传输层中，数据按照一定的格式打成大小相同的包。每一个滑动窗口中包含一定数目的数据包。发送方一次发送相当于滑动窗口大小的数据包数目，并在每个数据包前添加包头信息，然后等待接收方返回确认信息。由于 TCP 是面向连接的协议，可以保证数据传输的完整性和准确性，当传输过程中发生丢包时，接收方会要求发送方从断点处重传数据。

滑动窗口的大小对网络性能有很大影响。如果滑动窗口过小，则需要在网络上频繁传输确认信息，占用大量的网络带宽；如果滑动窗口过大，对于利用率较高，容易产生丢包现象的网络，则需要多次发送重复的数据，同样耗费了网络带宽。

影响滑动窗口大小的因素很多，包括网络的带宽、可靠性以及需要传输的数据量等。

1.3 局域网技术

很多人将局域网（Local Area Network，LAN）和以太网（Ethernet）混为一谈，这个误解大概是因为和其他局域网技术比较起来，以太网技术使用得如此普遍、发展得如此迅速，以至于人们将“以太网”当作了“局域网”的代名词。

本节将讨论“局域网”和“以太网”二者之间的关系以及相关的一些基础知识。

1.3.1 以太网概述

1973 年，施乐公司（Xerox）开发出了一个设备互连技术并将这项技术命名为“以太网（Ethernet)”。以太网采用了总线竞争式的介质访问方法（起源于夏威夷大学在 20 世纪 60 年代研制的 ALOHA 网络），它的问世是局城网发展史上的一个重要里程碑。

1979 年，Xerox 与 DEC、Intel 共同起草了一份 10Mb/s 以太网物理层和数据链路层的规范，称为 DIX（Digital、Intel、Xerox）规范——DIX 1.0。

1980 年 2 月（美国）电气电子工程师学会（IEEE）成立了专门负责制订局域网络标准的 IEEE 802 委员会。该委员会开始研究一系列局域网（LAN）和城域网（MAN）标准，这些标准统称为 IEEE 802 标准。其中，IEEE 802.3 对于基于总线型的局域网进行了规定（实际上，IEEE 802.3 标准的制订过程中参考、借鉴了很多已经实现的以太网技术）。

1982 年，DIX 修改并发布了自己的以太网新标准 DIX 2.0。

1983 年，Novell 根据初步形成的 IEEE 802.3 规范发布了 Novell 专用的以太网帧格式，常被称为 802.3 原始帧格式（802.3 raw）。

1984～1985 年，IEEE 802 委员会公布了五项标准 IEEE 802.1～IEEE 802.5。其中，公布了两种 802.3 帧格式，即 802.3 SAP 和 802.3 SNAP。

后来，IEEE 802 标准被国际标准化组织（ISO）修订并作为国际标准，称为 ISO 8802。

1.3.2 以太网技术概述

尽管局域网的各种标准在内容上有不少区别，但是，其主要的技术实现方法是相近的。

1. 以太网地址

为了标识以太网上的每台主机，需要给每台主机上的网络适配器（网络接口卡）分配一个唯一的通信地址，即以太网地址或网卡的物理地址、MAC 地址。

IEEE 负责为网络适配器制造厂商分配以太网地址块，各厂商为自己生产的每块网络适配器分配一个唯一的以太网地址。因为在每块网络适配器出厂时，其以太网地址就已被烧录到网络适配器中。所以，有时也将此地址称为烧录地址（Burned-In-Address，BIA）。

以太网地址长度为 48 位，共 6 字节，如图 1-12 所示，是在 Windows XP 系统下 MS-DOS 命令 ipconfig/all 的输出的局部。其中，以太网地址的前三字节为 IEEE 分配给厂商的厂商代码，后三字节为网络适配器编号。

图 1-12　以太网地址

2. CSMA/CD

在 ISO 的 OSI 参考模型中，数据链路层的功能相对简单。它只负责将数据从一个节点可靠地传输到相邻节点。但在局域网中，多个节点共享传输介质，必须有某种机制来决定下一个时刻由哪个设备占用传输介质传送数据。因此，局域网的数据链路层要有介质访问控制的功能。为此，一般又将数据链路层划分成两个子层：逻辑链路控制（Logic Line Control，LLC）子层和介质访问控制（Media Access Control，MAC）子层，如图 1-13 所示。其中，LLC 子层负责向其上层提供服务；MAC 子层的主要功能则包括数据帧的封装/卸装，帧的寻址和识别，帧的接收与发送，链路的管理，帧的差错控制等。MAC 子层的存在屏蔽了不同物理链路种类的差异性。

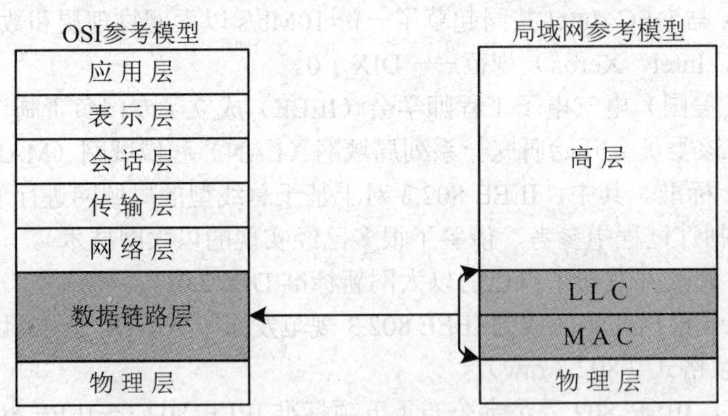

图 1-13　LLC 和 MAC 子层

在 MAC 子层的诸多功能中，非常重要的一项功能是仲裁介质的使用权，即规定站点何时可以使用通信介质。

实际上，局域网技术中是采用具有冲突检测的载波侦听多路访问（Carrier Sense Multiple Access/Collision Detection，CSMA/CD）这种介质访问方法的。

在这种介质访问方法中规定：在发送数据之前，一个节点必须首先侦听网线上的载波，如果在 9.6ms 的时间之内没有检测到载波（说明通信介质空闲），节点才可以发送一帧数据。

如果两个节点同时检测到介质空闲并同时发送出一帧数据，则会导致数据帧的冲突，双方的数据帧均被破坏。一方面，检测到冲突的节点会发送“冲突增强”信号（32 位的“1”）通知介质上的每个节点发生了冲突；另一方面，发生冲突的节点在再次发送自己的数据帧之前会各自等待一段随机的时间。

随着以太网上节点数量的增加，冲突的数量也随之增加，而整个网段的有效带宽也将随之减少。

在后面的章节中，将学习如何利用网桥、交换机等设备将一个网段划分成多个独立的冲突域，进而增加每个网段的可用带宽。

1.3.3　以太网帧格式

目前，有四种不同格式的以太网帧在使用，分别是：

- Ethernet II 即 DIX 2.0：Xerox 与 DEC、Intel 在 1982 年制定的以太网标准帧格式。Cisco 名称为 ARPA。
- Ethernet 802.3 raw：Novell 在 1983 年公布的专用以太网标准帧格式。Cisco 名称为 Novell-Ether。
- Ethernet 802.3 SAP：IEEE 在 1985 年公布的 Ethernet 802.3 的 SAP 版本以太网帧格式。Cisco 名称为 SAP。
- Ethernet 802.3 SNAP：IEEE 在 1985 年公布的 Ethernet 802.3 的 SNAP 版本以太网帧格式。Cisco 名称为 SNAP。

在每种格式的以太网帧的开始处都有 64 位（8 字节）的前导字符，如图 1-14 所示。其中，前七个字节称为前同步码（Preamble），内容是十六进制数 0xAA，最后一字节为帧起始标志符 0xAB，它标识着以太网帧的开始。前导字符的作用是使接收节点进行同步并做好接收数据帧的准备。

10101010	10101010	10101010	10101010	10101010	10101010	10101010	10101011

图 1-14　以太网帧前导字符

除此之外，不同格式的以太网帧的各字段定义都不相同，彼此也不兼容。

1．Ethernet II 帧格式

如图 1-15 所示是 Ethernet II 类型以太网帧格式。

Ethernet II 类型以太网帧的最小长度为 64 字节（6+6+2+46+4），最大长度为 1518 字节（6+6+2+1500+4）。其中前 12 字节分别标识发送数据帧的源节点 MAC 地址和接收数据帧的目标节点 MAC 地址。

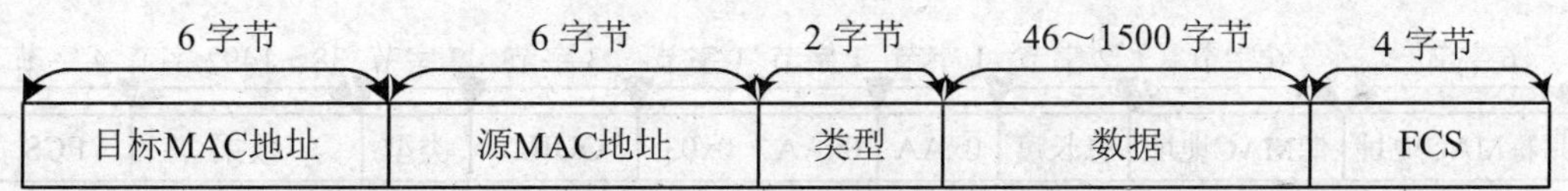

图 1-15　Ethernet II 帧格式

接下来的 2 字节标识出以太网帧所携带的上层数据类型，如十六进制数 0x0800 代表 IP 协议数据，十六进制数 0x809B 代表 AppleTalk 协议数据，十六进制数 0x8138 代表 Novell 类型协议数据等。

在不定长的数据字段后是 4 字节的帧校验序列（Frame Check Sequence，FCS），采用 32 位 CRC（循环冗余校验）对从“目标 MAC 地址”字段到“数据”字段的数据进行校验。

2. Ethernet 802.3 raw 帧格式

如图 1-16 所示是 Ethernet 802.3 raw 类型以太网帧格式。

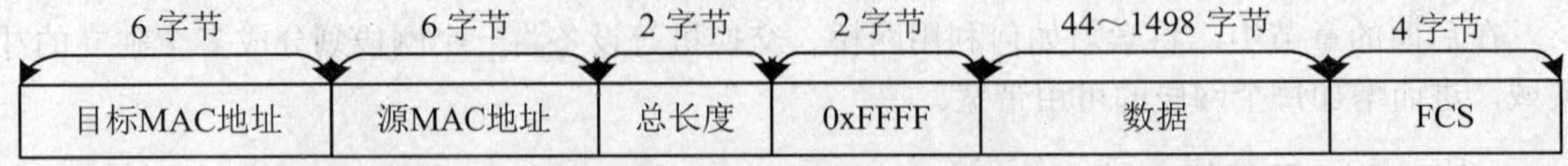

图 1-16　Ethernet 802.3 raw 帧格式

在 Ethernet 802.3 raw 类型以太网帧中，原来 Ethernet II 类型以太网帧中的“类型”字段被“总长度”字段所取代，它指明其后数据域的长度，取值范围为 46～1500。

接下来的 2 个字节是固定不变的十六进制数 0xFFFF，它标识此帧为 Novell 以太类型数据帧。

3. Ethernet 802.3 SAP 帧格式

如图 1-17 所示是 Ethernet 802.3 SAP 类型以太网帧格式。

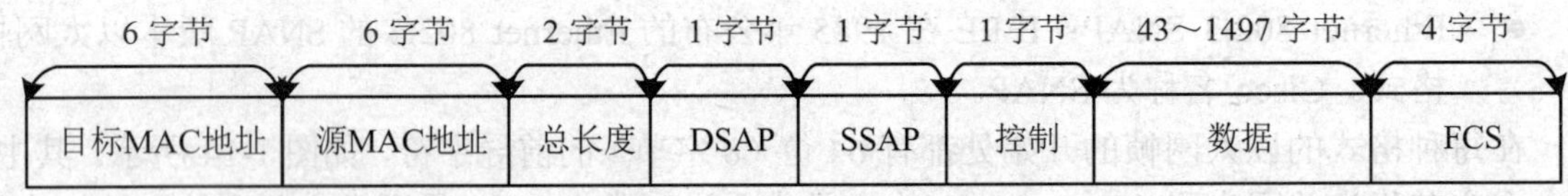

图 1-17　Ethernet 802.3 SAP 帧格式

从图 1-17 中可以看出，在 Ethernet 802.3 SAP 帧中，将原 Ethernet 802.3 raw 帧中 2 个字节的 0xFFFF 变为各 1 个字节的 DSAP 和 SSAP，同时增加了 1 个字节的“控制”字段，构成了 802.2 逻辑链路控制（LLC）的首部。

新增的 802.2 LLC 首部包括两个服务访问点：源服务访问点（SSAP）和目标服务访问点（DSAP）。它们用于标识以太网帧所携带的上层数据类型，如十六进制数 0x06 代表 IP 协议数据，十六进制数 0xE0 代表 Novell 类型协议数据，十六进制数 0xF0 代表 IBM NetBIOS 类型协议数据等。

至于 1 个字节的“控制”字段，则基本不使用。

4. Ethernet 802.3 SNAP 帧格式

如图 1-18 所示是 Ethernet 802.3 SNAP 类型以太网帧格式。

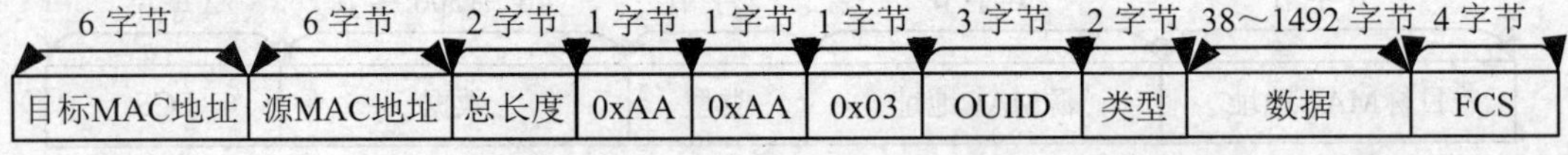

图 1-18　Ethernet 802.3 SNAP 帧格式

Ethernet 802.3 SNAP 类型以太网帧格式和 Ethernet 802.3 SAP 类型以太网帧格式的主要区别在于：

- 2 个字节的 DSAP 和 SSAP 字段内容被固定下来，其值为十六进制数 0xAA。
- 1 个字节的“控制”字段内容被固定下来，其值为十六进制数 0x03。
- 新增了 3 个字节的组织唯一标识符（Organizationally Unique Identifier，OUIID）字段，其值通常等于 MAC 地址的前 3 字节，即网络适配器厂商代码。
- 2 个字节的“类型”字段用来标识以太网帧所携带的上层数据类型。

1.3.4　IEEE 802 标准系列

随着时间的推移，除了最早的 10Base2、10Base5、10BaseT，IEEE 802 还推出了一系列其他局域网标准。下面简单介绍其中一些较为常用的以太网标准。

1. 100BaseT

1995 年 6 月，传输速率为 100Mb/s 的以太网由 IEEE 802.3u 标准所定义。即通常所说的快速以太网（Fast Ethernet）。

根据所用传输介质不同，还定义了以下三种不同的物理层标准：

- 100Base-TX：使用 2 对 UTP 5 类线或 STP，其中一对用于发送，另一对用于接收。
- 100Base-F：使用 2 对光纤，其中一对用于发送，另一对用于接收。
- 100Base-T4：使用 4 对 UTP 3 类线或 5 类线，它使用 3 对线同时传送数据，1 对线用作冲突检测的接收信道。

以上三种不同的标准中，因为 100Base-TX 与 10BaseT 兼容，所以使用得更广泛。

2. 1000BaseT

1996 年 3 月成立的 IEEE 802.3z 工作组，专门负责千兆位以太网的研究，1998 年制定了相应标准。

千兆以太网的物理层协议包括 1000Base-SX、1000Base-LX、1000Base-CX 和 1000Base-T 等标准。

- 1000Base-SX：使用芯径为 50m 或 62.5m，工作波长为 850nm 或 1300nm 的多模光纤，采用 8B/10B 编码方式，传输距离分别为 260m 和 525m，适用于同一建筑物中同一层的短距离主干网。
- 1000Base-LX：使用芯径为 9m、50m 或 62.5m，工作波长为 1300nm 的多模、单模光纤，采用 8B/10B 编码方式，传输距离分别为 550m 和 3～10km，主要用于园区主干网。
- 1000Base-CX：使用 150　平衡屏蔽双绞线（STP），采用 8B/10B 编码方式，传输速率为 1.25Gb/s，传输距离为 25m，主要用于集群设备的连接，如一个交换机房内的设备互连。
- 1000Base-T：使用 4 对 5 类非平衡屏蔽双绞线（UTP），传输距离为 100m，主要用于结构化布线中同一层建筑中的设备通信，从而可以利用以太网或快速以太网已铺设的 UTP 电缆。

3. 万兆以太网

2000 年 3 月，IEEE 专门成立了 IEEE 802.3ae 特别工作组，负责制定 10G 以太网，即万兆以太网标准。

2002 年 7 月，万兆以太网标准最终发布。万兆以太网标准不仅将以太网的带宽提高到

10Gb/s（在使用万兆以太网信道的情况下可以达到40Gb/s甚至更高的速率），同时也将通信距离提高到数十公里甚至上百公里。

和千兆以太网相同，万兆以太网技术也只适用于全双工模式，不需要带有冲突检测的载波侦听多路访问协议（CSMA/CD）。同时，万兆以太网保留了以太网帧结构及帧最大长度（1518字节）。不同的是，万兆以太网通过不同的编码方式或波分复用提供10Gb/s的传输速率。

万兆以太网一般可分为万兆以太局域网和万兆以太广域网。万兆以太局域网和万兆以太广域网物理层的速率不同，万兆以太局域网的数据传输速率为10Gb/s，而万兆以太广域网的数据传输速率为9.58464Gb/s（SDH OC-192C）。

万兆以太网标准内容包括10GBase-X（采用局域网物理层中的8B/10B编码方案）、10GBase-R（采用局域网物理层中的64B/66B编码方案）和10GBase-W（采用广域网物理层中的64B/66B编码方案）三种类型。

万兆以太网一般使用光纤介质，在采用不同的波长（短波长：850nm、长波长：1310nm、特长波长：1550nm）的时候，传输距离从35m到40km。

万兆以太网还支持传统的铜线介质，并可以在15m的距离内达到万兆的连接速率（10GBase-CX4）以及在55～100m的距离内达到万兆的连接速率（10GBase-T，使用增强六类双绞线：Cat6e）。

4. WLAN技术

无线局域网（Wireless Local Area Network，WLAN）是有线局域网的重要扩展。在有接入需求，但接入速率要求不高，而且环境布线困难的场合下，无线局域网几乎是不二的选择。它的出现满足了用户移动访问、漫游访问的需求。WLAN的数据传输速率能够达到11Mb/s、54Mb/s甚至更高。传输距离可远至20km以上。

无线局域网技术定义在IEEE 802.11规范系列中。该系列主要包含以下四种规范：802.11、802.11a、802.11b以及802.11g。

- 802.11

该标准定义物理层和介质访问控制（MAC）规范。802.11工作在2.4000～2.4835GHz频段。传输速率为1Mb/s或2Mb/s。采用相移键控（PSK）调制方式。支持跳频扩频（FHSS）以及直接序列扩频（DSSS）。

- 802.11a

802.11a是802.11的扩展，使用5GHz频段，采用的调制方式为正交频分复用（OFDM）。在该方式下，数据传输速率可以达到54 Mb/s。但在大多数情况下，通信时的传输速率为6 Mb/s、12 Mb/s或24 Mb/s。传输距离在10～100m范围内。

- 802.11b

802.11b是802.11的扩展，使用2.4～2.4835GHz频段，采用的调制方式为补偿编码键控（CCK），该方式支持更高的数据传输速率并且不易受多路传播的干扰。传输速率为11 Mb/s（也可能降低为5.5 Mb/s、2 Mb/s或1 Mb/s）。传输距离在15～45m范围内。

- 802.11g

802.11g使用2.4 GHz频段，采用两种调制方式，即802.11a中采用的OFDM与802.11b中采用的CCK。传输速率为20～54 Mb/s。

上述这四种协议都采用以太网协议，但与以太网帧不同的是，WLAN帧是被确认的。此外，802.11 标准使用载波侦听多路访问/冲突避免（CSMA/CA）技术代替有线以太网的载波侦听多路访问/冲突检测（CSMA/CD）技术。

WLAN 支持两种通信模式：Ad Hoc（对等）模式和 Infrastructure（基础结构）模式。

- Ad Hoc 模式

对等模式 WLAN 由一组有无线适配器的无线终端组成。这些无线终端以相同的工作组名、扩展服务集标识符（Extended Service Set ID，ESSID）和密码以对等的方式相互直连，进行点对点，或点对多点方式的通信。

- Infrastructure 模式

在 Infrastructure 模式中，具有无线适配器的无线终端以无线访问点（Access Point，AP）为中心，通过无线网桥（AB）、无线接入网关（AG）、无线接入控制器（AC）和无线接入服务器（AS）等将无线局域网与有线网网络连接起来。在此模式中，AP 将周期性地广播一个服务集标识符（SSID），用于将一个 WLAN 网络与其他网络区别开来。需要连接至此网络的所有无线终端必须使用相同的 SSID 进行配置。

1.4　ARP 协议和 ICMP 协议

ARP 协议和 ICMP 协议是常用的 TCP/IP 底层协议。在对网络故障进行诊断的时候，它们也是最常用的协议。

1.4.1　ARP 协议

1. ARP 工作原理

ARP（Address Resolution Protocol，地址解析协议）是一个位于 TCP/IP 协议栈中的低层协议，负责将某个 IP 地址解析成对应的 MAC 地址。

当一个基于 TCP/IP 的应用程序需要从一台主机发送数据给另一台主机时，它把信息分割并封装成包，附上目的主机的 IP 地址。然后，寻找 IP 地址到实际 MAC 地址的映射，这需要发送 ARP 广播消息。当 ARP 找到目的主机 MAC 地址后，就可以形成待发送帧的完整以太网帧头。最后，协议栈将 IP 包封装到以太网帧中进行传送。

如图 1-19 所示描述了 ARP 广播过程。

在图 1-19 中，当主机 A 要和主机 B 通信（如主机 A Ping 主机 B）时，主机 A 会先检查其 ARP 缓存内是否有主机 B 的 MAC 地址。如果没有，主机 A 会发送一个 ARP 请求广播包，此包内包含着其欲与之通信的主机的 IP 地址，也就是主机 B 的 IP 地址。当主机 B 收到此广播后，会将自己的 MAC 地址利用 ARP 响应包传给主机 A，并更新自己的 ARP 缓存，也就是同时将主机 A 的 IP 地址/MAC 地址对保存起来，以供后面使用。主机 A 在得到主机 B 的 MAC 地址后，就可以与主机 B 通信了。同时，主机 A 也将主机 B 的 IP 地址/MAC 地址对保存在自己的 ARP 缓存内。

2. ARP 报文格式

ARP 报文被封装在以太网帧头部中传输，如图 1-20 所示是 ARP 请求协议报文头部格式。

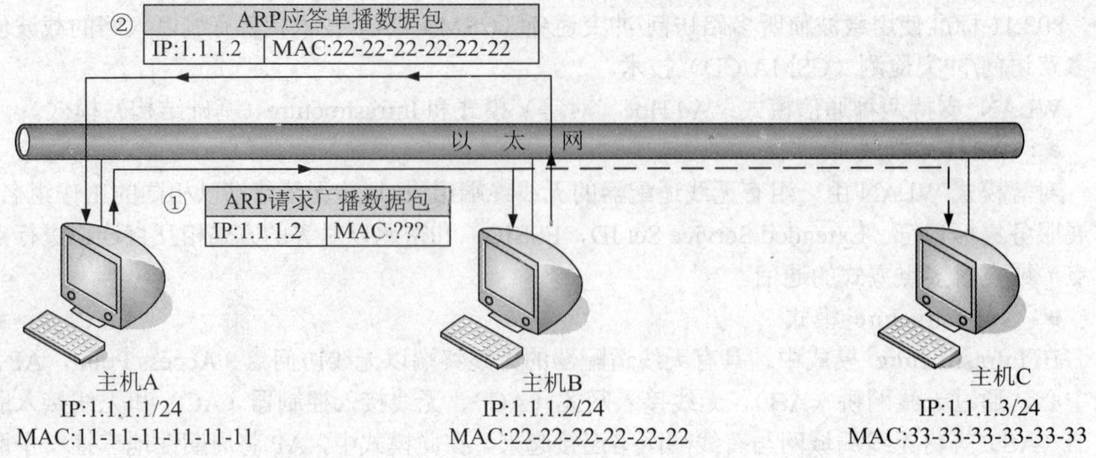

图 1-19　ARP 广播过程

00 01 02 03 04 05 06 07 08 09 10 11 12 13 14 15 16 17 18 19 20 21 22 23 24 25 26 27 28 29 30 31　Bit

<table>
<tr><td colspan="4">广播MAC地址（全1）</td></tr>
<tr><td colspan="2">广播MAC地址（全1）</td><td colspan="2">源MAC地址</td></tr>
<tr><td colspan="4">源MAC地址</td></tr>
<tr><td colspan="4">协议类型</td></tr>
<tr><td colspan="2">硬件类型</td><td colspan="2">协议类型</td></tr>
<tr><td>硬件地址长度</td><td>协议地址长度</td><td colspan="2">操作类型</td></tr>
<tr><td colspan="4">源MAC地址</td></tr>
<tr><td colspan="2">源MAC地址</td><td colspan="2">源IP地址</td></tr>
<tr><td colspan="2">源IP地址</td><td colspan="2">目标MAC地址（全0）</td></tr>
<tr><td colspan="4">目标MAC地址（全0）</td></tr>
<tr><td colspan="4">目标IP地址</td></tr>
</table>

图 1-20　ARP 请求协议报文头部格式

图 1-20 中灰色的部分是以太网（这里是 Ethernet II 类型）的帧头部。其中，第一个字段是广播类型的 MAC 地址：0xFF-FF-FF-FF-FF-FF，其目标是网络上的所有主机；第二个字段是源 MAC 地址，即请求地址解析的主机 MAC 地址；第三个字段是协议类型，这里用 0x0806 代表封装的上层协议是 ARP 协议。

接下来是 ARP 协议报文部分。其中各个字段的含义如下：

- 硬件类型：表明 ARP 实现在何种类型的网络上。
- 协议类型：代表解析协议（上层协议）。这里，一般是 0800，即 IP。
- 硬件地址长度：MAC 地址长度，此处为 6 个字节。
- 协议地址长度：IP 地址长度，此处为 4 个字节。
- 操作类型：代表 ARP 数据包类型。0 表示 ARP 请求数据包，1 表示 ARP 应答数据包。
- 源 MAC 地址：发送端 MAC 地址。
- 源 IP 地址：代表发送端协议地址（IP 地址）。

- 目标 MAC 地址：目的端 MAC 地址（待填充）。
- 目标 IP 地址：代表目的端协议地址（IP 地址）。

ARP 应答协议报文和 ARP 请求协议报文类似。不同的是，此时，以太网帧头部的目标 MAC 地址为发送 ARP 地址解析请求的主机的 MAC 地址，而源 MAC 地址为被解析的主机的 MAC 地址。同时，操作类型字段为 1，表示 ARP 应答数据包，目标 MAC 地址字段被填充以目标 MAC 地址。

3. ARP 缓冲区

为了节省 ARP 缓冲区内存，被解析过的 ARP 条目的寿命都是有限的。如果一段时间内该条目没有被参考过，则条目被自动删除。在工作站 PC 的 Windows 环境中，ARP 条目的寿命是 2 分钟，在大部分 Cisco 交换机中，该值是 5 分钟。

在工作站 PC 的 Windows 系统中，可以使用命令 arp -a 查看当前的 ARP 缓存，如图 1-21 所示。而在路由器和交换机中，可以使用命令 show arp 完成相同的功能，如图 1-22 所示。

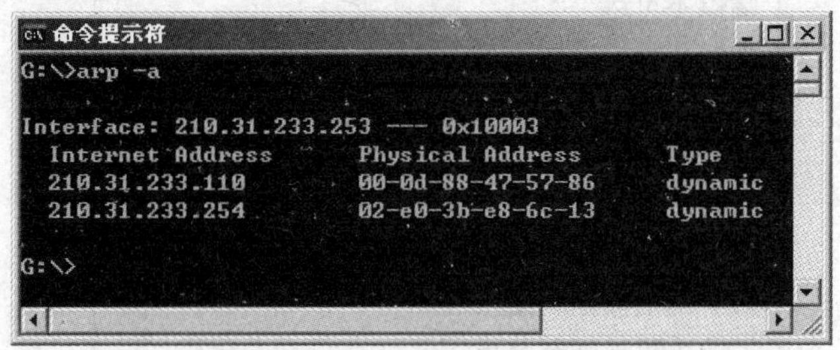

图 1-21　Windows 系统下命令 arp –a 的输出

```
Router#show arp
Protocol  Address            Age (min)  Hardware Addr    Type   Interface
Internet  210.31.224.233     0          0060.94b9.d14b   ARPA   FastEthernet0/1
Internet  210.31.224.186     0          0800.20a9.a544   ARPA   FastEthernet0/1
Internet  210.31.221.254     0          00e0.4ce0.eadb   ARPA   FastEthernet1/0
Internet  210.31.221.253     -          000b.fdd2.9c91   ARPA   FastEthernet1/0
Internet  210.31.224.254     -          000b.fdd2.9c82   ARPA   FastEthernet0/1
Internet  61.240.133.177     0          00e0.fc04.c541   ARPA   FastEthernet0/0
Internet  61.240.133.178     -          000b.fdd2.9c81   ARPA   FastEthernet0/0
Router#
```

图 1-22　路由器中 show arp 命令的输出

注意：ARP 不能通过 IP 路由器发送广播，所以不能用来确定远程网络设备的硬件地址。对于目标主机位于远程网络的情况，IP 利用 ARP 确定默认网关（路由器）的硬件地址，并将数据包发到默认网关，由路由器按照自己的方式转发数据包。

1.4.2　ICMP 协议

1. ICMP 协议

IP 协议是一种不可靠的协议，无法进行差错控制。但 IP 协议可以借助其他协议来实现这一功能，如 ICMP（Internet Control Messages Protocol，网间控制报文协议）。

ICMP 协议允许主机或路由器报告差错情况和提供有关异常情况的报告。

一般来说，ICMP 报文提供针对网络层的错误诊断、拥塞控制、路径控制和查询服务四项大的功能。如，当一个分组无法到达目的站点或 TTL 超时后，路由器就会丢弃此分组，并向源站点返回一个目的站点不可到达的 ICMP 报文。

ICMP 报文大体可以分为两种类型，即 ICMP 差错报文和 ICMP 询问报文。若细分又可分为很多类型，如表 1-1 所示。

表 1-1　ICMP 报文类型

类型	代码	描述	查询	差错
0	0	回射应答（Ping 应答）	√	
3		目标不可达		√
	0	网络不可达		√
	1	主机不可达		√
	2	协议不可达		√
	3	端口不可达		√
	4	需要分片但设置了不分片位		√
	5	源站选路失败		√
	6	目的网络不认识		√
	7	目的主机不认识		√
	8	源主机被隔离（作废不用）		√
	9	目的网络被强制禁止		√
	10	目的主机被强制禁止		√
	11	由于服务类型 TOS，网络不可达		√
	12	由于服务类型 TOS，主机不可达		√
	13	由于过滤，通信被强制禁止		√
	14	主机越权		√
	15	优先权中止生效		√
4	0	源端被关闭（基本流控制）		√
5		重定向		√
	0	对网络重定向		√
	1	对主机重定向		√
	2	对服务类型和网络重定向		√
	3	对服务类型和主机重定向		√
8	0	回射请求（Ping 请求）	√	
9	0	路由器通告	√	
10	0	路由器请求	√	
11		超时		
	0	传输期间生存时间为 0		√
	1	在数据报组装期间生存时间为 0		√
12		参数问题		
	0	坏的 IP 头部（包括各种差错）		√
	1	缺少必要的选项		√

续表

类型	代码	描述	查询	差错
13	0	时间戳请求	√	
14	0	时间戳应答	√	
15	0	信息请求（作废不用）	√	
16	0	信息应答（作废不用）	√	
17	0	地址掩码请求	√	
18	0	地址掩码应答	√	

2. ICMP 回射请求和应答报文头部格式

ICMP 报文被封装在 IP 数据报内部传输。如图 1-23 所示是 ICMP 回射请求和应答报文头部格式。

00 01 02 03 04 05 06 07 08 09 10 11 12 13 14 15 16 17 18 19 20 21 22 23 24 25 26 27 28 29 30 31　bit

<table>
<tr><td colspan="3">IP 头部（20 字节）</td></tr>
<tr><td>类型（0，8）</td><td>代码（0）</td><td>校验和</td></tr>
<tr><td colspan="2">标识符</td><td>序列号</td></tr>
<tr><td colspan="3">选项（若有）</td></tr>
</table>

图 1-23　ICMP 回射请求和应答报文头部格式

各种 ICMP 报文头部的前 32 位都一样，它们是：

- 8 位类型和 8 位代码字段：一起决定了 ICMP 报文的类型。常见的有：
  - 类型 8、代码 0：回射请求。
  - 类型 0、代码 0：回射应答。
  - 类型 11、代码 0：超时。
- 16 位校验和字段：包括数据在内的整个 ICMP 数据包的校验和，其计算方法和 IP 头部校验和的计算方法是一样的。

对于 ICMP 回射请求和应答报文来说，接下来是 16 位标识符字段，用于标识本 ICMP 进程。最后是 16 位序列号字段，用于判断回射应答数据报。

3. ICMP 目标不可达报文

如图 1-24 所示是 ICMP 目标不可达报文头部格式。

其中代码字段的不同值又代表不同的含义，如：0 代表网络不可达、1 代表主机不可达等，见表 1-1。

00 01 02 03 04 05 06 07 08 09 10 11 12 13 14 15 16 17 18 19 20 21 22 23 24 25 26 27 28 29 30 31　bit

<table>
<tr><td colspan="3">P 头部（20 字节）</td></tr>
<tr><td>类型（3）</td><td>代码</td><td>校验和</td></tr>
<tr><td colspan="3">未定义（全 0）</td></tr>
<tr><td colspan="3">IP 头部（包括选项）+原始 IP 数据报中数据的前 8 字节</td></tr>
</table>

图 1-24　ICMP 目标不可达报文头部格式

4. ICMP 超时报文头部格式

如图 1-25 所示是 ICMP 超时报文头部格式。

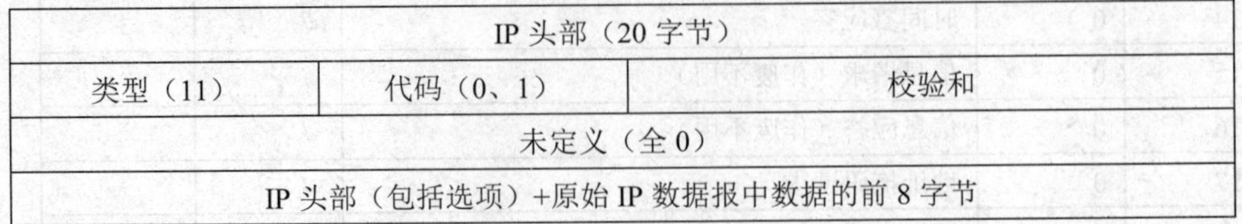

图 1-25 ICMP 超时报文头部格式

其中：

- 类型 11+代码 0：表示传输期间生存时间为 0。
- 类型 11+代码 1：表示数据报组装期间生存时间为 0。

由于篇幅有限，这里不再分析其他类型 ICMP 协议数据包的格式。

5. Ping 命令

Ping 命令利用 ICMP 回射请求报文和回射应答报文来测试目标系统是否可达。

ICMP 回射请求和 ICMP 回射应答报文是配合工作的。当源主机向目标主机发送了 ICMP 回射请求数据包后，它期待着目标主机的回答。目标主机在收到一个 ICMP 回射请求数据包后，它会交换源、目的主机的地址，然后将收到的 ICMP 回射请求数据包中的数据部分原封不动地封装在自己的 ICMP 回射应答数据包中，然后发回给发送 ICMP 回射请求的一方。如果校验正确，发送者便认为目标主机的回射服务正常，也即物理连接畅通。

在 Windows 9X、Windows 2000 等操作系统的 Ping 命令中，ICMP 包中的数据长度默认为 32 字节，其内容为英文小写字母循环系列（abcdefg…wabcdefghi）。在 Cisco 路由器、交换机设备中，ICMP 包中的数据长度默认为 100 字节，ICMP 包的内容模式是 0xABCD。

1.5 路由、交换与远程访问技术

路由、交换与远程访问技术是现代计算机网络领域中三大支撑技术体系，它们几乎涵盖了一个完整园区网实现的方方面面。下面对它们做一个简要的介绍。

1.5.1 路由技术

路由协议工作在 OSI 参考模型的第 3 层，因此它的作用主要是在通信子网间路由数据包。如图 1-26 所示，路由器具有在网络中传递数据时选择最佳路径的能力。

为了实现这一功能，作为主要数据转发设备的路由器，首先缓存收到的数据包；然后，查询路由表并根据路由表中的信息转发数据包。

路由器中的路由表一般包括以下因素：目标网络网络号，代价（到达目标网络的花费值）以及本地输出接口等。

路由表中的每一个条目要么是动态产生的，称为动态路由；要么是静态存在的，如由网络管理员人工指定的，称为静态路由。

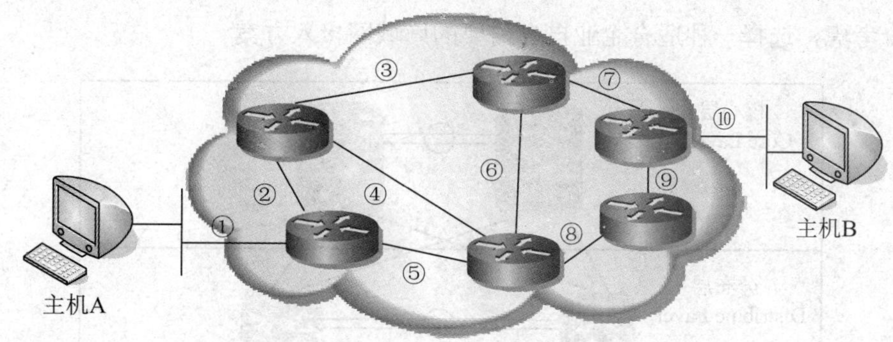

图 1-26　路由选择

动态路由是由动态路由选择协议产生的。不同动态路由选择协议选择的到目标网络的路径可能不同。如对于距离矢量路由协议 RIP 来说，其选择的最优路径是到达目标网络所需跳数（hops）最少（中间经过的路由器数量最少）的路径。还有一些路由协议，如链路状态路由协议（OSPF）会选择链路平均带宽最大的路径进行数据传输等。

除了可以完成主要的路由任务，利用访问控制列表（Access Control List，ACL），路由器还可以完成以路由器为中心的流量控制和过滤功能。

1.5.2　交换技术

传统意义上的数据交换发生在 OSI 模型的第 2 层。现代交换技术还实现了第 3 层交换和多层交换。高层交换技术的引入不但提高了园区网数据交换的效率，更大大增强了园区网数据交换的服务质量，满足了不同类型网络应用程序的需要。

现代交换网络还引入了虚拟局域网（Virtual LAN，VLAN）的概念。VLAN 将广播域限制在单个 VLAN 内部，减小了各 VLAN 间主机的广播通信对其他 VLAN 的影响。在 VLAN 间需要通信时，可以利用 VLAN 间路由技术来实现。

为了简化交换网络设计、提高交换网络的可扩展性，在园区网内部数据交换的部署是分层进行的。

园区网数据交换设备可以划分为三个层次：访问层、分布层、核心层，如图 1-27 所示。

访问层为所有的终端用户提供一个接入点；分布层除了负责将访问层交换机进行汇集外，还为整个交换网络提供 VLAN 间的路由选择功能；核心层将各分布层交换机互连起来进行穿越园区网骨干的高速数据交换。

当园区网络的交换机数量增多、交换机间链路增加时，交换网络的复杂性可能会造成交换环路问题，这需要通过在各交换机上运行生成树协议（Spanning Tree Protocol，STP）来解决。

1.5.3　远程访问技术

远程访问也是园区网络必须提供的服务之一。它可以为家庭办公用户和出差在外的员工提供移动接入服务。

远程访问有三种可选的服务类型：专线连接、电路交换和包交换。不同的广域网连接类型提供的服务质量不同，花费也不相同。企业用户可以根据所需带宽、本地服务可用性、花费等因素综合考虑，选择一种适合企业自身需要的广域网接入方案。

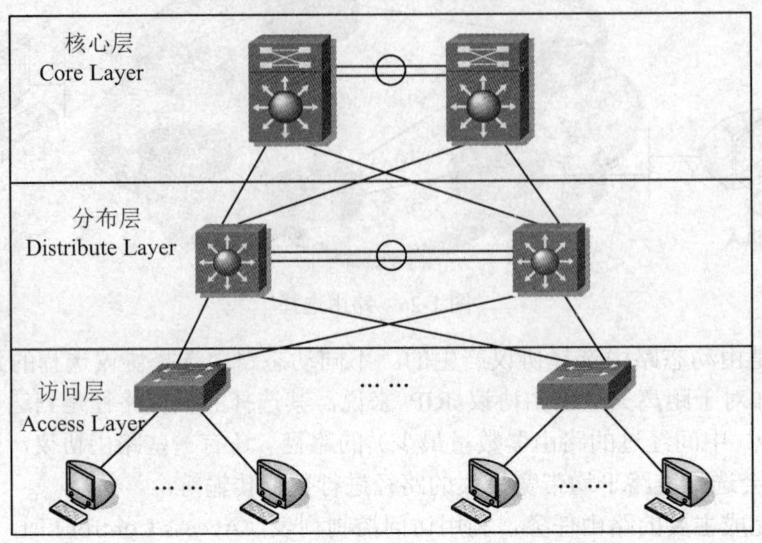

图 1-27 园区网分层设计模型

异步拨号连接属于电路交换类型的广域网连接，它是在传统公共交换电话网（Public Switched Telephone Network，PSTN）上提供服务的。传统 PSTN 提供的服务也被称为简易老式电话业务（Plan Old Telephone System，POTS）。因为目前存在着大量安装好的电话线，所以这样的环境是最容易满足的。因此，异步拨号连接也就成为最为方便和普遍的远程访问类型。但是，由于其速率很低（小于 56kb/s），所以只在小数据量、临时接入或作为主链路的备份链路时使用。

ISDN 可以提供更为稳定、带宽更宽的广域网异步拨号连接。因此曾为小的企业、单位接入广域网使用。

随着 xDSL 技术的出现，传统的 ISDN 逐渐退出技术市场。xDSL 是一种异步调制解调技术，可以达到较高上行速率和下行速率，基本可以满足个人用户日益提高的多媒体应用传输需求。

对于规模较大的企业以及有持续广域网业务数据流量的单位来说，可以采用专线连接或像帧中继这样的包交换广域网接入方案，从而获得更稳定的服务和更高的带宽。

广域网连接可以采用不同类型的封装协议，如 HDLC、PPP 等。其中，PPP 除了提供身份认证功能外，还可以提供其他很多可选项配置，包括链路压缩、多链路捆绑、回叫等，因此更具优势。

由于目前 IPv4 地址资源的限制，园区网中还必须使用网络地址转换（Network Address Translation，NAT）技术以满足园区网用户访问外网的需求。

1.5.4 完整的园区网实现

作为一个较为完整的园区网实现，路由、交换与远程访问技术缺一不可。图 1-28 是一个园区网实现综合实例。

在后面的各章中，将就每一技术领域的常用技术进行详细的讨论。通过本书后面章节的学习，相信读者能够系统地掌握园区网的设计、实施以及维护技巧。

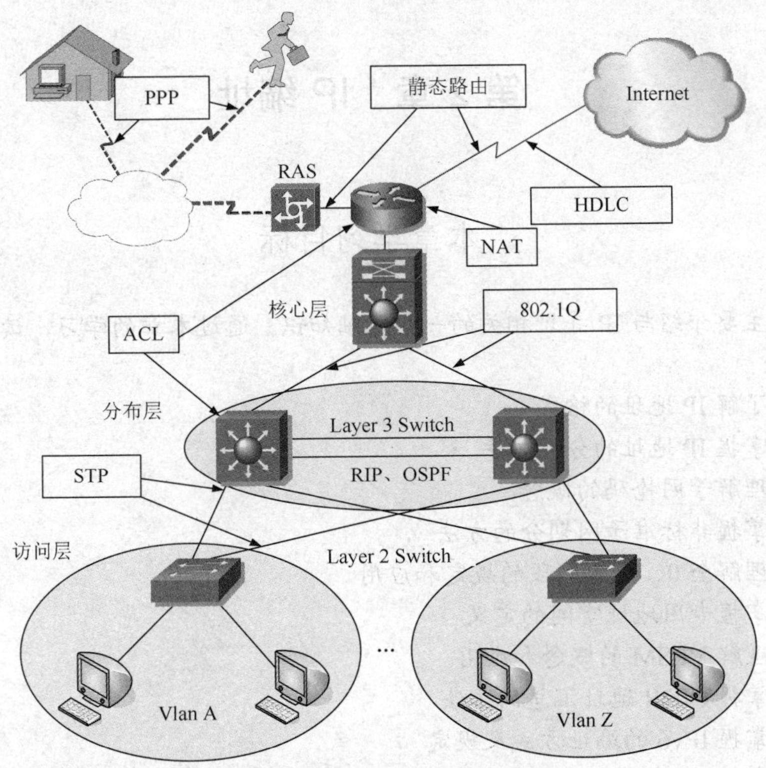

图 1-28　一个较为完整的园区网实现

思考与练习

1．画出 OSI 参考模型与 TCP/IP 协议栈模型。
2．画出 TCP 报文头部格式。
3．画出 IP 报文头部格式。
4．简述 TCP 连接建立、释放的握手过程。
5．画出常见的以太网帧格式。
6．写出常见的 IEEE 802 标准系列名称及代号。
7．万兆以太网一般可分为几类？各有什么特点？
8．无线局域网技术有哪几种规范？各有什么特点？
9．WLAN 支持几种通信模式？各有什么特点？
10．练习 ARP 协议相关命令的使用。
11．练习 ICMP 协议相关命令的使用。

第 2 章　IP 编址

本章学习目标

本章主要介绍与 IP 寻址相关的一些基础知识。通过本章的学习，读者应该掌握以下内容：

- 了解 IP 地址的格式
- 掌握 IP 地址的分类方法
- 理解子网掩码的概念
- 掌握非标准子网划分的方法
- 理解全 0、全 1 网段的规定和应用
- 掌握专用地址空间的定义
- 理解 VLSM 的概念和应用
- 掌握 CIDR 地址汇总的方法
- 掌握 IPv6 的编址方式及规定
- 掌握 IPv6 的地址类型、特点及用途
- 理解 IPv6 的头部格式
- 了解 IPv4 ~ IPv6 的过渡技术及特点
- 了解 IPv6 路由选择协议

2.1　IP 地址与子网掩码

在第 1 章中，我们讨论了 TCP/IP 参考模型。在 TCP/IP 的四层模型中，每一层中的对等实体为了标识自己，需要拥有一个唯一的名字。在模型的最底层——主机到网络层，使用网络适配器的物理地址（MAC 地址）标识处于同一个网段的不同主机；在网络互连层，使用 IP 地址来标识整个网络中不同的主机；在传输层，使用端口号来标识运行在某台主机上的不同网络应用程序；在应用层，使用易于辨别、易于记忆的主机地址来标识整个因特网中的不同主机。如图 2-1 所示。

TCP/IP 参考模型	
应用层	主机名
传输层	端口号
网络互连层	IP 地址
主机到网络层	MAC 地址

图 2-1　不同的层使用不同的名字

本章将主要讨论网络互连层的地址——IP 地址。

2.1.1　IP 地址的格式

在目前广泛使用的 IPv4 中，IP 地址由 32 位二进制数字组成。这 32 位二进制数字可以分为 4 个位域（Octets）。每个位域 8 位二进制数，各位域之间被点号分开。

有时，为了便于识别、记忆，经常将每个位域的 8 位二进制数转化成为 0～255（00000000 到 11111111=2^8-1）范围内的十进制数字，称为点分十进制。如图 2-2 所示（为了便于计数，将每个位域中的 8 位二进制数用逗号分隔为两部分。在实际计算机内部表示时，并没有任何分隔符）。

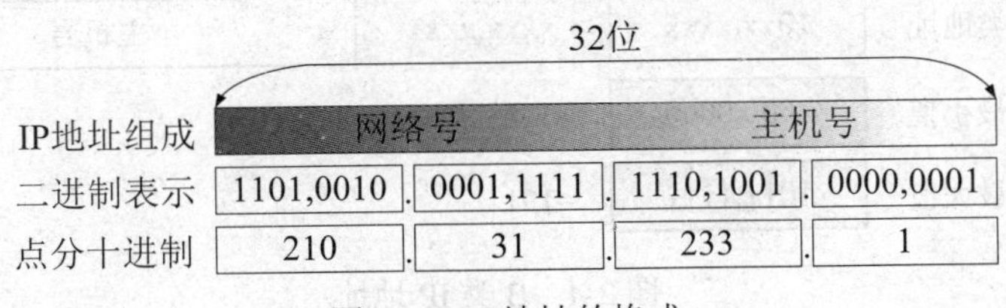

图 2-2　IP 地址的格式

2.1.2　IP 地址的种类

为了实现层次化管理，32 位的 IP 地址又被划分为两个部分：一部分用来标识网络，称为网络号（Network ID，NID）；另一部分用来表示网络中的主机，称为主机号（Host ID，HID）。如图 2-2 中的 IP 地址 210.31.233.1，210.31.233 为网络号；1 为主机号，表示 210.31.233 网络中编号为 1 的主机。

IPv4 中定义了 5 类 IP 地址，即：A、B、C、D、E 类地址。不同类别的 IP 地址对网络号及主机号范围的规定是不同的，用于匹配不同规模的网络。

1. A 类

A 类地址的特点是第 1 个位域的 8 位二进制数用来标识网络号，且第 1 个位域的最高位为 0，它和第 1 个位域的其余 7 位共同组成了网络号。剩余的 24 位二进制数代表主机号。如图 2-3 所示。

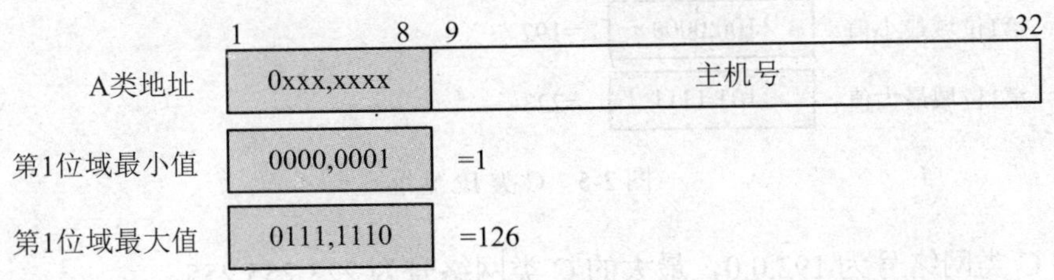

图 2-3　A 类 IP 地址

网络号全为 0 的地址不能使用。因此，最小的 A 类网络号为 1，最大的 A 类网络号为 127（01111111=128-1）。但网络号 127 被保留做循环测试地址使用，不能分配给任何一台主机。所以 A 类地址的网络号范围为：1～126。

对于 A 类网络来说，因为可以用 24 位二进制数标识主机号，所以每个 A 类网络可以容纳

2^{24}-2=16777214 台主机（IPv4 中规定主机号的各位不能全为 0 或全为 1）。

可见，可以用于分配的 A 类 IP 地址范围是：1.x.y.z～126.x.y.z，其中 x、y、z 的各个二进制位不能全为 0 或全为 1。例如，10.255.255.255 是不正确的 A 类 IP 地址，不能分配给主机使用，而 10.255.255.254 是合法的 A 类 IP 地址。

2. B 类

B 类地址的特点是第 1、2 个位域的 16 位二进制数用来标识网络号，且第 1 个位域的最高两位为 10，它和其余的 14 位二进制数共同组成了网络号。剩余的 16 位二进制数代表主机号。如图 2-4 所示：

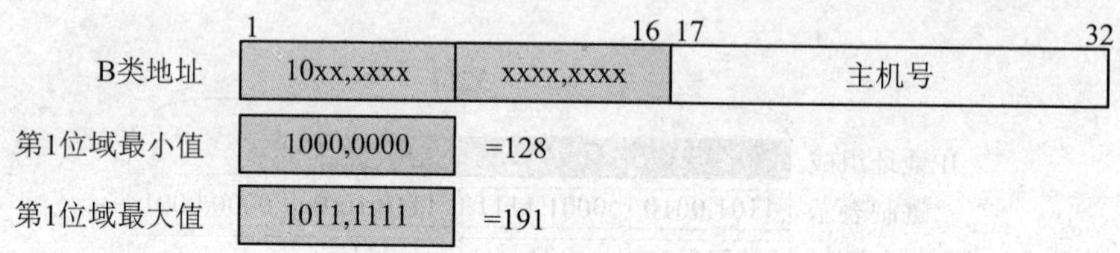

图 2-4 B 类 IP 地址

最小的 B 类网络号为 128.0，最大的 B 类网络号为 191.255。

对于 B 类网络来说，因为可以用除了最高两位以外的 14 位二进制数来标识网络号，所以一共可以有 2^{14}=16384 个 B 类网络。同时，因为可以用 16 位二进制数标识主机号，所以每个 B 类网络可以容纳 2^{16}-2=65534 台主机。

可见，可以用于分配的 B 类 IP 地址范围是：128.0.y.z～191.255.y.z，其中 y、z 的各个二进制位不能全为 0 或全为 1。

3. C 类

C 类地址的特点是第 1、2、3 个位域的 24 位二进制数用来标识网络号，且第 1 个位域的最高三位为 110，它和其余的 21 位二进制数共同组成了网络号。剩余的 8 位二进制位代表主机号。如图 2-5 所示。

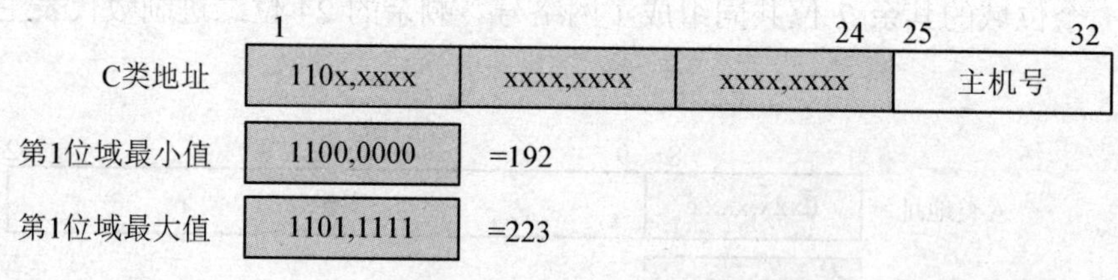

图 2-5 C 类 IP 地址

最小的 C 类网络号为 192.0.0，最大的 C 类网络号为 223.255.255。

对于 C 类网络来说，因为可以用除了最高三位以外的 21 位二进制数标识网络号，所以一共可以有 2^{21}=2097152 个 C 类网络。同时，因为可以用 8 位二进制数标识主机号，所以每个 C 类网络可以容纳 2^{8}-2=254 台主机。

可见，可以用于分配的 C 类 IP 地址范围是：192.0.0.z～223.255.255.z，其中 z 的各个二进制位不能全为 0 或全为 1。

4. D 类

D 类地址的第 1 个位域的最高 4 位为 1110。因此，第 1 个位域的取值范围是 224～239。如图 2-6 所示。

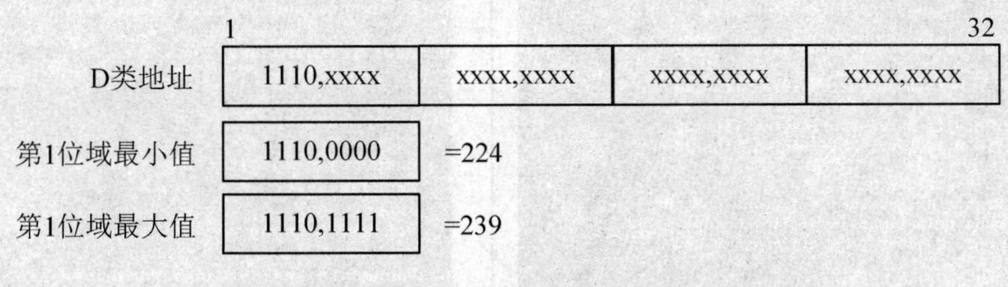

图 2-6 D 类 IP 地址

D 类地址属于比较特殊的 IP 地址类，它不区分网络号和主机号，也不能分配给具体的主机。

D 类地址主要用于多播（multi-casting），用于向特定的一组（多台）主机发送广播消息。在 RIPv2 和 OSPF 动态路由协议中采用多播方式在一组路由器间传送和路由相关的信息。

5. E 类

E 类地址的第 1 个位域的最高 5 位为 11110。因此，第 1 个位域的取值范围是 240～247。如图 2-7 所示。

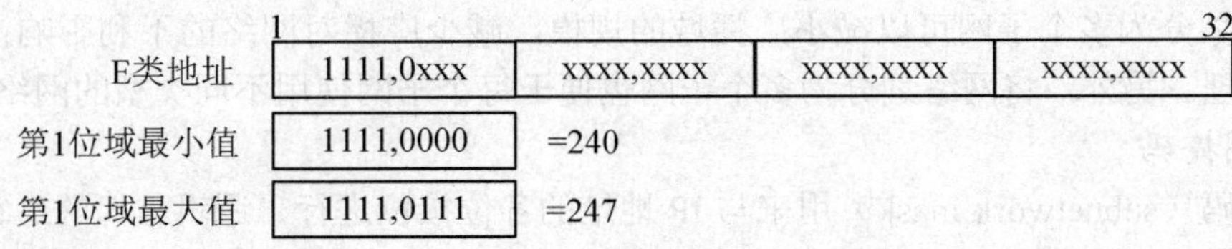

图 2-7 E 类 IP 地址

E 类地址被保留作为实验用。

6. 其他

对于第 1 个位域的取值范围在 248～254 之间的 IP 地址保留不用。

7. IP 地址的分配注意事项

在为主机分配 IP 地址时，必须注意以下问题：

● 网络号不能为 127

网络号 127 被保留作为本机循环测试地址使用。例如，可以使用命令 ping 127.0.0.1 测试 TCP/IP 协议栈是否正确安装，如图 2-8 所示。在路由器中，同样支持循环测试地址的使用。

● 主机号不能全为 0 或 255

全 0 的主机号代表本网络，如 210.31.233.0 代表网络号为 210.31.233 的 C 类网络。全 1 的主机号代表对本网络的广播，如 210.31.233.255 代表对 C 类网络 210.31.233.0 的广播，称为直接广播。如果一个数据包中的目标地址是一个广播地址，它要求该网段中的所有主机必须接收此数据包。如果 IP 地址的 32 位全为 1，即 255.255.255.255，则代表有限广播，它的目标是网络中的所有主机。

● 0.0.0.0

IP 地址 0.0.0.0 通常代表未知的源主机。当主机采用 DHCP 动态获取 IP 地址而无法获得合法的 IP 地址时，会用 IP 地址 0.0.0.0 来表示源主机 IP 地址未知。如图 2-9 所示。

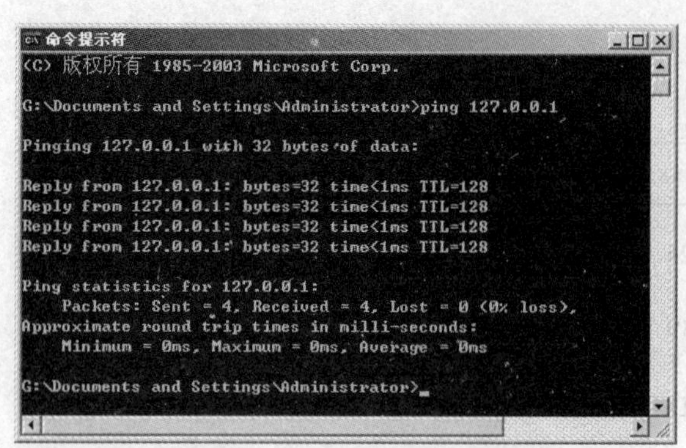

图 2-8 本机循环测试地址的使用

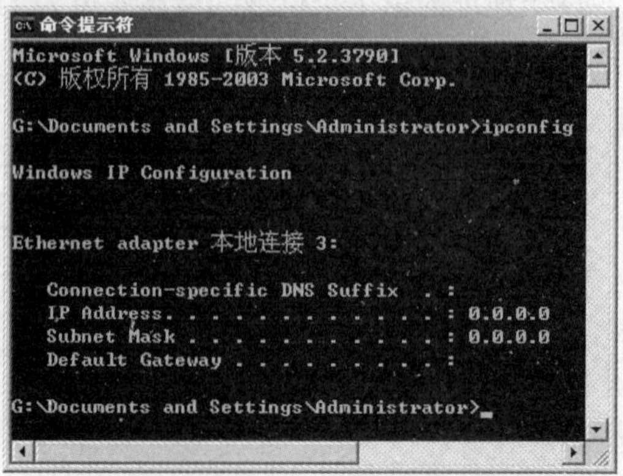

图 2-9 未知的源主机

2.1.3 子网掩码

1. 子网

子网（subnetwork）将网络划分为不同的部分，每一部分是一个独立的逻辑网络，称为子网。处于同一子网中的各主机的网络号是相同的，它们可以直接互相通信而不用经过路由器中转。

将网络划分为多个子网可以减小广播域的规模，减少广播对网络的不利影响；便于实现层次化的管理。另外，将网络划分为多个子网也便于每个子网使用不同类型的网络架构。

2. 子网掩码

子网掩码（subnetwork mask）用来与 IP 地址的各位按位进行“逻辑与”的运算，用来分辨网络号和主机号。

IPv4 规定了 A 类、B 类、C 类的标准子网掩码：

- A 类：255.0.0.0
- B 类：255.255.0.0
- C 类：255.255.255.0

例如，对于标准的 C 类 IP 地址 210.31.233.1 来说，其标准子网掩码是：255.255.255.0。将 IP 地址 210.31.233.1 和其对应的子网掩码 255.255.255.0 分别化为二进制形式。然后，按位进行“逻辑与”运算，得到的结果中，被子网掩码中的“0”屏蔽掉的部分就是主机号，而被子网掩码中的“1”保留下来的部分就是网络号。如图 2-10 所示。即 IP 地址 210.31.233.1 表示 C 类网络 210.31.233.0 中的编号为 1 的主机。

又如，对于标准的 B 类 IP 地址 160.133.50.131 来说，其标准子网掩码是：255.255.0.0。将 IP 地址 160.133.50.131 和其对应的子网掩码 255.255.0.0 分别化为二进制形式。然后，按位进行“逻辑与”运算。从结果可看出，IP 地址 160.133.50.131 表示 B 类网络 160.133.0.0 中的编号为 50.131 的主机。如图 2-11 所示。

由此可见，子网掩码的主要作用是用来分辨网络号与主机号的边界。

图 2-10　子网掩码的应用—1

图 2-11　子网掩码的应用—2

2.2　VLSM

2.2.1　非标准子网划分

当一个组织申请了一段 IP 地址后，可能需要对 IP 地址进行进一步的子网划分。例如，某规模较大的公司申请了一个 B 类 IP 地址 166.133.0.0。如果采用标准子网掩码 255.255.0.0 而不进一步划分子网，那么 166.133.0.0 网络中的所有主机（最多共 65534 台）都将处于同一个广播域下，网络中充斥的大量广播数据包将导致网络最终不可用。

解决方案是进行非标准子网划分。非标准子网划分的策略是借用主机号的一部分充当网络号。具体方法是采用新的非标准子网掩码，而不采用默认的标准子网掩码。

例如，B 类地址 166.133.0.0，不使用标准子网掩码 255.255.0.0，而是使用非标准子网掩码，如 255.255.255.0、255.255.240.0 等将网络划分为多个子网。

如图 2-12 所示，借用原来属于主机号范围的第 3 个位域充当子网号范围，即借用了 8 位主机号充当子网号。所采用的新子网掩码是：255.255.255.0，该子网掩码将这个 B 类的大网络 166.133.0.0 又划分成为 254 个小的子网（全 0 和全 1 的子网号不能使用）。对于这 254 个子网来说，每个子网各自又可以容纳 254 台主机。

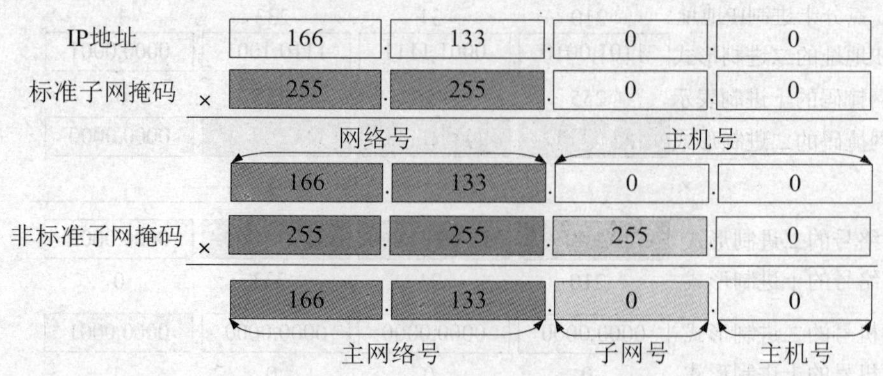

图 2-12 非标准子网划分

下面分别以 C、B、A 类 IP 地址为例详细讨论非标准子网划分。

1．对 C 类网络进行非标准子网划分

对于标准的 C 类 IP 地址来说，标准子网掩码为 255.255.255.0，即用 32 位 IP 地址的前 24 位标识网络号，后 8 位标识主机号。因此，每个 C 类网络下共可容纳 254 台主机（2^8-2）。

现在，先考虑借用 2 位主机号来充当子网络号的情形。如图 2-13 所示。

在图 2-13 中，为了借用原来 8 位主机号中的前 2 位充当子网络号，采用了新的非标准子网掩码 255.255.255.192。

采用了新的子网掩码后，借用的 2 位子网号可以用来标识两个子网：01 子网和 10 子网（子网号不能全为 0 或 1，因此 00、11 子网不能用）。

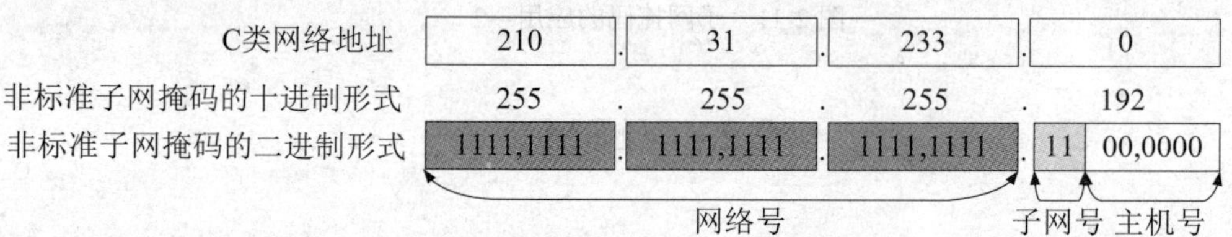

图 2-13 借用 2 位主机号来充当子网络号

首先，对于 01 子网来说，其网络号的点分十进制的形式为：210.31.233.64，该子网的最小 IP 地址为：210.31.233.65，最大 IP 地址为：210.31.233.126，共可容纳 62 台主机。对该子网的直接广播地址为：210.31.233.127。如图 2-14 所示。

其次，对于 10 子网来说，其网络号的点分十进制的形式为：210.31.233.128，该子网的最小 IP 地址为：210.31.233.129，最大 IP 地址为：210.31.233.190，共可容纳 62 台主机。对该子网的直接广播地址为：210.31.233.191。

同理，还可以借用 3 位、4 位、5 位、6 位主机号充当子网号。表 2-1 总结了对 C 类 IP 地址借用不同位数的主机号时应采用的子网掩码，以及可划分为多少个子网和每个子网可容纳的主机数。注意，借 1 位或 7 位无效。

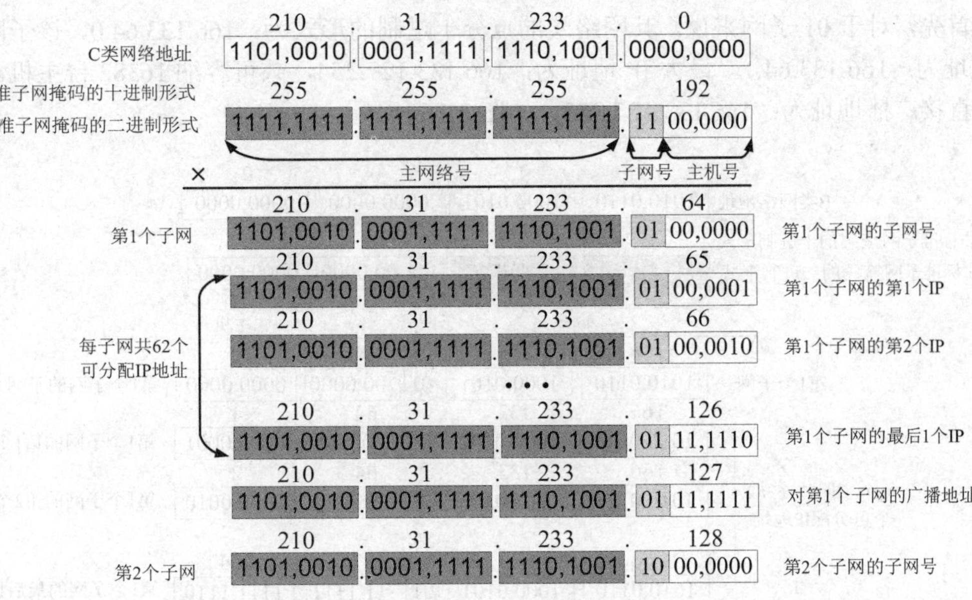

图 2-14　C 类网络 01 子网计算过程

表 2-1　C 类 IP 地址子网划分

借用位数	子网掩码	子网数	每子网主机数
2	255.255.255.192	2	62
3	255.255.255.224	6	30
4	255.255.255.240	14	14
5	255.255.255.248	30	6
6	255.255.255.252	62	2

2．对 B 类网络进行非标准子网划分

对于标准的 B 类 IP 地址来说，标准子网掩码为 255.255.0.0，即用 32 位 IP 地址的前 16 位标识网络号，后 16 位标识主机号。因此，每个 B 类网络下共可容纳 65534 台主机（2^{16}-2）。

同样先考虑借用 2 位的主机号来充当子网络号的情形。如图 2-15 所示。

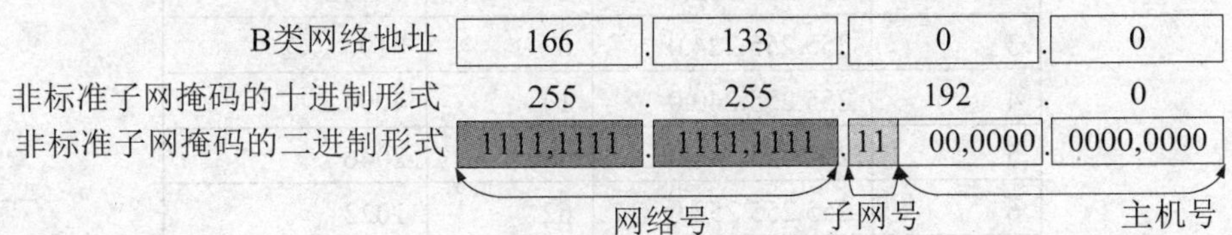

图 2-15　借用 2 位的主机号来充当子网络号

在图 2-15 中，为了借用原来 16 位主机号中的前 2 位充当子网络号，采用了新的非标准子网掩码 255.255.192.0。

采用了新的子网掩码后，借用的 2 位子网号可以用来标识两个子网：01 子网和 10 子网（子网号不能全为 0 或 1，因此 00、11 子网不能用）。

首先，对于 01 子网来说，其网络号的点分十进制的形式为：166.133.64.0，该子网的最小 IP 地址为：166.133.64.1，最大 IP 地址为：166.133.127.254，共可容纳 16382 台主机。对该子网的直接广播地址为：166.133.127.255。如图 2-16 所示。

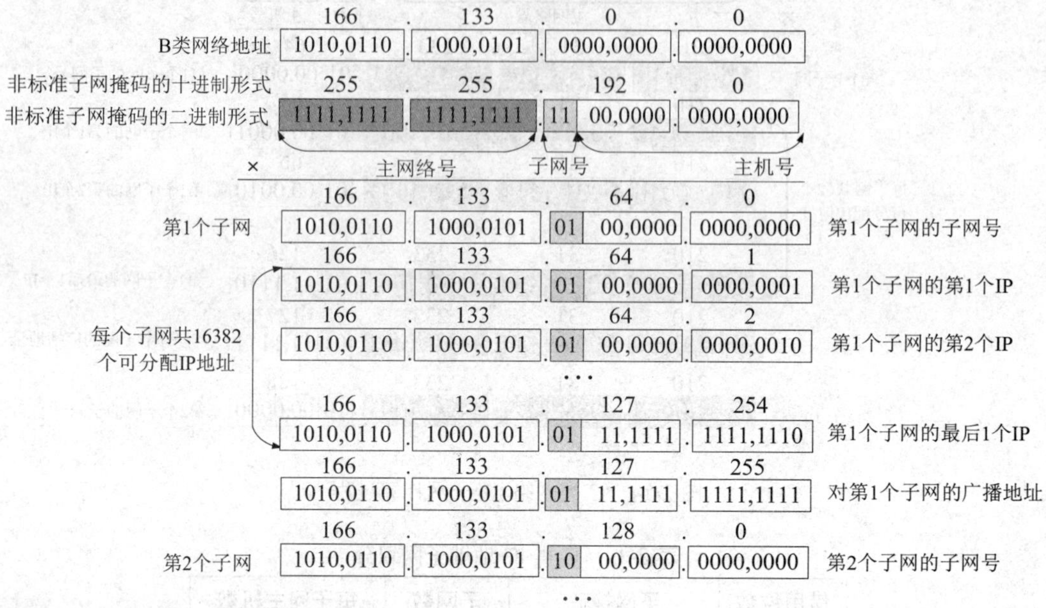

图 2-16 B 类网络 01 子网计算过程

其次，对于 10 子网来说，其网络号的点分十进制的形式为：166.133.128.0，该子网的最小 IP 地址为：166.133.128.1，最大 IP 地址为：166.133.191.254.，共可容纳 16382 台主机。对该子网的直接广播地址为：166.133.191.255。

同理，还可以借用 3 位、4 位、5 位、6 位、7 位、8 位甚至更多位主机号来充当子网号，表 2-2 总结了对于 B 类网络常用的、借用不同位数的主机号时应采用的子网掩码，以及可划分为多少个子网和每个子网可容纳的主机数。注意，借 1 位或 15 位无效。

表 2-2 B 类 IP 地址子网划分

借用位数	子网掩码	子网数	每子网主机数
2	255.255.192.0	2	16382
3	255.255.224.0	6	8190
4	255.255.240.0	14	4094
5	255.255.248.0	30	2046
6	255.255.252.0	62	1022
7	255.255.254.0	126	510
8	255.255.255.0	254	254

3. 对 A 类网络进行非标准子网划分

仿照前面的分析，可以得出 A 类网络常见的子网划分方式及其相关数据，如表 2-3 所示。

表 2-3　A 类 IP 地址子网划分

借用位数	子网掩码	子网数	每子网主机数
2	255.192.0.0	2	4194302
3	255.224.0.0	6	2097150
4	255.240.0.0	14	1048574
5	255.248.0.0	30	524286
6	255.252.0.0	62	262142
7	255.254.0.0	126	131070
8	255.255.0.0	254	65534

2.2.2　全 0 和全 1 网段

回想前面的例子中，将 C 类网络 210.31.233.0 划分为两个子网 210.31.233.64 和 210.31.233.128 后，每个子网可容纳 62 台主机，两个子网共可容纳 124 台主机。而在未划分子网前，该 C 类网络 210.31.233.0 可以容纳 254 台主机。也就是说，划分子网后浪费了一半的 IP 地址（即 210.31.233.1～210.31.233.63 和 210.31.233.192～210.31.233.254）。

这里造成 IP 地址空间浪费的主要原因是 RFC 1009 中规定划分子网时，子网号不能全为 0 或 1，将其称为全 0 与全 1 网段。

RFC 1009 保留全 0 与全 1 网段未用是因为在某些时候采用全 0 与全 1 网段会导致 IP 地址的二义性。

例如，为了将标准 C 类网络 201.15.66.0 划分成 8 个子网，采用了非标准子网掩码 255.255.255.224。该子网掩码将 C 类网络 201.15.66.0 划分成如下 8 个子网（假设允许子网号全为 0 或 1）。

- 子网 1：网络号 201.15.66.0，可用 IP 地址范围 201.15.66.1～201.15.66.30，子网广播地址 201.15.66.31。
- 子网 2：网络号 201.15.66.32，可用 IP 地址范围 201.15.66.33～201.15.66.62，子网广播地址 201.15.66.63。
- 子网 3：网络号 201.15.66.64，可用 IP 地址范围 201.15.66.65～201.15.66.94，子网广播地址 201.15.66.95。
- 子网 4：网络号 201.15.66.96，可用 IP 地址范围 201.15.66.97～201.15.66.126，子网广播地址 201.15.66.127。
- 子网 5：网络号 201.15.66.128，可用 IP 地址范围 201.15.66.129～201.15.66.158，子网广播地址 201.15.66.159。
- 子网 6：网络号 201.15.66.160，可用 IP 地址范围 201.15.66.161～201.15.66.190，子网广播地址 201.15.66.191。
- 子网 7：网络号 201.15.66.192，可用 IP 地址范围 201.15.66.193～201.15.66.222，子网广播地址 201.15.66.223。
- 子网 8：网络号 201.15.66.224，可用 IP 地址范围 201.15.66.225～201.15.66.254，子网广播地址 201.15.66.255。

对于未划分子网的原主网络 201.15.66.0 来说，其网络号 201.15.66.0 和划分完子网后的第 1 个子网的网络号 201.15.66.0 是相同的。同样，对于原主网络 201.15.66.0 来说，其广播地址 201.15.66.255 和划分完子网后的第 8 个子网的广播地址 201.15.66.255 也是相同的。因此，RFC 1009 规定不能使用全 0 或全 1 的子网号，以免发生上面的 IP 地址二义性问题。

为了解决 IP 地址的二义性问题，可以规定 IP 地址不能单独使用，必须携带相应的子网掩码信息。如 201.15.66.0+255.255.255.0 是指未划分子网的原主网络 201.15.66.0，而 201.15.66.0+255.255.255.224 是指划分完子网后的第 1 个子网的网络号。

同理，201.15.66.255+255.255.255.0 是指对未划分子网的原主网络 201.15.66.0 的广播，而 201.15.66.255+255.255.255.224 是指对划分完子网后的第 8 个子网的广播。

这样，既有效地利用了宝贵的 IP 地址空间、减少了浪费，又可以有效地避免 IP 地址的二义性问题。

在 Cisco 路由器上，默认可以使用全 1 网段，但是不能使用全 0 网段。如果想要使用全 0 网段，必须输入命令 ip subnet-zero 允许使用全 0 网段。

需要注意的是，虽然命令 ip subnet-zero 允许我们使用全 0 网段，但对于一些有类（Classful）路由协议，如 RIP、IGRP 在广播路由更新信息时，只发送网络地址信息而不发送相应的子网掩码信息。这时，仍然会出现 IP 地址的二义性问题。

2.2.3　专用地址空间

RFC 1918 中定义了在企业网络内部使用的专用（私有）地址空间，如下：

- A 类：10.0.0.0～10.255.255.255
- B 类：172.16.0.0～172.31.255.255
- C 类：192.168.0.0～192.168.255.255

这些网络地址在因特网中是无法路由的，只能在企业网络内部使用。具有这些网络地址的主机如果想要访问 Internet，要么需要通过代理服务器，要么需要通过具有网络地址转换功能的路由器或防火墙。

此外，微软在自己的 TCP/IP 实现中规定了 LinkLocal 网络地址空间：169.254.0.0～169.254.255.255 也属于专用内部地址，也同样无法在 Internet 中路由。如图 2-17 所示。

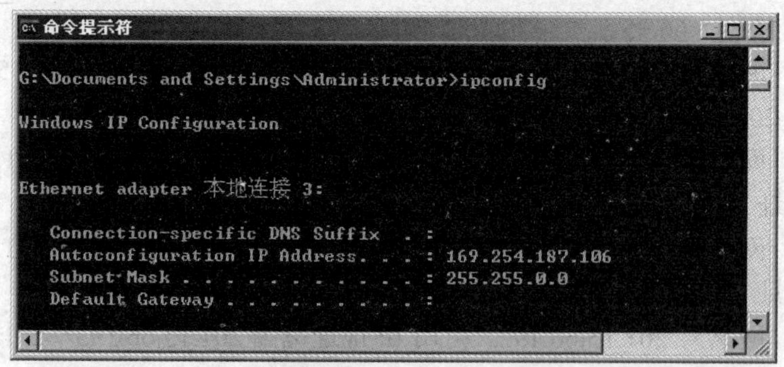

图 2-17　LinkLocal 网络地址空间

2.2.4 VLSM 和 CIDR

1. VLSM

RFC 1878 中定义了可变长子网掩码（Variable Length Subnet Mask，VLSM）。VLSM 规定了如何在一个进行了子网划分的网络中的不同部分使用不同的子网掩码。这对于网络内部不同网段需要不同大小子网的情形来说非常有效。

VLSM 实际上是一种多级子网划分技术，如图 2-18 所示。

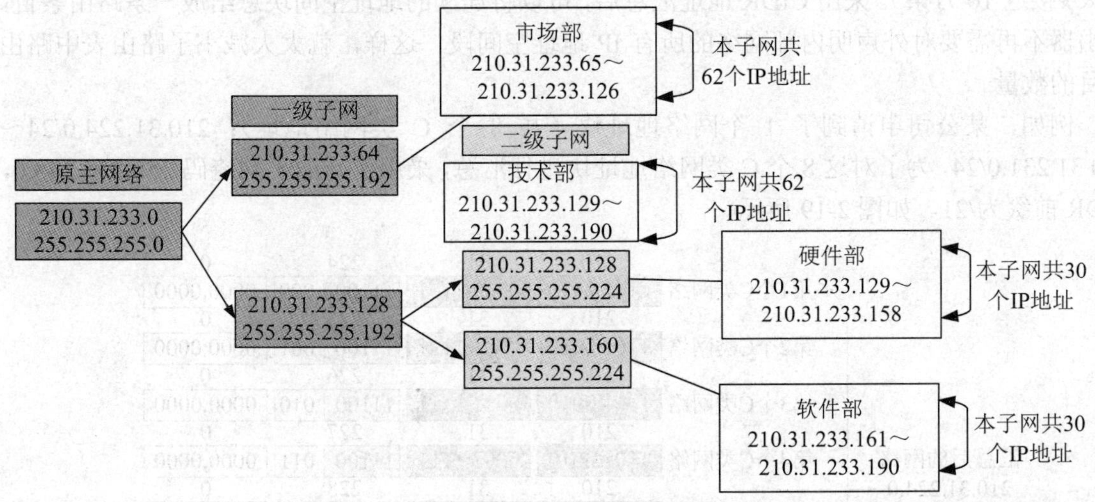

图 2-18 VLSM 应用

在图 2-18 中，某公司有两个主要部门：市场部和技术部。技术部又分为硬件部和软件部两个部门。该公司申请到了一个完整的 C 类 IP 地址段 210.31.233.0，子网掩码 255.255.255.0。为了便于分级管理，该公司采用了 VLSM 技术，将原主网络划分成为两级子网（未考虑全 0 和全 1 子网）。

市场部分得了一级子网中的第 1 个子网，即 210.31.233.64，子网掩码 255.255.255.192，该一级子网共有 62 个 IP 地址可供分配。

技术部将所分得的一级子网中的第 2 个子网 210.31.233.128，子网掩码 255.255.255.192 又进一步划分成了两个二级子网。其中第 1 个二级子网 210.31.233.128，子网掩码 255.255.255.224 划分给技术部的下属分部——硬件部，该二级子网共有 30 个 IP 地址可供分配；技术部的下属分部——软件部分得了第 2 个二级子网 210.31.233.160，子网掩码 255.255.255.224，该二级子网共有 30 个 IP 地址可供分配。

在实际工程实践中，可以进一步将网络划分成三级或者更多级子网。同时，可以考虑使用全 0 和全 1 子网以节省网络地址空间。

2. CIDR

无类域间路由（Classless Inter-Domain Routing，CIDR）在 RFC 1517～RFC 1520 中都有描述。提出 CIDR 的初衷是为了解决 IP 地址空间即将耗尽（特别是 B 类地址）的问题。CIDR 并不使用传统的有类网络地址的概念，即不再区分 A、B、C 类网络地址。在分配 IP 地址段时也不再按照有类网络地址的类别进行分配，而是将 IP 网络地址空间看成是一个整体，并划分成连续的地址块。然后，采用分块的方法进行分配。

在 CIDR 技术中，常使用子网掩码中表示网络号二进制位的长度来区分一个网络地址块的大小，称为 CIDR 前缀。如 IP 地址 210.31.233.1，子网掩码 255.255.255.0 可表示成 210.31.233.1/24；IP 地址 166.133.67.98，子网掩码 255.255.0.0 可表示成 166.133.67.98/16；IP 地址 192.168.0.1，子网掩码 255.255.255.240 可表示成 192.168.0.1/28 等。

CIDR 可以用来做 IP 地址汇总（或称超网，Super netting）。在未作地址汇总之前，路由器需要对外声明所有的内部网络 IP 地址空间段。这将导致 Internet 核心路由器中的路由条目非常庞大（接近 10 万条）。采用 CIDR 地址汇总后，可以将连续的地址空间块总结成一条路由条目。路由器不再需要对外声明内部网络的所有 IP 地址空间段。这样，就大大减小了路由表中路由条目的数量。

例如，某公司申请到了 1 个网络地址块（共 8 个 C 类网络地址）：210.31.224.0/24～210.31.231.0/24，为了对这 8 个 C 类网络地址块进行汇总，采用了新的子网掩码 255.255.248.0，CIDR 前缀为/21。如图 2-19 所示。

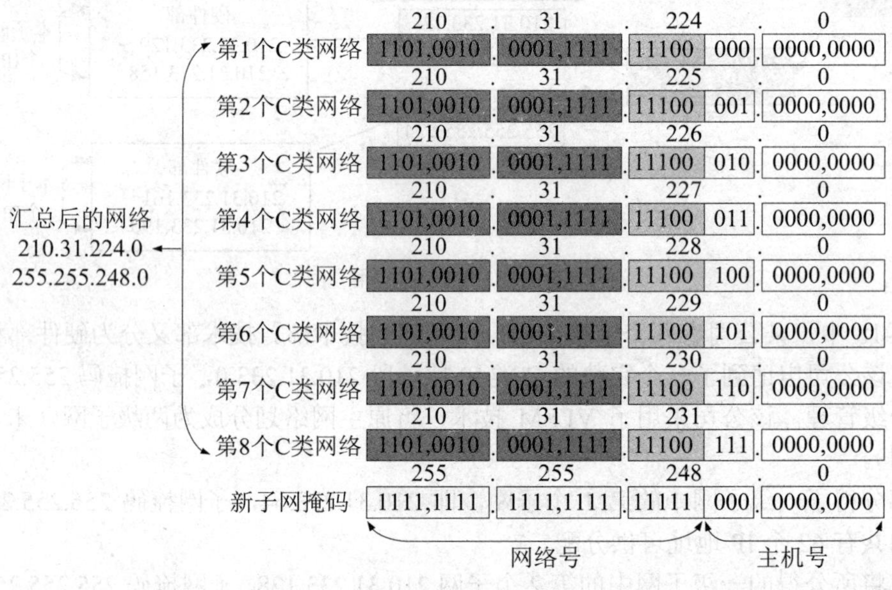

图 2-19 CIDR 应用

可以看出，CIDR 实际上是借用部分网络号充当主机号。在图 2-19 中，因为 8 个 C 类地址网络号的前 21 位完全相同，变化的只是最后 3 位网络号。因此，可以将网络号的后 3 位看成是主机号，选择新的子网掩码为 255.255.248.0（1111，1000），将这 8 个 C 类网络地址汇总成为 210.31.224.0/21。

利用 CIDR 实现地址汇总有两个基本条件：

- 待汇总地址的网络号拥有相同的高位。如图 2-19 中 8 个待汇总的网络地址的第 3 个位域的前 5 位完全相等，均为 11100。
- 待汇总的网络地址数目必须是 2^n，如 2 个、4 个、8 个、16 个等。否则，可能会导致路由黑洞（汇总后的网络可能包含本园区网实际中并不存在的子网）。

2.3　IPv6

从理论上计算，IP 地址的全部 32 位都使用时，可以表示 2^{32} =42.9 亿个 IP 地址，这几乎可以为地球三分之二的人口每人提供一个地址。但事实上，随着 Internet 的发展，由于种种原因（如分配的 IP 地址没有被充分利用，划分子网时浪费了一部分 IP 地址等），可用的 IP 地址已经快要用完了。

因特网工程任务组（Internet Engineering Task Force，IETF）正在考察 IPv4 能持续使用多长时间，并正在开发完善 IPv6。

2.3.1　IPv6 的优势

除了有更大的地址空间，对比 IPv4，IPv6 有如下的特点，这些特点也可以称作是 IPv6 的优点：简化的报头和灵活的扩展；层次化的地址结构；即插即用的连网方式；网络层的认证与加密；服务质量的满足；对移动通讯更好的支持。

2.3.2　IPv6 的编址

在 IPv6 中，IP 地址由 128 位二进制数组成。为了方便表示，这 128 位二进制数用冒号将其分割成 8 个位域，每个位域包含 4 个 4 位的 16 进制数。例如：

2001:0000:0000:010D:0CFA:6B3A:E073:8D8C

在每个位域中，如其高位为 0，则此位的 0 可以省略。如果一个位域中全为 0，可以用一个 0 表示。例如上述的地址可以写成：

2001:0:0:10D:CFA:6B3A:E073:8D8C

进一步，可以用双冒号置换地址中的连续位域的 0。例如上述的地址可以写成：

2001::10D:CFA:6B3A:E073:8D8C

需要注意的是，上述双冒号的规则只能在一个地址表示中使用一次。否则会导致歧义。例如：

2001:0:0:10D:CFA:0:0:8D8C

可以写成：

2001::10D:CFA:0:0:8D8C

也可以写成：

2001:0:0:10D:CFA::8D8C

但不可以写成：

2001::10D:CFA::8D8C

对于网络掩码，IPv6 中只能采用前缀的方法来表示，即用“/”及后面的数字表示网络前缀，如：

2001::10D:CFA:6B3A:E073:8D8C/64

如果只想表示地址中的前缀部分，也可以将所有的主机位置为 0。如：

2001:0:0:10D::/64

对于环回地址，可以表示为：::1/128，相当于 IPv4 中的 127.0.0.1。

对于默认地址，由于地址位和前缀长度都是 0，则可以表示为：::/0。

2.3.3 IPv6 地址类型

在 IPv6 中定义了三种地址类型，即：单播地址、多播地址及任意播地址。

1. 单播地址（Unicast）

和 IPv4 相同，单播地址用来标识网络中唯一一台主机。

如：2001::10D:CFA:6B3A:E073:8D8C/64 表示网络 2001::10D:/64 中的主机 CFA:6B3A:E073:8D8C。

实际上，IPv6 地址的高位指明了该地址的类型。例如，IPv6 的前 3 位是 001，表示该地址是全球单播地址。又如，IPv6 的前 8 位是 11111111，表示该地址是多播地址。

表 2-4 给出了常见的 IPv6 地址类型与地址中高位数字的关系表。

表 2-4 IPv6 地址类型与地址中高位数字的关系表

高位数字（二进制）	高位数字（十六进制）	地址类型
001	2xxx::/4 或 3xxx::/4	全球单播地址
1111 1111	FF00::/8	多播地址
1111 1110 10	FE80::/10	链路本地单播地址
1111 1110 11	FEC0::/10	站点本地单播地址

从表 2-4 中可以看到，IPv6 中的单播地址又被分为全球单播地址、链路本地单播地址及站点本地单播地址。这三类单播的地址格式不同，其特点、用途也不相同。

（1）全球单播地址（Global Unicast Address）。

顾名思义，全球单播地址是指该地址是全球唯一并全球可路由的。一个全球单播地址可以用图 2-20 来表示。

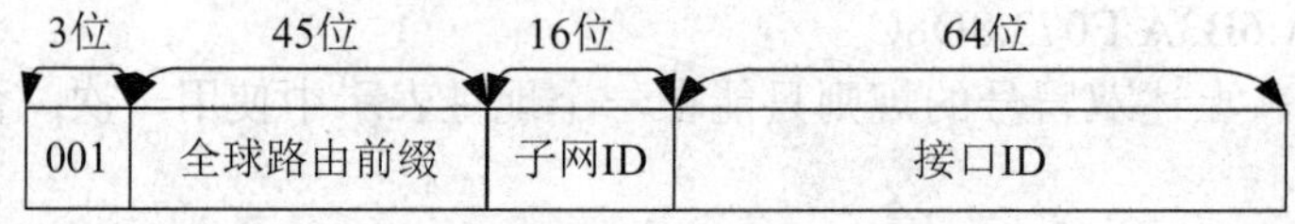

图 2-20 全球单播地址

图 2-20 中的前 3 位是全球单播地址的标识符，接下来的 45 位是全球范围内的路由前缀，一个因特网服务提供商（ISP）可以向因特网号码分配委员会（Internet Assigned Numbers Authority，IANA）申请这个范围内的一部分地址，然后将其再划分后分配给自己的客户。当某个组织从一个 ISP 处获得一段全球路由前缀后，可以将其进一步划分为若干子网。从子网位数我们可以看出，可以划分的子网达 65536 之多（2^{16}）。图 2-20 中的 64 位接口 ID 代表具体的主机。

以 2001::/16 为例，如图 2-21 所示，IANA 首先将前缀长度不超过/32 的 IPv6 前缀分配给地区因特网注册机构（Regional Internet Registries，RIR）。地区因特网注册机构（RIR）再将分得的 IPv6 前缀细分后分配给国家因特网注册机构（National Internet Registries，NIR）或本地因特网注册机构（Local Internet Registries，LIR）或因特网服务提供商（Internet Service Providers，ISP）。这些分配的前缀长度一般为/32～/35。因特网服务提供商再将分得的前缀细分后分配给他们的客户。

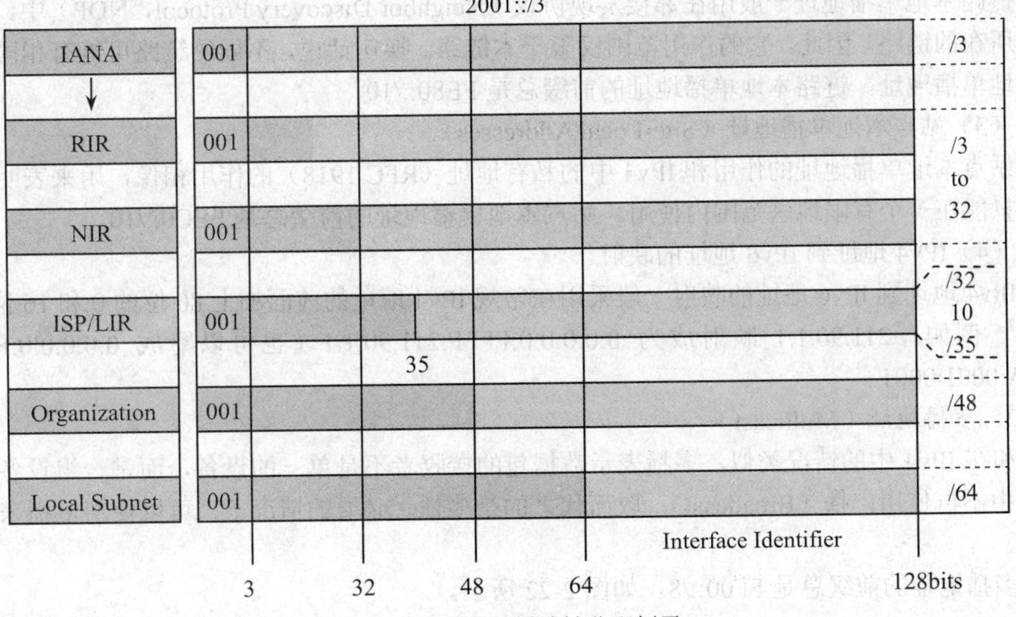

图 2-21 全球单播地址分配例子

注意：当前有 5 个地区因特网注册机构，包括：

- 非洲网络信息中心（African Network Information Center，AfriNIC）
- 亚太网络信息中心（Asia Pacific Network Information Center，APNIC）
- 美国因特网编号注册机构（American Registry for Internet Numbers，ARIN）
- 拉美和加勒比海地址注册机构（Latin-American and Caribbean IP Address Registry，LACNIC）
- 欧洲网络控制中心（Réseaux IP Européens，RIPE NCC）

表 2-5 给出了目前 IANA 已分配的 IPv6 单播地址空间。

表 2-5 已分配的 IPv6 单播地址空间

前缀（十六进制）	描述
2001::/16	IPv6 因特网 ARIN，APNIC，RIPE NCC，LACNIC
2002::/16	6 to 4 过渡
2003::/16	IPv6 因特网 RIPE NCC
2400:0000::/19 2400:2000::/19 2400:4000::/21	IPv6 因特网 APNIC
2600:0000::/22 2604:0000::/22 2608:0000::/22 260C:0000::/22	IPv6 因特网 ARIN
2A00:0000::/21 2A01:0000::/23	IPv6 因特网 RIPE NCC
3FFE::/16	6 Bone

（2）链路本地单播地址（Link-Local Addresses）。

链路本地单播地址一般用在邻接发现协议（Neighbor Discovery Protocol，NDP）中，用于标识所在的链路。因此，它的作用范围仅限于本链路。换句话说，不同的链路可能有相同的链路本地单播地址。链路本地单播地址的前缀总是 FE80::/10。

（3）站点本地单播地址（Site-Local Addresses）。

站点本地单播地址的作用和 IPv4 中的私有地址（RFC 1918）的作用相像，用来表明这些地址只能在一个有限地区范围内使用。站点本地单播地址的前缀总是 FEC0::/10。

（4）IPv4 地址到 IPv6 地址的映射。

IPv4 地址到 IPv6 地址的映射一般采用在常规 IPv4 地址的前面加上 80 位的 0 和 16 位的 1 构成。例如，211.90.1.1 映射成为 0:0:0:0:0:FFFF:211.90.1.1（也可以写成 0:0:0:0:0:FFFF:D35A:0001:0001）

2. 多播地址（Multicast）

和在 IPv4 中的情况类似，多播表示数据包的接收者不是单一的设备，而是一组设备。在 IPv6 中不再使用广播（Broadcast），取而代之的是多播。必要的情况下，可以使用多播来模拟广播。

多播地址的前缀总是 FF00::/8。如图 2-22 所示。

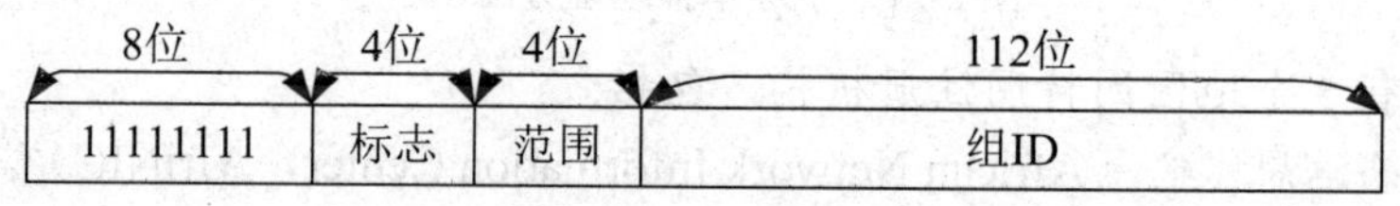

图 2-22　IPv6 多播地址

图 2-22 中的前 8 位是多播地址的标识符，接下来的 4 位标志位中只有最后 1 位在使用，它表示该地址是否是一个永久的多播地址（该位置 0 表示永久的或称公认的地址）。接下来的 4 位表示该多播的作用范围。表 2-6 给出了这些范围的定义。最后的 112 位用来代表某个具体的多播组。表 2-7 给出了常见的、公认的 IPv6 多播组地址。

表 2-6　多播作用范围的定义

范围字段的值	描述
0x0	保留
0x1	节点本地
0x2	链路本地
0x3	子网本地
0x4	管理本地
0x5	站点本地
0x8	组织本地
0xE	全球
0xF	保留

表 2-7 常见的、公认的 IPv6 多播组地址

前缀（十六进制）	范围	描述
FF01::1	节点本地	所有节点
FF01::2	节点本地	所有路由器
FF02::1	链路本地	所有节点
FF02::2	链路本地	所有路由器
FF02::5	链路本地	所有 OSPFv3 路由器
FF02::6	链路本地	所有 OSPFv3 指定路由器
FF02::9	链路本地	所有 RIPng 路由器
FF02::D	链路本地	所有 PIM 路由器
FF05::2	站点本地	所有路由器

3. 任意播地址（Anycast）

任意播地址也称为泛播地址，一个单一的任意播地址被分给不止一台设备。当路由器收到去往这个任意播地址的数据包时，它将选择离目标设备“最近”（代价最小）的路径发送。

2.3.4 IPv6 的头部格式

1. IPv6 的头部格式

IPv6 的头部格式和 IPv4 的头部格式有很多相似之处，但 IPv6 的头部效率更高，也更灵活。图 2-23、图 2-24 给出了 IPv4 的头部格式（RFC 791）与 IPv6（RFC 2460）的头部格式的对比。图 2-23 中的灰色部分是 IPv4 独有的字段，在 IPv6 中已不复存在。

00 01 02 03 04 05 06 07 08 09 10 11 12 13 14 15 16 17 18 19 20 21 22 23 24 25 26 27 28 29 30 31 bti

版本	报头长度	服务类型	总长度	
标识			标志位	段偏移量
生存期		协议	头部校验和	
源地址				
目标地址				
可选项				

图 2-23 IPv4 头部格式

图 2-24 中的灰色部分是 IPv6 比 IPv4 增加的部分。其他部分和 IPv4 的字段相同或相近。其中：

- 版本（Version）字段：占 4 位。用来表明 IP 协议实现的版本号，这里为 IPv6，即 0110。
- 流量等级（Traffic Class）字段：占 8 位。其作用和 IPv4 头部的“服务类型”字段相当。
- 流标签（Flow Label）字段：占 20 位。指明用于标识属于同一业务流的标签，便于路由器以同样的方式处理同一个流的数据包。
- 净荷长度（Payload Length）字段：占 16 位。指明 IPv6 数据包净荷总长度的字节数

（包括扩展头部长度，但不包括 IPv6 基本头部长度）。

00 01 02 03 04 05 06 07 08 09 10 11 12 13 14 15 16 17 18 19 20 21 22 23 24 25 26 27 28 29 30 31 bti

版本	流量等级	流标签	
净荷长度		下一头部	跳数限制
源地址			
目标地址			

图 2-24 IPv6 头部格式

- 下一头部（Next Header）字段：占 8 位。用于指明是否有扩展头部及扩展头部的类型。
- 跳数限制（Hop Limit）字段：占 8 位。当数据包被一个节点转发一次后，该值减 1，直到 0 时被丢弃。
- 源地址（Source Address）字段：占 128 位。IPv6 地址格式的源地址，指明发送 IPv6 数据报文的源主机地址。
- 目标地址（Destination Address）字段：占 128 位。IPv6 地址格式的目标地址，指明接收 IPv6 数据报文的目标主机地址。

从 IPv6 的头部格式看，不计源、目标 IP 地址，IPv6 其他字段内容只占整个 IPv6 头部的 20%。

原 IPv4 头部的“报头长度”字段在 IPv6 中被取消了，因为 IPv6 基本头部的长度是固定的，而且可以通过“下一头部”字段指明扩展头部。

原 IPv4 头部的“服务类型”字段的作用被 IPv6 头部的“流量等级”字段取代，用作区分服务等级了。

原 IPv4 头部的“总长度”字段的作用被 IPv6 头部的“下一头部”所取代。在 IPv6 中，数据会被在源处分段（根据路径 MTU 计算的结果），在中间路由器上不再执行分段操作。所以，IPv4 头部的“标识”、“标志位”、“段偏移量”字段在 IPv6 中被取消。

原 IPv4 头部的“生存期”字段的作用被 IPv6 头部的“跳数限制”字段所取代，其作用是类似的。

原 IPv4 头部的“协议”字段的作用通过 IPv6 头部的“下一头部”字段完成。

原 IPv4 头部的“头部校验和”字段在 IPv6 头部中被取消，有关的校验工作交给上层协议来完成。

原 IPv4 头部的“选项”、“填充”字段因为失去存在的意义，在 IPv6 中被取消。

2. IPv6 的扩展头部

IPv6 的扩展头部可以实现原来 IPv4 中“选项”字段的作用，但更为强大，也更为灵活。

在 IPv6 数据包头部中，扩展头部用于指明是否有扩展头部及扩展头部的类型。常见的扩展头部的类型包括：上层协议头部（用各协议编号表示，如 TCP 为 6、UDP 为 17 等）、路由头部（用值 43 表示）、分段头部（用值 44 表示）、ESP 头部（用值 50 表示）、AH 头部（用值 51 表示）等。

由于扩展头部中也含有“下一头部”字段，因此 IPv6 扩展头部可以组合、链接起来，形成嵌套链接的结构以实现组合选项。如图 2-25 所示。

IPv6 基本头部	路由头部	TCP 头部	数据

图 2-25　IPv6 的扩展头部

2.3.5　IPv4～IPv6 的过渡

尽管 IPv6 能够完全满足全球网络对 IP 地址的迅速增长的需求，同时具有许多 IPv4 不具备的优越性。但在相当长的一段时间内，IPv4 和 IPv6 将共存。为了实现这两种协议的共存及升级时的平稳过渡，主要可以采用三种不同的机制。

1. IPv4/IPv6 双栈技术

所谓 IPv4/IPv6 双栈技术是指作为 IPv6 网络节点也同时运行 IPv4 协议栈。使其同时支持 IPv6 和 IPv4 协议，则该主机就可以同时和 IPv6、IPv4 协议主机通信。如图 2-26 所示是这种结构的示意图。

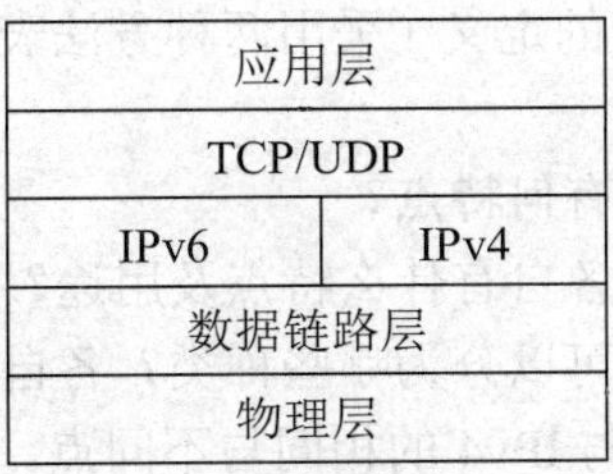

图 2-26　IPv4/IPv6 双栈

2. 隧道技术

隧道技术的原理实际上就是将 IPv6 数据包作为数据封装在 IPv4 数据包中传输。即在隧道的入口处，路由器将 IPv6 的数据包封装在 IPv4 数据包中，该 IPv4 数据包的源 IP 是隧道的起点，目标 IP 是隧道的终点。在隧道的出口，路由器将 IPv6 数据包从 IPv4 数据包中取出并转发给 IPv6 目的主机。

3. 网络地址转换技术

正像 IPv4 中的网络地址转换（Network Address Translation，NAT）技术一样，IPv4/IPv6 地址转换技术将 IPv4/IPv6 地址分别看成内部本地地址和内部全局地址。同时，在转换路由器上维护一个 IPv4/IPv6 地址转换表，以解决内部 IPv4 主机与外部 IPv6 主机通信（或反之）的问题。

2.3.6　IPv6 路由选择协议

已经针对新的 IPv6 编址方案提出了相应的 IPv6 路由选择协议，包括：RIPng、OSPFv3、BGP4+等。

其中，RIPng 是在 RFC 2080 中定义的、OSPFv3 是在 RFC 2740 中定义的、BGP4+是在 RFC 2545 中定义的。限于篇幅，关于这些路由选择协议的实现细节这里不再展开介绍，感兴趣的读者可以参考相关的标准。

最后，从目前的情况来看，尽管 IPv6 可以提供足够数量的 IP 地址，同时具有许多 IPv4 不具备的优越性。但由于种种原因的限制，IPv6 目前只在少数场合中实现，而未广泛使用。

思考与练习

1．写出 IPv4 的地址分类、每类地址的特点及标准子网掩码。

2．已知 C 类地址 210.31.224.0 /24，要求划分为 14 个子网。写出应该采用什么子网掩码？划分好的每个子网的网络地址是什么？每个子网可用的 IP 地址范围是什么？每个子网的直接广播地址是什么（不考虑非标准划分的全 0、全 1 子网）？

3．已知 B 类地址 189.226.0.0 /16，要求划分为 6 个子网。写出应该采用什么子网掩码？划分好的每个子网的网络地址是什么？每个子网可用的 IP 地址范围是什么？每个子网的直接广播地址是什么（不考虑非标准划分的全 0、全 1 子网）？

4．考虑可以使用全 0、全 1 子网，重新计算第 3 题。

5．已知某企业分得了 8 个 C 类网络地址：211.67.184.0/24～211.67.191.0/24，若要将这些 IP 地址组成一个 CIDR 块，应选择什么样的新子网掩码？

6．写出专用地址空间 IP 地址的定义（采用两种方法表示：子网掩码的形式和 CIDR 前缀的形式）。

7．IPv6 地址是怎样构成的？有何特点？

8．IPv6 的地址类型有哪些？各自有什么特点及用途？

9．IPv6 中的单播地址类型又可以分为哪些种类？各自有哪些特点？

10．画出 IPv6 头部，说明其与 IPv4 的相同与不同点。

11．IPv4～IPv6 的过渡有哪些方式？各自有什么特点？

12．有哪些常见的 IPv6 路由选择协议？

第 3 章　路由器基本配置

本章学习目标

从本章开始，将以 Cisco 的路由及交换产品为参照，介绍它们的工作原理、配置方法和诊断技巧。本章主要介绍路由器的基本配置方法。通过本章的学习，读者应该掌握以下内容:

- 了解路由器软、硬件组成
- 了解路由器的启动过程
- 掌握 Cisco 路由器的配置方式
- 掌握利用配置向导对路由器进行配置的方法
- 理解路由器命令解释器的作用
- 掌握路由器配置模式的分类及模式间的转换方法
- 掌握路由器上下文帮助的使用方法
- 理解路由器命令历史的原理和使用方法
- 掌握常用路由器命令编辑快捷键的定义和使用方法
- 掌握搜索、过滤 show 命令的输出结果的方法
- 掌握路由器基本配置命令的使用
- 掌握路由器配置文件的管理方法
- 掌握路由器 IOS 文件的管理方法
- 掌握 Dynamips/Dynagen 路由器模拟软件的使用方法
- 掌握 Dynagen 网络拓扑文件.NET 的设计技巧

3.1　路由器软件和硬件概述

3.1.1　路由器产品概述

路由器是一种被专门设计用来完成数据包存储、选路、转发的专用计算机。网络设备厂商根据企业网络规模大小及业务应用等的不同特点生产出一系列自成体系的路由器产品家族以满足市场需要。

如图 3-1 至图 3-4 所示，是 Cisco 公司路由器产品线上不同层次的几种常见路由器产品照片。

如图 3-5 至图 3-8 所示，是 Juniper 公司路由器产品线上的几种不同层次的路由器产品照片。

图 3-1　Cisco 3640 路由器

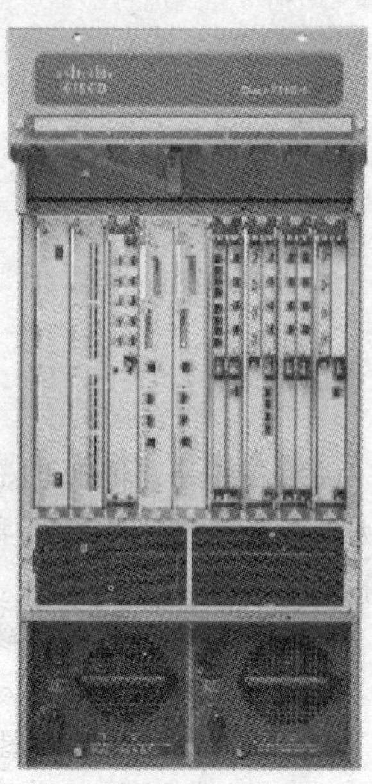

图 3-2　Cisco 7609 路由器

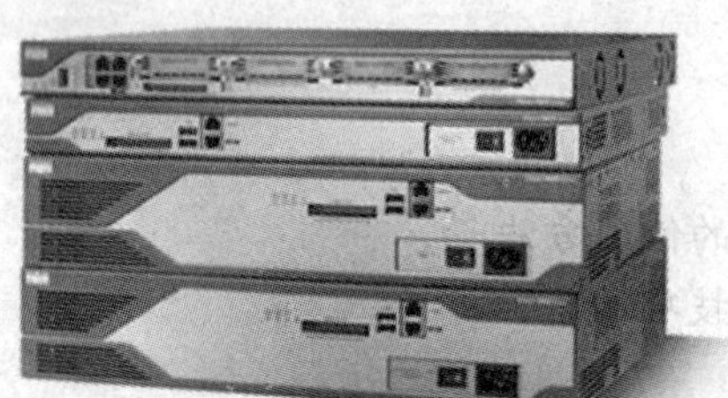
图 3-3　Cisco 2800 系列集成多业务路由器

图 3-4　Cisco 12000 系列路由器

图 3-5　Juniper M5/M10 路由器

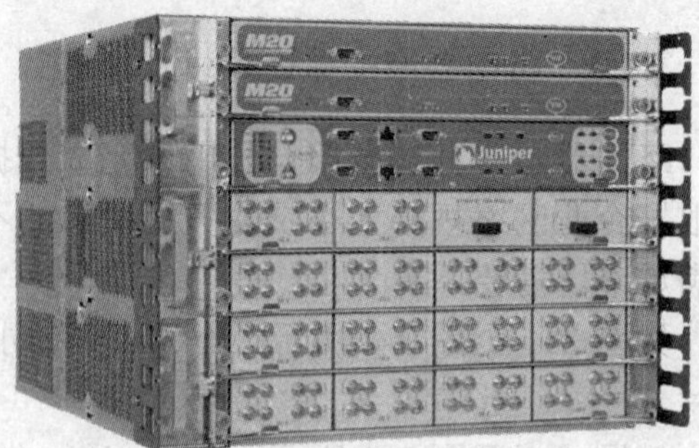

图 3-6　Juniper M20 路由器

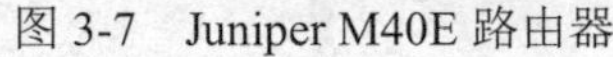

图 3-7　Juniper M40E 路由器

图 3-8　Juniper T640 路由器

下面，我们以 Cisco 路由器设备为主线讲解相关的原理及技术。需要指出的是，不同厂商、品牌的路由器产品的配置方法不尽相同，但是其基本工作原理却是相通的，不同的只是命令的格式而已。通过系统掌握某一种路由器产品的相关配置，完全可以掌握绝大部分路由器配置任务的技巧和方法，只要对配置界面稍加熟悉，便可以顺利、轻松地完成其他各种路由器的配置任务。

3.1.2　路由器硬件概述

路由器既然是一种用来完成数据包存储、选路、转发的专用计算机。可以想象，从这个角度来说，它的组成应该和常用计算机很相近。实际上，它们的结构大同小异，都包括输入、输出、运算、存储等部件。进一步而言，尽管有着各种各样类型、型号不同的路由器，但是它们的硬件组成都是基本相同的。

如图 3-9 所示是路由器主要的硬件组成示意图。

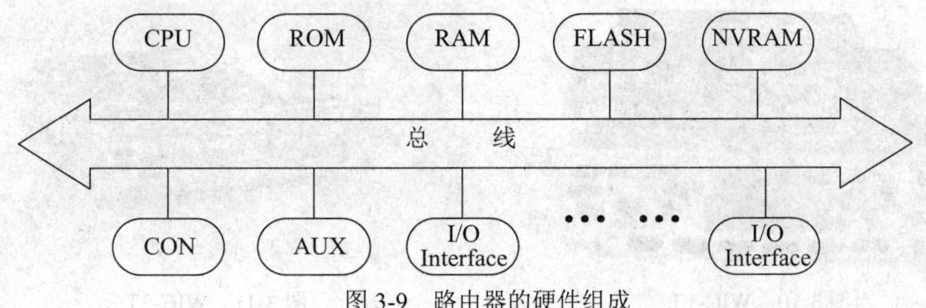

图 3-9　路由器的硬件组成

1. 中央处理单元

中央处理单元（Central Processor Unit，CPU），也称为中央处理器。作为路由器的中枢，CPU 主要负责执行路由器操作系统（IOS）的指令，以及解释、执行用户输入的命令。同时，CPU 还完成与计算有关的工作。例如，网络拓扑发生改变时，重新计算网络拓扑数据库。因此，中央处理器的处理能力对路由器的性能有很大影响。

在 Cisco 早期的低端产品中，往往采用与普通 PC 机相同的处理器，如 700 系列采用的是 Intel 80386 25MHz 等。现在，则普遍采用精简指令集 RISC 类型的 CPU。

2. 只读存储器

只读存储器（Read Only Memory，ROM）中包括开机自检程序（Power On Self Test，POST）、系统引导程序以及路由器操作系统的精简版本。

3. 内存

内存（Random Access Memory，RAM）也称为随机存储器。它用来存储用户的数据包队列以及路由器在运行过程中产生的中间数据，如路由表、ARP 缓冲区等。此外，RAM 还用来存储路由器的运行配置文件。当路由器被关闭或重新启动时，RAM 中的内容都将丢失。

4. 闪存

闪存（Flash Memory）是可擦写、可编程的 ROM。它主要负责保存操作系统的映像文件。

5. 非易失性内存

非易失性内存（Nonvolatile RAM，NVRAM）用来存储路由器的启动配置文件。在路由器断电时，其内容仍能保持。

6. 控制台端口

控制台端口（Console Port）提供了一个 EIA/TIA RS-232 异步串行接口，供用户对路由器进行配置使用。不同的路由器可能有着不同形式的控制台端口。有些路由器采用 DB25 母连接器（DB25F），更常见的是采用 RJ-45 控制台连接器。

7. 辅助端口

辅助端口（Auxiliary Port）与控制台端口类似，也提供一个 EIA/TIA RS-232 异步串行接口。不同的是，辅助端口常用来连接调制解调器以实现对路由器的远程管理。

8. 接口

接口（Interface）是数据包进出路由器的通道。不同路由器可能有着不同种类、不同数量的接口。常见的两种基本接口类型为局域网接口和广域网接口。每个接口都有自己的名称和编号，如局域网接口 ethernet 0，串行接口 serial 0 等。如图 3-10、图 3-11 所示是广域网适配卡（WAN Interface Card，WIC）WIC-1T、WIC-2T 的外观图。

图 3-10 WIC-1T

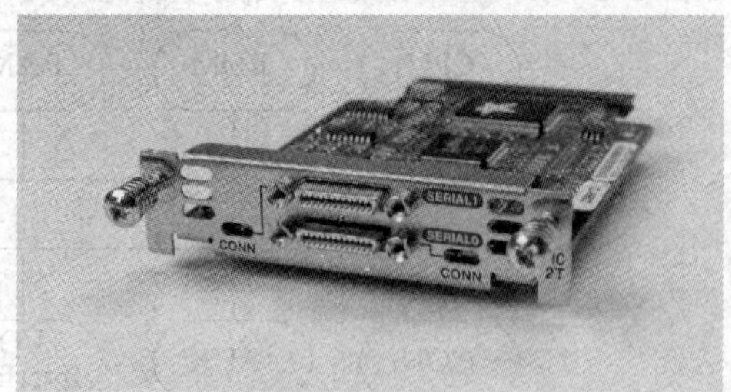

图 3-11 WIC-2T

9. 缆线

除了图 3-9 中所标出的以上硬件组成部分外，还有必不可少的、用来连接其他设备的电缆连接线。不同类型的接口需要使用不同类型的电缆，如局域网接口需要使用非屏蔽双绞线（UTP），同步串行接口可以使用 V.35 电缆等。如图 3-12 所示是 V.35 DCE 电缆，其 Cisco 产品编号为 CAB-V.35FC。

图 3-12　CAB-V.35FC

10. 路由器的前、后面板

不同路由器平台、系列，其前、后面板的布局也不同。但是，一般都会有一些常用的端口，如控制台端口、辅助端口等。如图 3-13 所示是 Cisco 2611 的后面板图。如图 3-14 所示是 Cisco 3640 的前面板图。

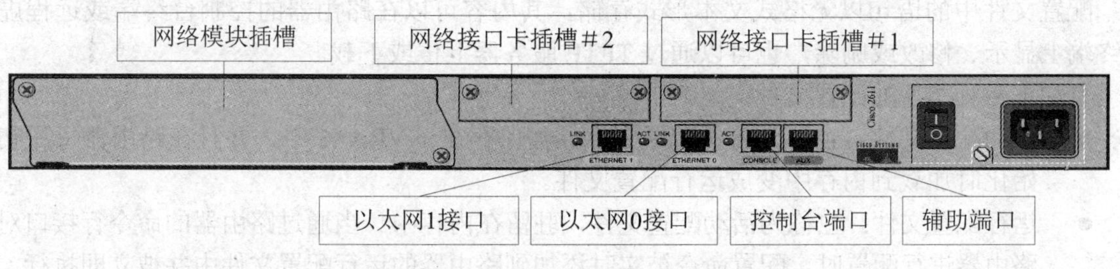

图 3-13　Cisco 2611 后面板图

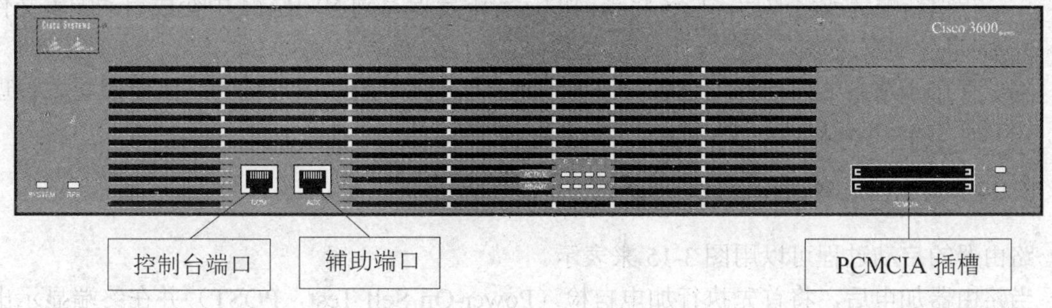

图 3-14　Cisco 3640 前面板图

3.1.3　路由器软件概述

1. 路由器操作系统

路由器之所以可以连接不同类型的网络并对报文进行路由，除了必备的硬件条件外，更主要的是因为每个路由器都有一个核心操作系统来统一调度路由器各部分的运行。

大部分 Cisco 路由器使用的是 Cisco 网络互连操作系统（Internetworking Operating System，IOS）。不同的 Cisco 路由器平台采用不同版本的 IOS。但是，IOS 在不同平台之间保持了相同的用户接口。这使得在配置不同型号路由器的相同功能时可以使用相同的命令。例如，知道了如何配置 Cisco 2600 上的帧中继，也就知道了如何配置 Cisco 3600、Cisco 3800 等其他路由器平台上的帧中继。此外，IOS 还提供了非常丰富的上下文相关命令行帮助信息。

IOS 配置通常是通过基于文本的命令行接口（Command Line Interface，CLI）进行的。尽管 Cisco 还提供更友好的用户配置界面，如 Cisco ConfigMaker、Fast Step 等，但是作为网络系统管理员来说，还是应该熟悉 CLI 操作。

2. 配置文件

路由器的第二个主要的软件组成部分是配置文件。

该文件是由路由器管理员所创建的文本文件。在每次路由器启动过程的最后阶段，配置文件中每条语句被 IOS 执行以完成对应的功能。如配置接口 IP 地址信息、路由协议参数等。这样，当路由器每次断电或重新启动时，网络管理人员不必对路由器的各种参数重新进行配置。从这点来看，路由器中的配置文件很像 Windows 操作系统中的自动批处理文件或脚本文件，可以在开机时自动执行环境配置命令。

配置文件并不能执行自身所定义的路由器操作的各个功能。实际执行这些操作的是路由器操作系统 IOS。IOS 负责翻译并执行配置文件中的语句。

配置文件中的语句以无格式文本形式存储，其内容可以在路由器的控制台终端或远程虚拟终端上显示、修改或删除，也可以通过 TFTP 服务器上传或下载。

有如下两种类型的配置文件：

- 启动配置文件：也称为备份配置文件，被保存在 NVRAM 中，并且在路由器每次初始化时加载到内存中变成运行配置文件。
- 运行配置文件：也称为活动配置文件，驻留在内存中。当通过路由器的命令行接口对路由器进行配置时，配置命令被实时添加到路由器的运行配置文件中并被立即执行。但是，这些新添加的配置命令不会被自动保存到 NVRAM 中。因此，通常对路由器进行重新配置或修改后，应该将当前的运行配置保存到 NVRAM 中变成启动配置文件。

3. 实用管理程序

除了存在于路由器内部的上述软件外，Cisco 还提供了一些图形化的路由器配置、管理程序，如 Fast Step、Cisco ConfigMaker、Cisco Works 等。

3.1.4 路由器启动过程概述

路由器的启动过程可以用图 3-15 来表示。

当路由器加电后，将首先执行加电自检（Power-On Self Test，POST）并在终端显示出有关信息。然后加载并运行启动代码（bootstrap code）。接下来要定位 IOS 软件、加载 IOS 软件。有一些路由器的 IOS 以压缩形式存储在闪存中，另外一些路由器的 IOS 是存储在闪存中并直接在闪存中运行。接下来要定位启动配置文件，一般启动配置文件存储在 NVRAM 中，有时也可以存储在网络中的 TFTP 服务器中。当找到启动配置文件后，路由器加载并运行启动配置文件，该过程是将启动配置文件逐条读入内存中变成运行配置文件，并依次解释运行配置文件中的命令。当配置文件运行完成后，路由器的启动过程也就结束了。路由器开始运行经过配置的 IOS 软件并接收用户的 CLI 命令。

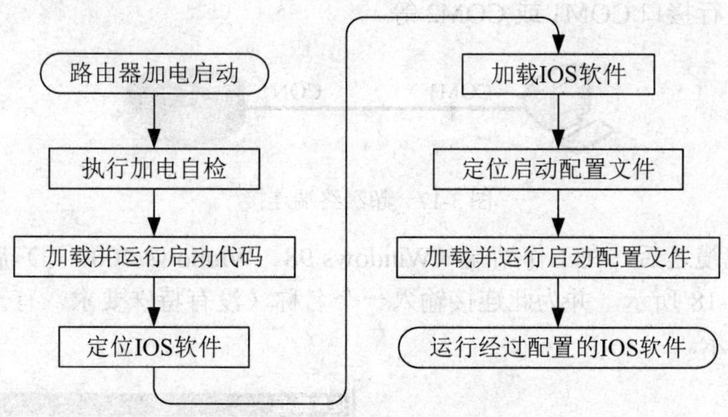

图 3-15　路由器的启动过程

3.2　路由器基本配置

3.2.1　路由器配置方式

如图 3-16 所示，可以用多种方法对路由器进行配置，如利用控制台（Console，CON）端口在本地配置路由器、利用辅助端口通过调制解调器从远程对路由器进行配置或利用虚拟终端协议 Telnet 登录到路由器进行配置，也可以利用网管软件对路由器进行配置，还可以通过 FTP/TFTP 服务器上载配置文件。

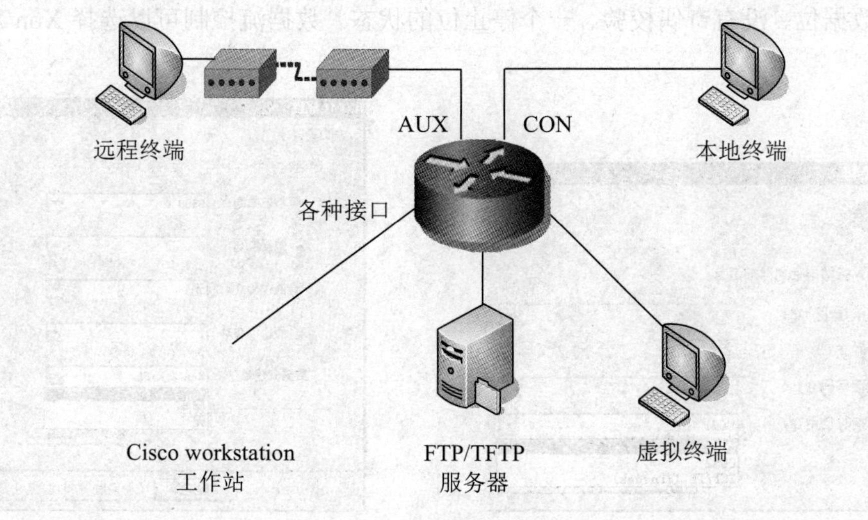

图 3-16　路由器配置方式

下面，介绍两种常用的配置方式。

1. 通过超级终端进行配置

对于第一次初始安装的路由器来说，只能通过控制台（Console）端口对其进行初始配置。

在配置之前，首先必须用路由器附带的控制台电缆连接路由器和终端（一般为PC机）。

如图3-17所示，将控制台电缆的RJ-45接头的一端连接到路由器的控制台端口，另一端连接到计算机的串行接口COM1或COM2等。

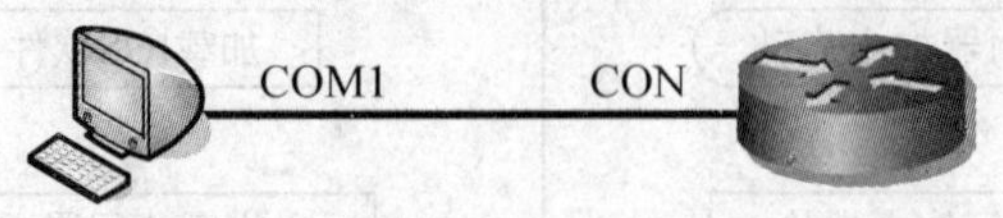

图3-17　超级终端连接

正确连接好线缆之后，在工作站端（Windows 98、Windows 2000等）启动“超级终端”应用程序，如图3-18所示，并为此连接输入一个名称（没有特殊要求，有一定的代表意义即可），如图3-19所示。

图3-18　超级终端应用程序

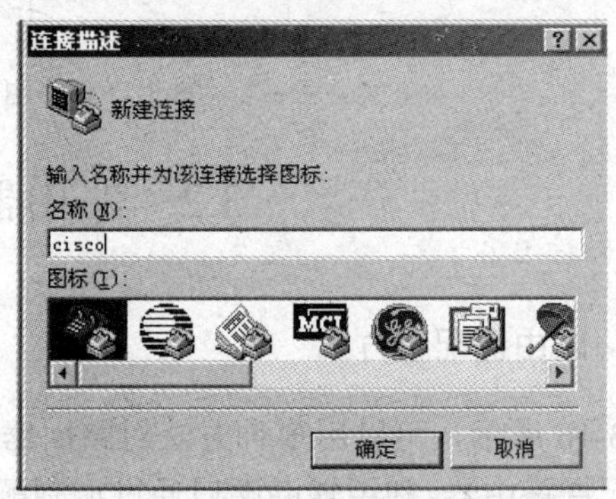

图3-19　输入名称

然后，选择连接所使用的端口，如图3-20所示。最后，将终端设备配置成工作于9600波特率、8个数据位、没有奇偶校验、一个停止位的状态。数据流控制可以选择Xon/Xoff，如图3-21所示。

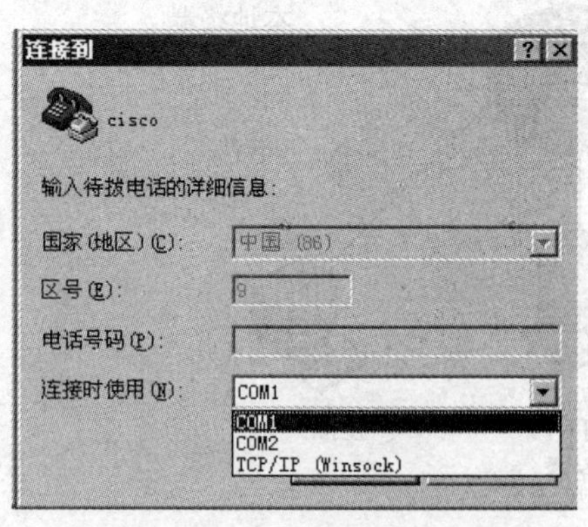

图3-20　选择一个连接到路由器的端口

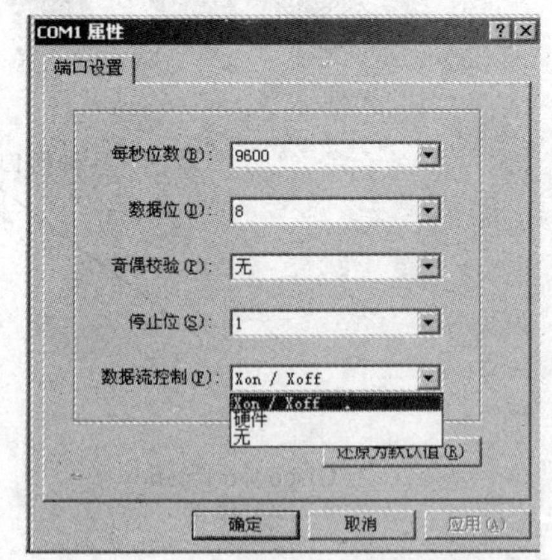

图3-21　设置连接相关参数

2. 通过Telnet进行配置

当为路由器的某个接口设置了IP地址后，可以通过虚拟终端从任何地点Telnet到路由器上对其进行配置，如图3-22所示。

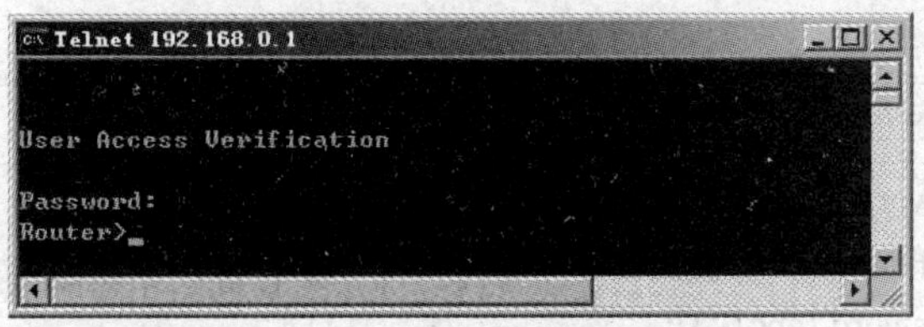

图 3-22　Telnet 到路由器

3.2.2　路由器配置向导

一个新路由器进行第一次加电启动后，会自动运行配置向导。利用配置向导，可以通过问答的形式对路由器进行初始配置。这对没有路由器配置经验的网络管理人员来说无疑提供了很大的方便。

下面对路由器配置向导中出现的语句进行解释。如表 3-1 所示。

表 3-1　配置向导过程注释

配置过程提示信息	解释
--- System Configuration Dialog --- Continue with configuration dialog? [yes/no]: y	键入“y”继续
At any point you may enter a question mark '?' for help. Use ctrl-c to abort configuration dialog at any prompt. Default settings are in square brackets '[]'.	配置过程中键入“？”可以随时取得帮助 配置过程中可以随时按“Ctrl+C”中止配置 在“[ ]”中显示的是默认配置
Basic management setup configures only enough connectivity for management of the system，extended setup will ask you to configure each interface on the system Would you like to enter basic management setup? [yes/no]: n	键入“n”，进入扩展设置（可以对路由器每个接口进行配置）
First，would you like to see the current interface summary? [yes]: Interface　IP-Address　OK? Method　Status　Proto Ethernet0/0　192.168.0.1　YES NVRAM　up　up Serial0/0　192.168.10.1　YES NVRAM up　down Ethernet0/1　192.168.1.1　YES NVRAM administratively down down Serial0/1　192.168.20.1 YES NVRAM　down　down	键入“y”显示接口状态总结（显示接口名称、IP 地址、工作状态等信息）
Configuring global parameters: Enter host name [RouterA]:	键入路由器的名称
The enable secret is a password used to protect access to privileged EXEC and configuration modes. This password，after entered，becomes encrypted in the configuration. Enter enable secret [<Use current secret>]:	键入加密使能密码，此密码会使用 MD5 加密而且在显示配置文件内容时，无法用明文显示
The enable password is used when you do not specify an enable secret password，with some older software versions，and some boot images. Enter enable password [ABC]:	键入使能密码，若设置了加密使能密码，此密码无效。此密码在显示配置文件内容时会以明文显示

续表

配置过程提示信息	解释
The virtual terminal password is used to protect access to the router over a network interface. Enter virtual terminal password [abc123]:	键入虚拟终端访问密码，在以 Telnet 方式访问路由器时需要此密码，以进入路由器
Configure SNMP Network Management? [yes]: n	键入“n”不设置对 SNMP 的支持
Configure IP? [yes]: Configure IGRP routing? [yes]: n Configure RIP routing? [no]: Configure bridging? [no]:	键入“y”配置 IP 键入“n”不配置动态路由协议 IGRP 键入“n”不配置动态路由协议 RIP 键入“n”不配置桥接
Configuring interface parameters: Do you want to configure Ethernet0/0 interface? [yes]: Configure IP on this interface? [yes]: IP address for this interface [192.168.0.1]: Subnet mask for this interface [255.255.255.0] : Class C network is 192.168.0.1， 24 subnet bits; mask is /24	配置接口信息： 键入“y”配置 Ethernet 0/0 接口 键入“y”配置此接口 IP 地址 键入 IP 地址：192.168.0.1 键入子网掩码：255.255.255.0 显示 IP 配置总结
Do you want to configure Serial0/0 interface? [yes]: Some supported encapsulations are ppp/hdlc/frame-relay/lapb/x25/atm-dxi/smds Choose encapsulation type [hdlc]: Configure IP on this interface? [yes]: Configure IP unnumbered on this interface? [no]: IP address for this interface [192.168.10.1]: Subnet mask for this interface [255.255.255.0] : Class C network is 192.168.10.1， 24 subnet bits; mask is /24 ……	键入“y”配置 Serial0/0 接口 显示支持的帧封装格式 键入“hdlc”封装为 hdlc（Cisco 专用，当两端都是 Cisco 路由器时可用） 键入“y”配置此接口 IP 地址 键入 IP 地址：192.168.10.1 键入子网掩码：255.255.255.0 显示 IP 配置总结
The following configuration command script was created: hostname htRouter enable secret 5 $1$9tG9$iXW1vi6bZnCxNc5qDJcU8. enable password 135741425B line vty 0 4 password abc123 no snmp-server ! ip routing ... ... end	所有配置工作结束后，自动显示根据配置向导生成的配置文件内容
[0] Go to the IOS command prompt without saving this config. [1] Return back to the setup without saving this config. [2] Save this configuration to nvram and exit. Enter your selection [2]:	键入“0”不保存设置并返回 CLI 键入“1”不保存设置并重新设置 键入“2”保存设置到 NVRAM 并退出

注意：

（1）可以在路由器的特权模式提示符下输入命令 setup 重新启动配置向导。

（2）路由器配置向导内容根据路由器平台、IOS 版本以及特性集的不同而有所不同。

3.3　IOS 配置基础

使用路由器配置向导可以方便、快捷地对路由器进行初始配置。但是，配置向导只被设计用来执行一些基本的初始配置。对于更为详细的参数、选项设置，只能由路由器管理员通过 IOS 配置界面手工完成。

3.3.1　路由器命令解释器及路由器配置模式

命令解释器（command interpreter）负责解释用户键入的路由器配置命令。命令解释器也被称为 EXEC，当用户键入一条命令并“回车”后，命令解释器检测该命令，如果命令正确的话，用户所键入的命令被执行。

当通过控制台或 Telnet 成功登录到路由器后，将会看到提示符为 Router>。此时路由器的配置模式称为用户 EXEC 模式（User EXEC mode）。用户 EXEC 模式是一种只读模式，用户可以浏览关于路由器的某些信息，但不能进行任何修改。

在用户 EXEC 模式提示符后键入 enable 命令并按提示输入使能密码（若设置了加密使能密码，则要求输入加密使能密码）后将进入特权 EXEC 模式（Privileged EXEC mode），此时路由器的提示符为 Router#。在此模式下可以查看路由器的详细信息，可以更改路由器的配置，还可以执行测试及调试命令。在此模式下通过键入 disable 命令可以回到普通用户模式。

在特权 EXEC 模式下，通过键入 configure terminal 命令可以进入全局配置模式，此时的路由器提示符为 Router（config）#。在全局配置模式下可以配置路由器的全局参数，如设置路由器名称、设置时区、域名等。

在全局配置模式下，通过键入 interface 命令可以进入接口配置模式，此时的路由器提示符为 Router（config-if）#。接口配置模式主要用来对路由器各个接口的参数，如 IP 地址、封装方式等进行配置。

在全局配置模式下，通过键入 router 命令可以进入路由协议配置模式，此时的路由器提示符为 Router（config-router）#。路由协议配置模式主要用来对运行在路由器上的各种路由协议（如 RIP、OSPF、IS-IS、BGP 等）的各个参数进行配置，如对路由器 ID、网络声明等进行配置。

图 3-23 描述了路由器常见的几种配置模式及各种配置模式之间的转换方法。

除了上述五种模式外，还有很多其他模式，如线类命令配置模式和 VLAN 配置模式等，将在后面的章节中讨论。

此外，路由器还可以工作在 RXBOOT 模式下。这是一种维护模式，可以在特殊的情况下使用。例如，用于恢复丢失的密码。

3.3.2　路由器的上下文帮助

Cisco 路由器允许使用命令的缩写形式。原则上只要不和其他命令混淆，可以使用尽量短的命令形式。如命令 interface 可以缩写为 int；命令 erase 可以缩写为 eras 或 era，甚至 er 等。如果给出的缩写过于简单导致歧义，系统将会给出"Ambiguous command（命令歧义）"。此外，如果忘记某个命令的部分拼写，会在键入该命令的前几个字母后紧接着键入一个问号。这时，可以列出所有可能的命令列表。如图 3-24 所示。

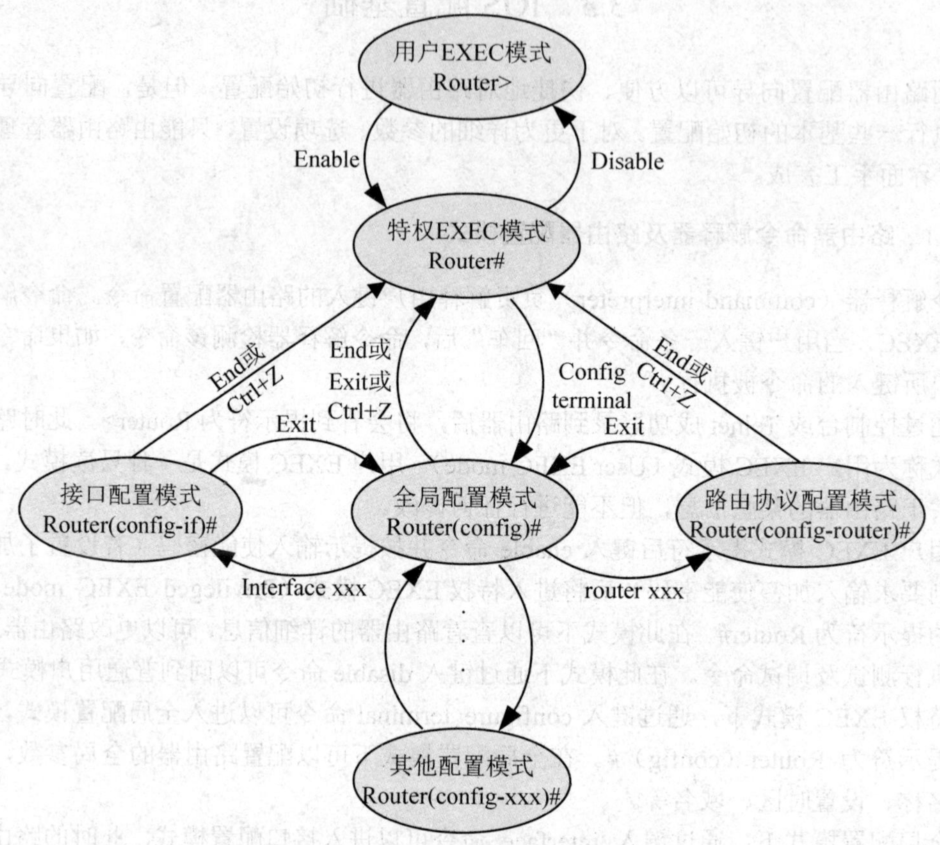

图 3-23　路由器各个配置模式之间的转换方法

在一个命令后加一个空格，再键入一个问号还可以列出一个命令所有可能的参数或子命令，如图 3-25 所示。

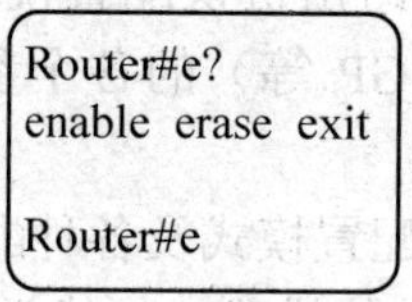
```
Router#e?
enable  erase  exit

Router#e
```

图 3-24　使用问号获得以某字母开头的命令列表

如果记不清某个命令的具体拼写，可以采用 Tab 键的方式将不完整的命令拼写补全。方法是输入一个命令足够多的缩写字母后，按键盘上的 Tab 键，IOS 将会把其余的字符补齐。

如果为某条命令键入的字母太少而导致了歧义，系统会提示命令歧义，如图 3-26 所示。此时就算按键盘上的 Tab 键，系统也不会将命令补全。

```
Router#configure ?
  memory    Configure from NV memory
  network   Configure from a TFTP network host
  overwrite-network Overwrite NV memory from TFTP network host
  terminal  Configure from the terminal
  <cr>

Router#configure
```

图 3-25　使用空格和问号获得可用的参数或子命令列表

```
Router#con
% Ambiguous command:  "con"
Router#
```

图 3-26　命令歧义

此外，在 CLI 提示符后直接键入“？”命令还可以获得当前配置模式可用的命令列表。如图 3-27 所示，是在一台 Cisco 3640 路由器的特权模式下取得的命令列表的前几行。

```
Router#?
Exec commands:
  access-enable    Create a temporary Access-List entry
  access-profile  Apply user-profile to interface
  access-template  Create a temporary Access-List entry
  archive          manage archive files
… …
 --More--
```

图 3-27　特权模式下的命令列表

最后，当输入了一条拼写错误的或并不存在的命令时，IOS 会试图将其解析成一台主机的 IP 地址，如图 3-28 所示。

```
Router#badcmd
Translating "badcmd"...domain server (255.255.255.255)
… …
% Unknown command or computer name, or unable to find computer address
```

图 3-28　解析拼写错误的或不存在的命令

如果输入的命令正确，但是命令参数有错误时，将提示“检测到错误输入”，并在第一个错误的字符下方显示出提示符“^”，如图 3-29 所示。

如果输入的命令正确，但是缺少所需的命令参数时，将提示“不完整的命令”，如图 3-30 所示。

```
Router(config)#line vtt 0 4
                       ^
% Invalid input detected at '^' marker.

Router(config)#
```

图 3-29　提示命令参数有错误

```
Router(config)#line vty
% Incomplete command.
```

图 3-30　不完整的命令

3.3.3 历史命令和命令编辑快捷键

在默认情况下，IOS 将用户输入的最近 10 条命令保存在内存中的命令历史缓冲区内。可以在当前的路由器提示符后输入命令 show history 得到当前的命令历史缓冲区中的命令列表，如图 3-31 所示。也可以使用命令 terminal history size 定义 IOS 保存在命令历史缓冲区内历史命令的条数。如图 3-32 所示。

```
Router#show history
  show history
  terminal history size 10
  show version
  show controllers
  show running-config
  show startup-config
  show interfaces serial 0/0
  show clock
  show clock detail
  show history
Router#
```

图 3-31 显示历史命令内容

```
Router#terminal history size 6
Router#show history
  show interfaces
  show version
  show controllers
  configure terminal
  terminal history size 6
  show history
Router#
```

图 3-32 修改历史命令的条数

需要时，还可以通过命令编辑快捷键快速浏览、重新输入或修改曾经键入的命令。例如快捷键 Ctrl+P 可以将上一条命令显示在当前的路由器提示符后，而快捷键 Ctrl+N 可以显示后一条命令等。

表 3-2 列出了一些常用的命令编辑快捷键及其作用。

表 3-2 常用命令编辑快捷键

命令编辑快捷键	作用
BackSpace，Ctrl+H	删除当前光标左侧的一个字符
Ctrl+P 或上箭头	重新显示前一命令
Ctrl+N 或下箭头	重新显示后一命令
Ctrl+A	到行首
Ctrl+E	到行尾
Ctrl+B	回退一个字符（并不删除）
Ctrl+F	前进一个字符
Ctrl+D	删除光标处的一个字符
Ctrl+K	删除从光标开始直到行尾的所有字符
Ctrl+X	删除光标之前的所有字符
Ctrl+W	删除一个字
Ctrl+U	删除一行
Ctrl+R	刷新刚输入的字符
Esc+B	回退一个单词
Esc+F	前进一个单词
Esc+D	删除光标后的一个单词

3.3.4　搜索、过滤 show 命令的输出结果

Show 命令可以说是使用最频繁的 IOS 命令，它可以用来显示诸多路由器的相关信息，如配置文件内容、接口参数、协议参数等。有时，一个 show 命令的输出内容可能很多，需要通过空格键翻多页才能输出完毕，而往往我们关心的内容只是整个 show 命令输出的一小部分。这时，我们可以通过管道符来过滤 show 命令的输出结果，以搜索特定关键词。具体命令的格式如下所示：

`command | {begin | include | exclude}` *`regular-expression`*

其中，

Command 是带有若干参数的 show 命令；

|是管道符，用于过滤前面 show 命令的输出结果；

regular-expression 为正则表达式，用来限定关键词；

begin 表示从 show 命令输出结果中包含限定关键词的首行开始显示 show 命令的输出；

include 表示只显示 show 命令输出结果中包含限定关键词的那些行；

exclude 表示只显示 show 命令输出结果中不包含限定关键词的那些行。

如图 3-33 所示，命令 show interfaces fastethernet 0/0 用于显示快速以太网接口 0/0 的参数。

```
R1#show interfaces fastEthernet 0/0
FastEthernet0/0 is up, line protocol is up
  Hardware is Gt96k FE, address is c000.0860.0000 (bia c000.0860.0000)
  Internet address is 192.168.0.254/24
  MTU 1500 bytes, BW 100000 Kbit, DLY 100 usec,
     reliability 255/255, txload 1/255, rxload 1/255
  Encapsulation ARPA, loopback not set
  Keepalive set (10 sec)
  Half-duplex, 100Mb/s, 100BaseTX/FX
  ARP type: ARPA, ARP Timeout 04:00:00
  Last input 00:00:44, output 00:00:00, output hang never
  Last clearing of "show interface" counters never
  Input queue: 0/75/0/0 (size/max/drops/flushes); Total output drops: 0
  Queueing strategy: fifo
  Output queue: 0/40 (size/max)
  5 minute input rate 0 bits/sec, 0 packets/sec
  5 minute output rate 0 bits/sec, 0 packets/sec
     116 packets input, 9141 bytes
     Received 57 broadcasts, 0 runts, 0 giants, 0 throttles
     0 input errors, 0 CRC, 0 frame, 0 overrun, 0 ignored
     0 watchdog
     0 input packets with dribble condition detected
     261 packets output, 23960 bytes, 0 underruns
     0 output errors, 0 collisions, 1 interface resets
     0 babbles, 0 late collision, 0 deferred
     0 lost carrier, 0 no carrier
     0 output buffer failures, 0 output buffers swapped out
```

图 3-33　命令 show interfaces fastethernet 0/0 的输出

命令 show interfaces fastethernet 0/0 | begin 5 minute 用于从包含“5 minute”的行开始显示

快速以太网接口 0/0 的参数。如图 3-34 所示。

```
R1#show interfaces fastEthernet 0/0 | begin 5 minute
  5 minute input rate 0 bits/sec, 0 packets/sec
  5 minute output rate 0 bits/sec, 0 packets/sec
    116 packets input, 9141 bytes
    Received 57 broadcasts, 0 runts, 0 giants, 0 throttles
    0 input errors, 0 CRC, 0 frame, 0 overrun, 0 ignored
    0 watchdog
    0 input packets with dribble condition detected
    261 packets output, 23960 bytes, 0 underruns
    0 output errors, 0 collisions, 1 interface resets
    0 babbles, 0 late collision, 0 deferred
    0 lost carrier, 0 no carrier
    0 output buffer failures, 0 output buffers swapped out
```

图 3-34　命令 show interfaces fastethernet 0/0 | begin 5 minute 的输出

命令 show interfaces fastethernet 0/0 | include 5 minute 用于显示快速以太网接口 0/0 的参数输出中包含“5 minute”的那些行。如图 3-35 所示。

```
R1#show interfaces fastEthernet 0/0 | include 5 minute
  5 minute input rate 0 bits/sec, 0 packets/sec
  5 minute output rate 0 bits/sec, 0 packets/sec
```

图 3-35　命令 show interfaces fastethernet 0/0 | include 5 minute 的输出

命令 show interfaces fastethernet 0/0 | exclude 0 用于显示快速以太网接口 0/0 的参数输出中不包含“0”的那些行。如图 3-36 所示。

```
R1#show interfaces fastEthernet 0/0 | exclude 0
     reliability 255/255, txload 1/255, rxload 1/255
  Encapsulation ARPA, loopback not set
  Last clearing of "show interface" counters never
  Queueing strategy: fifo
```

图 3-36　命令 show interfaces fastethernet 0/0 | exclude 0 的输出

3.3.5　常用路由器基本配置命令

本节介绍一些常用的路由器基本配置命令。在学习和练习以下相关命令时，必须注意命令使用的配置模式。为了强调这一点，在每个命令解释的开始给出了该命令使用的配置模式。

1. enable

普通用户模式命令，用于转换到特权用户模式。如图 3-37 所示。

2. disable

特权用户模式命令，用于转换到普通用户模式。如图 3-38 所示。

3. hostname name

全局配置模式命令，用于设置路由器名称，也就是出现在路由器 CLI 提示符中的名字。

如图 3-39 所示。一般我们会以地理位置或行政区划来为路由器命名。当用户需要 Telnet 登录到若干台路由器以维护一个大型网络时，通过路由器名称提示符提示自己当前配置路由器的位置是很有必要的。

```
Router>enable
Router#
```

图 3-37　enable 命令

```
Router#disable
Router>
```

图 3-38　disable 命令

```
Router(config)#hostname Center
Center(config)#
```

图 3-39　设置路由器名称

4. enable secret password

全局配置模式命令，用于设置路由器的加密使能密码。如图 3-40 所示。当用户处于普通用户模式而想进入特权用户模式时，需要提供此密码。此密码会以 MD5 的形式加密，因此，当用户查看配置文件时，无法看到明文形式的密码。

5. enable password password

全局配置模式命令，用于设置路由器的使能密码。如图 3-41 所示。当用户处于普通用户模式而想进入特权用户模式时，需要提供此密码。此密码没有经过加密，当用户查看配置文件时，可以看到明文形式的密码。当设置了加密使能密码时，此密码无效。

```
Router(config)#enable secret passwd
```

图 3-40　设置路由器的加密使能密码

```
Router(config)#enable password planpasswd
```

图 3-41　设置路由器的使能密码

6. configure terminal

特权配置模式命令，用于进入全局配置模式。常常可以缩写为“conft”。如图 3-42 所示。

```
Router#conf t
Enter configuration commands, one per line.  End with CNTL/Z.
Router(config)#
```

图 3-42　进入全局配置模式

7. interface type slot/number

全局配置模式命令，用于进入接口配置模式。

在 Cisco 路由器中，要对输入/输出接口进行配置需要使用 interface 命令。在低端的、非模块化的路由器中可以通过接口编号进行直接引用。例如，第一个同步串行接口可以通过下面的接口命令进行引用：

```
interface serial 0
```

在 2600 系列、3600 系列等模块化路由器中，插入到路由器槽中的适配卡通常拥有一组接口。因此，引用接口时需要使用槽号（slot）和接口号。可以使用下面的格式指定某个特定的串行接口：

```
interface serial slot# / port#
```

在 Cisco 7200、7500 等系列设备中，因为多个接口可以在一个端口适配卡上，而多个端口适配卡可以插在一个网络模块槽上。在这种情形下，可以使用下面的命令格式引用某个特定的串行接口：

```
interface serial slot# / port adaptor# / port#
```

本命令中的接口类型字段还可以是：ethernet（以太网）、fastEthernet（快速以太网）、tokenring、fddi、hssi、loopback、dialer、null、atm、tunnel、bri、async 等。

如图 3-43 所示是在 Cisco 3640 上引用串行接口 serial 0/0。

8. ip address ip-address subnet-mask

接口配置模式命令，用于设置接口的 IP 地址。如图 3-44 所示，是将串行接口 serial 0/0 的 IP 地址设置为 210.31.224.1/24。

```
Router(config)#interface serial 0/0
Router(config-if)#
```

图 3-43　引用串行接口 serial 0/0

```
Router(config)#interface serial 0/0
Router(config-if)#ip address 210.31.224.1 255.255.255.0
```

图 3-44　设置接口的 IP 地址

9. shutdown

接口配置模式命令，shutdown 命令可以用于临时将某个接口关闭。当执行此命令后不久，系统会在终端控制台显示信息，通知接口转换为关闭状态，如图 3-45 所示。此时，该接口便处于“管理性关闭”（administratively down）状态。

```
Router(config)#interface fastEthernet 0/0
Router(config-if)#shutdown
Router(config-if)#
*Mar  1 07:39:52.618: %LINK-5-CHANGED: Interface FastEthernet  0/0, changed state
to administratively down
*Mar  1 07:39:53.618: %LINEPROTO-5-UPDOWN: Line protocol on Interface FastEthern
et0/0, changed state to down
```

图 3-45　关闭 FastEthernet 0/0 接口

10. no shutdown

接口配置模式命令。当为某个接口配置了 IP 地址后，该接口并不会立刻自动启动并开始工作，而是处于“管理性关闭”状态（逻辑环回接口等除外）。必须手动启动（激活）接口。当执行此命令后不久，系统会在终端控制台显示信息，通知接口被启动的结果，如图 3-46 所示。

```
Router(config)#interface fastEthernet 0/0
Router(config-if)#no shutdown
Router(config-if)#
*Mar  1 07:41:25.410: %LINK-3-UPDOWN: Interface FastEthernet  0/0, changed
state to up
*Mar  1 07:41:26.410: %LINEPROTO-5-UPDOWN: Line protocol on Interface
FastEthernet0/0, changed state to up
```

图 3-46　启动接口

此外，此命令中的关键词“no”也常常用于其他命令的否定形式。如命令“no ip address … …”用于删除某接口 IP 地址，命令“no router rip”用于删除动态路由器协议 RIP 配置等。

11. line type number

全局配置模式命令，line 命令用于进入线命令配置模式。图 3-47 说明了线命令的使用方法。紧跟着的问号列出了可以配置线的列表。

```
Router(config)#line ?
  <0-134>  First Line number
  aux      Auxiliary line
  console  Primary terminal line
  tty      Terminal controller
  vty      Virtual terminal
  x/y      Slot/Port for Modems
```

图 3-47　线配置命令及线列表

其中，aux 表示辅助端口；console 表示控制台端口；tty 表示终端控制器端口线（如内置的调制解调器号）；vty 表示虚拟终端线路。Cisco 路由器允许同时有 5 个虚拟终端的连接会话，即 vty 0～4。即同时可以有 5 个 Telnet 会话连接到同一个路由器。

当键入一条完整的线命令并“回车”后，便进入了路由器的另外一种配置模式：线命令配置模式。如图 3-48 所示，显示了怎样进入控制台线路配置模式。因为只有一个控制台端口，所以类型 console 后的数字只能是 0。而图 3-49 显示的则是同时对 5 条（0 号到 4 号）虚拟终端线进行配置。

```
Router(config)#line console 0
Router(config-line)#
```

图 3-48　进入控制台线路配置模式

```
Router(config)#line vty 0 4
Router(config-line)#
```

图 3-49　进入虚拟终端线配置模式

12. password password

线命令配置模式，设置登录终端线时的密码。此密码没有经过加密，当用户查看配置文件时，可以看到明文形式的密码。如图 3-50 所示，设置从虚拟终端 0 号到 4 号线登录的用户密码为 abc（实际工作中，不应该使用如此简单的密码）。

13. login

线命令配置模式，设置登录终端线时检查密码，此命令一般用于线命令配置模式。如图 3-51 所示，设置从虚拟终端 0 号到 4 号线登录的用户要检查密码。实际上，对于 vty 虚拟终端线路来说，登录密码必须设置并检查。否则，用户将无法通过 telnet 协议登录到路由器进行配置。

```
Router(config)#line vty 0 4
Router(config-line)#password abc
```

图 3-50　设置登录终端线时的密码

```
Router(config)#line vty 0 4
Router(config-line)#login
```

图 3-51　设置登录终端线时检查密码

14. exec-timeout minutes seconds

线命令配置模式，设置终端线超时时间。在设置的时间内，如果没有检测到键盘输入，IOS 将断开用户和路由器之间的连接。如图 3-52 所示，设置 5 分 30 秒钟没有键盘输入则强制断开用户的虚拟终端连接。图 3-53 显示了用户端的 telnet 连接因超时而被断开时的提示信息。

```
Router(config)#line vty 0 4
Router(config-line)#exec-timeout 5 30
```

图 3-52　设置终端线超时时间

图 3-53　虚拟终端连接超时断开

如果想要设置终端线永不超时，可以使用命令 exec-timeout 0 0 或命令 no exec-timeout。

15. exit

此命令用于退到前一个路由器配置模式，如从接口配置模式退到全局配置模式或者从全局配置模式退到特权用户模式等。如图 3-54 所示。

16. end

此命令用于直接退回到特权配置模式，如图 3-55 所示。

```
Router(config-if)#exit
Router(config)#exit
Router#
```

```
Router(config-if)#end
Router#
```

图 3-54 从当前配置模式退出　　图 3-55 退回到特权配置模式

17. ping

普通用户模式、特权用户模式命令，用来测试设备间的物理连通性。ping 不是路由器专有的命令，而是诊断基本的网络连通性的一个重要的、也是最常用的网络测试命令。ping 命令发送一个特殊数据包（ICMP 请求）给目的主机。然后，等待一个来自目的主机的响应数据包（ICMP 应答），以判断能否到达目的主机或目的主机是否在运行。ping 命令还可以获得到目的主机的路径的可靠性、路径延时等信息。

路由器上的 ping 命令有两种使用格式：简单 ping 命令和扩展 ping 命令。

图 3-56 显示出一个简单 ping 命令的使用方法。在图 3-56 中，ping 的目的地 193.1.1.2 成功地对所发送的 5 个报文作出了响应。感叹号（!）显示每一个成功的响应。

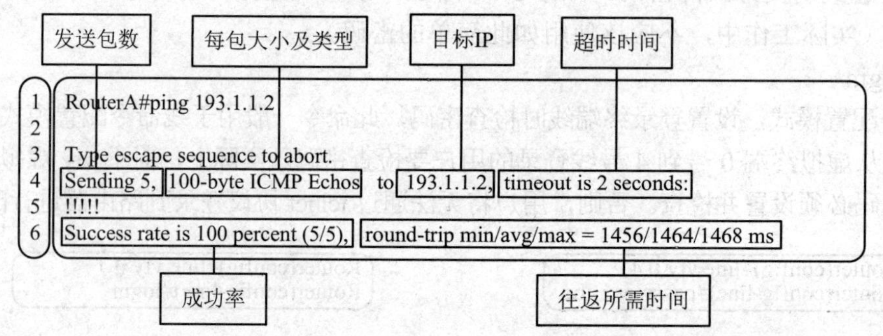

图 3-56 简单 ping 命令的使用方法

如果收到的是一个或多个点号（.），则表示本地路由器没有在规定的时间内收到对方的响应数据包，如图 3-57 所示。

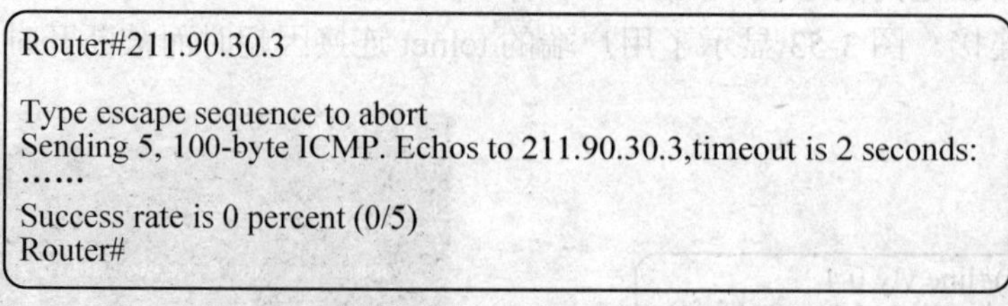

```
Router#211.90.30.3

Type escape sequence to abort
Sending 5, 100-byte ICMP. Echos to 211.90.30.3,timeout is 2 seconds:
……
Success rate is 0 percent (0/5)
Router#
```

图 3-57 ping 超时失败

除了上述两种情况外，还可能出现如 TTL 超时等错误情况。表 3-3 列出了 ping 输出结果中常见字符的意义。

表 3-3 ping 输出结果中常见字符的意义

显示字符	显示字符的意义
!	每个“!”代表收到了一个回包
.	每个“.”代表在等待一个回包时超时
U	表示收到了一个目标不可达的错误指示
C	表示收到了一个经历拥塞的指示
?	表示未知包类型
&	表示超过了包的 TTL 值

扩展 ping 命令支持灵活定义 ping 参数，如 ping 数据包的大小、发送包的个数、等待响应数据包的超时时间等，如图 3-58 所示。

```
Router#ping
Protocol[ip]
Target IP address:202.206.233.45
Repeatcount[5]:
Datagram size [100]:
Tineout in seconds [2]:
Extended com mands [n]:y
Source address or interface:
Tpye of service [0]:
SetDF bit in IP header? [no]:
Validete reply data? [no]:
Data pattern [0xABCD]:
Loose, Strict, Record, Timestamp, Verbose [none]:
Sweep range of sizes [n]:
Type eascape sequence to abort
Sending 5, 100-byte ICMP Echos to 202.206.233.45, timeout is 2 seconds:
!!!!!
Success rate is 100 percent (5/5), round-trip min/avg/max=8/9/12ms
Router#
```

图 3-58 扩展 ping 命令的使用

18. traceroute

普通用户模式、特权用户模式命令，用来跟踪、显示路由信息。traceroute 命令是一个查询网络上数据传输路径的工具。它跟踪、显示数据包（ICMP 请求）向目的主机传输过程中经过的每一个路由器节点信息（IP 地址）。这在路由器有多个到外网出口的情况下对诊断路由信息很有帮助。图 3-59 显示了跟踪、显示到站点 www.he.edu.cn 的路由信息。

19. Ctrl+Shift+6+x

该命令也被称为“退出序列”，用于终止正在执行的某条命令或操作，也用于从呼出 Telnet 会话中暂时切换到本地连接（详见第 4 章）。如图 3-60 所示，是终止正在执行的 Ping 操作。

20. banner

全局配置模式命令，用来定义各种标题消息，如每日消息（Message Of ToDay，MOTD）。每日消息的定义以命令 banner motd #开始，并以符号“#”结束。中间可以有任意行定制的标题消息，如图 3-61 所示。其中，符号“#”起到了标识消息边界的作用，也可以使用其他符号代替，如“$”、“&”等。

```
Router#traceroute www.he.edu.cn

Type escape sequence to abort.
Tracing the route to ns.he.edu.cn (202.206.232.8)

 1  * * *
 2 211.90.30.53 0 msec 4 msec 4 msec
 3 211.90.10.241 88 msec 112 msec 112 msec
 4  *    211.94.44.41 124 msec 80 msec
 5 211.94.51.25 100 msec 80 msec 68 msec
 6 202.38.123.21 72 msec 92 msec 92 msec
 7 202.112.36.5 96 msec 92 msec 92 msec
 8 sjbj3.cernet.net (202.112.46.106) 100 msec 100 msec 116 msec
 9 202.112.53.198 124 msec 120 msec 116 msec
10 ns.he.edu.cn (202.206.232.8) 108 msec 88 msec 84 msec
Router#
```

图 3-59　traceroute 命令的使用

```
Router#ping 211.90.30.3

Type escape sequence to abort.
Sending 5, 100-byte ICMP Echos to 211.90.30.3, timeout is 2 seconds:
...?
   Success rate is 0 percent (0/3)
Router#
```

图 3-60　退出序列

定义了每日消息后，当用户再次登录到路由器时，首先会显示该“每日消息”，然后，才出现用户认证提示，如图 3-62 所示。

```
Router(config)#banner motd #
Enter TEXT message.  End with the character '#'.
Unauthorized access will be prosecuted!!!
#
Router(config)#
```

图 3-61　定义每日消息

```
Unauthorized access will be prosecuted!!!

User Access Verification
Password:
```

图 3-62　“每日消息”的输出

21. show interfaces

普通用户模式、特权用户模式命令，该命令用来显示路由器接口的参数和状态信息。如图 3-63 所示，给出了该命令输出结果的一部分。

22. description

接口配置模式命令，该命令用于定义某个接口的描述信息。这对于拥有多个接口的路由器来说尤为重要，它可以标识通往某条链路的接口，如图 3-64 所示。

23. show clock/clock set

普通用户模式命令（clock set 为特权用户模式命令），用来显示/设置路由器的系统时间，其命令的格式如图 3-65 所示。

```
Router#show interfaces fastEthernet 0/0
FastEthernet0/0 is up, line protocol is up
  Hardware is AmdFE, address is 000b.fdd2.9c81 (bia 000b.fdd2.9c81)
  Description: Line to LiangTong 10M.
  Internet address is 61.240.133.178/28
  MTU 1500 bytes, BW 100000 Kbit, DLY 100 usec,
     reliability 255/255, txload 2/255, rxload 1/255
  Encapsulation ARPA, loopback not set
  Keepalive set (10 sec)
  Full-duplex, 100Mb/s, 100BaseTX/FX
  … …
```

图 3-63　显示某接口信息

```
Router(config)#interface serial 0/0
Router(config-if)#description Line to Cernet
```

图 3-64　定义接口的描述信息

```
Router#clock set 18:21:18 may 1 2008
Router#show clock
18:21:18.136 UTC Mon May 1 2008
Router#
```

图 3-65　设置、显示路由器的系统时间

24. logging synchronous

有时，用户输入的路由器配置命令会被路由器产生的消息打乱，如图 3-66 所示。

```
Router#show ip i
*Mar  1 05:23:31.510: %SYS-5-CONFIG_I: Configured from console by console
% Ambiguous command:  "show ip i"
Router#
```

图 3-66　用户的输入被路由器消息打乱

这时，可以使用线命令配置模式命令 logging synchronous 设置路由器在下一行 CLI 提示符后复制用户的输入，如图 3-67 所示。

```
Router#configure terminal
Enter configuration commands, one per line.  End with CNTL/Z.
Router(config)#line con 0
Router(config-line)#logging synchronous
Router(config-line)#^Z
Router#sho
*Mar  1 05:25:24.854: %SYS-5-CONFIG_I: Configured from console by console
Router#sho
```

图 3-67　路由器自动复制用户的输入

25. no ip domain-lookup

在路由器默认配置的情况下，当错误输入一条路由器命令时，系统会尝试将其广播给网络上的 DNS 服务器并将其解析成对应的 IP 地址，如图 3-68 所示。

如果想要禁用这个特性，可以使用全局配置模式命令 no ip domain-lookup。这时，当输入错误的路由器命令时，将很快得到结果，如图 3-69 所示。

26. terminal monitor

特权配置模式命令。当通过虚拟终端线登录路由器后，默认情况下，终端窗口不会显示路由器产生的系统消息和调试消息。使用命令 terminal monitor 可以将上述路由器消息显示到

终端窗口中。

```
Router#pingg
Translating "pingg"...domain server (255.255.255.255)

Translating "pingg"...domain server (255.255.255.255)
 (255.255.255.255)
Translating "pingg"...domain server (255.255.255.255)
% Unknown command or computer name, or unable to find computer address
Router#
```

图 3-68　解析错误的路由器命令

```
Router(config)#no ip domain-lookup
Router(config)#^Z
Router#pingg
Translating "pingg"

Translating "pingg"
% Unknown command or computer name, or unable to find computer address
Router#
```

图 3-69　禁止域名解析特性

27. bandwidth

接口配置模式命令。该命令用于设置路由器接口的带宽描述，单位是 b/s。如图 3-70 所示，是设置路由器的串行接口 serial 0/0 的带宽描述为 64000b/s。注意，该命令并不会改变某个接口的实际数据传输速率。但是，像 OSPF 这样的动态路由协议会根据该值计算链路的代价值。

28. ip subnet-zero

Cisco 路由器默认支持使用“全 1”子网，但默认不允许使用“全 0”子网。如果想要使用“全 0”子网，必须在全局配置模式下，使用命令 ip subnet-zero 打开对“全 0”子网的支持特性，如图 3-71 所示。

```
Router(config)#interface serial 0/0
Router(config-if)#bandwidth 64000
```

图 3-70　设置路由器接口带宽描述

```
Center(config)#ip subnet-zero
```

图 3-71　设置支持“全 0”子网的使用

29. erase startup-config

特权配置模式命令，用于删除启动配置文件的内容。如图 3-72 所示，按“回车”键确认后，路由器的启动配置文件内容将被清除。

```
Router#erase startup-config
Erasing the nvram filesystem will remove all files! Continue? [confirm]
[OK]
Erase of nvram: complete
Router#
```

图 3-72　删除启动配置文件的内容

30. reload

特权配置模式命令，用于重新启动路由器（热启动）。如果之前对路由器的运行配置文件做了修改，则系统会提示是否保存修改内容，如图 3-73 所示。

```
Router#reload

System configuration has been modified. Save? [yes/no]:
```

图 3-73　重新启动时的提示信息

31. show version

普通用户模式、特权配置模式命令，用于显示路由器硬件配置、软件版本等信息，如图 3-74 所示。

```
Router#show version
Cisco Internetwork Operating System Software
IOS (tm) C2600 Software (C2600-I-M), Version 12.2(8)T5,  RELEASE SOFTWARE (fc1)
TAC Support: http://www.cisco.com/tac
Copyright (c) 1986-2002 by cisco Systems, Inc.
Compiled Fri 21-Jun-02 08:50 by ccai
Image text-base: 0x80008074, data-base: 0x80A2BD40

ROM: System Bootstrap, Version 11.3(2)XA4, RELEASE SOFTWARE (fc1)

Router uptime is 1 minute
System returned to ROM by power-on
System image file is "flash:C2600-i-mz.122-8.T5.bin"

cisco 2611 (MPC860) processor (revision 0x203) with 28672K/4096K bytes of memory

Processor board ID JAD035105I0 (1108224124)
M860 processor: part number 0, mask 49
Bridging software.
X.25 software, Version 3.0.0.
2 Ethernet/IEEE 802.3 interface(s)
1 Serial network interface(s)
32K bytes of non-volatile configuration memory.
16384K bytes of processor board System flash (Read/Write)

Configuration register is 0x2104
```

图 3-74　命令 show version 的输出

3.4　配置文件与 IOS 文件管理

3.4.1　配置文件管理

经过前面的学习，我们已知道存在两种类型的配置文件：启动配置文件和运行配置文件。可以利用 show 命令观察当前路由器的配置文件内容。如图 3-75 所示，是用路由器配置向导配置完路由器后，利用 show running-config 命令观察到的运行配置文件的一部分。而图 3-76 显示的则是利用 show startup-config 命令观察到的启动配置文件的一部分。

可以看到当配置文件太大，无法在一屏内完全显示时，当前屏幕最后一行会显示“--More--”，提示还有更多内容。此时，可以按“回车”键显示下一行或按“空格”键显示下一屏，也可以按除此之外的任意键退出当前显示，直接回到 IOS 提示符下。

```
Router#show running-config
Building configuration...

Current configuration : 1532 bytes
!
version 12.2
service timestamps debug datetime msec
service timestamps log datetime msec
no service password-encryption
!
… …
 --More--
```

图 3-75　显示运行配置文件

```
Router#show startup-config
Using 1392 out of 126968 bytes
!
version 12.2
service timestamps debug datetime msec
service timestamps log datetime msec
no service password-encryption
!
… …
 --More--
```

图 3-76　显示启动配置文件

如前所述，show running-config 命令也支持管道符过滤输出，如图 3-77 所示，是从动态路由协议 OSPF 的配置行开始显示运行配置文件的内容。

此外，show running-config 命令还支持其他一些可选参数。如图 3-78 所示，是显示运行配置文件中快速以太网接口 0/0 的相关配置信息。

```
R1#show running-config | begin router ospf
router ospf 10
 router-id 1.1.1.1
 log-adjacency-changes
 network 1.1.1.1 0.0.0.0 area 0
 network 12.0.0.1 0.0.0.0 area 0
 network 192.168.0.0 0.0.0.255 area 0
!
ip http server
… …
```

图 3-77　显示动态路由协议 OSPF 的配置

```
R1#show running-config interface fastEthernet 0/0
Building configuration...

Current configuration : 98 bytes
!
interface FastEthernet0/0
 ip address 192.168.0.254 255.255.255.0
 duplex auto
 speed auto
end

R1#
```

图 3-78　显示运行配置文件中接口的相关配置信息

如图 3-79 所示，是带行号显示运行配置文件的内容。

```
R1#show running-config linenum
Building configuration...

Current configuration : 1140 bytes
    1 : !
    2 : version 12.3
    3 : service timestamps debug datetime msec
    4 : service timestamps log datetime msec
    5 : no service password-encryption
    6 : !
    7 : hostname R1
    8 : !
    9 : boot-start-marker
   10 : boot-end-marker
   11 : !
   12 : enable secret 5 $1$G5rx$wPcf3qFHNHDwTffsI5fHl.
… …
```

图 3-79　带行号显示运行配置文件的内容

前面曾经提到过，当通过路由器的命令行接口对路由器进行配置时，配置命令被立即执行，同时添加到驻留在路由器内存中的运行配置文件中。但是，这些新添加的配置命令不会被自动保存到非易失性内存 NVRAM 中。当路由器断电或重新启动后，对路由器配置所做的修改就会完全丢失。因此，通常当对路由器进行了重新配置或修改后应该将当前的运行配置保存到 NVRAM 中变成启动配置文件。

可以使用命令 copy running-config startup-config 将当前 RAM 中的运行配置文件存储在 NVRAM 中。如图 3-80 所示，当该命令执行后，系统会提示目标文件名。这里，采用系统提供的默认值：startup-config，即直接“回车”。当前内存中的运行配置文件就会完全覆盖 NVRAM 中的启动配置文件。

```
Router#copy running-config startup-config
Destination filename [startup-config]?
Building configuration...
[OK]
Router#
```

图 3-80　将运行配置文件内容保存到 NVRAM 中

此外，也可以利用 copy startup-config running-config 命令，将 NVRAM 中的启动配置文件的内容复制到当前 RAM 中。如图 3-81 所示，这里，也采用系统提供的默认值：running-config，即直接“回车”。

```
Router#copy startup-config running-config
Destination filename [running-config]?
1532 bytes copied in 0.608 secs (2520 bytes/sec)
Router#
```

图 3-81　将 NVRAM 中的启动配置文件的内容复制到当前 RAM 中

需要注意的是，从 NVRAM 到内存的配置文件复制并不覆盖当前的运行配置文件内容，而只是添加当前的运行配置文件中没有的内容。对于相同的部分，则用启动配置文件中的语句改写运行配置文件中的语句。

配置文件是路由器软件中必不可少的组成部分。路由器操作系统依靠配置文件中的内容配置、运行路由器的各种进程。随着配置文件中配置命令的增多、复杂性的增强，配置文件的安全和备份也越来越重要。我们经常需要在某处保存一份配置文件的副本，以便路由器出现故障时快速恢复它的运行。

可以利用 FTP（File Transfer Protocol）或 TFTP（Trival File Transfer Protocol）服务器保存运行配置文件或启动配置文件。图 3-82 给出了常见的几种拷贝方式及其命令。

下面将重点讲述将运行配置文件保存到 TFTP 服务器的步骤。

（1）在一台 PC 机上安装并启动 TFTP 服务器，如图 3-83 所示，是 Cisco TFTP 服务器启动后的窗口界面。从该窗口的标题栏可以看到 TFTP 服务器的 IP 地址和根目录位置。

（2）设置 TFTP 服务器日志文件目录和工作根目录，如图 3-84 所示。

（3）利用命令 copy running-config tftp 备份运行配置到 TFTP 服务器，如图 3-85 所示。

（4）观察 TFTP 服务器窗口显示的成功备份的信息，如图 3-86 所示。

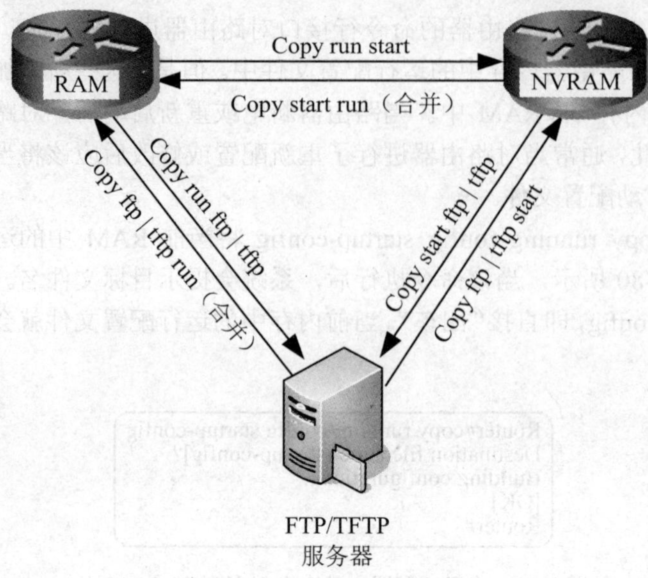

图 3-82 常见的几种拷贝方式及其命令

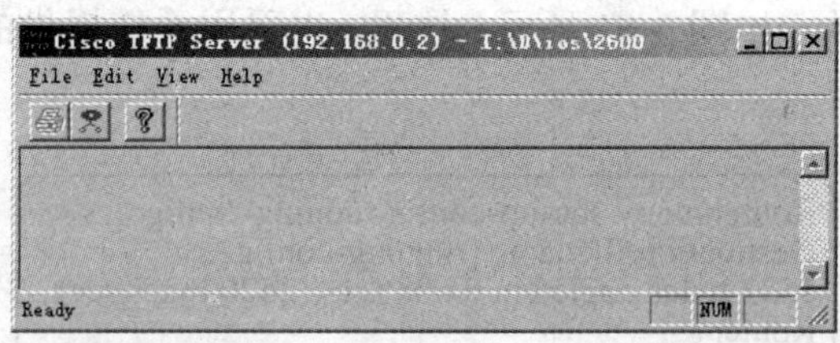

图 3-83 TFTP 服务器启动后的窗口界面

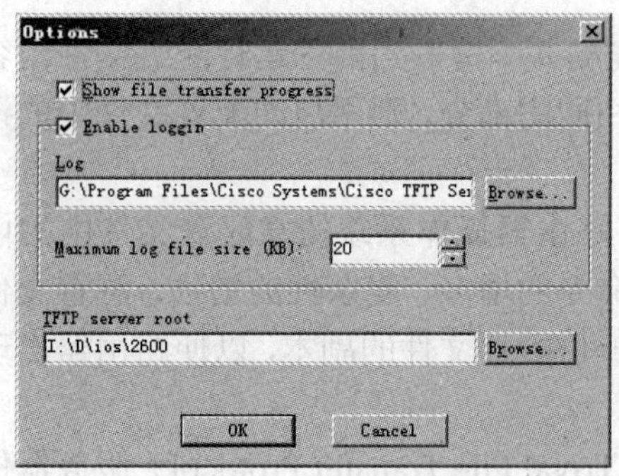

图 3-84 设置 TFTP 服务器日志文件目录和工作根目录

```
Router#copy running-config tftp
Address or name of remote host []? 192.168.0.2
Destination filename [center-confg]?
!!
1532 bytes copied in 0.848 secs (1807 bytes/sec)
Router#
```

图 3-85 备份运行配置到 TFTP 服务器

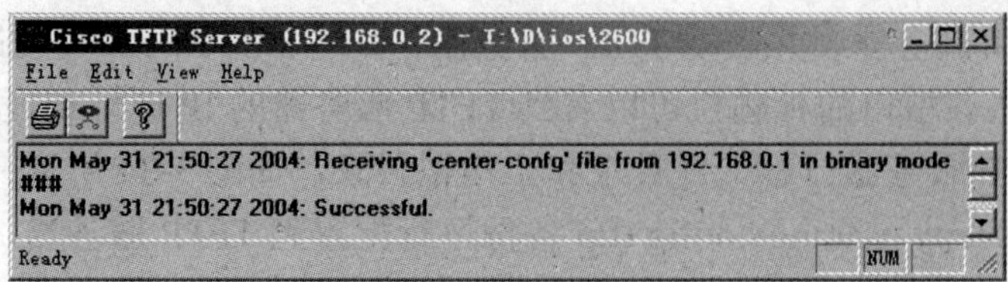

图 3-86 运行配置成功备份到 TFTP 服务器工作根目录

3.4.2　IOS 文件管理

作为路由器操作系统的 IOS 镜像文件，其重要性不用多言。应该养成及时备份新路由器 IOS 镜像文件的习惯。

备份 IOS 镜像文件同样需要使用 FTP/TFTP 服务器。同时，FTP/TFTP 服务器还可以实现路由器的 IOS 升级操作。如图 3-87 所示，是对 IOS 文件进行管理的命令示意图。

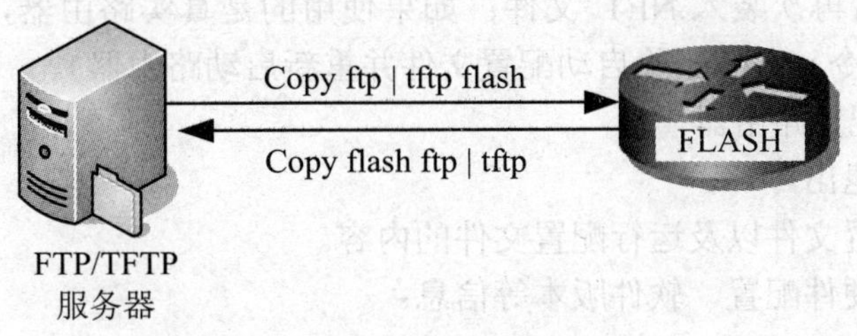

图 3-87　IOS 文件管理命令示意图

实验 3-1　路由器配置向导

一、实验目的

1．掌握用配置向导配置路由器的步骤和方法。
2．掌握检查路由器配置和状态的路由器命令。

二、实验任务

利用路由器配置向导对路由器进行初始配置。

三、实验设备

PC 终端一台，Dynamips/Dynagen 路由器模拟软件一套。

四、实验环境

实验环境如图 3-88 所示（由于使用的是 Dynamips/Dynagen 路由器模拟软件，这里的 PC 终端是通过 telnet 到 Dynamips/Dynagen 的一个特殊 TCP 端口来模拟控制台连接的，见附录 A）。

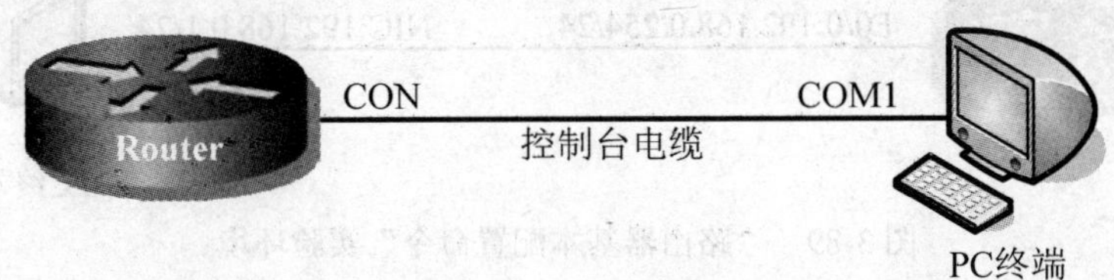

图 3-88　“路由器配置向导”实验环境

五、实验步骤

1．按图 3-88 设计、编写 Dynagen 所需.NET 文件。

2．通过 Dynagen 运行编写好的.NET 网络拓扑文件。

3．通过 telnet 客户端程序（如 MS-DOS 命令 telnet 或 SecureCRT 等软件）连接到模拟路由器的控制台，启动配置向导（如果配置向导没有自动启动，可以删除 Dynagen 临时文件夹下产生的临时文件后再次装入.NET 文件；如果使用的是真实路由器，可以使用命令 erase startup-config 以及命令 reload 删除启动配置文件并重新启动路由器）。

4．按照表 3-1 配置路由器。

5．保存设置并退出。

6．检查启动配置文件以及运行配置文件的内容。

7．检查路由器硬件配置、软件版本等信息。

实验 3-2　路由器基本配置命令

一、实验目的

1．掌握手工对路由器进行初始配置的步骤和方法。

2．掌握常用 IOS 配置命令的用法。

二、实验任务

练习常用 IOS 配置命令的用法。

三、实验设备

PC 终端一台，Dynamips/Dynagen 路由器模拟软件一套。

四、实验环境

实验环境如图 3-89 所示。

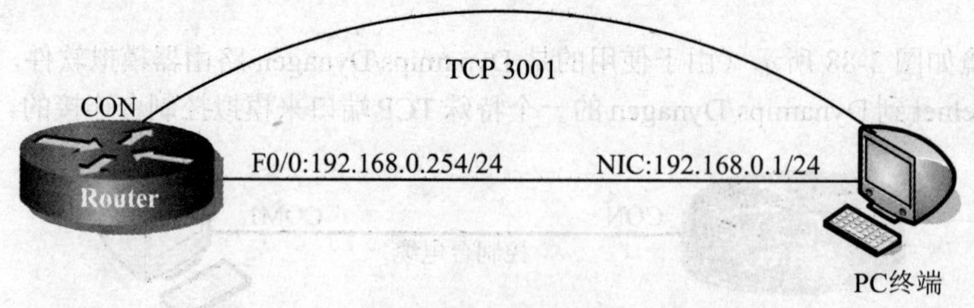

图 3-89　“路由器基本配置命令”实验环境

五、实验步骤

1．按图 3-89 设计、编写 Dynagen 所需.NET 文件。

2．通过 Dynagen 运行编写好的.NET 网络拓扑文件。

3．通过 telnet 客户端程序连接到模拟路由器的控制台。

4．待路由器启动完毕出现“Press RETURN to get started!”提示后，按“回车”键直到出现用户 EXEC 模式提示符 Router>（若为新路由器或空配置的路由器，则在路由器启动结束出现配置向导时键入“N”退回到路由器 CLI 提示符 Router>）。

5．练习 3.3.5 节中介绍的常用路由器基本配置命令。

实验 3-3　配置文件与 IOS 文件管理

一、实验目的

掌握利用 TFTP 服务器对路由器的 IOS 映像文件、配置文件进行管理的方法。

二、实验任务

利用 Telnet 实用程序对路由器的 IOS 映像文件、配置文件进行管理。

三、实验设备

PC 终端一台，Dynamips/Dynagen 路由器模拟软件一套。

四、实验环境

实验环境如图 3-90 所示。

图 3-90　“配置文件与 IOS 文件管理”实验环境

五、实验步骤

1．按图 3-90 设计、编写 Dynagen 所需.NET 文件。

2．通过 Dynagen 运行编写好的.NET 网络拓扑文件。

3．通过 telnet 客户端程序连接到模拟路由器的控制台。

4．待路由器启动完毕出现“Press RETURN to get started!”提示后，按“回车”键直到出现用户 EXEC 模式提示符 Router>（若为新路由器或空配置的路由器，则在路由器启动结束出现配置向导时键入“N”退回到路由器 CLI 提示符 Router>）。

5．按照图 3-90 配置相应的 IP 地址、子网掩码等参数。

6．在 PC 工作站上安装 Cisco-TFTP 服务器软件并启动该软件。

7．练习 3.4.1 节中介绍的路由器配置文件管理命令。

8．练习 3.4.2 节中介绍的备份路由器 IOS 的操作命令。

思考与练习

1．简述路由器软件、硬件组成及各部分作用。

2．路由器的配置方式有哪几种？

3．简述路由器的启动过程。

4．画出 IOS 配置模式转换图（注意写出模式转换命令）。

5．练习 Dynamips/Dynagen 路由器模拟软件的使用。

6．练习 Dynagen 网络拓扑文件.NET 的设计技巧。

7．练习路由器上下文帮助的使用方法。

8．练习路由器命令历史的使用方法。

9．练习路由器命令编辑快捷键的使用方法。

10．练习搜索、过滤 show 命令的方法

11．练习路由器基本配置命令的使用。

12．练习管理路由器配置文件的各种方法。

13．练习备份路由器 IOS 文件的方法。

第 4 章　路由器安全管理

本章学习目标

本章介绍路由器的安全管理方法，包括 Telnet 会话管理、访问控制列表、路由器管理方式等。通过本章的学习，读者应该掌握以下内容:

- 掌握呼入、呼出 Telnet 会话管理方法
- 掌握访问控制列表的基本概念和工作原理
- 掌握标准访问控制列表和扩展访问控制列表的命令格式和配置方法
- 掌握路由器的安全管理相关配置
- 掌握路由器的 HTTP、HTTPS、SSH 管理方式的配置方法

4.1　Telnet 会话管理

路由器上提供的 telnet 命令使我们在从本地终端远程登录到路由器上后，还可以进一步登录到其他网络设备并对其进行配置、管理。这无疑大大扩展了网络管理人员的管理范围，使设备的远程管理变得更容易。但是，另一方面，这也给路由器等网络互连设备的安全管理带来了负面的影响。本节讲述如何对路由器上的 Telnet 会话进行管理。

4.1.1　呼出 Telnet 会话管理

虚拟终端协议 telnet 用来远程登录到目标主机，在绝大多数网络设备中都内置了 Telnet 功能。我们可以从一台网络设备远程登录到另一台网络设备进行设备管理。如图 4-1 所示，是在路由器 R1 上远程登录到交换机 Sw1 的过程。

```
R1#telnet 12.0.0.2
Trying 12.0.0.2 ... Open


User Access Verification

Password:
Sw1>
```

图 4-1　远程登录

如果设置了 IP HOST 主机地址解析或指定了 DNS 服务器，也可以直接输入目标设备的名称。如图 4-2 所示。

当登录到目标主机后，可以使用 exit 命令断开当前 Telnet 会话回到本地设备，也可以使用“退出序列”不切断当前 Telnet 连接而暂时回到原设备。方法是：同时按键盘上的 Ctrl+Shift+6 快捷键，然后释放这些键，再键入字母“x”。

```
Sw1#configure terminal
Enter configuration commands, one per line.  End with CNTL/Z.
Sw1(config)#ip host R1 12.0.0.1
Sw1(config)#end
Sw1#r1
Translating "r1"
Trying R1 (12.0.0.1)... Open


User Access Verification

Password:
R1>
```

图 4-2 使用主机名直接远程登录

回到本地设备后，可以使用命令 show sessions 显示从当前设备发出的所有呼出 Telnet 会话，如图 4-3 所示。其中，第 4 行连接编号前的“*”表示最近的一次 Telnet 会话。

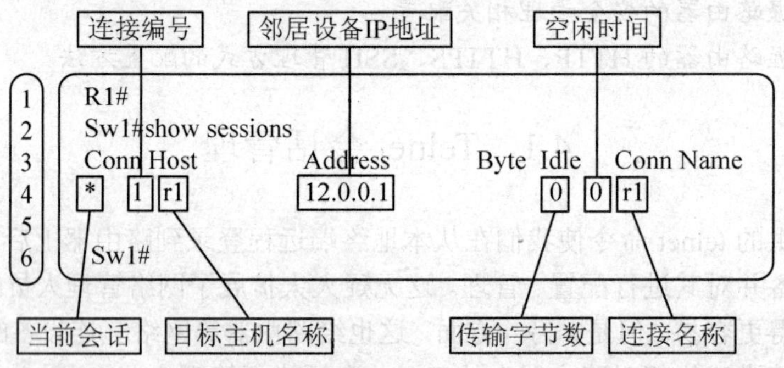

图 4-3 显示呼出 Telnet 会话

回到本地设备后，可以输入 CLI 命令对本地设备进行配置、管理，也可以在 CLI 提示符后直接按“回车”键返回最近的一次 Telnet 会话过程。还可以键入命令 disconnect 断开与远程目标主机的 Telnet 会话。

如图 4-4 所示，当输入 disconnect 命令并确认后可以从本地断开到目标主机的 Telnet 连接。

我们可以在原设备同时发起到不同目标主机的多个 Telnet 会话。如图 4-5 所示，是在交换机 Sw1 上分别远程登录到路由器 r1、r2 后，在本地设备 Sw1 显示出的 Telnet 会话情况汇总。

```
Sw1#
[Resuming connection 1 to r1 ... ]

R1#
Sw1#disconnect
Closing connection to r1 [confirm]
Sw1#
```

图 4-4 断开呼出 Telnet 会话

```
Sw1#show sessions
Conn Host       Address      Byte  Idle Conn Name
   1 r1         12.0.0.1        0     0 r1
*  2 r2         23.0.0.3        0     0 r2

Sw1#
```

图 4-5 同时发起多个 Telnet 会话

这时，如果按“回车”键则返回从本地发出的最近一次 Telnet 会话过程，即图 4-5 中标有“*”的到路由器 r2 的 Telnet 连接。

如果想要返回到指定的那一次 Telnet 会话过程，可以使用 resume 命令并在 resume 命令后的参数中指明 Telnet 连接编号或连接名称，还可以在提示符后直接输入连接编号并按“回车”

键返回到对应的 Telnet 会话过程，如图 4-6 所示。

```
Sw1#show sessions
Conn Host              Address          Byte  Idle Conn Name
   1 r1                12.0.0.1            0     2 r1
*  2 r2                23.0.0.3            0     2 r2

Sw1#resume r1
[Resuming connection 1 to r1 ... ]

R1>
Sw1#resume 2
[Resuming connection 2 to r2 ... ]

R2>
Sw1#show sessions
Conn Host              Address          Byte  Idle Conn Name
   1 r1                12.0.0.1            0     0 r1
*  2 r2                23.0.0.3            0     0 r2

Sw1#resume
[Resuming connection 2 to r2 ... ]

R2>
```

图 4-6　返回某次 Telnet 会话过程

同理，在利用命令 disconnect 断开 Telnet 连接时，也需要指定要断开的 Telnet 会话连接编号或连接名称，如图 4-7 所示。否则，将断开最近一次 Telnet 会话过程。

```
Sw1#show sessions
Conn Host              Address          Byte  Idle Conn Name
   1 r1                12.0.0.1            0     3 r1
*  2 r2                23.0.0.3            0     0 r2

Sw1#disconnect 1
Closing connection to r1 [confirm]
Sw1#show sessions
Conn Host              Address          Byte  Idle Conn Name
*  2 r2                23.0.0.3            0     0 r2

Sw1#
```

图 4-7　断开指定 Telnet 连接

4.1.2　呼入 Telnet 会话管理

网络环境中的路由器、交换机等也可以作为被管理设备接受远程主机的呼入 Telnet 连接。

当有远程主机 Telnet 到本地设备时，可以使用命令 show users 查看呼入 Telnet 会话情况，包括远程主机登录的线路编号、线路名称、登录用户名称（仅当路由器要求本地认证时显示，见 4.3.1 节）、主机空闲时间、登录远程主机 IP 地址等内容。如图 4-8 所示。

图 4-8 中的线路编号采用的是绝对线路编号（绝对线号，参见 10.3.5 节）。线路名称采用的是相对线路编号（相对线号）。如 con 0 表示控制台线路，vty 0 表示第一条虚拟终端线路等。

有时，出于管理的需求可能需要断开远程主机的 Telnet 连接。这时，需要使用 clear line 命令。如图 4-9 所示，是采用相对线路编号断开远程 Telnet 连接的例子。而图 4-10 则是采用绝对线号断开远程 Telnet 连接的例子。

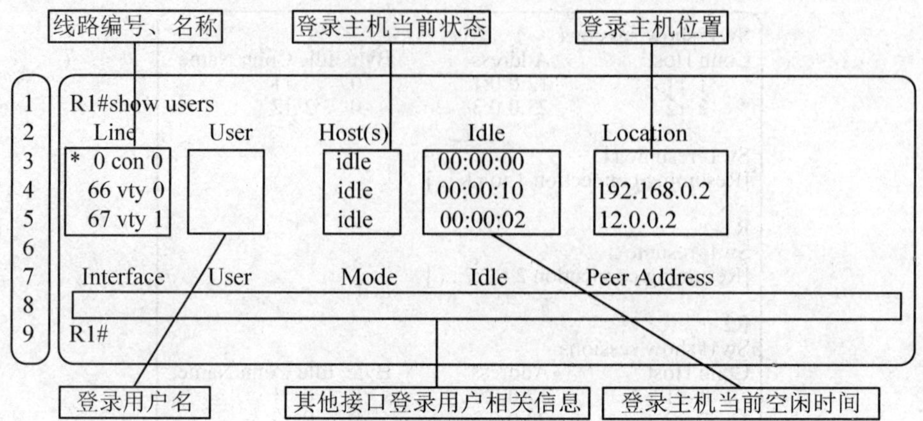

图 4-8　显示呼入 Telnet 连接

```
R1#show users
    Line       User       Host(s)       Idle         Location
*   0 con 0               idle          00:00:00
   66 vty 0               idle          00:16:02     192.168.0.2
   67 vty 1               idle          00:07:05     12.0.0.2

  Interface    User             Mode          Idle    Peer Address
R1#clear line vty 0
[confirm]
 [OK]
R1#show users
    Line       User       Host(s)       Idle         Location
*   0 con 0               idle          00:00:00
   67 vty 1               idle          00:07:12     12.0.0.2

  Interface    User             Mode          Idle    Peer Address
```

图 4-9　采用相对线路编号断开远程 Telnet 连接

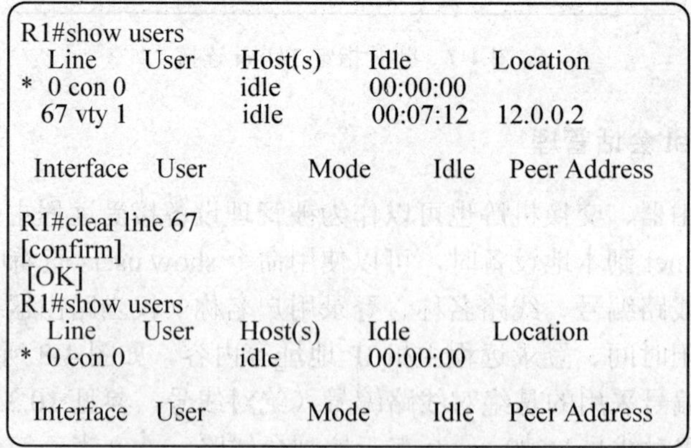

```
R1#show users
    Line       User       Host(s)       Idle         Location
*   0 con 0               idle          00:00:00
   67 vty 1               idle          00:07:12     12.0.0.2

  Interface    User             Mode          Idle    Peer Address

R1#clear line 67
[confirm]
 [OK]
R1#show users
    Line       User       Host(s)       Idle         Location
*   0 con 0               idle          00:00:00

  Interface    User             Mode          Idle    Peer Address
```

图 4-10　用绝对线路编号断开远程 Telnet 连接

当在本地主机采用 clear line 命令断开远程 Telnet 连接后，远程设备会收到“由外部主机关闭”的消息。如图 4-11 所示。

```
R1#
[Connection to r1 closed by foreign host]
Sw1#
```

图 4-11　“由外部主机关闭”消息

如果远程设备是 Windows 系统，则会显示“失去了跟主机的连接”，如图 4-12 所示。

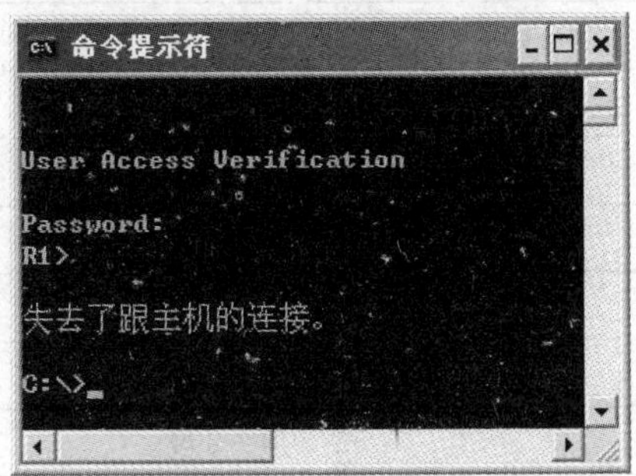

图 4-12　“失去了跟主机的连接”消息

4.2　访问控制列表——ACL

4.2.1　访问控制列表概述

1．访问控制列表概述

访问控制列表（Access Control List，ACL）是控制流入、流出路由器数据包的一种方法。它通过在数据包流入路由器或流出路由器时进行检查、过滤达到流量管理的目的。

访问控制列表不但可以起到控制网络流量、流向的作用，而且在很大程度上起到保护网络设备、服务器的关键作用。作为外网进入企业内网的第一道关卡，路由器上的访问控制列表成为保护内网安全的有效手段。

此外，在路由器的许多其他配置任务中都需要使用访问控制列表，如网络地址转换（Network Address Translation，NAT）、按需拨号路由（Dial on Demand Routing，DDR）、路由重分布（routing redistribution）、策略路由（Policy-Based Routing，PBR）等很多场合都需要使用访问控制列表。

2．配置访问控制列表

访问控制列表是一个有序的语句集合，它通过匹配报文信息与访问列表参数，来允许报文或拒绝报文通过某个接口。因此，访问控制列表也被称为包过滤器。

配置访问控制列表需要两个步骤。第一步，定义允许或禁止报文的描述语句（访问列表）；第二步，将访问列表应用到路由器的具体接口（应用访问组）。这样，当数据包出入相应的接口时，路由器将检查数据包的类型并按照预先定义的访问控制列表对数据包进行处理：放行或丢弃。

有不同类型的访问控制列表。访问控制列表按照号码的范围划分为不同的类别，分别用于不同的协议和选项。表 4-1 列出了使用访问控制列表的协议以及协议有效的访问控制列表号码范围。

表 4-1 通过编号指定的访问列表所支持的协议

协议	范围
标准 IP 协议	1～99
扩展 IP 协议	100～199
Ethernet 类型码	200～299
DECnet	300～399
XNS	400～499
扩展 XNS	500～599
AppleTalk	600～699
Ethernet 地址	700～799
IPX	800～899
扩展 IPX	900～999
IPX SAP	1000～1099
MAC	1100～1199
IPX 汇总地址	1200～1299

在 IOS 12.0 版本后增加了标准 IP 协议及扩展 IP 协议的表号范围：

- 标准 IP 协议：1300～1999
- 扩展 IP 协议：2000～2699

每种协议都有用于提供包过滤的特定任务和规则。这里主要讲解 IP 访问控制列表。

有两种基本的 IP 访问控制列表：标准 IP 访问控制列表和扩展 IP 访问控制列表。标准 IP 访问控制列表仅依据 IP 数据包的源地址来决定是否过滤数据包。扩展 IP 访问控制列表不但可以检查源地址、目标地址，而且可以检查源和目标的端口号等字段，因此有更大的灵活性，应用也更广泛。

4.2.2 标准 ACL 配置方法

1．标准 IP 访问控制列表语句

标准 IP 访问控制列表的命令格式为：

```
ACCESS-LIST access-list-number {DENY|PERMIT|REMARK} {SOURCE [source-wildcard]|ANY}
```

标准 IP 访问控制列表的号码（access-list-number）范围介于 1～99 之间。可以使用这个范围之内的任意号码。下一个关键字中的 DENY|PERMIT 指出该访问控制列表是允许还是拒绝数据包（REMARK 关键字用来对 ACL 语句进行描述，路由器在执行检查时会跳过含有 REMARK 关键字的 ACL 语句）。最后，可以选择主机或网络的源地址，或者使用关键字 ANY。

要匹配某个主机，需要输入该主机的 IP 地址。要匹配某个网络，则需要输入网络号，后面跟上通配符掩码。要匹配所有的网络和主机，需要使用关键字 ANY。这里，通配符掩码与源地址或目标地址一起来定义要匹配的网络范围。因此，正确理解并使用它非常重要。

像子网掩码标明 IP 地址的哪些位属于网络号一样，通配符掩码标明为了判断匹配地址，它需要检查 IP 地址中的哪些位。将通配符掩码位设为 1，表示 IP 地址中的对应位既可以是 1 也可以是 0。将通配符掩码位设为 0，则表示 IP 地址中对应位必须被精确匹配。

例如：210.31.10.0 0.0.0.255 表示 IP 地址的前 3 个位域（Octets）必须是 210.31.10，而最后一个位域无所谓，是什么值都可以，即 1～255 均可。因此，这个例子表示 210.31.10.0 整个网段。

又如：210.31.10.1 0.0.0.0 表示 IP 地址中的每一位都必须精确匹配。即必须是一台 IP 地址为 210.31.10.1 的单机。这时，也可以用另外一种形式来表示：host 210.31.10.1。

再如：0.0.0.0 255.255.255.255 则表示任何主机地址，这时往往用一个省略的写法：ANY 来表示任意主机。

2. IP 访问控制组语句

定义好了 IP 访问控制列表语句后，需要将 IP 访问控制列表应用到具体接口。

首先，进入路由器某个接口的接口配置模式，如 interface serial 0/0。接下来输入 IP 访问控制组语句：

```
IP ACCESS-GROUP access-list-number {IN|OUT}
```

其中，access-list-number 是在前一步中定义的 IP 访问控制列表表号，关键字 IN|OUT 表示对流入还是流出（也称为入站/出站）路由器的数据包进行检查。

3. 标准 IP 访问控制列表配置实例 1

下面，我们用例子来说明标准 IP 访问控制列表的用法。

在如图 4-13 所示的网络环境中，路由器有两个接口，以太网接口 ethernet 0 连接内网。内网用户通过串行接口 serial 0 访问 Internet。假设在系统调试期间，我们只想允许 IP 地址为 210.31.10.20 的服务器访问 Internet，禁止其他 PC 机对 Internet 的访问。可以按照以下的步骤设置 ACL。

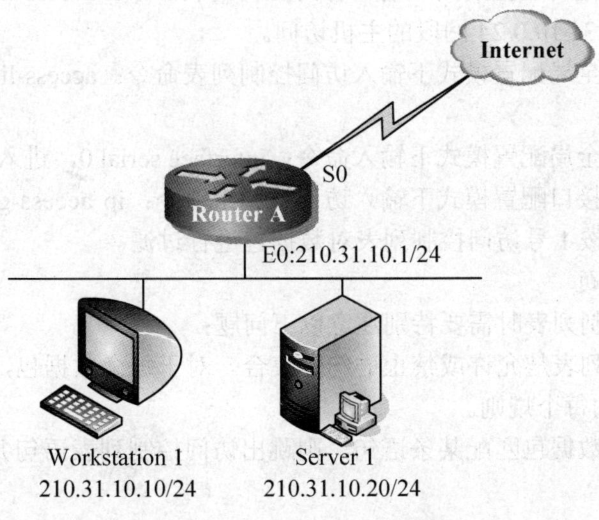

图 4-13　实例 1 的网络拓扑结构

（1）在路由器的全局配置模式下输入访问控制列表命令：access-list 1 permit host

210.31.10.20，允许 IP 地址为 210.31.10.20 的主机。

（2）在路由器的全局配置模式下输入访问控制列表命令：access-list 1 deny any，禁止所有其他主机。

（3）在路由器的全局配置模式下输入命令：interface ethernet 0，进入接口配置模式。

（4）在路由器的接口配置模式下输入访问控制组命令：ip access-group 1 in，设置在接口 ethernet 0 的入站方向按 1 号访问控制列表对数据包进行过滤。

4. 标准 IP 访问控制列表配置实例 2

在如图 4-14 所示的网络环境中，路由器有三个接口，以太网接口 ethernet 0 连接内网 210.31.10.0/24，ethernet 1 连接内网 210.31.20.0/24。所有内网用户通过串行接口 serial 0 访问 Internet。假设在系统调试期间，我们只想允许以太网接口 ethernet 0 所连接的内网用户访问 Internet，禁止其他网段对 Internet 的访问。

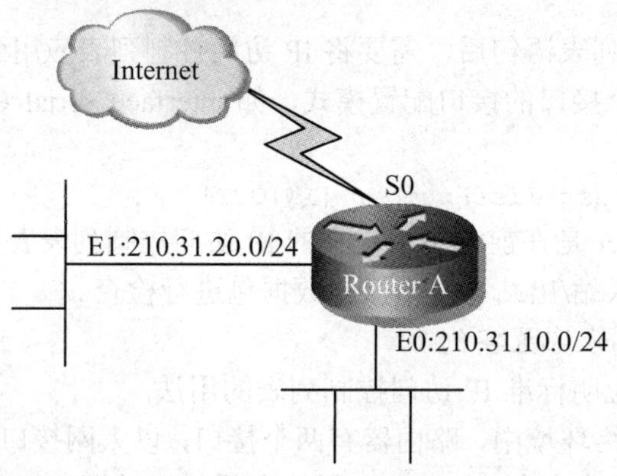

图 4-14 实例 2 的网络拓扑结构

可以按照以下的步骤设置 ACL。

（1）在路由器的全局配置模式下输入访问控制列表命令：access-list 1 permit 210.31.10.0 0.0.0.255，允许在 210.31.10.0/24 网段的主机访问。

（2）在路由器的全局配置模式下输入访问控制列表命令：access-list 1 deny any，禁止所有其他网段的主机。

（3）在路由器的全局配置模式下输入命令：interface serial 0，进入接口配置模式下。

（4）在路由器的接口配置模式下输入访问控制组命令：ip access-group 1 out，设置在接口 serial 0 的出站方向按 1 号访问控制列表对数据包进行过滤。

5. 需要注意的问题

在配置 IP 访问控制列表时需要特别注意以下问题：

- IP 访问控制列表是允许或禁止语句的集合。对于每个数据包，路由器顺序检查访问控制列表中的每个规则。
- 如果遇到 IP 数据包匹配某条语句，则跳出访问控制列表语句并执行放行或阻塞数据包的操作。
- 如果到达了访问控制列表的底端（最后一个访问控制列表语句）仍未找到与该数据包匹配的语句，则丢弃该数据包。即所有访问控制列表的最后有一个隐含的 DENY

ANY。所以，应保证每个访问控制列表都必须至少包含一个 PERMIT 语句；或在访问控制列表的底端明确地用语句指出对都不匹配的数据包的操作(是允许还是禁止)。

- 访问控制列表建立后，任何对该表语句的增加都被放在表的末端。这表示无法有选择地对访问控制列表中的个别语句进行修改、删除。因此，如果想要编辑访问控制列表，可以将 ACL 语句粘贴到“记事本”等文本编辑器中编辑后再重新粘贴到路由器（注意先删除原有的 ACL 语句)。
- 访问控制列表只对流入、流出路由器的流量进行过滤，无法对路由器本身产生的流量进行过滤。

4.2.3　扩展 ACL 配置方法

1. *扩展 IP 访问控制列表语句*

扩展 IP 访问控制列表的命令格式为：

```
ACCESS-LIST access-list-number {DENY|PERMIT|REMARK} protocol source source-wildcard destination destination-wildcard option
```

扩展 IP 访问控制列表的号码（access-list-number）范围介于 100～199 之间。可以使用这个范围之内的任意号码。和标准 IP 访问控制列表一样，下一个关键字指出该访问控制列表是允许还是拒绝数据包或者是对 ACL 语句的描述。接下来的 protocol 关键字指明要匹配使用何种协议的数据包，如 TCP、UDP、ICMP、IP 等。接下来，可以选择主机或网络的源地址、目标地址及通配符掩码，或者使用关键字 ANY。最后，是一些进一步定义数据包特征的可选项。

2. *IP 访问控制组语句*

和标准 IP 访问控制列表一样，定义好扩展 IP 访问控制列表语句后，需要将 IP 访问控制列表应用到具体接口。首先，进入路由器某个接口的接口配置模式，如 interface serial 0/0。接下来输入 IP 访问控制组语句：

```
IP ACCESS-GROUP access-list-number {IN|OUT}
```

其中，access-list-number 是在前一步中定义的 IP 访问控制列表，关键字 IN|OUT 表示对入站还是出站的数据包进行检查。

3. *扩展 IP 访问控制列表实例*

下面，我们用一个例子来说明扩展 IP 访问控制列表的设计方法。

在如图 4-15 所示的网络结构中，路由器 A 一端的局域网 210.31.225.0/24、210.31.226.0/24 上的用户通过路由器 A 自己的串行接口 serial 0 连到路由器 B 的串行接口 serial 0，并通过路由器 B 的 serial 1 接口接入 Internet；同时通过路由器 B 的以太网接口 ethernet 0 接口与路由器 B 一侧的局域网 210.31.224.0/24 互连。

要求路由器 A 一端的局域网用户可以访问 Internet；同时只允许路由器 A 一端的局域网 210.31.225.0/24 上的用户访问路由器 B 一侧的服务器 210.31.224.11 上的 Telnet 服务。只允许路由器 A 一端的局域网 210.31.226.0/24 上的用户访问路由器 B 一侧的服务器 210.31.224.11 上的 WWW 服务。允许 210.31.0.0/16 网段的用户使用 ping 命令（使用协议 ICMP）测试到路由器 B 一侧局域网的连通性。除此之外到路由器 B 一侧局域网的所有通信都不允许。

首先，可以设计如下的访问控制列表：

- access-list 101 permit tcp 210.31.225.0 0.0.0.255 host 210.31.224.11 eq Telnet

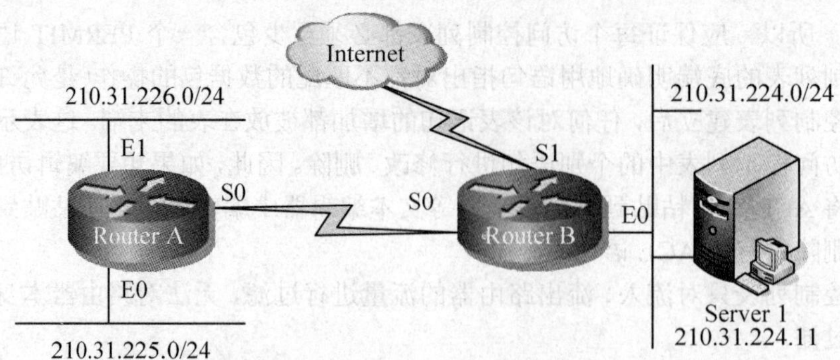

图 4-15 例 3 的网络拓扑结构

允许源自 210.31.225.0/24 网段的、以 TCP 协议方式访问服务器 210.31.224.11 上运行的 Telnet 服务的数据包。因为 Telnet 协议使用 TCP 的 23 端口，所以上述命令也可写为：

```
access-list 101 permit tcp 210.31.225.0 0.0.0.255 host 210.31.224.11 eq 23
```

- access-list 101 permit tcp 210.31.226.0 0.0.0.255 host 210.31.224.11 eq WWW

允许源自 210.31.226.0/24 网段的、以 TCP 协议方式访问服务器 210.31.224.11 上运行的 WWW 服务的数据包。因为 http 协议使用 TCP 的 80 端口，所以上述命令也可写为：

```
access-list 101 permit tcp 210.31.226.0 0.0.0.255 host 210.31.224.11 eq 80
```

- access-list 101 permit icmp 210.31.0.0 0.0.255.255 any

允许源自 210.31.0.0/16 网段的任何协议类型为 icmp 的数据包。因为 ping 命令使用 icmp 协议，所以这条访问控制列表语句的意义是允许 210.31.0.0/16 网段的主机使用 ping 命令对路由器 B 一侧局域网的连通性进行测试。

- access-list 101 deny ip any any

除以上语句规定外的所有数据包都被禁止（丢弃）。

然后，将定义好的访问控制列表应用到路由器 B 的以太网接口 ethernet 0 接口：

- interface ethernet 0

进入接口配置模式。

- ip access-group 101 out

定义访问控制组命令，按照定义好的 101 号访问控制列表对从以太网接口 ethernet 0 输出的数据包进行过滤。

4. 需要注意的问题

在配置扩展 IP 访问控制列表时还需要注意以下问题：

- 在访问控制列表中除了可以用“eq”关键字指出单一的端口号外，也可以规定端口号的范围。如用“gt 1024”表示端口号大于 1024；用“lt 1024”表示端口号小于 1024；而“range 100 200”则表示端口号介于 100 和 200 之间。
- 一定要牢记，在每个访问控制列表的底端都有一个默认的“DENY ANY”。所以，建议在每个访问控制列表的最后一条语句明确地指出对其余通信量的处理方式。

4.2.4 命名访问控制列表

当路由器上的各种 ACL 逐渐增多时，有时候我们会忘记某一组 ACL 的作用。为了解决类似的问题，在 IOS 11.2 版本后，可以使用命名访问控制列表，即命名 ACL。

命名访问控制列表也分为标准命名访问控制列表和扩展命名访问控制列表。不管是什么类型的命名访问控制列表，其配置步骤都一样，需要两步：配置访问控制列表语句和配置访问控制组语句。

1. 标准命名访问控制列表

标准命名访问控制列表语句的命令格式为：

```
ip access-list standard aclname
```

标准命名访问控制组语句的命令格式为：

```
ip access-group aclname [in|out]
```

如图 4-16 所示，是采用标准命名访问控制列表配置 4.2.2 节中实例 1 的步骤。

```
Router(config)#ip access-list standard stdacl
Router(config-std-nacl)#permit host 210.31.10.20
Router(config-std-nacl)#deny any
Router(config-std-nacl)#exit
Router(config)#interface Ethernet 0
Router(config-if)#ip access-group stdacl in
```

图 4-16　标准命名访问控制列表配置实例

2. 扩展命名访问控制列表

扩展命名访问控制列表语句的命令格式为：

```
ip access-list extended aclname。
```

扩展命名访问控制组语句的命令格式为：

```
ip access-group aclname [in|out]。
```

如图 4-17 所示，是采用扩展命名访问控制列表配置方法配置 4.2.3 节中实例的步骤。

```
R1(config)#ip access-list extended extacl1
R1(config-ext-nacl)#permit tcp 210.31.225.0 0.0.0.255 host 210.31.224.11 eq telnet
R1(config-ext-nacl)#permit tcp 210.31.226.0 0.0.0.255 host 210.31.224.11 eq www
R1(config-ext-nacl)#permit icmp 210.31.0.0 0.0.255.255 any
R1(config-ext-nacl)#deny ip any any
R1(config-ext-nacl)#exit
R1(config)#int Ethernet 0
R1(config-if)#ip access-group extacl1 out
```

图 4-17　扩展命名访问控制列表配置实例

使用命名访问控制列表的另一个好处是可以对现有的命名 ACL 进行修改。如图 4-18 所示，是删除图 4-18 中的 icmp 相关控制语句。

4.2.5　ACL 日志

当一组 ACL 配置完成之后，应该经常对其工作状况进行检查。

命令 show [ip] access-lists 用来查看 ACL 日志的内容。如果该命令后面没有任何参数，则显示出路由器所定义的所有 ACL 日志信息，也可以显示指定的 ACL 日志。如图 4-19 所示，显示了编号为 102 的 ACL 日志信息。

```
R1#show running-config | begin ip access-list
ip access-list extended extacl1
 permit tcp 210.31.225.0 0.0.0.255 host 210.31.224.11 eq telnet
 permit tcp 210.31.226.0 0.0.0.255 host 210.31.224.11 eq www
 permit icmp 210.31.0.0 0.0.255.255 any
 deny   ip any any
!
… …
R1#configure terminal
Enter configuration commands, one per line.  End with CNTL/Z.
R1(config)#ip access-list extended extacl1
R1(config-ext-nacl)#no  permit icmp 210.31.0.0 0.0.255.255 any
R1(config-ext-nacl)#end
R1#show running-config | begin ip access-list
ip access-list extended extacl1
 permit tcp 210.31.225.0 0.0.0.255 host 210.31.224.11 eq telnet
 permit tcp 210.31.226.0 0.0.0.255 host 210.31.224.11 eq www
 deny   ip any any
!
… ...
```

图 4-18 修改命名 ACL

```
R1#show access-lists 102
Extended IP access list 102
    permit ip 219.148.95.128 0.0.0.127 any (200729 matches)
    deny tcp any host 210.31.235.129 eq www (2511 matches)
    deny tcp any any range 135 139 (202078 matches)
    deny udp any any range 135 netbios-ss (3231 matches)
    deny tcp any any eq 445 (3446978 matches)
    deny tcp any any eq 593
    deny tcp any any eq 4444 (587 matches)
    deny tcp any any eq 1434 (9308 matches)
    deny tcp any any eq 2002 (2729 matches)
    deny tcp any any eq 1978 (12121 matches)
    deny tcp any any eq 4156 (811 matches)
    permit ip any any (172288130 matches)
R1#
```

图 4-19 用 show access-lists 命令检查 ACL 的工作日志

从图 4-19 中可以看到路由器收到的满足某条 ACL 条件的数据包数量。如屏蔽了 587 个采用 TCP 协议、目的端口号是 4444 的数据包；屏蔽了 9308 个采用 TCP 协议、目的端口号是 1434 的数据包等。

```
R1(config)#ip access-list extended NO_TELNET_FROM_LAN
R1(config-ext-nacl)#deny   tcp 192.168.0.0 0.0.0.255 any eq telnet log
R1(config-ext-nacl)#permit ip any any
R1(config-ext-nacl)#end
R1#
```

图 4-20 ACL 语句中的关键字“log”

在上述 ACL 日志中虽然可以看到某条 ACL 被命中的次数，却不能记录命中此条 ACL 的数据包来源等信息。我们可以通过 ACL 语句中的关键字“log”来将命中 ACL 的事件集中记录到路由器系统日志中，如图 4-20 所示。

```
R1#show logging
Syslog logging: enabled (9 messages dropped, 1 messages rate-limited, 0 flushes, 0 overruns, xml disabled)
    Console logging: level debugging, 49 messages logged, xml disabled
    Monitor logging: level debugging, 0 messages logged, xml disabled
    Buffer logging: level debugging, 3 messages logged, xml disabled
    Logging Exception size (4096 bytes)
    Count and timestamp logging messages: disabled
    Trap logging: level informational, 53 message lines logged

Log Buffer (4096 bytes):

*Mar  1 02:05:05.219: %SYS-5-CONFIG_I: Configured from console by console
*Mar  1 02:05:15.079: %SEC-6-IPACCESSLOGP: list NO_TELNET_FROM_LAN denied tcp 192.168.0.2(1407) -> 3.3.3.3(23), 1 packet
*Mar  1 02:05:34.955: %SEC-6-IPACCESSLOGP: list NO_TELNET_FROM_LAN denied tcp 192.168.0.2(1408) -> 3.3.3.3(23), 1 packet
```

图 4-21　显示路由器系统日志

如图 4-21 所示，是使用命令 show logging 显示路由器系统日志的输出结果。

注意：必须在全局配置模式下使用命令 logging on 打开日志功能，并使用命令 logging buffered 开启日志缓存功能才能将上述 ACL 命中事件记录在日志缓存中，如图 4-22 所示。

```
R1#configure terminal
Enter configuration commands, one perline. End with CNTL/Z.
R1(config)#logging on
R1(config)#logging buffered
R1(config)#end
R1#
```

图 4-22　打开日志缓存功能

4.3　路由器的安全管理

处在园区网内网、外网间的路由器，其自身安全的重要性不言而喻。因此必须对路由器的访问方式、访问源位置等加以限制以保证路由器自身的安全。

4.3.1　本地登录认证

默认情况下，对虚拟终端线的登录认证（Authentication）方式是简单的密码认证（通过线命令 login 启用此功能，默认启用），即“What do you know?”的认证方式。为了增强安全性及增加审计的可能性，一般建议结合采用“Who are you?”的身份认证方式。

如图 4-23 所示，给出了本地登录认证的配置步骤。

在配置了路由器的本地登录认证功能后，再次从远程设备登录路由器，除了要提供正确密码外，还要求输入相应的用户名，如图 4-24 所示。

4.3.2　访问类语句

为了加强路由器自身的安全，对路由器的远程访问的位置加以限制（“Where are you?”）

也是常用的访问控制方法。如图 4-25 所示，要求只允许作为网管工作站的 Workstation 1 访问并配置路由器 A。

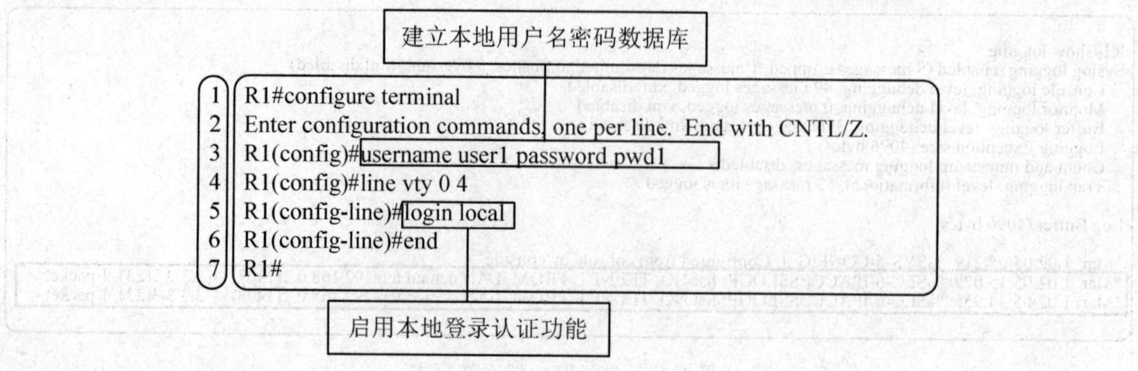

图 4-23　配置本地登录认证

```
R2#r1
Translating "r1"
Trying R1 (12.0.0.1)... Open

User Access Verification

Username: user1
Password:
R1>
```

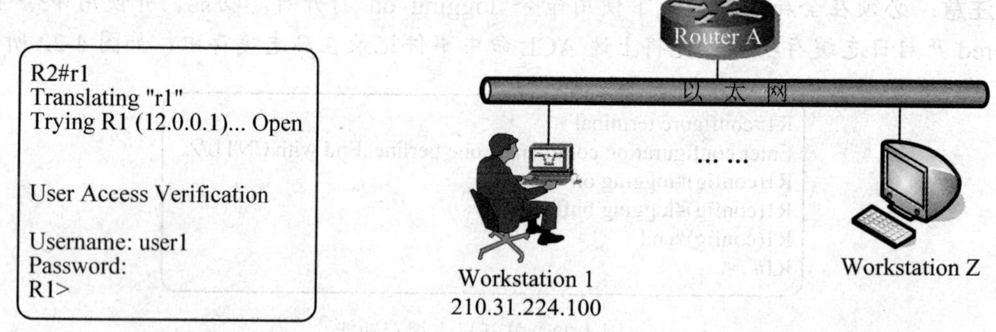

图 4-24　本地登录认证

图 4-25　限制对路由器的管理性访问

这时，可以使用访问类语句进行 VTY 访问控制。具体配置步骤如图 4-26 所示。

```
RouterA(config)#line vty 0 4
RouterA(config-line)#login
RouterA(config-line)#password abc
RouterA(config-line)#access-class 1 in
RouterA(config-line)#access-list 1 permit host 210.31.224.100
RouterA(config)#access-list 1 deny any
```

图 4-26　进行 VTY 访问控制

4.3.3　HTTP/HTTPS

为了方便网络管理人员管理路由器，IOS 还提供了较为友好的 HTTP 界面访问方式。用户可以通过 HTTP 或 HTTPS 方式来管理路由器。

1. HTTP 管理方式

Cisco 路由器的 HTTP 管理方式是默认启用的。我们只需在浏览器中输入一个可达的路由器的接口 IP 地址，并在正确提供了加密使能密码后就可以以 HTTP 方式来访问路由器了。如

图 4-27 和图 4-28 所示。

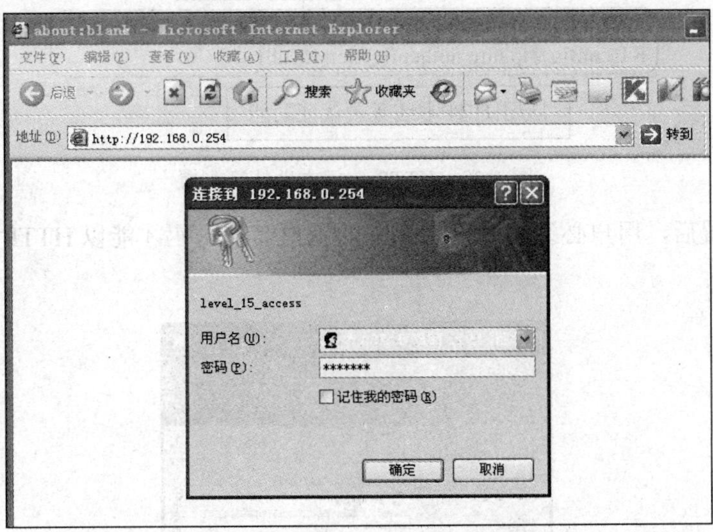

图 4-27　输入加密使能密码

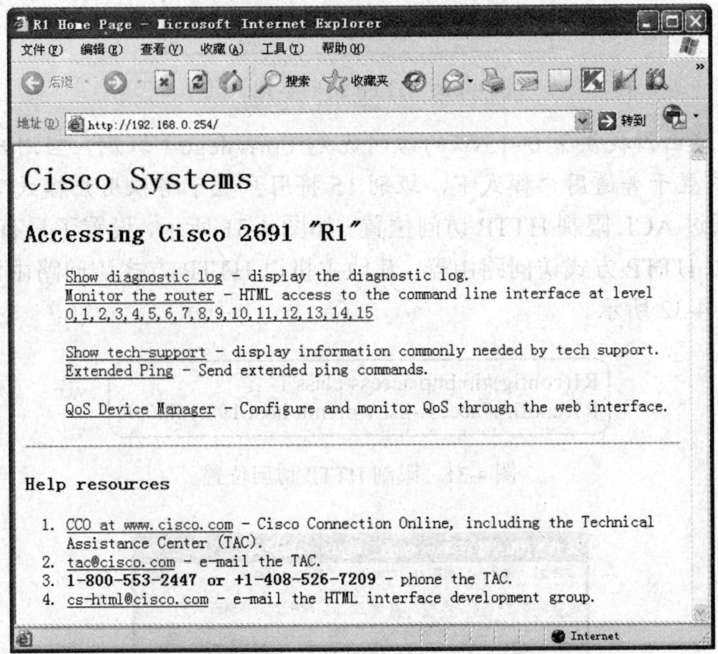

图 4-28　以 HTTP 方式来访问路由器

同样，可以通过要求登录用户提供用户名及密码的方式增强 HTTP 访问方式的安全性。如图 4-29 所示。

在图 4-29 中，首先是建立一个本地用户及其密码（注意，HTTP 登录要求提供具有 15 级权限的用户名和密码，所以此处要设置用户级别为 15 级），然后需要在全局下启用对 HTTP 登录方式的本地认证方式。

图 4-29　HTTP 访问本地认证配置

做完上述设置后，用户必须同时提供正确的用户名和密码才能以 HTTP 方式访问路由器，如图 4-30 所示。

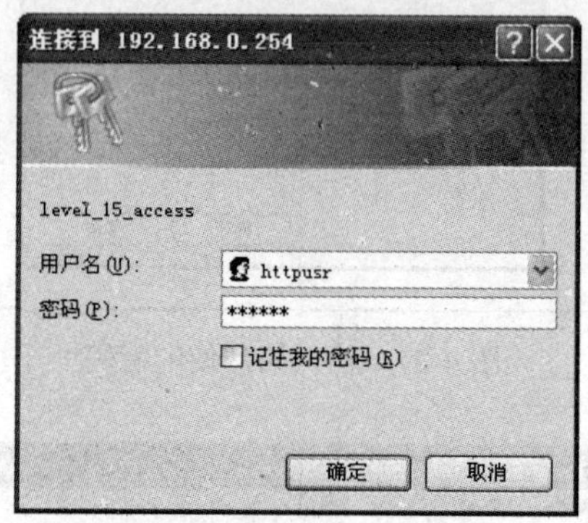

图 4-30　HTTP 访问本地认证

说明：Cisco 路由器提供了 0~15 级的访问优先（privilege）级别，当用户成功登录路由器后，级别 0 将用户置于普通用户模式下，级别 15 将用户置于特权用户模式下。

同样，可以通过 ACL 限制 HTTP 访问位置。如图 4-31 所示，设置了只有 IP 是 192.168.0.9 的主机才被允许以 HTTP 方式访问路由器。其他主机以 HTTP 方式访问路由器会被提示“无法显示网页”，如图 4-32 所示。

```
R1(config)#ip http access-class 1
R1(config)#access-list 1 permit host 192.168.0.9
```

图 4-31　限制 HTTP 访问位置

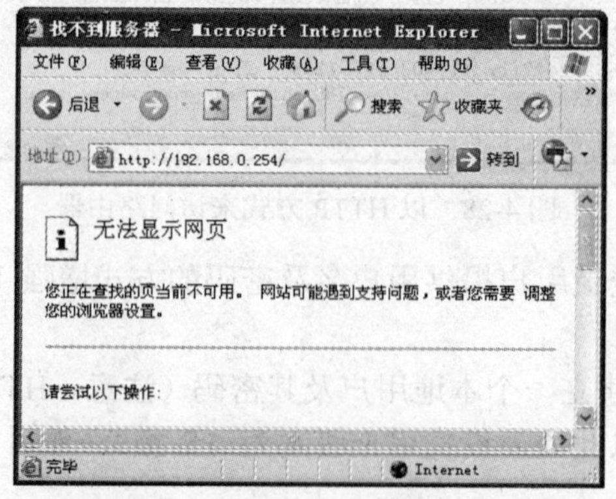

图 4-32　非法用户访问路由器出错

尽管可以通过上述方法增强路由器的 HTTP 访问安全性，但 HTTP 协议本身并没有提供足够的安全特性，其会话交互的内容是没有加密的，很容易被窃听。因此，一般建议关闭路由器上的 HTTP 服务，如图 4-33 所示。

```
R1(config)#no ip http server
```

图 4-33　关闭路由器上的 HTTP 服务

2. HTTPS 管理方式

为了增强 HTTP 的安全性，RFC 提出了安全的 HTTP，即 HTTPS，其原理是通过证书认证，密钥交换等技术加密会话数据。

如图 4-34 所示，是配置路由器支持 HTTPS 访问方式的步骤。

```
1   R1(config)#user httpsusr privilege 15 password passwd
2   R1(config)#ip domain-name mydomain.com
3   R1(config)#ip http secure-server
4   R1(config)#crypto key generate rsa
5   The name for the keys will be: R1.mydomain.com
6   Choose the size of the key modulus in the range of 360 to 2048 for your
7     General Purpose Keys. Choosing a key modulus greater than 512 may take
8     a few minutes.
9
10  How many bits in the modulus [512]:
11  % Generating 512 bit RSA keys ...[OK]
12
13  R1(config)#
14  *Mar  1 04:18:53.770: %SSH-5-ENABLED: SSH 1.5 has been enabled
15  R1(config)#
```

图 4-34　配置路由器支持 HTTPS 访问方式

在图 4-34 中，

第 1 行用来创建一个优先级为 15 的本地用户及其密码。

第 2 行用来创建一个 IP 域名，路由器需要此信息构造安全密钥及证书。

第 3 行用来启用路由器上的 HTTPS 服务。

第 4～11 行用来产生 HTTPS 所需的 RSA 密钥对，此密钥对在产生路由器的证书过程中需要使用。其中，第 10 行要求用户输入 RSA 密钥长度（范围：360～2048，默认为 512 位，较长的密钥具有较高的安全性，但需要较长的计算时间产生此密钥）。

当密钥产生后，控制台会出现 SSH 服务被启用的提示，如图 4-34 中的第 14 行所示。

注意：路由器的名称不能是默认的“Router”，路由器需要此信息构造安全密钥及证书。

当上述配置过程结束后，就可以在浏览器中通过 HTTPS 方式访问路由器了，如图 4-35 所示。

在图 4-35 中单击“是”确认安全警报，并输入用于访问路由器的用户名、密码，如图 4-36 所示。

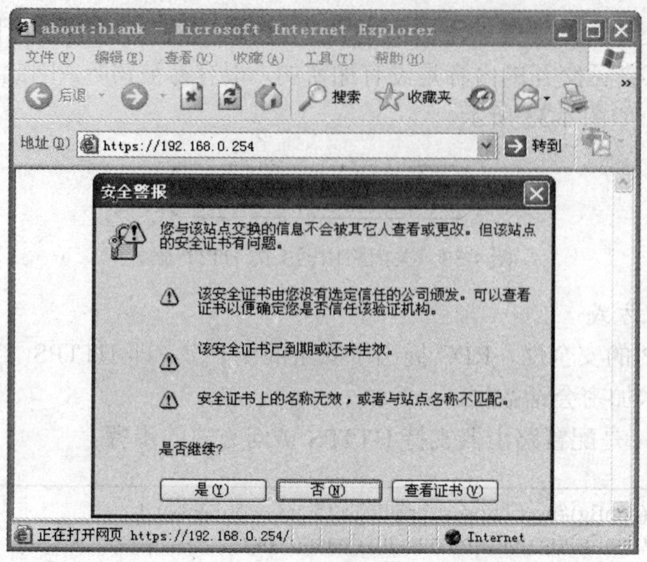

图 4-35　证书安全警报

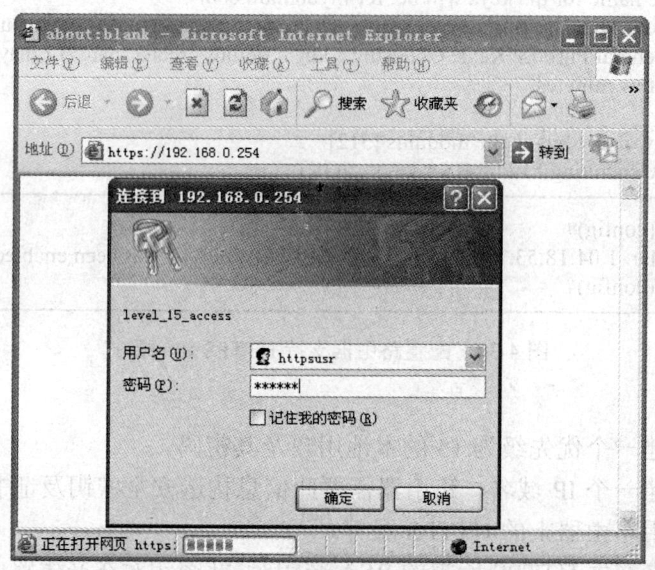

图 4-36　输入用于访问路由器的用户名、密码

在提供了正确的用户名、密码后便可以以 HTTPS 的方式访问路由器了，如图 4-37 所示。

默认的 HTTPS 服务端口为 443，我们通过全局配置命令对此进行修改，如图 4-38 所示。

4.3.4　SSH

一直以来 telnet 都是绝大多数网络设备支持的远程登录协议。但由于 telnet 协议自身的缺陷（其数据包在网络上是明文传输的，在共享结构的局域网上很容易被 sniffer 侦听），越来越多的网络设备开始支持较为安全的 SSH（Secure Shell）远程登录方式。

SSH 服务使用 TCP 22 端口，客户端软件发起连接请求后从服务器接受公钥，协商加密方法，成功后所有的通信都是加密的（使用 DES、3DES 加密算法）。

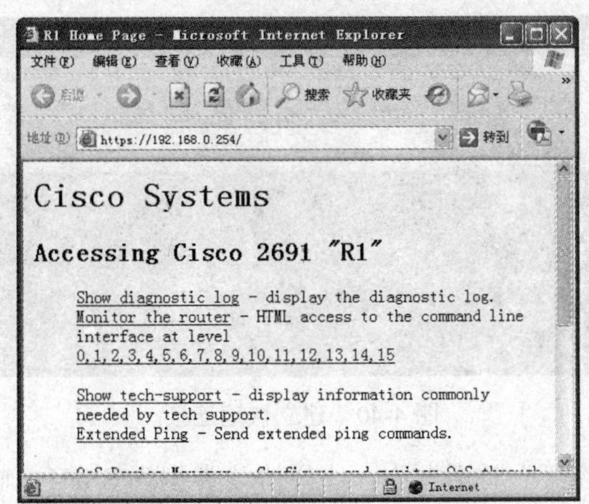

图 4-37　以 HTTPS 的方式访问路由器

```
R1(config)#ip http secure-port ?
  <0-65535>  Secure port number(above 1024 or default 443)
```

图 4-38　修改 HTTPS 服务端口号

SSH 通常有 3 个版本，即 SSHv1、SSHv1.5、SSHv2。

Cisco 路由器本身可以同时提供 SSH 服务器端及客户端服务。

1．SSH 服务器

Cisco 路由器上的 SSH 服务器配置步骤几乎和 HTTPS 的配置完全相同，所不同的是 SSH 的配置不需要启用 HTTPS 服务。因此，如果不需要 HTTPS 访问方式，可以使用全局命令 no ip http secure-server 禁用 HTTPS 服务。

如图 4-39 所示，是配置路由器上的 SSH 服务的步骤。

```
R1(config)#user sshusr privilege 15 password guestwhat
R1(config)#ip domain-name mydomain.com
R1(config)#crypto key generate rsa
The name for the keys will be: R1.mydomain.com
Choose the size of the key modulus in the range of 360 to 2048 for your
  General Purpose Keys. Choosing a key modulus greater than 512 may take
  a few minutes.

How many bits in the modulus [512]:
% Generating 512 bit RSA keys ...[OK]

R1(config)#
*Mar  1 05:29:41.274: %SSH-5-ENABLED: SSH 1.5 has been enabled
R1(config)#
```

图 4-39　配置路由器上的 SSH 服务的步骤

注意：路由器的名称不能是默认的“Router”，路由器需要此信息构造安全密钥及证书。

当上述配置过程完成后，就可以使用 SSH 客户端通过 SSH 方式访问路由器了。我们以软件 SecureCRT 为例来讲解 SSH 客户端的配置和使用方法。

首先，在软件 SecureCRT 的工具栏上单击“快速连接”图标，如图 4-40 所示。

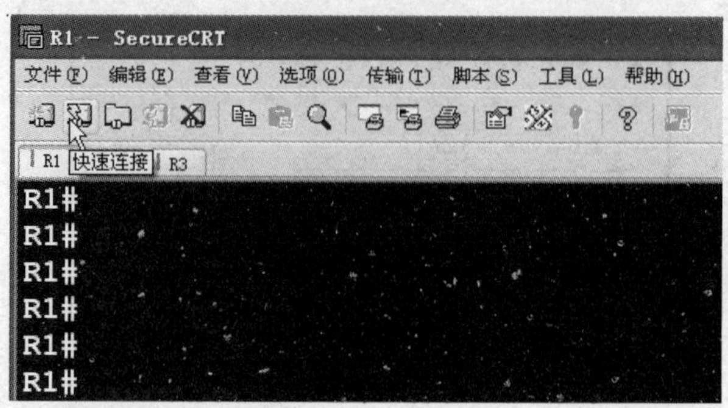

图 4-40　建立快速连接

在随后弹出的“快速连接”对话框中，选择协议类型为 SSH1，输入路由器的 IP 地址，输入用户名，保持其他选项为默认值，单击“连接”按钮继续，如图 4-41 所示。

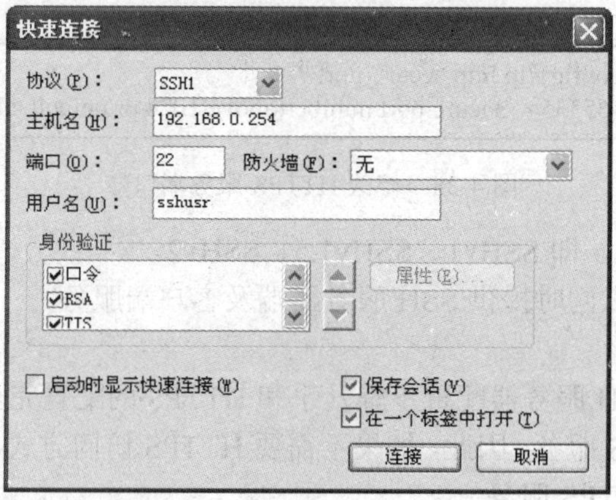

图 4-41　“快速连接”对话框

如果输入的信息无误，则会弹出窗口询问，对于新建主机密钥的保存方式，如图 4-42 所示，选择“只接受一次”或“接受并保存”继续。

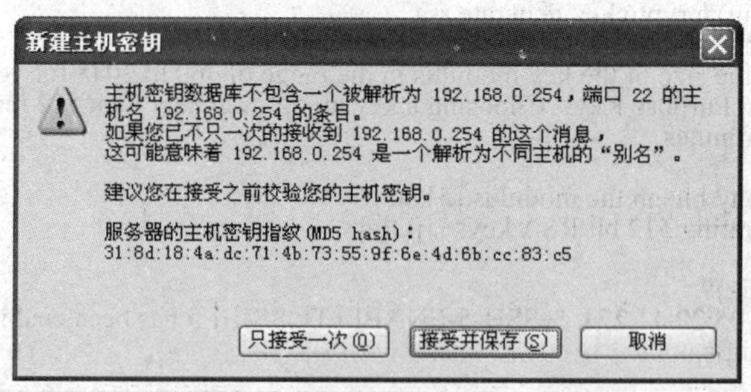

图 4-42　“新建主机密钥”对话框

在随后弹出的对话框中输入口令，单击“确定”按钮继续，如图 4-43 所示。

如果输入的口令正确，则会以 SSH 方式成功登录到路由器，如图 4-44 所示。

注意：

（1）由于登录用户 sshusr 的优先级为 15，所以登录后的 CLI 提示符为“R1#”，即登录后用户即处于特权用户配置模式。

（2）在成功启用了路由器上的 SSH 服务器特性后，建议禁止以其他方式远程登录到路由器。如图 4-45 所示，设置了 0～4 号虚拟终端线只接受 SSH 登录。此后，路由器 R1 会拒绝再次 telnet 到 R1 的尝试，如图 4-46 所示。

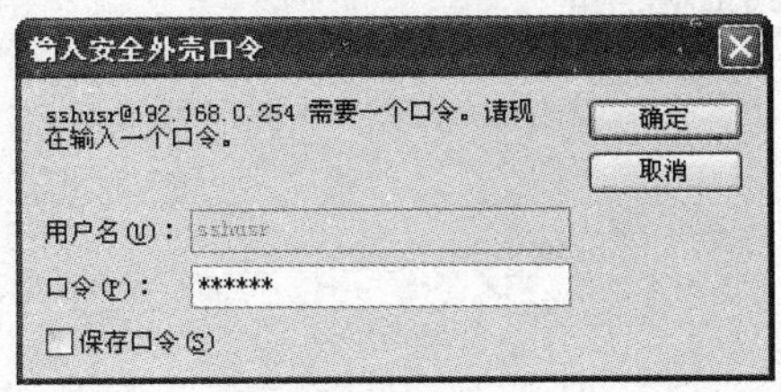

图 4-43　输入口令

图 4-44　以 SSH 方式成功登录到路由器

```
R1(config)#line vty 0 4
R1(config-line)#transport input ssh
```

图 4-45　设置虚拟终端线只接受 SSH 登录

```
R2#r1
Translating "r1"
Trying R1 (12.0.0.1)...
% Connection refused by remote host
```

图 4-46　拒绝 telnet 登录尝试

（3）还可以结合访问类语句 access-class 限制采用 SSH 登录到路由器的源主机 IP，来进一步增强路由器管理的安全性。

2. SSH 客户端

IOS 不但可以提供 SSH 服务器端服务，还提供 SSH 客户端服务。即，我们可以从一台路由器以 SSH 的方式登录到其他网络设备上。如图 4-47 所示，是 IOS 提供的关于 SSH 命令的上下文帮助信息。

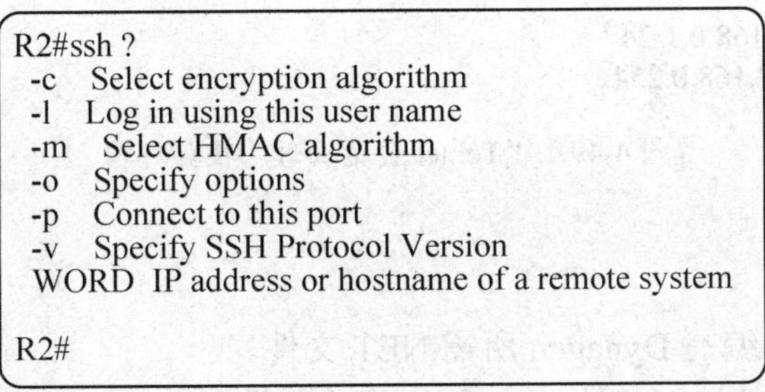

```
R2#ssh ?
  -c    Select encryption algorithm
  -l    Log in using this user name
  -m    Select HMAC algorithm
  -o    Specify options
  -p    Connect to this port
  -v    Specify SSH Protocol Version
  WORD  IP address or hostname of a remote system

R2#
```

图 4-47　SSH 命令的上下文帮助信息

如图 4-48 所示，显示了在路由器 R2 上以用户名 cisco 成功登录到路由器 R1 的过程。

```
R2#ssh -l cisco 12.0.0.1

Password:

R1#
```

图 4-48　以 SSH 方式登录到路由器 R1

注意：

（1）SSH 服务器特性只在 12.0.5.S 以上的特定 IOS 版本中提供。

（2）SSH 客户端特性只在 12.1.3.T 以上的特定 IOS 版本中提供。

实验 4-1 Telnet 会话管理

一、实验目的

掌握管理呼入、呼出 Telnet 会话的方法。

二、实验任务

管理呼入、呼出 Telnet 会话。

三、实验设备

PC 终端一台，Dynamips/Dynagen 路由器模拟软件一套。

四、实验环境

实验环境如图 4-49 所示。

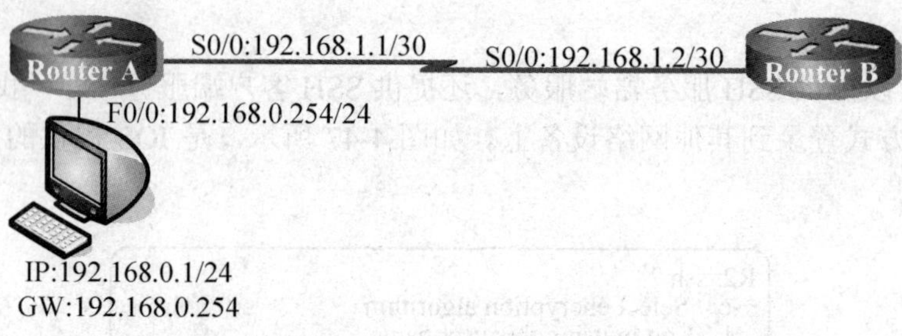

图 4-49 “Telnet 会话管理”实验环境

五、实验步骤

1．按图 4-49 设计、编写 Dynagen 所需.NET 文件。

2．通过 Dynagen 运行编写好的.NET 网络拓扑文件。

3．按照 3.3.5 节配置路由器基本参数。

4．配置路由器 A 的串行接口 serial 0/0 接口 IP 地址（192.168.1.1/30）、路由器 B 的串行接口 serial 0/0 接口 IP 地址（192.168.1.2/30）并同时激活接口。

5．配置路由器 A 的串行接口 serial 0/0 接口时钟频率为 64000。

6．使用 ping 命令测试路由器 A 和路由器 B 之间的连通性。

7．练习 4.1 节中介绍的管理 Telnet 会话的各种命令。

实验 4-2　标准 ACL

一、实验目的

1．掌握标准 ACL 的配置方法。
2．掌握标准命名 ACL 的配置方法。

二、实验任务

1．配置标准 ACL 使得在某子网中只有指定工作站可以访问其他子网。
2．配置标准命名 ACL 使得在某子网中只有指定工作站可以访问其他子网。

三、实验设备

PC 终端一台，Dynamips/Dynagen 路由器模拟软件一套。

四、实验环境

实验环境如图 4-50 所示。

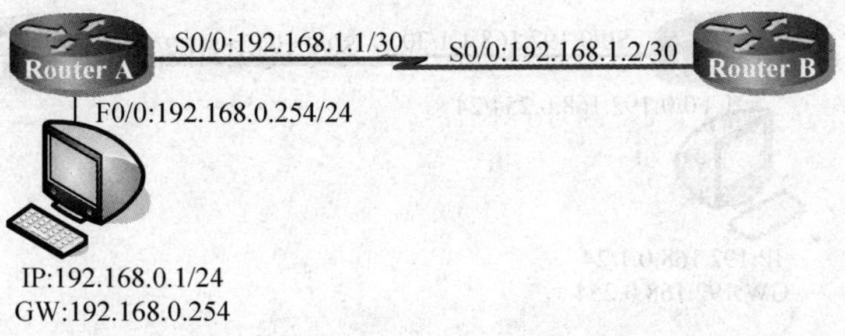

图 4-50　“标准 ACL”实验环境

五、实验步骤

1．按图 4-50 设计、编写 Dynagen 所需.NET 文件。
2．通过 Dynagen 运行编写好的.NET 网络拓扑文件。
3．按照 3.3.5 节配置路由器基本参数。
4. 按图 4-50 配置路由器和各工作站的 IP 地址等参数。配置路由器 A 的串行接口 serial 0/0 接口时钟频率为 64000。
5．使用 ping 命令测试 PC 终端和路由器 A 之间、路由器 A 和路由器 B 之间的连通性。
6．配置路由器上的标准 ACL，使得子网 192.168.0.0/24 中只有 192.168.0.1 可以访问子网 192.168.1.0/24，禁止其他通信量。
7．测试、检查配置好的 ACL。
8．改用标准命名访问控制列表实现本实验需求。

实验 4-3　扩展 ACL

一、实验目的

1．掌握扩展 ACL 的配置方法。

2．掌握扩展命名 ACL 的配置方法。

二、实验任务

1．配置扩展 ACL 对跨网段的 ICMP 协议数据进行限制。

2．配置扩展 ACL 对流入、流出路由器的不同类型服务数据加以限制。

三、实验设备

PC 终端一台，Dynamips/Dynagen 路由器模拟软件一套。

四、实验环境

实验环境如图 4-51 所示。

图 4-51　“扩展 ACL”实验环境

五、实验步骤

1．按图 4-51 设计、编写 Dynagen 所需.NET 文件。

2．通过 Dynagen 运行编写好的.NET 网络拓扑文件。

3．按照 3.3.5 节配置路由器基本参数。

4．按图 4-51 配置路由器和 PC 终端的 IP 地址等参数。配置路由器 A 的串行接口 serial 0/0 接口时钟频率为 64000。

5．使用 ping 命令测试 PC 终端和路由器 A 之间、路由器 A 和路由器 B 之间的连通性。

6．在路由器 B 的全局配置模式下添加默认路由命令：ip route 0.0.0.0 0.0.0.0 192.168.1.1。

7．在 PC 终端上测试以 HTTP 方式、Telnet 方式访问路由器 B。

8．配置扩展 ACL 使得 PC 终端无法 ping 通路由器 B，允许其他通信量。

9．测试、检查配置好的 ACL。

10．配置扩展 ACL 使得 PC 终端无法访问路由器 B 上运行的 WWW 服务，允许其他通信量。

11．测试、检查配置好的 ACL。

12．改用扩展命名访问控制列表实现本实验需求。

实验 4-4　加强路由器登录安全性

一、实验目的

1．掌握路由器本地登录认证的配置方法。

2．掌握对路由器的管理位置加以限制的方法。

二、实验任务

1．配置路由器本地登录认证。

2．配置相关 ACL 命令对路由器的管理位置加以限制。

三、实验设备

PC 终端一台，Dynamips/Dynagen 路由器模拟软件一套。

四、实验环境

实验环境如图 4-52 所示。

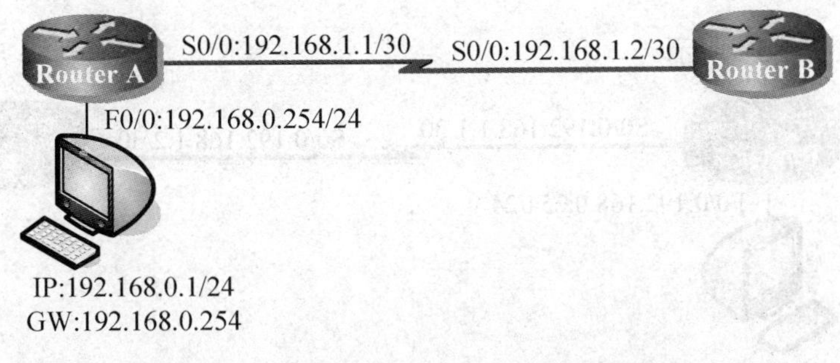

图 4-52　“加强路由器登录安全性”实验环境

五、实验步骤

1．按图 4-52 设计、编写 Dynagen 所需.NET 文件。

2．通过 Dynagen 运行编写好的.NET 网络拓扑文件。

3．按照 3.3.5 节配置路由器基本参数。

4．按图 4-52 配置路由器和 PC 终端的 IP 地址等参数。配置路由器 A 的串行接口 serial 0/0 接口时钟频率为 64000。

5．使用 ping 命令测试 PC 终端和路由器 A 之间、路由器 A 和路由器 B 之间的连通性。

6．在路由器 B 的全局配置模式下添加默认路由命令：ip route 0.0.0.0 0.0.0.0 192.168.1.1。

7．在 PC 终端上测试以 Telnet 方式访问路由器 B。

8．将路由器 B 的虚拟终端线登录认证方式改为本地登录认证。

9．在PC终端上再次测试以Telnet方式访问路由器B。

10．配置访问类语句使得子网192.168.0.0/24中只有192.168.0.1可以通过Telnet对路由器B进行配置、管理，允许除此之外的其他通信量。

11．测试、检查配置好的ACL。

实验4-5 以HTTP/HTTPS方式访问路由器

一、实验目的

1．掌握开启/关闭路由器上HTTP服务的配置方法。

2．掌握启用路由器上HTTPS服务的配置方法。

二、实验任务

1．开启/关闭、测试路由器上HTTP服务。

2．启用、测试路由器上HTTPS服务。

三、实验设备

PC终端一台，Dynamips/Dynagen路由器模拟软件一套。

四、实验环境

实验环境如图4-53所示。

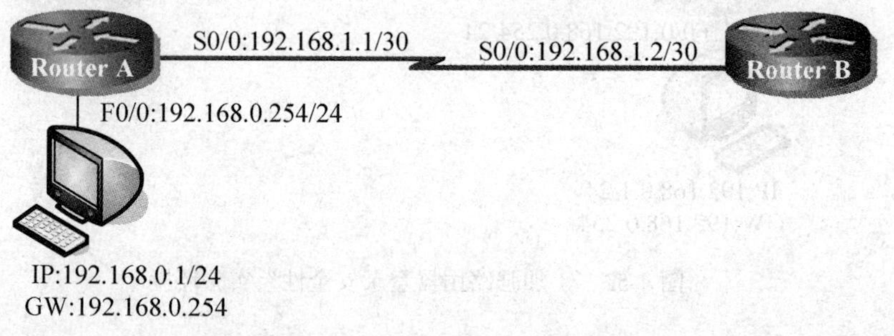

图4-53 “HTTP/HTTPS”实验环境

五、实验步骤

1．按图4-53设计、编写Dynagen所需.NET文件。

2．通过Dynagen运行编写好的.NET网络拓扑文件。

3．按照3.3.5节配置路由器基本参数。

4．按图4-53配置路由器和PC终端的IP地址等参数。配置路由器A的串行接口serial 0/0接口时钟频率为64000。

5．使用ping命令测试PC终端和路由器A之间、路由器A和路由器B之间的连通性。

6．在路由器B的全局配置模式下添加默认路由命令：ip route 0.0.0.0 0.0.0.0 192.168.1.1。

7．在 PC 终端上测试以 HTTP 方式访问路由器 B。

8．关闭路由器 B 上的 HTTP 服务。

9．在 PC 终端上再次测试以 HTTP 方式访问路由器 B。

10．配置路由器 B 上的 HTTPS 服务。

11．在 PC 终端上测试以 HTTPS 方式访问路由器 B。

实验 4-6　以 SSH 方式访问路由器

一、实验目的

1．掌握启用路由器上 SSH 服务的配置方法。

2．掌握以 SSH 方式访问路由器的方法。

二、实验任务

启用、测试路由器上 SSH 服务。

三、实验设备

PC 终端一台，Dynamips/Dynagen 路由器模拟软件一套。

四、实验环境

实验环境如图 4-54 所示。

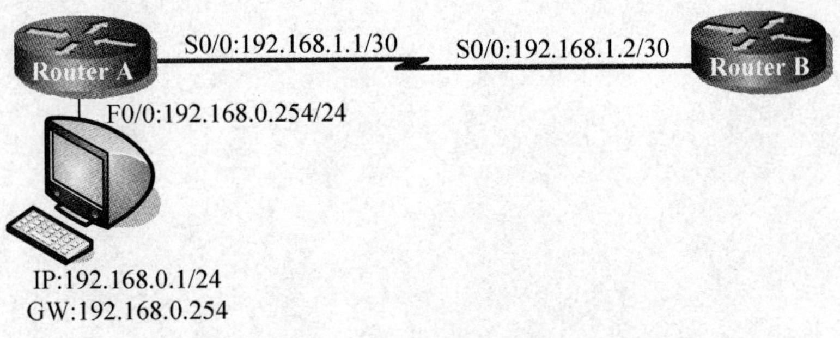

图 4-54　“以 SSH 方式访问路由器”实验环境

五、实验步骤

1．按图 4-54 设计、编写 Dynagen 所需.NET 文件。

2．通过 Dynagen 运行编写好的.NET 网络拓扑文件。

3．按照 3.3.5 节配置路由器基本参数。

4. 按图 4-54 配置路由器和 PC 终端的 IP 地址等参数。配置路由器 A 的串行接口 serial 0/0 接口时钟频率为 64000。

5．使用 ping 命令测试 PC 终端和路由器 A 之间、路由器 A 和路由器 B 之间的连通性。

6．在路由器 B 的全局配置模式下添加默认路由命令：ip route 0.0.0.0 0.0.0.0 192.168.1.1。

7．配置路由器 B 上的 SSH 服务。

8．在 PC 终端上测试以 SSH 方式访问路由器 B。

9．在路由器 A 上测试以 SSH 方式访问路由器 B。

10．配置路由器 B 使其只接受 SSH 方式的远程管理。

11．配置路由器 B 使其只接受来自 192.168.0.1 的 SSH 方式远程管理。

思考与练习

1．写出标准 IP 访问控制列表和扩展 IP 访问控制列表的表号范围。

2．标准 IP 访问控制列表和扩展 IP 访问控制列表有何异同？

3．访问控制列表日志的作用是什么？如何启用？

4．写出配置路由器本地登录认证的步骤和命令。

5．写出配置路由器的 HTTPS 服务的步骤和命令。

6．配置路由器的 HTTPS 服务和路由器的 SSH 服务有何异同？

7．以 HTTPS 方式访问路由器和以 SSH 方式访问路由器有何不同？

8．练习管理呼入、呼出 Telnet 会话的方法。

9．练习配置标准、标准命名 IP 访问控制列表。

10．练习配置扩展、扩展命名 IP 访问控制列表。

11．练习启用/禁用路由器上的 HTTP 服务。

12．练习配置配置路由器上 HTTPS 服务。

13．练习配置配置路由器上 SSH 服务。

第5章 IP路由基础

本章学习目标

本章主要介绍IP路由原理以及静态、缺省路由的配置方法。通过本章的学习，读者应该掌握以下内容:

- 理解IP路由原理和路由过程
- 掌握路由协议的分类方法
- 掌握常规静态路由、缺省路由的配置方法，了解其使用场合
- 掌握汇总静态路由的原理、配置方法，了解其使用场合
- 掌握负载分担静态路由的原理、配置方法，了解其使用场合
- 掌握浮动静态路由的原理、配置方法，了解其使用场合

5.1 路由协议概述

5.1.1 路由基本原理

1. 路由表

路由器的基本功能就是在网络中路由数据包，即，为报文选择一条去往目的网络的最佳路径。这一功能是在OSI模型的网络层上实现的。网络层接口为其上层——传输层提供最有效的包转发服务。

为了实现这一目标，作为主要数据转发设备的路由器，必须运行某种路由选择协议。路由选择协议创建并维护一个路由选择信息表，简称路由信息表或路由表。这个路由表用于选择最佳的路由。

当收到一个数据包后，路由器首先缓存收到的数据包。然后，查询路由表并根据路由表中的信息转发数据包。

路由表中的每一个路由条目要么是动态产生的，称为动态路由；要么是静态存在的，如由网络管理员手工指定，称为静态路由。

动态路由是由动态路由选择协议产生的。不同动态路由选择协议选择的到目标网络的路径可能不同。例如，对于距离矢量路由选择协议RIP来说，其选择的最优路径是到达目标网络所需跳数（hops）最少（中间经过的路由器数量最少）的路径。

如图5-1所示，当主机A向主机B发送数据包时，通信子网中的各个路由器在同一种路由协议支持下会选择跳数更少的路径。如路径1→5→8→9→10或1→2→3→7→10，而不会选择路径1→5→4→3→7→10，也不会选择路径1→2→4→6→7→10。

还有一些路由协议算法将目标网络和某个度量值联系起来，这个度量值决定了到目标网络的距离或者代价。这种方法允许通过具有最优值的路径选择最佳路由。例如，当使用带宽为度量时，平均带宽最大（吞吐量最大）的路由被认为是最优的。当各条可选路径带宽不同时，

可能会选择到更优的路径。如链路状态路由选择协议中的 OSPF 协议就是以最大带宽的路径作为最优路径选择依据的。

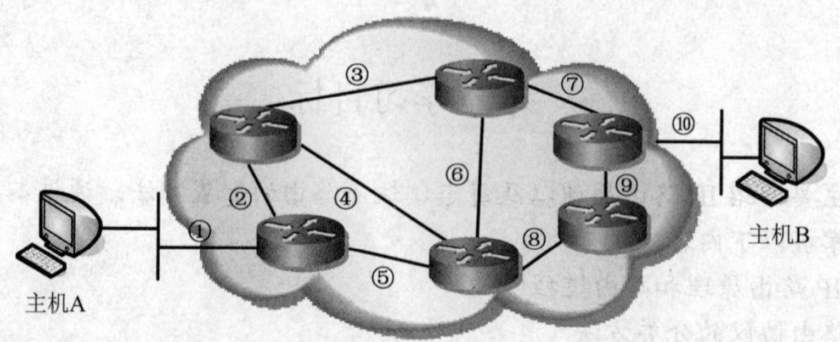

图 5-1 路由选择

在图 5-1 中，路径 1→5→8→9→10 虽然是跳数更少的路径，但其平均链路带宽可能只有 100kb/s，而路径 1→5→4→3→7→10 虽然跳数较多，但其平均链路带宽如果可以达到 2Mb/s，便是更优的路径。

路由器中的路由表包含有若干条路由条目。每一个路由条目一般包括以下因素：目标网络网络号，代价（到达目标网络的花费值）以及本地输出接口（到某一个网络的输出路径）等。

在 Cisco 路由器中，利用命令 show ip route 可以显示一个完整的路由表，如图 5-2 所示。

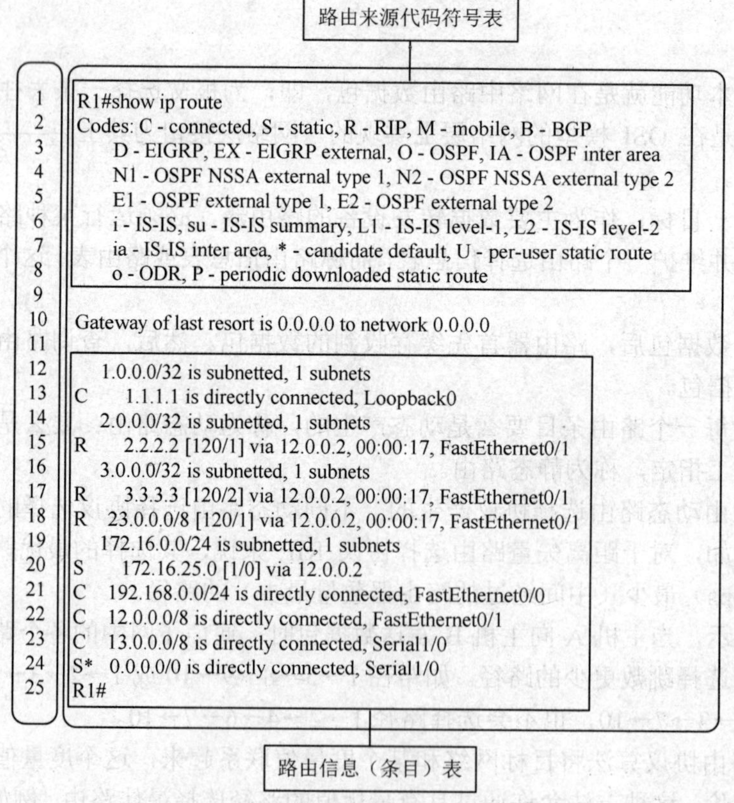

图 5-2 路由表

路由表的下半部分是路由信息（条目）表，表中列出了该路由器所有已安装的路由表条目。路由表的上半部分是路由来源代码符号表，该表列出路由表中每个条目的第一列字母所代表的路由信息来源。

当有数据包需要路由时，路由器查找路由表中有无对应网络的路由条目。如果有，就按照该路由条目给出的信息将数据包从路由器相应的接口送出。如果没有，就将该数据包丢弃，并向源端发送错误信息。

图 5-3 显示了一个路由表的全部路由条目。

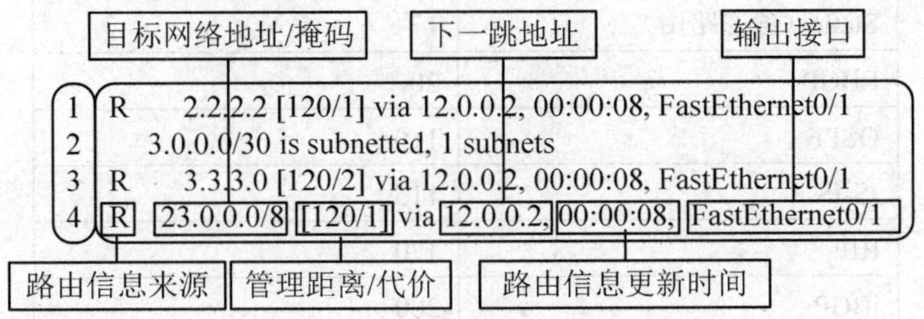

图 5-3　一个路由表的全部路由条目

在图 5-3 所示路由表的每一条路由条目中，主要有以下一些元素：

- 目标网络地址/掩码字段：用来指明目标主机所在网络地址和子网掩码信息（这里是用子网掩码位来表示的）。
- 管理距离/代价字段：用来指明该路由条目的可信程度以及到目标网络的代价（花费）。
- 下一跳地址字段：标明被路由的数据包将被送到的下一跳路由器的入口地址。
- 路由信息更新时间字段：标明上次收到此路由信息后经过的时间。
- 输出接口字段：指明去往目标网络的数据包从本地路由器的哪个接口送出。

注意：图中的第 2 行显示出标准 A 类网络 3.0.0.0/8 被划分成了 30 位网络掩码位的子网，当前路由表中含有 1 个此子网的路由条目，即第 3 行。

2. 管理距离和代价

如图 5-4 所示，为了标明一条路由的可信度，在路由器的每一个路由条目中都标明产生此路由信息的信息源的可信程度。如直连路由比静态路由更可信，而由路由器管理人员手工配置的静态路由往往比路由器通过动态路由协议学习到的路由信息更为可靠。

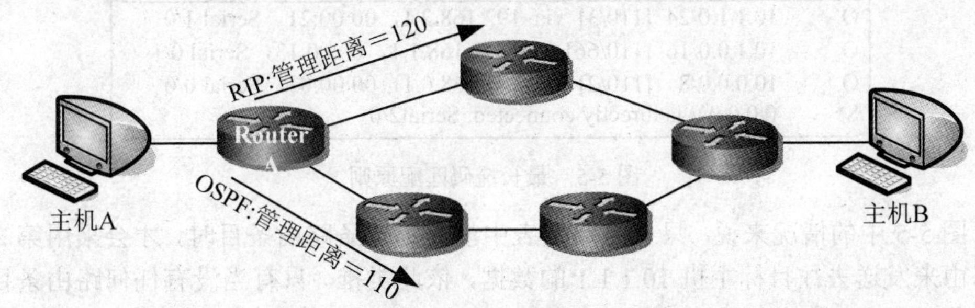

图 5-4　管理距离

当一个路由器同时运行多种路由协议的时候，它可能同时通过多种不同的路由协议学习到去往相同目标网络的多种不同最优路径。这时，路由器会将管理距离较小的路由条目安装到路由表中。如图 5-4 所示，因为有到目标网络的两条路径。在路由器 A 的路由表中将安装管理距离较小的 OSPF 路由条目。

表 5-1 总结了在 Cisco 路由器中常见的一些路由信息源及其对应的管理距离值。

表 5-1　常见路由信息源及其对应的管理距离值

路由信息源	默认管理距离值
Connected（直连路由）	0
Static（静态路由）	1
EBGP	20
OSPF	110
IS-IS	115
RIP	120
iBGP	200
未知	255

对于同一种路由协议来说，该路由协议将从若干候选的路径中选择一条最优，即花费最小的路径安装到自己的路由表中。图 5-3 中的代价字段体现了这一点。对于不同的路由协议来说，对花费的定义是不同的。如对于 RIP 来说，花费最小是指到目标网络所经过的路由数目最少，而对于其他一些路由协议来说，代价值往往是综合了带宽、延迟、可靠性、负载等多种因素进行计算的结果。

3. 最长掩码匹配原则

在图 5-5 中的极端情况下，当去往目标主机 10.1.1.1 的数据到来时，虽然在路由表中有很多到标准 A 类网络 10.0.0.0 的子网的路由，但是路由器会选择匹配子网掩码位最长的路由发送数据包，即图 5-5 中的第一条路由（掩码位为/32 这样的路由称为主机路由）。因此，会从本地接口 serial 1/1 送出，因为这条路由信息对目标网络的描述更精确、更具体。这就是所谓的最长掩码匹配原则。

```
O     10.1.1.1/32  [110/65]  via  192.168.3.1， 00:00:16， Serial 1/1
O     10.1.1.0/24  [110/3]  via  192.168.2.1， 00:00:21， Serial 1/0
O     10.1.0.0/16  [110/66]  via  192.168.1.1， 00:00:13， Serial 0/1
O     10.0.0.0/8   [110/2]  via  192.168.0.1， 00:00:03， Serial 0/0
S*    0.0.0.0/0 is directly connected, Serial2/0
```

图 5-5　最长掩码匹配原则

对于图 5-5 中的情况来说，只有当路由表中没有第一条路由条目时，才会采用第 2 条其次具体的路由来发送去往目标主机 10.1.1.1 的数据，依此类推。只有当没有任何路由条目匹配待路由数据包时，路由器才会采用最后一条路由条目——网络号和掩码位全为 0 的路由，该路由称为缺省路由。

4. 路由过程中的数据包交换

一个数据包在被路由的过程中可能要经过若干个路由器节点。其中，每一个节点对该数据包都进行类似的处理。图 5-6 给出了路由过程中的数据包交换原理示意图。图中省略了无关的字段。

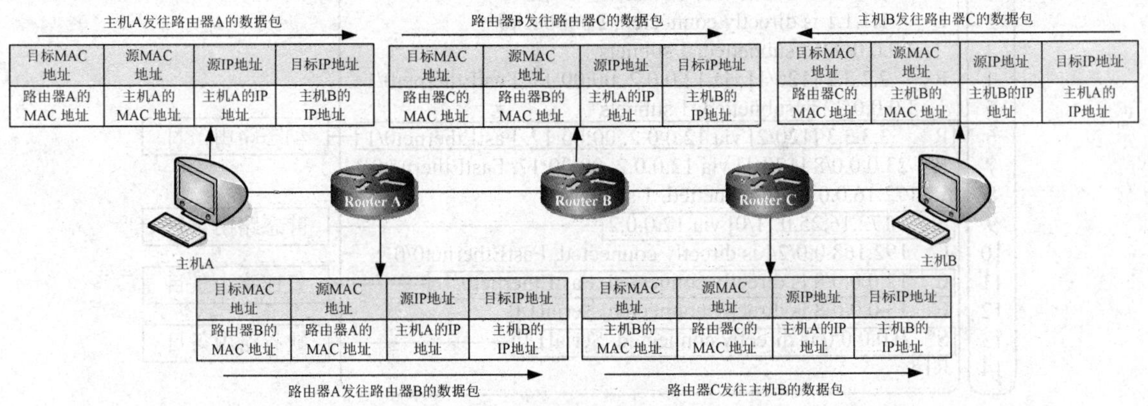

图 5-6　路由过程中的数据包交换

当源节点向位于不同网络上的目标节点发送数据包时，它使用目标节点的节点 IP 地址来发送数据包。在该数据包中，源节点加上了本网段路由器（默认网关）的 MAC（介质访问控制）层地址。通过该 MAC 地址，路由器 A 收到数据包，然后查看目标节点的节点 IP 地址。接下来，路由器 A 确定它是否可以转发数据包到目标网络。如果可以转发，该路由器将源 MAC 地址改为自己的 MAC 地址，将目标 MAC 地址改为下一跳设备的 MAC 地址。如果它无法为这个数据包选择路由，则或者丢弃数据包或者转发到缺省路由。

若下一跳不是最终的目标节点，则一般会是下一个路由器。下一个路由器对数据包执行完全相同的操作，即确定下一跳，更改 MAC 层地址，并转发数据包。如此继续，直到数据包到达目标节点。由此可见，节点 IP 地址一直不会改变，而 MAC 地址在每一跳都改变。

5.1.2　路由协议的分类

在讨论路由协议的分类之前，首先要区分两个概念：路由协议和被路由协议。

- 被路由协议（routed protocols）：被路由协议由最终节点（如 PC 机）使用，用来将数据和网络层地址信息一起封装在数据包中。目的是可以通过互连网络进行中继传输。IP、IPX、APPLETALK 都是被路由协议的例子。当一个协议不支持网络层地址时，那么它就不是一个被路由协议。
- 路由选择协议（routing protocols）：路由选择协议用来建立和维护路由表并按照到达数据包的目的地址的最佳路径转发数据包。

可以从不同的角度对路由协议进行分类。以下是一些常见的分类方法。

1. 直连路由、静态路由、动态路由

- 直连路由（connected route）

直连路由是由路由器自动发现并安装的路由条目。直连路由无须配置、维护。但是，路由器只能发现本路由器的所属接口所直连的网络，并且要求该接口处于激活、可用状态（UP

状态）。在图 5-7 中，第 2、10、11、12 行路由条目就属于直连路由。用字母“C”来表示。由于直连网络是路由器接口所在的网络，因此直连路由最可信，即管理距离值及代价均为最小——0。同时，在显示路由表条目时，将不显示直连路由的管理距离值及代价。

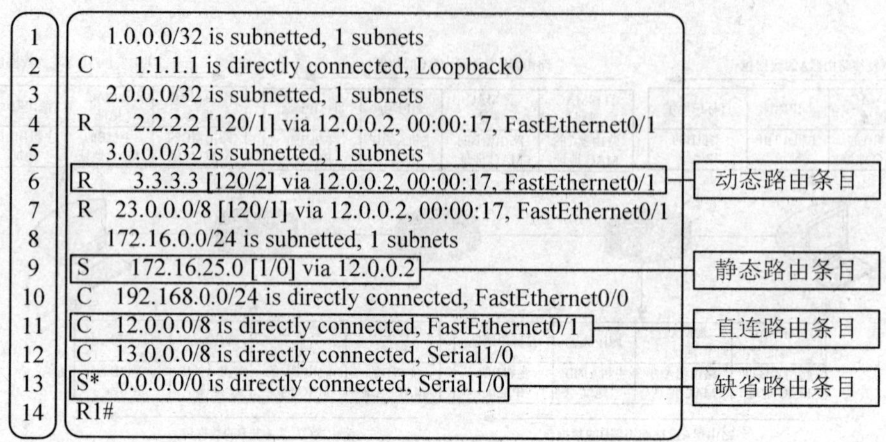

图 5-7 直连路由

- 静态路由（static route）

静态路由是网络管理人员手工输入的。其配置简单，适合小型的、结构简单的、很少变化的网络。在图 5-7 中，第 9、13 行的路由条目就属于静态路由，用字母“S”表示。一般来说静态路由的管理距离为 1。但是，如果在配置静态路由时指定的不是下一跳路由器的接口 IP 地址，而是本路由器的输出接口，则被认为是直连路由，即管理距离为 0。

- 动态路由（dynamic route）

在大型互连网络和网络变化频繁出现的环境中，静态路由选择是不可行的。这时，需要能够根据网络拓扑结构的变化而自动更新路由表的路由协议，即动态路由协议。

动态路由开销较大（占用较多的 CPU、RAM 以及带宽资源），配置相对复杂。但无须手工维护，可以自动适应网络拓扑的变化，适合于大型的、复杂拓扑结构的网络。如图 5-7 中第 4、6、7 行的路由条目就属于动态路由，字母“R”表示 RIP 动态路由协议。

2. IGP 和 EGP

为了实现层次化结构管理，在通信子网内部的路由器被划分为不同的自治区域或称自治系统进行分别维护（一般是由某个通信服务提供商负责维护）。如图 5-8 所示。

在每个自治区域内部，按照各个自治系统各自的不同特点，可以运行多种不同的路由协议，有着不同的路由策略。在一个自治系统内部运行的路由协议称为内部网关协议（Interior Gateway Protocol，IGP）。常见的内部网关协议包括 RIP、IS-IS、EIGRP、OSPF 等。

当需要把不同的自治区域进行互连的时候需要使用外部网关协议（Exterior Gateway Protocol，EGP）。外部网关协议起着连接不同自治区域并在各自治区域之间转发路由数据包的桥梁作用。典型的外部网关协议的代表是边界网关路由协议（Border Gateway Protocol，BGP）。

3. 距离矢量、链路状态路由选择协议

当动态路由选择协议进程启动后，无论何时从网络中收到新的路由信息，路由信息都会通过路由进程自动更新。动态路由信息的改变作为更新过程的一部分在路由器之间交换。

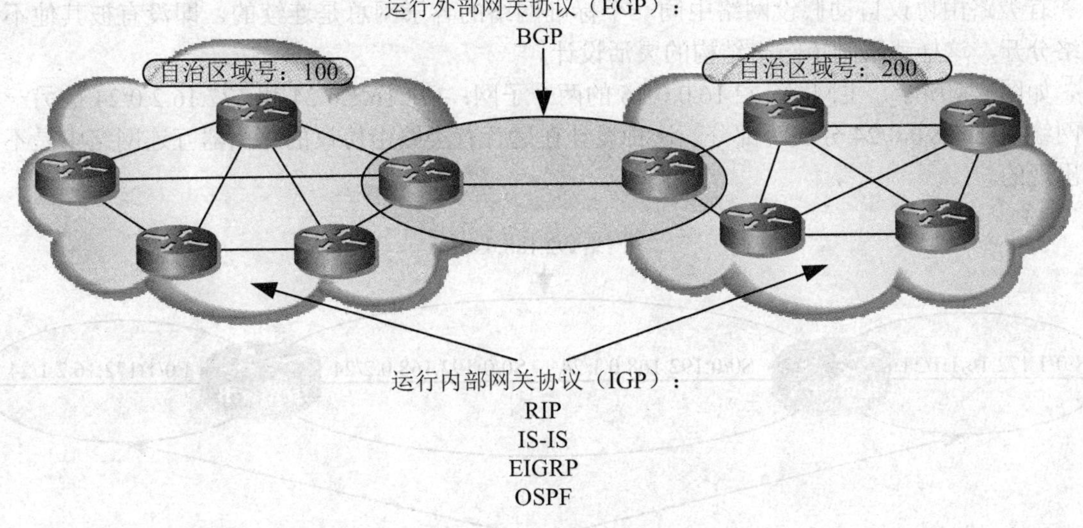

图 5-8 分区域维护路由器

动态路由选择协议可以按照路由器间互相通信以确定路由表的方式大致分成两类：距离矢量路由选择协议和链路状态路由选择协议。

- 距离矢量路由选择协议

距离矢量路由选择协议，也称为距离向量路由选择协议或基于距离矢量的路由选择算法（distance vector-based routing algorithms），也称为贝尔曼—福德（Bellman-Ford）算法。

运行距离矢量路由选择协议的路由器间传送完整的路由表。路由器间通过定期发送更新来反映网络拓扑结构的改变。

基于距离矢量路由选择算法的路由协议包括 RIP、IGRP 等。

- 链路状态路由选择协议

链路状态路由选择协议（link-state routing protocol）基于链路状态路由选择算法，也称为最短路径优先算法（shortest-path first，SPF）。

它们在路由选择过程中使用“代价”作为度量，并在链路状态数据库中保存路由选择信息。运行链路状态路由选择协议的路由器向它的邻居路由器发送呼叫数据包。邻居路由器用它所了解的和它相连的链路及相关的代价信息来响应。路由器在来自邻居路由器的信息的基础上建立它自己的链路状态数据库。同时，利用自己的链路状态数据库，每一个路由器都计算出到达每一个网络的最佳路由并写入路由表。

基于链路状态路由选择算法的路由协议包括 OSPF、IS-IS 等。

4. *有类路由和无类路由*

有些路由协议不在路由更新消息中发表和网络相关的子网掩码信息，即将网络看成是标准的 A、B、C 类网络。这些路由协议称为有类路由协议。另外一些路由协议支持在路由更新消息中携带子网掩码信息，称为无类路由协议。

- 有类路由协议

有类路由协议在路由更新广播中不携带相关网络的子网掩码信息。有类路由协议在网络边界按标准的网络类别（A 类、B 类、C 类）发生自动汇总。

有类路由协议自动假设网络中同一个标准网络的各子网总是连续的，即没有被其他不同网络分开，这样就限制了网络结构的灵活设计。

如图 5-9 所示，主网络 172.16.0.0/16 的两个子网：172.16.1.0/24 和 172.16.2.0/24 被另一个主网络 192.168.0.0/24 分成两部分。这种设计在运行有类路由协议的路由器互连网络中是不允许出现的。

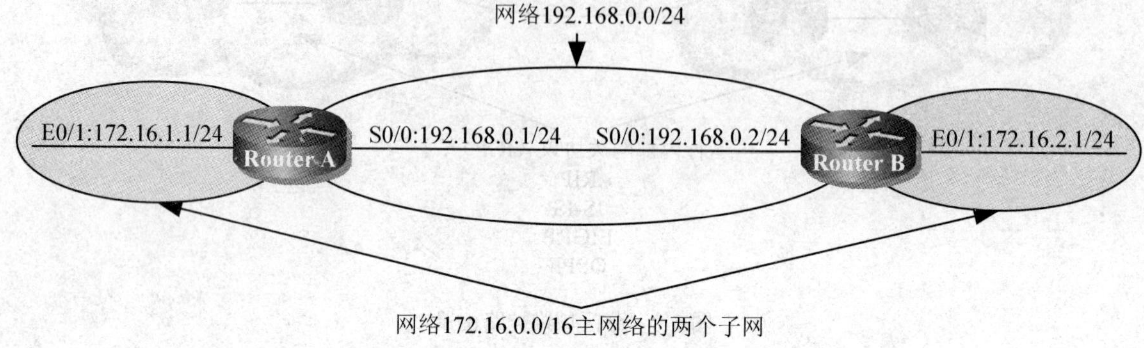

图 5-9 不连续的网络设计

有类路由协议包括 RIP Version 1（RIPv1）、IGRP 等。

- 无类路由协议

无类路由协议在路由更新广播中含有相关网络的子网掩码信息。无类路由协议还支持变长子网掩码。同时，无类路由协议可以手动控制是否在一个网络边界进行总结，甚至可以控制总结的粒度（待总结子网的数量）。

无类路由协议包括 RIPv2、EIGRP、OSPF、IS-IS 等。

5.2 静态路由和缺省路由配置

5.2.1 静态路由配置

静态路由（static route）是通过手工来管理的。网络管理员将其输入到路由器的配置中，每当网络拓扑结构发生改变需要更新路由时，管理员必须手工更新静态路由信息。静态路由有许多优点：

- 不需要启动动态路由选择协议进程，因而减少了路由器的运行资源开销。
- 在小型互连网络上很容易配置。
- 可以控制路由选择。

1. 常规静态路由配置

利用全局配置模式下的 ip route 命令可以很容易地配置静态路由协议。

如图 5-10 所示，是一个小型网络互连的例子。图中两个局域网 192.168.0.0/24 和 192.168.1.0/24 通过同步串行线路连接起来。因为在这个例子里网络拓扑结构非常简单，所以可以采用静态路由。

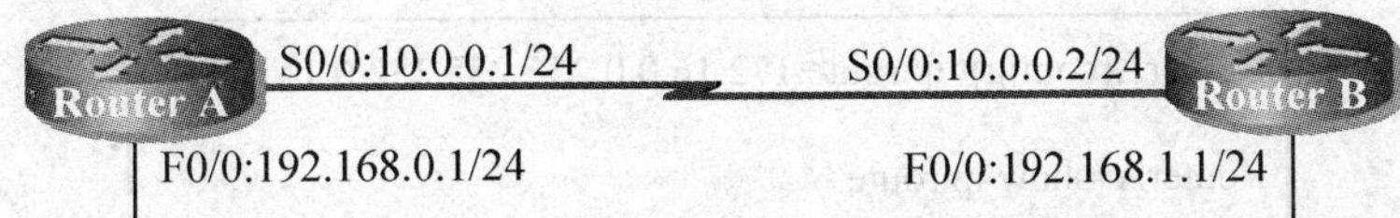

图 5-10 静态路由的使用

首先在路由器 A 上指定凡是目标是 192.168.1.0/24 网段的数据包将通过路由器 A 的串行接口 serial 0/0 发送出去。具体配置方法是：在全局配置模式下键入命令

```
ip route 192.168.1.0 255.255.255.0 serial 0/0
```

或者

```
ip route 192.168.1.0 255.255.255.0 10.0.0.2
```

其中，前者指出到网段 192.168.1.0/24 的数据包由 serial 0/0 送出，后者指出到网段 192.168.1.0/24 的数据包的下一跳 IP 地址是 10.0.0.2，即对端路由器的入口：serial 0/0。命令中的 255.255.255.0 指明对端网络的子网掩码。

然后，在路由器 B 上指定凡是目标是 196.168.0.0/24 网段的数据包将通过路由器 B 的串行接口 serial 0/0 发送出去。具体配置方法是：在全局配置模式下键入命令

```
ip route 192.168.0.0 255.255.255.0 serial 0/0
```

或者

```
ip route 192.168.0.0 255.255.255.0 10.0.0.1
```

其中，前者指出到网段 192.168.0.0/24 的数据包由 serial 0/0 送出，后者指出到网段 192.168.0.0/24 的数据包的下一跳 IP 地址是 10.0.0.1，即对端路由器的入口：serial 0/0。命令中的 255.255.255.0 指明对端网络的子网掩码。

由此可见，前者的通用型更强。因为无论对端路由器的同步串行接口的 IP 地址怎样改变，也不会影响该路由条目的有效性。

在图 5-10 所示的例子中，当在两个路由器中都分别正确配置了相应的静态路由后，可以使用命令 show ip route 来检查当前的路由表条目。同时，利用命令 no ip route 可以删除一条去往某一网络的静态路由。

当网络拓扑环境复杂时，在配置静态路由时，需要特别注意下一跳的选择，否则容易因配置失误导致路由环路产生。

2. 汇总静态路由配置

在配置静态路由时，如果可能，可以将连续的目标网络汇总后进行配置。如图 5-11 所示。路由器 B 的 4 个直连网络（172.16.0.0/24、172.16.1.0/24、172.16.2.0/24、172.16.3.0/24）可以汇总为 172.16.0.0/22。因此，在配置路由器 A 对路由器 B 的 4 个直连网络的静态路由时，可以使用简单的一条静态路由配置语句而不是四条。如图 5-12 所示。

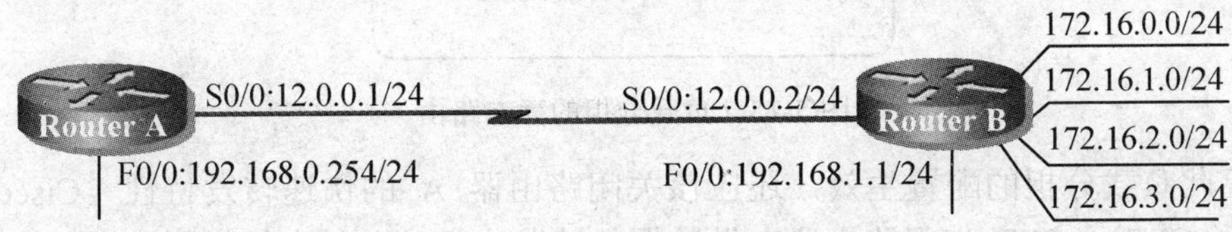

图 5-11 汇总静态路由例子

```
RouterA(config)#ip route 172.16.0.0 255.255.252.0 12.0.0.2
… …
RouterA#show ip route
… …
S      172.16.0.0/22 [1/0] via 12.0.0.2
… …
```

图 5-12 配置汇总静态路由

3. 负载分担的静态路由配置

当有去往同一目标网络的两条或多条可用路径时，可以配置路由器进行负载分担操作，即轮流使用不同的可用路径发送数据包。

如果所有的可用路径的代价相同，称之为等价负载分担，否则称为非等价负载分担。

在如图 5-13 所示的网络中，去往目标网络 2.2.2.2/32（这里用路由器 B 上的逻辑环回口 loopback0 来模拟目标网络；32 位的 IP 地址 2.2.2.2 为主机地址）有两条可用路径，即通过快速以太网接口 fastethernet 0/1 和串行接口 serial 1/0 的两条路径，虽然这两条路径的带宽并不相同，我们还是可以配置在这两条路径上进行负载分担。

图 5-13 负载分担静态路由的使用

我们可以在路由器 A 上配置负载分担的静态路由，如图 5-14 所示。

```
RouterA(config)#ip route 2.2.2.2 255.255.255.255 12.0.0.2
RouterA(config)#ip route 2.2.2.2 255.255.255.255 21.0.0.2
```

图 5-14 配置负载分担的静态路由

配置完成后，可以在路由器 A 的路由表中看到去往目标网络 2.2.2.2/32 有两条负载分担的静态路由（32 位的主机路由），它们具有不同的下一跳地址，如图 5-15 所示。

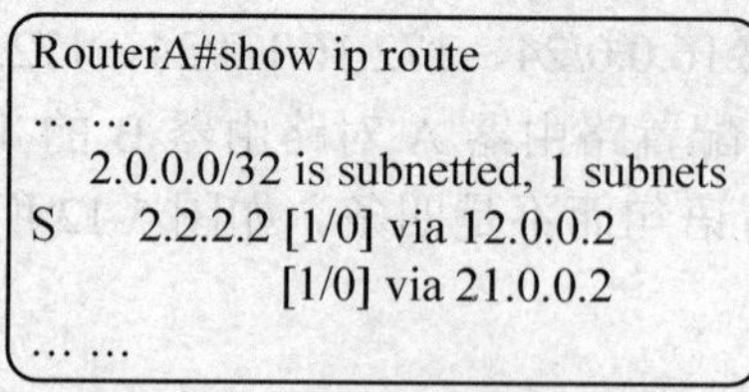

```
RouterA#show ip route
… …
     2.0.0.0/32 is subnetted, 1 subnets
S       2.2.2.2 [1/0] via 12.0.0.2
                [1/0] via 21.0.0.2
… …
```

图 5-15 负载分担的静态路由

为了让此负载分担的配置生效，还应该关闭路由器 A 的快速转发特性（Cisco Express Forwarding，CEF）（CEF 使得路由器在做数据包转发决定时，对去往相同目标网络的数据包只进行一次路由表查找）而启用过程交换机制（这使得路由器在做数据包转发决定时，对每个数据包都进行路由表查找）。如图 5-16 所示。

```
RouterA(config)#no ip cef
```

图 5-16 关闭快速转发特性

接下来，我们将使用 IOS 诊断命令 debug ip packet 查看包的转发过程。

前面我们学习过的 show 命令只能对配置、参数以及事件的结果进行静态显示。有时需要对发生在路由器内部的事件过程进行诊断，这就需要使用诊断命令 debug。使用 debug 诊断命令可以显示出路由器某个事件的动态过程。

如图 5-17 所示，是利用诊断命令 debug ip packet 对路由器收发 IP 包的事件进行跟踪显示的输出。

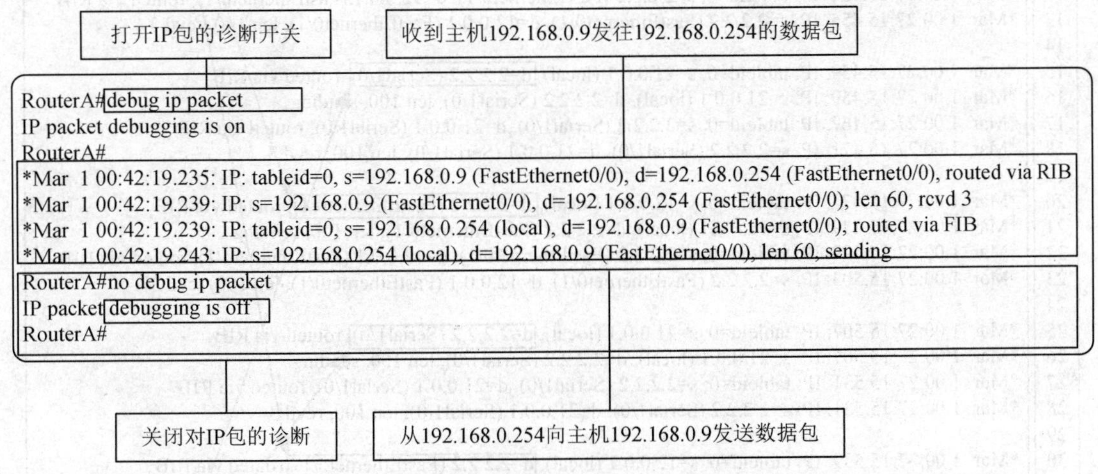

图 5-17 对路由器收发 IP 包的事件进行诊断

为了检查上面负载分担的配置效果，我们在路由器 A 上连续发送 5 个 ping 数据包。然后使用 debug ip packet 命令观察数据包的转发过程。如图 5-18 所示。

从对 IP 数据包的转发诊断结果可以看出，虽然是去往同一目标网络，但路由器 A 选择轮流在接口 fastethernet 0/1 及 serial 1/0 上发送数据包。

注意：

（1）在图 5-18 中，第 10、11、15、16、20、21、25、26、30、31 行是发送数据包的过程；第 12、13、17、18、22、23、27、28、32、33 行是接收数据包的过程。

（2）为了让数据包在回程路径也进行负载分担，应该在路由器 B 上做类似的负载分担配置。

（3）虽然 show 命令只能显示静态的元素，但是对 CPU 等系统资源的需求很小，比较适合于收集问题和事实。与之相反，debug 命令会消耗大量的 CPU 等系统资源。在真实网络环境下使用 debug 命令要慎重。应该一次只运行一个 debug 命令对一个具体的事件过程进行诊断。最好使用 ACL 限定进行 debug 的 IP 包范围，以减小 debug 对路由器资源的影响。同时，在诊断结束后要及时使用“no”命令停止 debug 的运行。如图 5-18 中的 undebug all 命令或使用 no debug ip packet 命令停止所有正在运行的 debug 进程。

4. 浮动静态路由配置

在图 5-19 中，尽管有两条去往同一目标网络的路径，但是有时可能出于预算的考虑，其中一条链路只做为冗余备份使用。例如，路由器 A、B 之间的快速以太网链路为主用链路，串行链路为热备份链路，即仅当快速以太网链路故障时才自动启用。

```
RouterA#debug ip packet
IP packet debugging is on
RouterA#ping 2.2.2.2
Type escape sequence to abort.
Sending 5, 100-byte ICMP Echos to 2.2.2.2, timeout is 2 seconds:
!!!!!
Success rate is 100 percent (5/5), round-trip min/avg/max = 24/36/48 ms
RouterA#
*Mar  1 00:27:15.415: IP: tableid=0, s=12.0.0.1 (local), d=2.2.2.2 (FastEthernet0/1), routed via RIB
*Mar  1 00:27:15.419: IP: s=12.0.0.1 (local), d=2.2.2.2 (FastEthernet0/1), len 100, sending
*Mar  1 00:27:15.451: IP: tableid=0, s=2.2.2.2 (FastEthernet0/1), d=12.0.0.1 (FastEthernet0/1), routed via RIB
*Mar  1 00:27:15.455: IP: s=2.2.2.2 (FastEthernet0/1), d=12.0.0.1 (FastEthernet0/1), len 100, rcvd 3
*Mar  1 00:27:15.459: IP: tableid=0, s=21.0.0.1 (local), d=2.2.2.2 (Serial1/0), routed via RIB
*Mar  1 00:27:15.459: IP: s=21.0.0.1 (local), d=2.2.2.2 (Serial1/0), len 100, sending
*Mar  1 00:27:15.467: IP: tableid=0, s=2.2.2.2 (Serial1/0), d=21.0.0.1 (Serial1/0), routed via RIB
*Mar  1 00:27:15.471: IP: s=2.2.2.2 (Serial1/0), d=21.0.0.1 (Serial1/0), len 100, rcvd 3
*Mar  1 00:27:15.475: IP: tableid=0, s=12.0.0.1 (local), d=2.2.2.2 (FastEthernet0/1), routed via RIB
*Mar  1 00:27:15.479: IP: s=12.0.0.1 (local), d=2.2.2.2 (FastEthernet0/1), len 100, sending
*Mar  1 00:27:15.499: IP: tableid=0, s=2.2.2.2 (FastEthernet0/1), d=12.0.0.1 (FastEthernet0/1), routed via RIB
*Mar  1 00:27:15.503: IP: s=2.2.2.2 (FastEthernet0/1), d=12.0.0.1 (FastEthernet0/1), len 100, rcvd 3
*Mar  1 00:27:15.507: IP: tableid=0, s=21.0.0.1 (local), d=2.2.2.2 (Serial1/0), routed via RIB
*Mar  1 00:27:15.507: IP: s=21.0.0.1 (local), d=2.2.2.2 (Serial1/0), len 100, sending
*Mar  1 00:27:15.531: IP: tableid=0, s=2.2.2.2 (Serial1/0), d=21.0.0.1 (Serial1/0), routed via RIB
*Mar  1 00:27:15.531: IP: s=2.2.2.2 (Serial1/0), d=21.0.0.1 (Serial1/0), len 100, rcvd 3
*Mar  1 00:27:15.539: IP: tableid=0, s=12.0.0.1 (local), d=2.2.2.2 (FastEthernet0/1), routed via RIB
*Mar  1 00:27:15.539: IP: s=12.0.0.1 (local), d=2.2.2.2 (FastEthernet0/1), len 100, sending
*Mar  1 00:27:15.563: IP: tableid=0, s=2.2.2.2 (FastEthernet0/1), d=12.0.0.1 (FastEthernet0/1), routed via RIB
*Mar  1 00:27:15.563: IP: s=2.2.2.2 (FastEthernet0/1), d=12.0.0.1 (FastEthernet0/1), len 100, rcvd 3
RouterA#undebug all
All possible debugging has been turned off
RouterA#
```

从接口F0/1发送

从接口S1/0发送

图 5-18　对路由器收发 IP 包的事件进行诊断的结果

图 5-19　浮动静态路由的使用

上面的需求可以通过配置浮动静态路由来实现。所谓“浮动路由”是指该路由条目（也称备份路由）尽管出现在路由器的运行配置文件中，但并不出现在常规的路由表中。只有当去往同一目标网络的优选路由失效时才临时出现在路由表中供路由器做数据包转发决定时使用。

为了达到“浮动”的效果，通常将该备份路由条目的管理距离值设置成大于去往同一目标网络主用路由的管理距离值。

如图 5-20 所示，显示了在路由器 A 上的浮动静态路由配置步骤：

浮动路由的管理距离值

```
RouterA(config)#ip route 2.2.2.2 255.255.255.255 12.0.0.2
RouterA(config)#ip route 2.2.2.2 255.255.255.255 21.0.0.2 50
```

图 5-20　浮动静态路由的配置

在图 5-20 中，设置浮动静态路由的管理距离值为 50（其取值范围为 1～255）。之后，检查路由器 A 的路由表可以发现，去往目标网络 2.2.2.2/32 只有主用路由，如图 5-21 所示。

```
RouterA#sh ip route
Codes: C - connected, S - static, R - RIP, M - mobile, B - BGP
       D - EIGRP, EX - EIGRP external, O - OSPF, IA - OSPF inter area
       N1 - OSPF NSSA external type 1, N2 - OSPF NSSA external type 2
       E1 - OSPF external type 1, E2 - OSPF external type 2
       i - IS-IS, su - IS-IS summary, L1 - IS-IS level-1, L2 - IS-IS level-2
       ia - IS-IS inter area, * - candidate default, U - per-user static route
       o - ODR, P - periodic downloaded static route

Gateway of last resort is not set

     1.0.0.0/32 is subnetted, 1 subnets
C       1.1.1.1 is directly connected, Loopback0
     2.0.0.0/32 is subnetted, 1 subnets
S       2.2.2.2 [1/0] via 12.0.0.2
C    21.0.0.0/8 is directly connected, Serial1/0
C    192.168.0.0/24 is directly connected, FastEthernet0/0
C    12.0.0.0/8 is directly connected, FastEthernet0/1
RouterA#
```

图 5-21　路由器 A 的路由表

如图 5-22 所示。只有当快速以太网链路不可用时（这里通过 shutdown 路由器 A 的 fastethernet 0/1 接口模拟快速以太网链路故障），浮动静态路由（图 5-22 中第 20 行）才出现在路由表中。可以看到此浮动静态路由的管理距离值为 50，代价为 0。

```
1  RouterA(config)#interface fastEthernet 0/1
2  RouterA(config-if)#shutdown
3  RouterA(config-if)#end
4  RouterA#
5  *Mar  1 01:21:20.707: %SYS-5-CONFIG_I: Configured from console by console
6  RouterA#
7  *Mar  1 01:21:22.055: %LINK-5-CHANGED: Interface FastEthernet0/1, changed state to administratively down
8  *Mar  1 01:21:23.055: %LINEPROTO-5-UPDOWN: Line protocol on Interface FastEthernet0/1, changed state
9  to down
10 RouterA#
11 RouterA#show ip route
12 … …
13 
14 Gateway of last resort is not set
15 
16      1.0.0.0/32 is subnetted, 1 subnets
17 C       1.1.1.1 is directly connected, Loopback0
18      2.0.0.0/32 is subnetted, 1 subnets
19 S       2.2.2.2 [50/0] via 21.0.0.2
20 C    21.0.0.0/8 is directly connected, Serial1/0
```

图 5-22　浮动静态路由

注意：在路由器 B 上视需要也要做同样的浮动路由配置。

5.2.2　缺省路由配置

缺省路由（default route）又称为默认路由，是静态路由的一个特例，因此也是通过手工来管理的。

当路由器为路由数据包而查找路径时，没有可供使用的、匹配的路由选择信息时，缺省路由为数据包指定一个固定的下一跳地址。

如图 5-23 所示，路由器 A 除了和远程的子网 172.25.0.0/24 通过路由器 B 相连外，还通过串行接口 serial 0/1 连入 Internet。这时，除了要指定一条到子网 172.25.0.0/24 的静态路由之外，还要指定一条到 Internet 的缺省路由。用于指明除了去往子网 172.25.0.0/24 的数据包外，如果目标网络地址未知，则按照缺省路由的指示发送到相应接口。

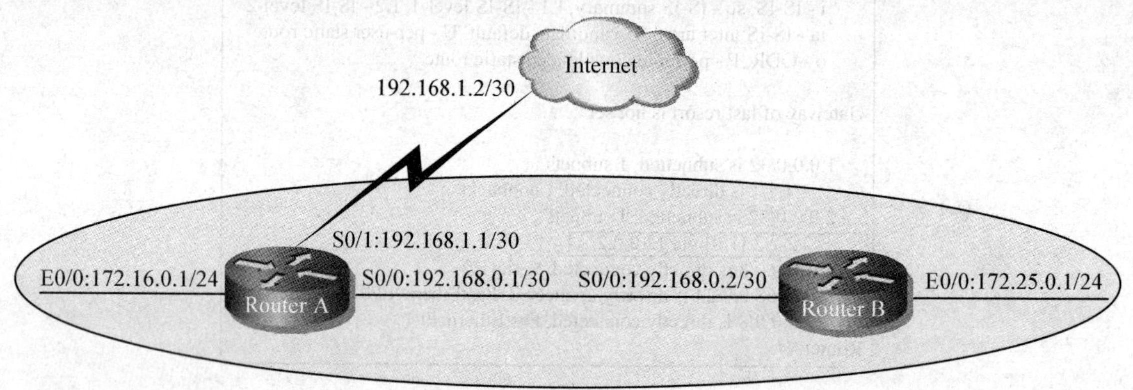

图 5-23　缺省路由的使用

此缺省路由的配置方法是在全局配置模式下键入

```
ip route 0.0.0.0 0.0.0.0 serial 0/1
```

或者

```
ip route 0.0.0.0 0.0.0.0 192.168.1.2
```

其中，0.0.0.0 0.0.0.0 表示未知主机，即任何无法判断目的地的主机地址，192.168.1.2 是 Internet 的入口路由器接口 IP 地址。

同理，对于路由器 B 来说只需要配置一条指向路由器 A 的缺省路由即可。

注意：

（1）缺省路由不一定都是手工配置的，也可通过动态路由协议产生。

（2）缺省路由也可以配置成浮动缺省路由或负载分担的缺省路由，一般用于小型分支机构双宿主到两个不同接入服务提供商（有两条广域网链路连接到不同的接入服务提供商）的情况下。

实验 5-1　常规静态路由和缺省路由配置

一、实验目的

掌握静态路由和缺省路由的配置方法。

二、实验任务

配置两台路由器上的静态路由、缺省路由，实现网络的互通。

三、实验设备

PC 终端一台，Dynamips/Dynagen 路由器模拟软件一套。

四、实验环境

实验环境如图 5-24 所示。

图 5-24 “常规静态路由和缺省路由配置”实验环境

五、实验步骤

1．按图 5-24 设计、编写 Dynagen 所需.NET 文件。

2．通过 Dynagen 运行编写好的.NET 网络拓扑文件。

3．按照 3.3.5 节配置路由器基本参数。

4. 按图 5-24 配置路由器和各工作站的 IP 地址等参数。配置路由器 A 的串行接口 serial 0/0 接口时钟频率为 64000。

5．使用 ping 命令测试 PC 终端和路由器 A 之间、路由器 A 和路由器 B 之间的连通性。

6．配置路由器 A 和路由器 B 上的静态路由。

7．测试各节点之间的连通性。

8. 配置路由器 B 上的缺省路由，使其指向路由器 A（注意删除路由器 B 上的静态路由配置）。

9．检查路由器 A 和路由器 B 的路由表。

10．检查路由器 A 和路由器 B 的运行配置文件内容。

实验 5-2 汇总静态路由、负载分担静态路由、浮动静态路由配置

一、实验目的

掌握汇总静态路由、负载分担静态路由、浮动静态路由的配置方法。

二、实验任务

配置、验证两台路由器上的汇总静态路由、负载分担静态路由、浮动静态路由。

三、实验设备

PC 终端一台，Dynamips/Dynagen 路由器模拟软件一套。

四、实验环境

实验环境如图 5-25 所示。

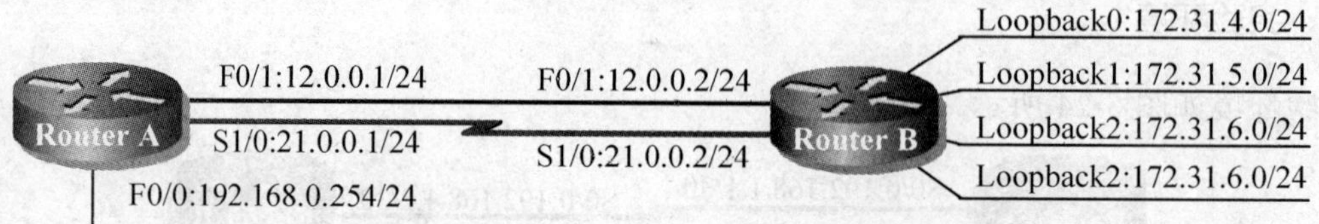

图 5-25 “汇总静态路由、负载分担静态路由、浮动静态路由配置”实验环境

五、实验步骤

1．按图 5-25 设计、编写 Dynagen 所需.NET 文件。

2．通过 Dynagen 运行编写好的.NET 网络拓扑文件。

3．按照 3.3.5 节配置路由器基本参数。

4. 按图 5-25 配置路由器和各工作站的 IP 地址等参数。配置路由器 A 的串行接口 serial 1/0 接口时钟频率为 64000。

5．使用 ping 命令测试 PC 终端和路由器 A 之间、路由器 A 和路由器 B 之间的连通性。

6．配置路由器 A 和路由器 B 上的负载分担静态路由（注意汇总路由的使用）。

7．检查路由器 A 和路由器 B 的路由表。

8．测试此负载分担配置的效果。

9．配置路由器 A 和路由器 B 上的浮动静态路由（注意汇总路由的使用）。

10．检查路由器 A 和路由器 B 的路由表。

11．测试此浮动静态路由配置的效果。

思考与练习

1．解释路由器表中各字段的含义。

2．写出路由协议常见的分类方法。

3．配置汇总静态路由的前提是什么？

4．怎样检查负载分担静态路由配置的效果？

5．练习常规静态路由、缺省路由的配置方法。

6．练习汇总静态路由的配置方法。

7．练习负载分担静态路由的配置方法。

8．练习浮动静态路由的配置方法。

第 6 章　RIP 动态路由协议原理与配置

本章学习目标

本章主要介绍 RIP 协议（RIPv1、RIPv2）的配置、诊断方法。通过本章的学习，读者应该掌握以下内容:

- 了解 RIP 路由协议的特点
- 理解 RIP 路由协议的工作原理
- 掌握 RIP 动态路由协议的配置方法，了解其使用场合
- 掌握 RIP 动态路由协议的诊断方法
- 理解 RIPv2 不同于 RIPv1 的特点
- 掌握 RIPv2 动态路由协议的版本控制配置方法
- 掌握 RIPv2 动态路由协议的自动汇总、手动汇总配置方法
- 理解 RIPv2 认证类型及特点
- 掌握 RIPv2 动态路由协议的认证配置方法

6.1　RIP 动态路由协议原理

6.1.1　RIP 概述

RIP 协议是最早出现的一种路由协议，它最初发源于 UNIX 系统的 GATED 服务。在 RFC 1508 中对 RIP 的实现进行了描述。

RIP 采用贝尔曼—福德（Bellman-Ford）算法，该算法根据图论原理选择一条到目标网络的最短路径安装到路由表中。

RIP 具有以下一些主要特性：

- RIP 属于典型的距离矢量路由选择协议。
- RIP 消息通过广播地址 255.255.255.255 进行发送，使用 UDP 协议的 520 端口。
- RIP 以到目标网络的最小跳数作为路由选择的度量标准，而不是在链路的带宽和延迟的基础上进行选择。这意味着有可能 RIP 选择的路由不是最佳路由。
- RIP 是为小型网络设计的。它的跳数计数限制为 16 跳，这限制了网络的规模。
- RIP 是一种有类路由协议，不支持不连续子网设计。
- RIP 周期进行路由更新，将路由表广播给邻居路由器，广播周期为 30 秒。
- RIP 的管理距离为 120。
- 目前 RIP 有两个版本 RIPv1 和 RIPv2。

6.1.2　RIP 原理

1. 路由表维护

在 RIP 中，每个路由器都周期性地向其直连的邻居路由器发送自己完全的路由表，并且

也从自己直连的邻居路由器接收路由更新信息。因为每个路由器都只从自己的邻居路由器了解路由信息，因此也将其称为“谣言”路由，如图 6-1 所示。

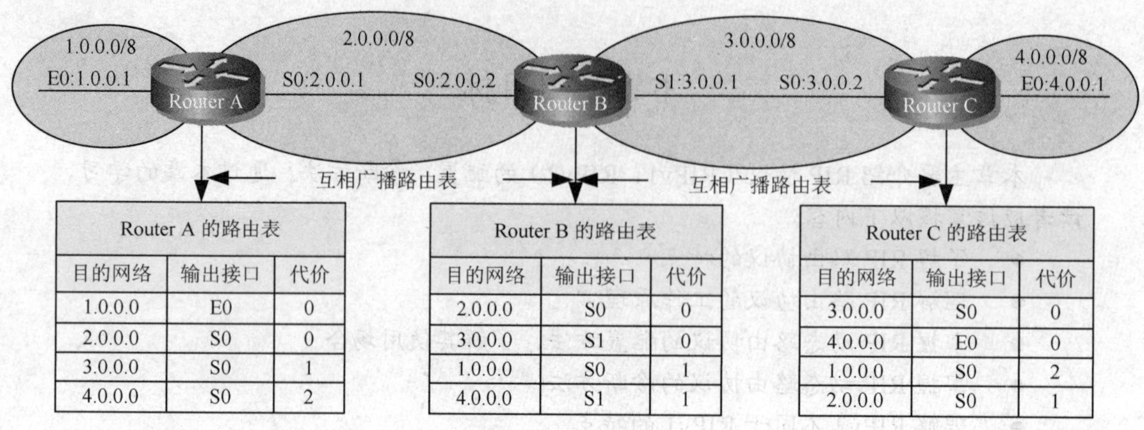

Router A 的路由表		
目的网络	输出接口	代价
1.0.0.0	E0	0
2.0.0.0	S0	0
3.0.0.0	S0	1
4.0.0.0	S0	2

Router B 的路由表		
目的网络	输出接口	代价
2.0.0.0	S0	0
3.0.0.0	S1	0
1.0.0.0	S0	1
4.0.0.0	S1	1

Router C 的路由表		
目的网络	输出接口	代价
3.0.0.0	S0	0
4.0.0.0	E0	0
1.0.0.0	S0	2
2.0.0.0	S0	1

图 6-1　RIP 协议

在每个 RIP 协议路由更新报文中，最多可以携带 25 个子网的路由信息。如果数量多于此值，则通过发送多个 RIP 报文来实现。

- 路由更新的发送

运行 RIP 的路由器在决定发送一条路由更新消息之前，首先要检查待发送路由更新的网络或子网是否和路由更新送出接口属于同一个主网络。如果不属于同一个主网络，则 RIP 会将待发送路由更新的网络在主网络边界进行自动汇总。如果属于同一个主网络，而且二者的子网掩码相同则发送此路由更新，否则不发送此网络的路由更新信息。

如图 6-2 所示，首先对于网络 172.16.25.0/24，由于它和路由更新发出的接口 serial 1（172.17.26.1/24）不属于同一个主网络，所以，RIP 将子网 172.16.25.0/24 自动汇总为主网络：172.16.0.0/16 并发送总结后的主网络。对于网络 172.17.25.0/24，由于它和路由更新发出的接口 serial 1（172.17.26.1/24）属于同一个主网络（172.17.0.0/16）且二者的子网掩码相同。所以，该网络路由更新将被发送。

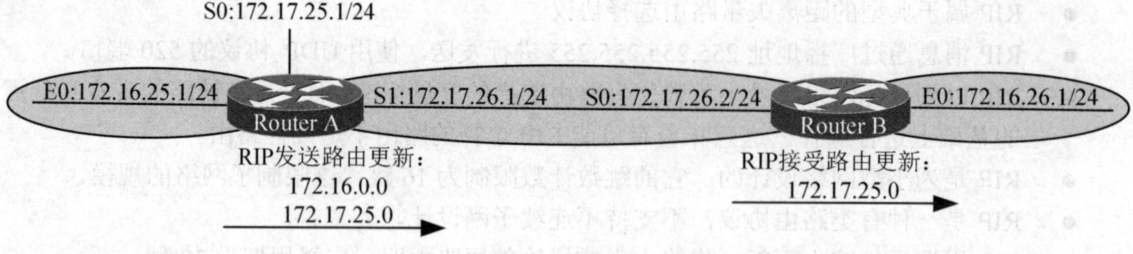

图 6-2　RIP 路由更新的发送

- 路由更新的接收

当运行 RIP 的路由器收到一条路由更新消息之后，首先要检查收到的路由更新中的网络与接收更新的接口是否属于同一主网络。如果是，则路由更新中的网络子网掩码将使用接收更新的接口的子网掩码。如果不属于同一主网络，同时路由更新中的网络的任一子网已经存在于接收路由更新的路由器的路由表中了，而且是从另一接口收到的更新中学到的，则此路由更新被忽略。否则，安装此路由条目且使用路由更新中的网络所属主网络的子网掩码。

对于图 6-2 中的路由器 B 来讲，首先，对于收到的关于网络 172.16.0.0 的路由更新，由于它和接收路由更新的接口 serial 0（172.17.26.2/24）不属于同一个主网络，同时，路由表中已经有 172.16.0.0 网络的一个子网 172.16.26.0/24 的路由信息，而且是 ethernet 0 接口的直连路由信息，所以网络 172.16.0.0 的更新将被忽略。对于网络 172.17.25.0，由于它和收到路由更新的接口 serial 0（172.17.26.2/24）属于同一个主网络（172.17.0.0/16），所以此路由将被安装且采用和接口 serial 0 相同的子网掩码。

如图 6-3 所示，是在路由器 B 执行命令 show ip route 的结果。可以发现路由器 B 只安装了一条到网络 172.17.25.0/24 的路由条目。

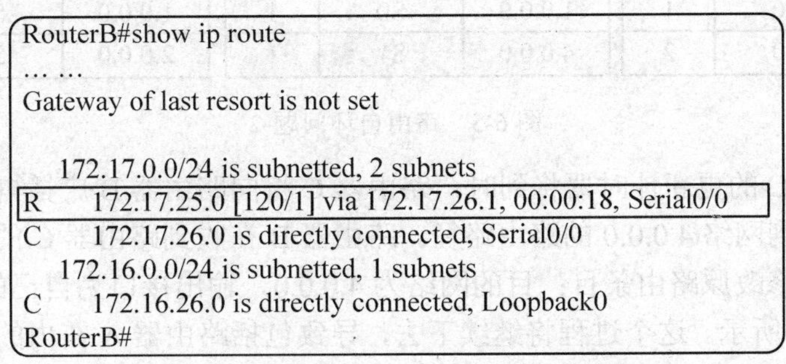

```
RouterB#show ip route
… …
Gateway of last resort is not set

     172.17.0.0/24 is subnetted, 2 subnets
R       172.17.25.0 [120/1] via 172.17.26.1, 00:00:18, Serial0/0
C       172.17.26.0 is directly connected, Serial0/0
     172.16.0.0/24 is subnetted, 1 subnets
C       172.16.26.0 is directly connected, Loopback0
RouterB#
```

图 6-3　在路由器 B 上执行命令 show ip route 的输出

2. 路由自环问题

如图 6-4 所示，当路由器 C 的 ethernet 0 所在网络失效以后（如 ethernet 0 接口 down）。路由器 C 将此路由条目从路由表中删除。随后由于路由器 B 的更新计时器到时，路由器 B 将向路由器 C 广播自己的路由更新，并在路由更新中声明到网络 4.0.0.0 的路由路径。路由器 C 在收到路由器 B 的路由更新后，会按路由更新中的指示添加一条新的路由条目：目的网络为 4.0.0.0，输出接口为自己的 serial 0 接口，代价为 2。如图 6-5 所示。

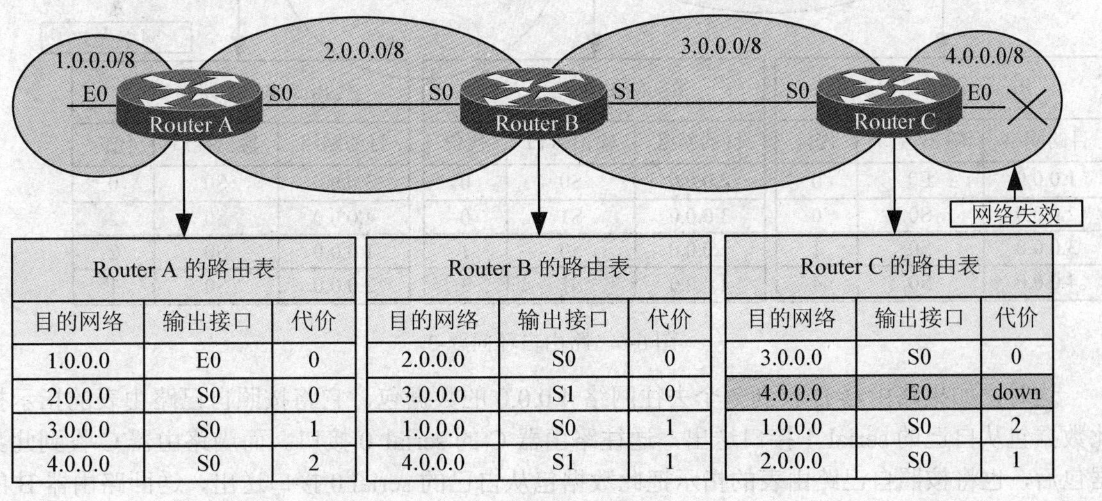

Router A 的路由表

目的网络	输出接口	代价
1.0.0.0	E0	0
2.0.0.0	S0	0
3.0.0.0	S0	1
4.0.0.0	S0	2

Router B 的路由表

目的网络	输出接口	代价
2.0.0.0	S0	0
3.0.0.0	S1	0
1.0.0.0	S0	1
4.0.0.0	S1	1

Router C 的路由表

目的网络	输出接口	代价
3.0.0.0	S0	0
4.0.0.0	E0	down
1.0.0.0	S0	2
2.0.0.0	S0	1

图 6-4　路由自环问题-1

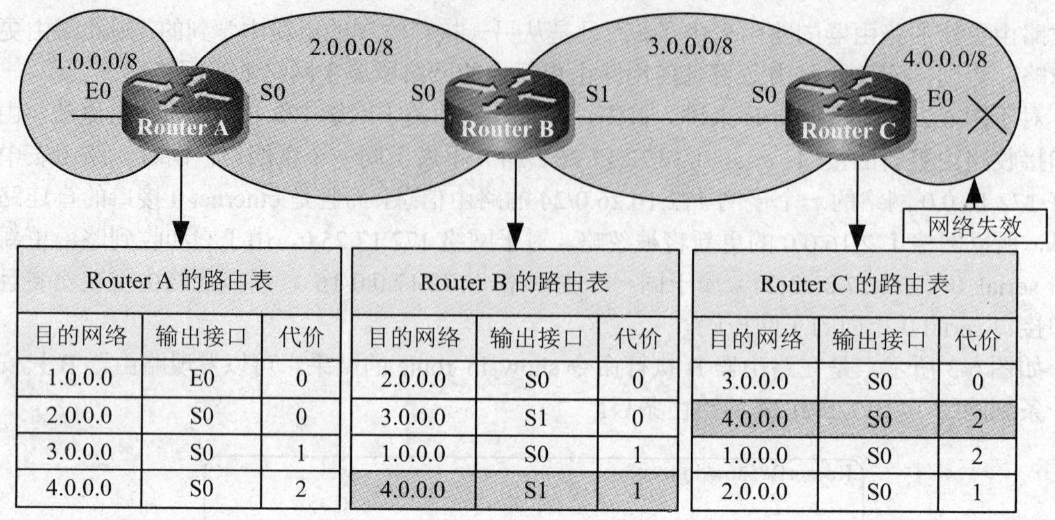

Router A 的路由表

目的网络	输出接口	代价
1.0.0.0	E0	0
2.0.0.0	S0	0
3.0.0.0	S0	1
4.0.0.0	S0	2

Router B 的路由表

目的网络	输出接口	代价
2.0.0.0	S0	0
3.0.0.0	S1	0
1.0.0.0	S0	1
4.0.0.0	S1	1

Router C 的路由表

目的网络	输出接口	代价
3.0.0.0	S0	0
4.0.0.0	S0	2
1.0.0.0	S0	2
2.0.0.0	S0	1

图 6-5　路由自环问题-2

随后，路由器 C 的更新计时器将到时，路由器 C 将向路由器 B 广播自己的路由更新，并在路由更新中声明到网络 4.0.0.0 的路由路径。路由器 B 在收到路由器 C 的路由更新后，会按路由更新中的指示修改原路由条目：目的网络为 4.0.0.0，输出接口为自己的 serial 1 接口，代价改为 3。如图 6-6 所示。这个过程将继续下去，导致包括路由器 A 在内的所有路由器的路由表中关于到网络 4.0.0.0 的代价值的不断增加。

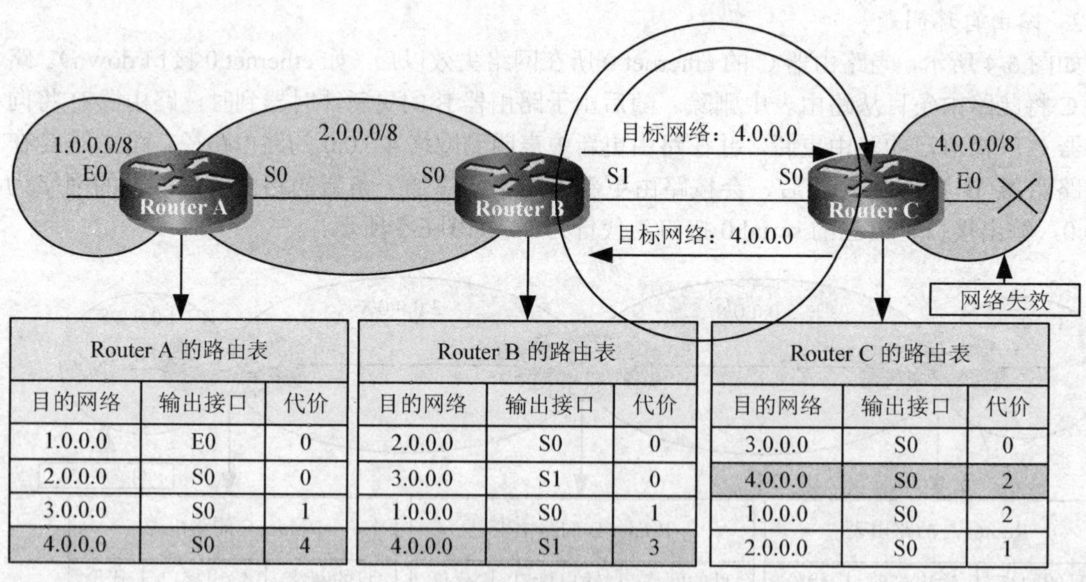

Router A 的路由表

目的网络	输出接口	代价
1.0.0.0	E0	0
2.0.0.0	S0	0
3.0.0.0	S0	1
4.0.0.0	S0	4

Router B 的路由表

目的网络	输出接口	代价
2.0.0.0	S0	0
3.0.0.0	S1	0
1.0.0.0	S0	1
4.0.0.0	S1	3

Router C 的路由表

目的网络	输出接口	代价
3.0.0.0	S0	0
4.0.0.0	S0	2
1.0.0.0	S0	2
2.0.0.0	S0	1

图 6-6　路由自环问题-3

这时，如果路由器 B 收到一个去往网络 4.0.0.0 的数据包，它将按照自己路由表的指示把此数据包从自己的 serial 1 接口送出，送往路由器 C 的 serial 0 接口。而当路由器 C 收到此数据包后，也将按照自己路由表的指示把此数据包从自己的 serial 0 接口送出，送回路由器 B 的 serial 1 接口。如此往复，数据包将在路由器 B 和路由器 C 之间来回传递，产生路由环路。

3. 解决路由自环问题——计数到无穷

在图 6-6 中，当路由器 B 和路由器 C 之间产生路由环路时，去往故障网络 4.0.0.0 的数据包将在路由器 B 和路由器 C 之间一直传送直到该数据包的 TTL 值减小到 0、被路由器丢弃为止。这会使得发送数据包的源节点超时，导致发送失败。同时，数据包在路由器 B 和路由器 C 之间链路上的循环传送浪费了宝贵的带宽资源。

RIP 提出一种解决此问题的方案：计数到无穷。

在这种方案中，RIP 将路由表中任一路由条目的代价值限制为 15 跳。同时，用代价值 16 表明一个网络不可达。

但是，计数到无穷的提出限制了路由网络的规模。

4. 解决路由自环问题——水平分割

计数到无穷只是减轻了发生路由自环所带来的不良后果，并没有从根本上解决路由自环问题。

考虑一下图 6-5 中路由自环发生的起因，可以发现问题出在路由器 B 不应该将自己从路由器 C“学习”到的关于网络 4.0.0.0 的路由信息再反过来发送给路由器 C。为此，可以规定：对每一个路由器，从某个接口收到的路由更新信息不再从该接口发出。我们将此原则称为水平分割。

在图 6-7 中，在水平分割原则的制约下，路由器 B 将不会把自己从路由器 C“学习”到的关于网络 4.0.0.0 的路由信息再反过来发送给路由器 C。同理，路由器 A 也不会把自己从路由器 B“学习”到的关于网络 4.0.0.0 的路由信息再反过来发送给路由器 B 等。

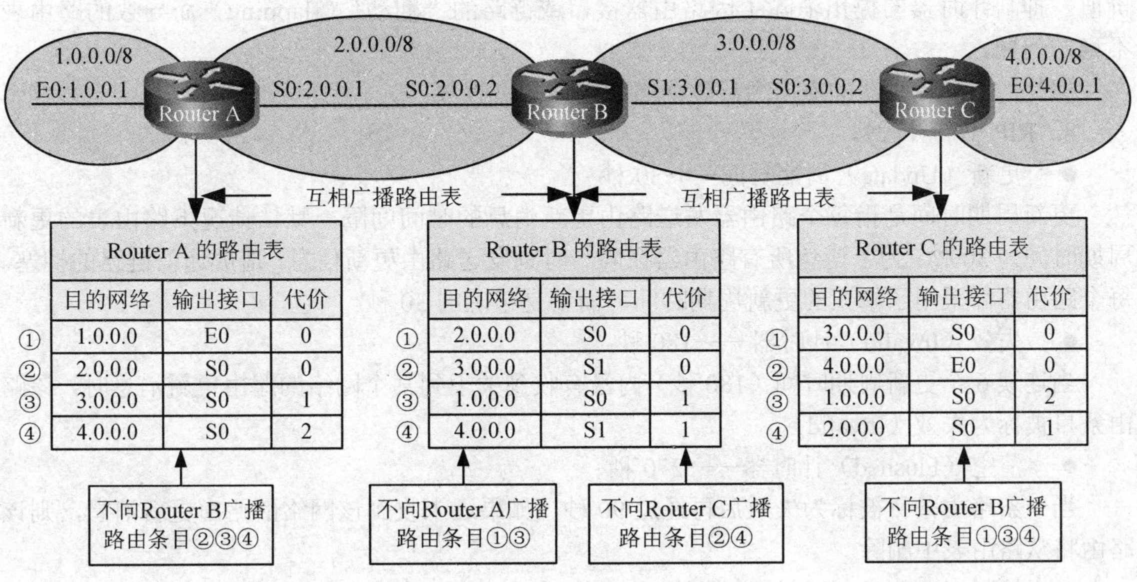

Router A 的路由表

	目的网络	输出接口	代价
①	1.0.0.0	E0	0
②	2.0.0.0	S0	0
③	3.0.0.0	S0	1
④	4.0.0.0	S0	2

Router B 的路由表

	目的网络	输出接口	代价
①	2.0.0.0	S0	0
②	3.0.0.0	S1	0
③	1.0.0.0	S0	1
④	4.0.0.0	S1	1

Router C 的路由表

	目的网络	输出接口	代价
①	3.0.0.0	S0	0
②	4.0.0.0	E0	0
③	1.0.0.0	S0	2
④	2.0.0.0	S0	1

图 6-7　水平分割

水平分割原则的一个问题是，当网络环境拓扑结构复杂的时候，水平分割原则会失效。

5. 解决路由自环问题——触发更新

出现路由自环问题的原因还在于路由器 C 没有将网络 4.0.0.0 不可达的消息及时传送给路由器 B、路由器 A 等（在路由器 C 的更新计时器到时之前，路由器 B 的更新计时器首先到时并将已过时的路由消息发送给路由器 C）。

为了解决这个问题，RIP 规定：当网络发生变化（新网络的加入、原有网络的消失）时，路由器将立刻发送路由更新消息而不用等待更新计时器到时。我们将其称为触发更新。

触发更新包可能丢失（没有应答），而且可能还是发送晚了（晚于路由器 B 的更新计时器到时）。因此，触发更新只是在概率上降低了自环发生的可能性。

6. 解决路由自环问题——路由毒杀和反转毒杀

在图 6-4 中，网络 4.0.0.0 失效后，路由器 C 将此网络标为不可达。同时立刻向自己的邻居路由器 B 广播，声明网络 4.0.0.0 不可达。同时路由器 B 也立刻向自己的邻居路由器 A 广播，声明网络 4.0.0.0 不可达。我们将之称为路由毒杀。

为了强化效果，将网络 4.0.0.0 不可达的消息尽快传遍网络，路由器 A 还向反方向，即路由器 B 广播，声明网络 4.0.0.0 不可达。同时路由器 B 也向路由器 C 广播，声明网络 4.0.0.0 不可达。我们将之称为反转毒杀。

7. 解决路由自环问题——抑制定时器

仔细观察图 6-5 可以发现，发生路由自环问题的原因还在于路由器 C 在收到路由器 B 的关于网络 4.0.0.0 的路由更新消息后，重新安装了一条到网络 4.0.0.0 的路由，而且该路由的代价比原路由（路由器 C 接口 ethernet 0 的直连路由）的代价更大（较差）。

在 RIP 中定义了抑制定时器，当某个路由器得知一个网络不可达时，会启动此抑制定时器。在此抑制定时器到时（如 180 秒）之前，该路由器不会接收任何关于不可达网络重新可达的路由更新信息，除非收到的到不可达网络的路由更新消息具有比原来更小（更好）的代价值。抑制计时器的提出消除了因路由器接口或链路的“翻动”（flapping）而导致的路由表不稳定问题。

但是，抑制计时器的提出会导致网络稳定性的慢收敛。

8. RIP 中的计时器

- 更新（Update）周期时间——30 秒

更新周期时间是指每个路由器发送路由更新消息的时间间隔。默认情况下路由表的更新周期时间为 30 秒。为了避免所有路由器在同一时刻发送路由更新信息，造成通信链路的拥塞。每个路由器都采用了修正的更新周期时间，而不是精确的 30 秒。

- 失效（Invalid）计时器——180 秒

当连续 6 个更新周期时间（180 秒）内没有收到关于到某个网络的路由更新消息时，该路由条目被标为失效（Invalid）。

- 清空（Flushed）计时器——270 秒

当一条路由条目被标为失效后再经过 90 秒，如果还未收到该网络的路由更新消息，则该路由将从路由表中删除。

- 抑制（Hold-down）计时器——180 秒

当一个路由器收到某个网络不可达的路由更新消息时，启动抑制计时器。在此抑制定时器到时之前，该路由器不会重新安装不可达网络的路由条目，除非收到具有比原来的代价值更小的到不可达网络的路由更新消息。

使用 CLI 命令 show ip protocols 可以看到 RIP 协议的这些定时器值。如图 6-8 所示。

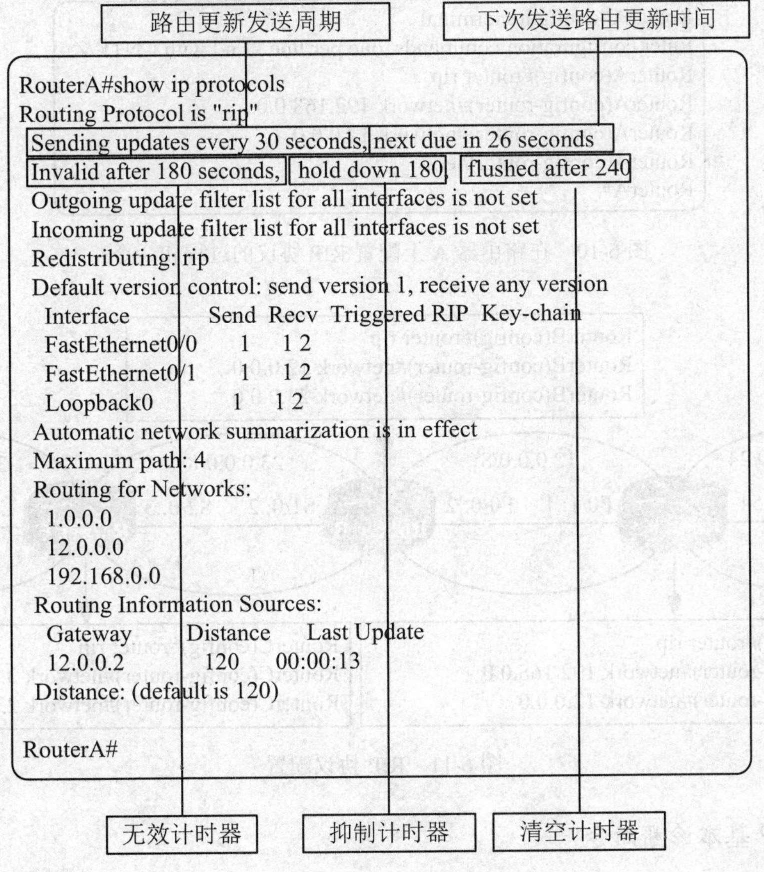

图 6-8　RIP 中的计时器

6.2　RIPv1 动态路由协议配置

本节以 RIPv1 为例，介绍其配置、诊断方法。

6.2.1　RIP 基本配置

配置 RIP 的步骤很简单。首先，启动 RIP 路由进程。然后，声明 RIP 协议“关心”的网络。所谓“关心”的网络是指 RIP 将在属于这些网络的路由器接口上发送/接收路由更新信息。

对于如图 6-9 所示的网络，图 6-10 给出了在路由器 A 上配置 RIP 协议的过程和命令。

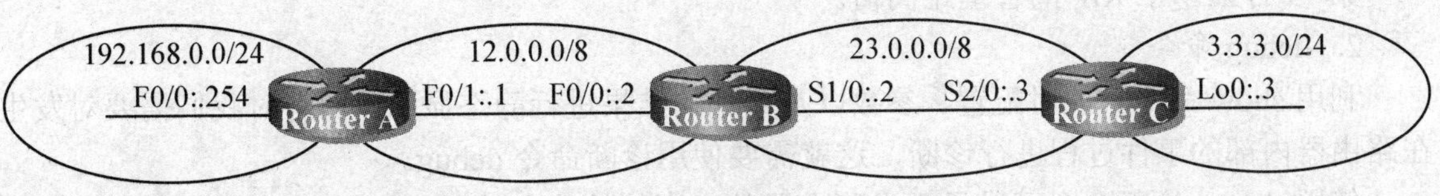

图 6-9　RIP 示例网络

相同的配置步骤还需要在路由器 B、路由器 C 下分别进行，如图 6-11 所示。

```
RouterA#configure terminal
Enter configuration commands, one per line.  End with CNTL/Z.
RouterA(config)#router rip
RouterA(config-router)#network 192.168.0.0
RouterA(config-router)#network 12.0.0.0
RouterA(config-router)#end
RouterA#
```

图 6-10　在路由器 A 上配置 RIP 协议的过程和命令

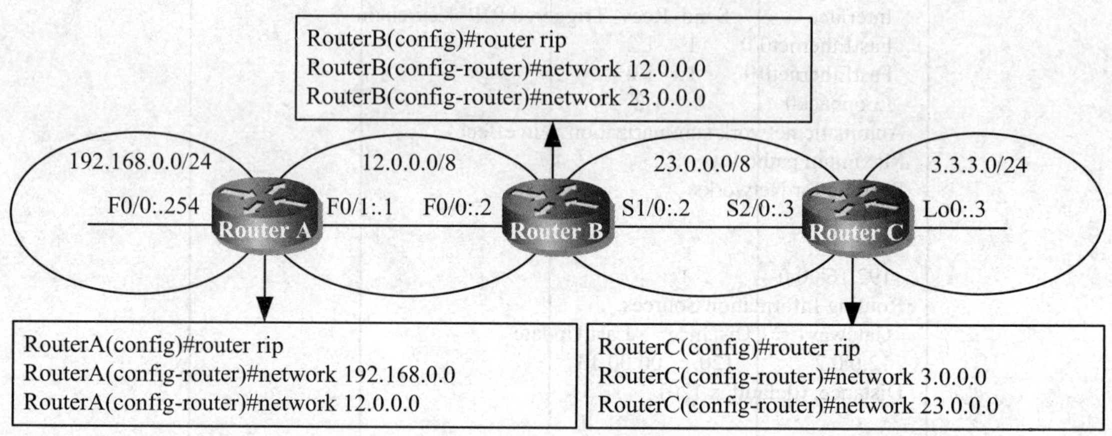

图 6-11　RIP 协议配置

6.2.2　RIP 基本诊断命令

1．show 命令

在 RIP 的配置结束后，除了可以利用命令 show running-config 检查配置文件内容外，还可以用其他命令对 RIP 的运行情况进行检查。例如，利用命令 show ip route 显示路由表内容，利用命令 show ip protocols 显示动态路由协议的配置参数信息等。如图 6-12 所示，是命令 show ip protocols 的输出。

在图 6-12 中，第 12 行指出最大负载分担路径数（默认为 4 条，最大可达 6 条）。当有多条到达同一目标网络的等代价路径时，RIP 会在这些路径上进行负载分担。

第 13～15 行指明 RIP“关心”的网络，即 RIP 要发送这些网络的路由更新消息。

第 16～18 行列出了路由信息来源，其中包括信息源的 IP 地址值、管理距离、上次更新经过的时间。

第 19 行显示了 RIP 的管理距离值。

2．debug 命令

利用 show 命令只能对配置、参数以及事件的结果进行静态显示。而有时我们需要对发生在路由器内部的事件过程进行诊断，这就需要使用诊断命令 debug。

使用 debug 诊断命令可以显示出路由器某个事件的动态过程。如图 6-13 所示，是利用诊断命令 debug ip rip 对 RIP 运行过程中的事件进行跟踪显示的输出。

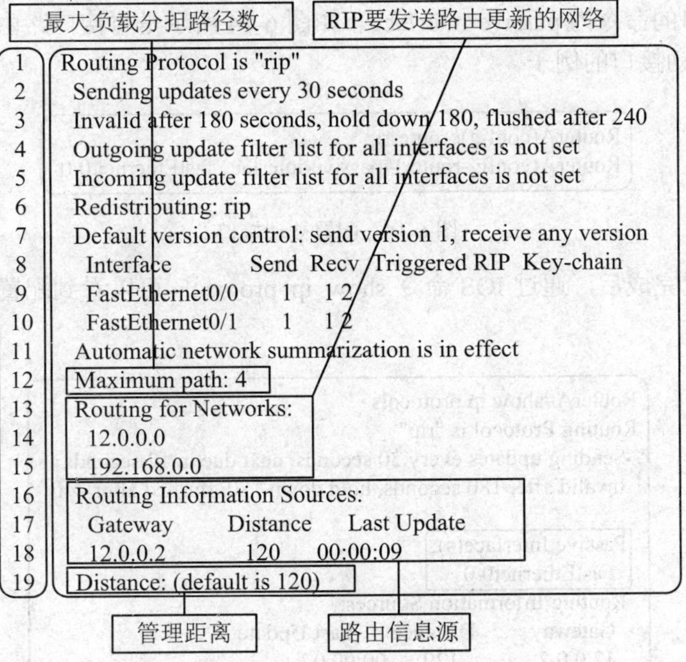

图 6-12　显示动态路由协议的配置参数

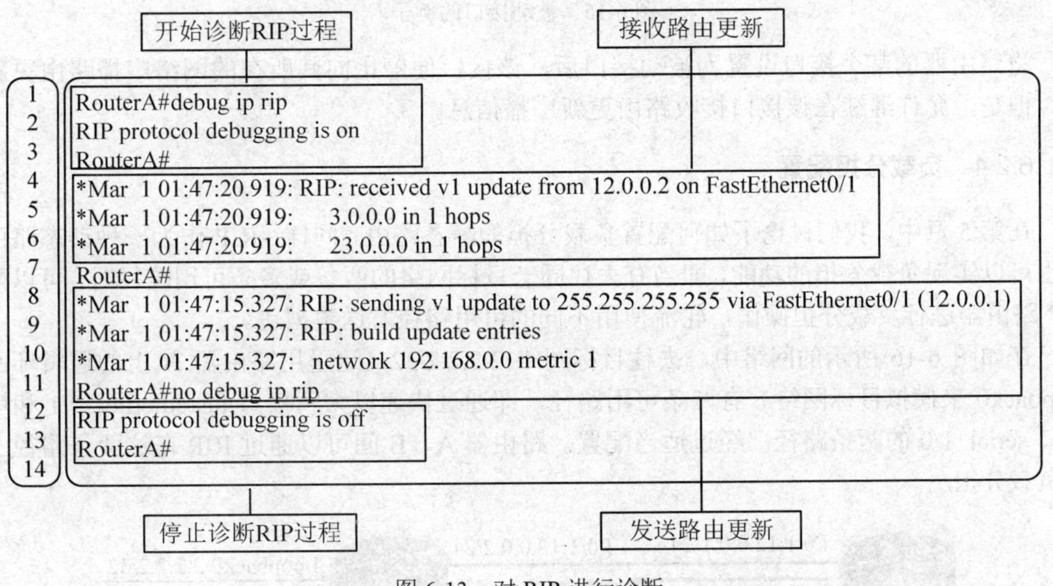

图 6-13　对 RIP 进行诊断

6.2.3　被动接口配置

在图 6-14 中，对于路由器 A 的接口 fastethernet 0/0 来说，没有必要接收 RIP 的路由更新广播信息，这对于该网络的主机（PC 机）来说是无用信息。此外，路由器 C 的接口 Loopback0 属于逻辑接口，不存在实际的互连 RIP 设备。另外，有的时候出于某种目的，例如不想公布自己某些网络的信息，这时可以采用被动接口（Passive Interface）。

设置被动接口的命令为 passive interface。如图 6-14 所示是将接口路由器 A 的 fastethernet 0/0 接口设置为被动接口的例子。

```
RouterA(config)#routerrip
RouterA(config-router)#passive-interface fastEthernet 0/0
```

图 6-14 配置被动接口

被动接口配置完成后，通过 IOS 命令 show ip protocols 可以看到配置的效果，如图 6-15 所示。

```
RouterA#show ip protocols
Routing Protocol is "rip"
  Sending updates every 30 seconds, next due in 12 seconds
  Invalid after 180 seconds, hold down 180, flushed after 240
… …
 Passive Interface(s):
   FastEthernet0/0
  Routing Information Sources:
   Gateway        Distance    Last Update
   12.0.0.2          120       00:00:02
  Distance: (default is 120)
```

图 6-15 被动接口的例子

将路由器的某个接口设置为被动接口后，该接口便停止向其所在的网络广播路由更新信息。但是，允许继续在该接口接收路由更新广播信息。

6.2.4 负载分担配置

在第 5 章中，我们讨论了如何配置负载分担的静态路由。同样，RIP 作为一种动态路由协议也可以实现负载分担的功能，即当有去往同一目标网络的两条或多条可用路径时，可以配置 RIP 路由器进行负载分担操作，轮流使用不同的可用路径发送数据包。

在如图 6-16 所示的网络中，去往目标网络 2.2.2.2/32（这里用路由器 B 上的逻辑环回口 loopback0 来模拟目标网络）有两条可用路径，即通过快速以太网接口 fastethernet 0/1 和串行接口 serial 1/0 的两条路径。经过适当配置，路由器 A、B 间可以通过 RIP 在这两条路径上进行负载分担。

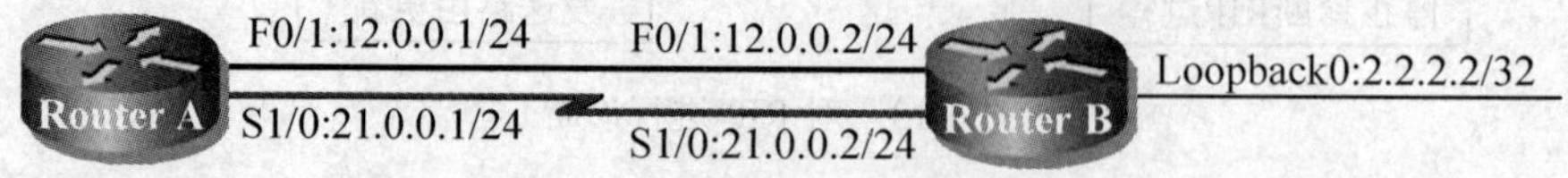

图 6-16 负载分担动态路由的使用

配置 RIP 路由器进行负载分担功能并不需要特别的步骤，只需要声明所有可用路径所在网络即可。如图 6-17 和图 6-18 所示，分别是在路由器 A、B 上的相关 RIP 配置命令。

对于图 6-16 中的情况来说，虽然这两条链路的带宽、延迟等参数并不相同，但是对于 RIP 路由器 A 来说去往目标的跳数（Hop）是一样的。因此，RIP 路由器 A 将在本地安装去往同一目标的两条路由条目，如图 6-19 所示。

```
RouterA#configure terminal
Enter configuration commands, one per line.  End with CNTL/Z.
RouterA(config)#router rip
RouterA(config-router)#network 12.0.0.0
RouterA(config-router)#network 21.0.0.0
RouterA(config-router)#end
RouterA#
```

图 6-17　路由器 A 上的 RIP 配置

```
RouterB#configure terminal
Enter configuration commands, one per line.  End with CNTL/Z.
RouterB(config)#router rip
RouterB(config-router)#network 12.0.0.0
RouterB(config-router)#network 21.0.0.0
RouterB(config-router)#network 2.0.0.0
RouterB(config-router)#end
RouterB#
```

图 6-18　路由器 B 上的 RIP 配置

```
RouterA#show ip route rip
R    2.0.0.0/8 [120/1] via 12.0.0.2, 00:00:05, FastEthernet0/1
               [120/1] via 21.0.0.2, 00:00:04, Serial1/0
```

图 6-19　负载分担的 RIP 路由条目

为了让此负载分担的配置生效，还应该关闭路由器 A 的快速转发特性（Cisco Express Forwarding，CEF）而启用过程交换机制。如图 6-20 所示。

```
RouterA(config)#no ip cef
```

图 6-20　关闭快速转发特性

接下来，我们将使用 IOS 诊断命令 debug ip packet 查看包的转发过程。

为了检查上面负载分担的配置效果，我们在路由器 A 上连续发送 5 个 ping 数据包。然后使用 debug ip packet 命令观察数据包的转发过程。如图 6-21 所示。

从对 IP 数据包的转发诊断结果可以看出，虽然是去往同一目标网络，但路由器 A 选择轮流在接口 fastethernet 0/1 及 serail 1/0 上发送数据包。

注意：

（1）在图中，第 10、11、15、16、20、21、25、26、30、31 行是发送数据包的过程；第 12、13、17、18、22、23、27、28、32、33 行是接收数据包的过程。

（2）为了让数据包在回程路径也进行负载分担，应该在路由器 B 上做类似的配置。

```
RouterA#debug ip packet
IP packet debugging is on
RouterA#ping 2.2.2.2

Type escape sequence to abort.
Sending 5, 100-byte ICMP Echos to 2.2.2.2, timeout is 2 seconds:
!!!!!
Success rate is 100 percent (5/5), round-trip min/avg/max = 12/30/48 ms
RouterA#
*Mar  1 00:32:42.475: IP: tableid=0, s=12.0.0.1 (local), d=2.2.2.2 (FastEthernet0/1), routed via RIB
*Mar  1 00:32:42.479: IP: s=12.0.0.1 (local), d=2.2.2.2 (FastEthernet0/1), len 100, sending
*Mar  1 00:32:42.499: IP: tableid=0, s=2.2.2.2 (FastEthernet0/1), d=12.0.0.1 (FastEthernet0/1), routed via RIB
*Mar  1 00:32:42.499: IP: s=2.2.2.2 (FastEthernet0/1), d=12.0.0.1 (FastEthernet0/1), len 100, rcvd 3

*Mar  1 00:32:42.503: IP: tableid=0, s=21.0.0.1 (local), d=2.2.2.2 (Serial1/0), routed via RIB
*Mar  1 00:32:42.507: IP: s=21.0.0.1 (local), d=2.2.2.2 (Serial1/0), len 100, sending
*Mar  1 00:32:42.511: IP: tableid=0, s=2.2.2.2 (Serial1/0), d=21.0.0.1 (Serial1/0), routed via RIB
*Mar  1 00:32:42.515: IP: s=2.2.2.2 (Serial1/0), d=21.0.0.1 (Serial1/0), len 100, rcvd 3

*Mar  1 00:32:42.519: IP: tableid=0, s=12.0.0.1 (local), d=2.2.2.2 (FastEthernet0/1), routed via RIB
*Mar  1 00:32:42.519: IP: s=12.0.0.1 (local), d=2.2.2.2 (FastEthernet0/1), len 100, sending
*Mar  1 00:32:42.559: IP: tableid=0, s=2.2.2.2 (FastEthernet0/1), d=12.0.0.1 (FastEthernet0/1), routed via RIB
*Mar  1 00:32:42.559: IP: s=2.2.2.2 (FastEthernet0/1), d=12.0.0.1 (FastEthernet0/1), len 100, rcvd 3

*Mar  1 00:32:42.567: IP: tableid=0, s=21.0.0.1 (local), d=2.2.2.2 (Serial1/0), routed via RIB
*Mar  1 00:32:42.567: IP: s=21.0.0.1 (local), d=2.2.2.2 (Serial1/0), len 100, sending
*Mar  1 00:32:42.575: IP: tableid=0, s=2.2.2.2 (Serial1/0), d=21.0.0.1 (Serial1/0), routed via RIB
*Mar  1 00:32:42.579: IP: s=2.2.2.2 (Serial1/0), d=21.0.0.1 (Serial1/0), len 100, rcvd 3

*Mar  1 00:32:42.579: IP: tableid=0, s=12.0.0.1 (local), d=2.2.2.2 (FastEthernet0/1), routed via RIB
*Mar  1 00:32:42.583: IP: s=12.0.0.1 (local), d=2.2.2.2 (FastEthernet0/1), len 100, sending
*Mar  1 00:32:42.623: IP: tableid=0, s=2.2.2.2 (FastEthernet0/1), d=12.0.0.1 (FastEthernet0/1), routed via RIB
*Mar  1 00:32:42.623: IP: s=2.2.2.2 (FastEthernet0/1), d=12.0.0.1 (FastEthernet0/1), len 100, rcvd 3
RouterA#undebug all
All possible debugging has been turned off
RouterA#
```

从接口F0/1发送

从接口S1/0发送

图 6-21　debug ip packet 命令输出

6.2.5　缺省路由配置

在如图 6-22 所示的网络中，如果 RIP 路由器 B 需要声明的网络很多，那么路由器 B 向路由器 A 发送所有这些网络的周期性更新信息就会过多地占用路由器间的可用带宽。同时，维护路由器 A 路由表中大量的路由条目也会占用路由器 A 自身的资源。

图 6-22　负载分担静态路由的使用

为了解决这个问题，可以配置 RIP 路由器 B 只向 RIP 路由器 A 发送一条缺省路由，使得路由器 A 通过此缺省路由将不匹配明细路由的所有其他数据包都发送给路由器 B。图 6-23 和

图 6-24 给出了路由器 A、B 上的相关配置命令。

```
RouterA#configure terminal
Enter configuration commands, one per line.  End with CNTL/Z.
RouterA(config)#router rip
RouterA(config-router)#network 12.0.0.0
RouterA(config-router)#end
RouterA#
```

图 6-23　路由器 A 上的 RIP 配置

```
RouterB#configure terminal
Enter configuration commands, one per line.  End with CNTL/Z.
RouterB(config)#router rip
RouterB(config-router)#network 12.0.0.0
RouterB(config-router)#default-information originate
RouterB(config-router)#end
RouterB#
```

图 6-24　路由器 B 上的 RIP 配置

缺省路由的配置完成后，利用命令 show ip route 可以看到配置结果。如图 6-25 所示，图中第 14 行的路由条目标有“*”号。对照路由源代码表可知这代表缺省路由。同时第 10 行显示，该路由器的默认网络的最后求助网关是 12.0.0.2。

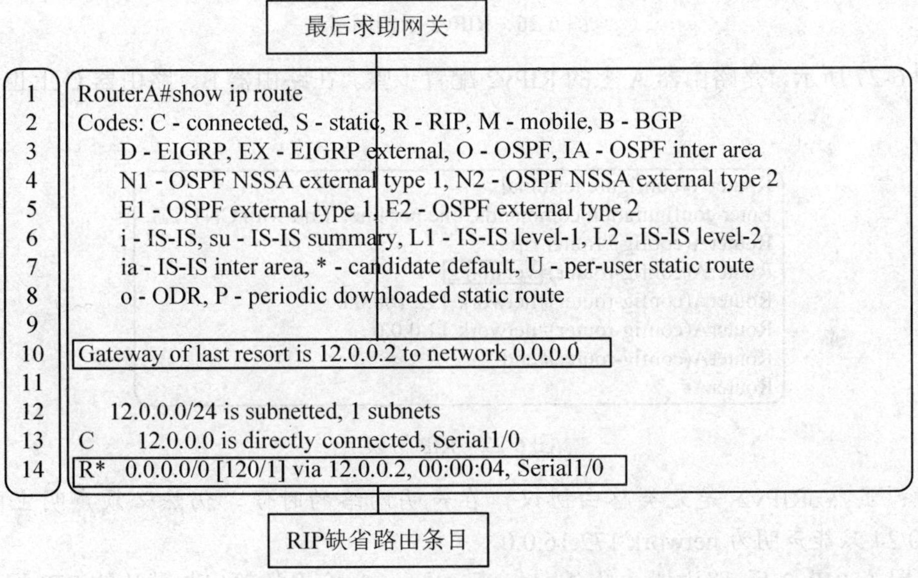

图 6-25　RIP 缺省路由

6.3　RIPv2 动态路由协议配置

RIPv2（RFC 1723）是 RIPv1 的扩展版本，它对原始的 RIPv1 做了很多改进。其中，最重要的改进是在 RIPv2 的消息包中包含了子网掩码信息。这意味着 RIPv2 支持 VLSM（可变长子网掩码），它允许进行不连续的网络设计。另外，和 RIPv1 的消息通过广播地址 255.255.255.255 进行发送不同，在 RIPv2 中，更新消息发送到多播地址 224.0.0.9，不会对其他没有运行 RIP 协议的设备产生影响。当然，RIPv2 默认情况下也会在网络边界进行自动汇总。但是，也可以关闭自动汇总的特性。这给了网络设计人员很大的灵活性。此外，RIPv2 还支持明文或密文的认证，这可以防止入侵者通过非法接入的路由设备发布欺骗性的路由信息（启用 RIPv2 密文认证的路由器还可以防止其他路由器学到本路由器发布的 RIP 路由更新信息）。

和 RIPv1 相同的是，RIPv2 也采用跳跃计数作为链路代价值。因此，RIPv2 也属于距离矢量路由协议。此外，RIPv2 采用和 RIPv1 相同的计数器。还有，RIPv2 的跳跃计数的最大值和 RIPv1 一样，也是 15 跳，这同样限制了网络的规模。

6.3.1 RIPv2 的基本配置与版本控制

Cisco 路由器上的 RIPv2 配置很简单，实际上只需要一条 IOS 命令就可以将默认 RIP 配置改为 RIPv2。

下面，我们以图 6-26 所示的网络为例介绍 Cisco 路由器上的 RIPv2 配置。

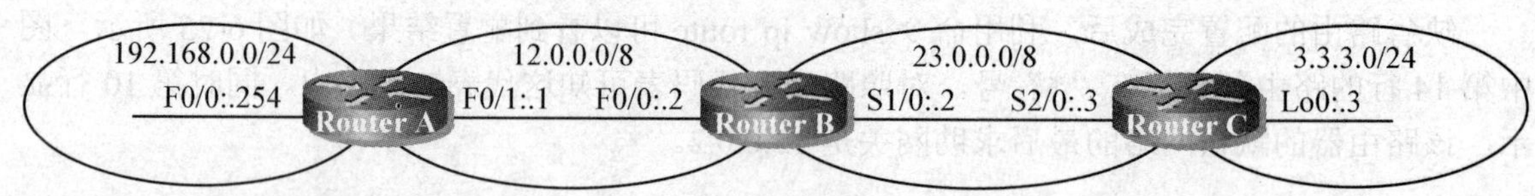

图 6-26 RIPv2 示例网络

如图 6-27 所示，是路由器 A 上的 RIPv2 配置步骤。在路由器 B、路由器 C 上也要做类似的配置。

```
RouterA#configure terminal
Enter configuration commands, one per line.  End with CNTL/Z.
RouterA(config)#router rip
RouterA(config-router)#version 2
RouterA(config-router)#network 192.168.0.0
RouterA(config-router)#network 12.0.0.0
RouterA(config-router)#end
RouterA#
```

图 6-27 RIP 协议

注意：虽然 RIPv2 是无类路由协议，在声明网络的时候，仍然必须声明主网络。如 172.16.1.0/24 只能声明为 network 172.16.0.0。

在配置了 RIPv2 后，路由器 A 上的 show ip protocols 命令的输出与默认的 RIP 配置时的输出会有部分不同。如图 6-28 和图 6-29 所示，分别给出了默认的 RIP 配置时 show ip protocols 命令的输出和配置 RIPv2 时 show ip protocols 命令的输出。

从图 6-28 和图 6-29 的对比可以看出，Cisco 路由器上默认的 RIP 配置的特点是只发送版本 1 的 RIP 路由更新，但是可以接收任何版本（版本 1 和版本 2）的 RIP 路由更新。

在配置了 RIPv2 后，运行 RIPv2 的接口便只发送和接收版本 2 的 RIP 路由更新。

```
RouterA#show ip protocols
Routing Protocol is "rip"
  Sending updates every 30 seconds, next due in 27 seconds
  Invalid after 180 seconds, hold down 180, flushed after 240
  … …
  Default version control: send version 1, receive any version
    Interface          Send  Recv  Triggered RIP  Key-chain
    FastEthernet0/0    1     1 2
    FastEthernet0/1    1     1 2
… …
```

图 6-28　show ip protocols 命令的输出（配置 RIP version 2 前）

```
RouterA#show ip protocols
Routing Protocol is "rip"
  Sending updates every 30 seconds, next due in 27 seconds
  Invalid after 180 seconds, hold down 180, flushed after 240
  … …
  Default version control: send version 2, receive version 2
    Interface          Send  Recv  Triggered RIP  Key-chain
    FastEthernet0/0    2     2
    FastEthernet0/1    2     2
… …
```

图 6-29　show ip protocols 命令的输出（配置 RIP version 2 后）

如图 6-30 所示。显示了配置 RIPv2 后路由器 A 上的诊断命令 debug ip rip 的输出。

```
RouterA#debug ip rip
RIP protocol debugging is on
RouterA#
*Mar  1 01:52:21.367: RIP: sending v2 update to 224.0.0.9 via FastEthernet0/1 (12.0.0.1)
*Mar  1 01:52:21.367: RIP: build update entries
*Mar  1 01:52:21.371:    192.168.0.0/24 via 0.0.0.0, metric 1, tag 0
RouterA#
*Mar  1 01:52:23.767: RIP: received v2 update from 12.0.0.2 on FastEthernet0/1
*Mar  1 01:52:23.771:       3.0.0.0/8 via 0.0.0.0 in 1 hops
*Mar  1 01:52:23.771:       23.0.0.0/8 via 0.0.0.0 in 1 hops
… …
```

图 6-30　诊断命令 debug ip rip 的输出

对比 RIPv1 的 Debug 诊断命令输出，可以发现，图 6-30 中的 RIPv2 的路由更新是多播发送的，其目标地址是多播地址：224.0.0.9（代表所有运行 RIPv2 的路由器）。同时，此时的路由更新条目中携带了网络的子网掩码信息。此外，此时的路由更新条目中还携带了下一跳、外部路由标记等信息。

Cisco 路由器提供了对 RIP 版本的控制，可以使用命令 ip rip send|receive version 1|2（接口配置模式命令）更改路由器接口发送、接收 RIP 更新的特性。

如图 6-31 所示，设置了路由器 A 在接口 fastethernet 0/1 上只接收版本 2 的更新但是同时发送版本 1 和版本 2 的路由更新。这对将路由更新广播给路由器 A 的 fastethernet 0/1 接口所在网络内运行 RIPv1 的路由器来说是很有用的。

```
RouterA(config)#interface fastEthernet 0/1
RouterA(config-if)#ip rip send version 1 2
RouterA(config-if)#ip rip receive version 2
```

图 6-31 RIP 版本控制配置

图 6-32 给出了此时命令 show ip protocols 的输出。可以发现，路由器 A 现在在接口 fastethernet 0/1 上只接收版本 2 的更新，但是同时发送版本 1 和版本 2 的路由更新。

```
RouterA#show ip protocols
Routing Protocol is "rip"
  Sending updates every 30 seconds, next due in 20 seconds
  Invalid after 180 seconds, hold down 180, flushed after 240
  … …
  Default version control: send version 2, receive version 2
    Interface         Send  Recv  Triggered RIP  Key-chain
    FastEthernet0/0   2     2
    FastEthernet0/1   1 2   2
… …
```

图 6-32 RIP 版本控制配置的结果

图 6-33 给出了此时的 debug ip rip 命令的输出，可以发现路由器 A 分别采用了 RIP 版本 1 和 RIP 版本 2 向接口 fastethernet 0/1 发送了两次关于网络 192.168.0.0 的路由更新。

```
RouterA#debug ip rip
RIP protocol debugging is on
RouterA#
*Mar 1 01:58:27.187: RIP: sending v1 update to 255.255.255.255 via FastEthernet0/1
(12.0.0.1)
*Mar 1 01:58:27.187: RIP: build update entries
*Mar 1 01:58:27.191:   network 192.168.0.0 metric 1
*Mar 1 01:58:27.191: RIP: sending v2 update to 224.0.0.9 via FastEthernet0/1
(12.0.0.1)
*Mar 1 01:58:27.195: RIP: build update entries
*Mar 1 01:58:27.199:   192.168.0.0/24 via 0.0.0.0, metric 1, tag 0
… …
```

图 6-33 debug ip rip 命令的输出

6.3.2 RIPv2 自动汇总与手工汇总

尽管和有类路由协议 RIPv1 相比，RIPv2 已是无类路由协议，但默认情况下，RIPv2 仍然会在网络边界做自动汇总。图 6-34 给出了路由器 B 上的 RIPv2 的自动汇总的默认配置（在高版本 IOS 中此项为默认配置，不显示在配置文件中）。

同时，路由器 B 上的命令 show ip protocols 的输出也说明了这一点，如图 6-35 所示。

对如图 6-36 所示网络来说，尽管路由器 A、B、C 都配置了 RIPv2，但是，默认情况下，由于路由器 C 是主网络 23.0.0.0/8 及 3.3.3.0/24 的边界，因此路由器 C 仍会将网络 3.3.3.0/24 自动汇总成 3.0.0.0/8。

```
RouterB#show running-config | begin router rip
router rip
 version 2
 network 12.0.0.0
 network 23.0.0.0
 auto-summary
… …
```

图 6-34　RIP 自动汇总配置

```
RouterB#show ip protocols
Routing Protocol is "rip"
… …
Automatic network summarization is in effect
……
```

图 6-35　命令 show ip protocols 的输出

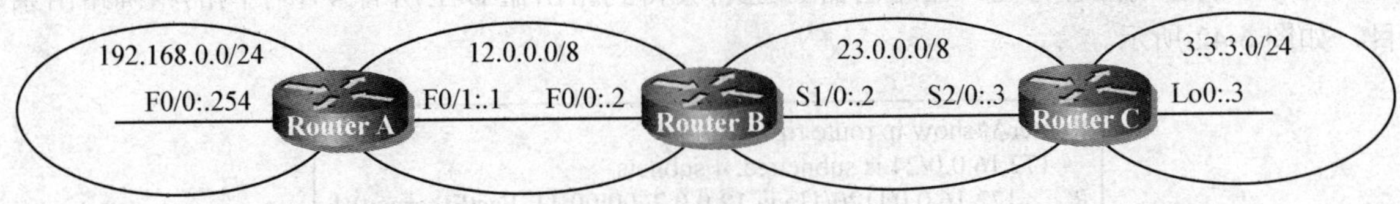

图 6-36　RIPv2 示例网络

因此，在路由器 B 的路由表中只会看到自动汇总后的网络 3.0.0.0/8，如图 6-37 所示。

```
RouterB#show ip route rip
R    3.0.0.0/8 [120/1] via 23.0.0.3, 00:00:21, Serial1/0
… …
```

图 6-37　路由器 B 的 RIP 路由条目

如果希望在路由器 A 上获得精确的路由而不是汇总后的路由，需要在网络边界路由器 C、路由器 B 上禁用 RIP 的自动汇总特性。这只需要一个单独的命令 no auto-summary 即可完成。如图 6-38 所示，是在路由器 C 上禁用 RIP 的自动汇总的特性。

此时，命令 show ip protocols 的输出可以验证是否关闭了 RIP 的自动汇总特性，如图 6-39 所示。

```
RouterC(config)#router rip
RouterC(config-router)#no auto-summary
RouterC(config-router)#end
RouterC#
```

图 6-38　禁用 RIP 的自动汇总特性

```
RouterB#show ip protocols
Routing Protocol is "rip"
……
Automatic network summarization is not in effect
……
```

图 6-39　验证是否关闭了 RIP 的自动汇总的特性

此时，在路由器 A、路由器 B 的路由表中会看到网络 3.3.3.0/24 的精确路由，如图 6-40 所示。

```
RouterB#show ip route rip
     3.0.0.0/24 is subnetted, 1 subnets
R       3.3.3.0 [120/1] via 23.0.0.3, 00:00:01, Serial1/0
```

图 6-40　路由器 B 上的 RIP 路由

在第 5 章中，我们曾利用汇总静态路由对图 6-41 中路由器 B 的 4 个子网进行过汇总。

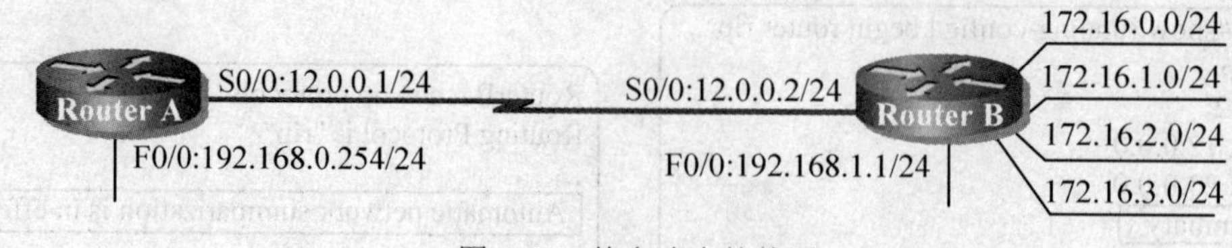

图 6-41 静态路由的使用

这里，我们在路由器 B 的 RIP 配置模式下声明 172.16.0.0/16 主网络，并按照前面的步骤禁用 RIPv2 的自动汇总特性，在路由器 A 上将会得到路由器 B 上所有 4 个子网的精确路由条目，如图 6-42 所示。

```
RouterA#show ip route rip
   172.16.0.0/24 is subnetted, 4 subnets
R       172.16.0.0 [120/1] via 12.0.0.2, 00:00:11, FastEthernet0/1
R       172.16.1.0 [120/1] via 12.0.0.2, 00:00:11, FastEthernet0/1
R       172.16.2.0 [120/1] via 12.0.0.2, 00:00:11, FastEthernet0/1
R       172.16.3.0 [120/1] via 12.0.0.2, 00:00:11, FastEthernet0/1
```

图 6-42 路由器 A 上的 RIP 明细路由

当路由器 B 上的网络数目很多时，发送这些明细的路由条目会占用过多的路由器 A、路由器 B 间链路的带宽。同时，路由器 A 上保有的这些明细路由也会无谓地占用路由器 A 的内存空间。为此，可以在路由器 B 上做适当的手动汇总，减少发送的路由更新条目的数量。

对图 6-41 中的例子来说，可以将路由器 B 上 172.16.0.0/16 的 4 个子网汇总成 172.16.0.0/22。可以使用 IOS 接口命令 ip summary-address rip 来完成这个需求。

如图 6-43 所示，是在路由器 B 上配置上述手动汇总。

```
RouterB(config)#interface fastEthernet 0/0
RouterB(config-if)#ip summary-address rip 172.16.0.0 255.255.252.0
RouterB(config-if)#end
RouterB#
```

图 6-43 配置 RIP 手动汇总

配置了路由器 B 的手动汇总后，在路由器 A 上将会得到路由器 B 上 172.16.0.0/16 的 4 个子网的手动汇总路由条目，如图 6-44 所示。

```
RouterA#show ip route rip
   172.16.0.0/22 is subnetted, 1 subnets
R       172.16.0.0 [120/1] via 12.0.0.2, 00:00:01, FastEthernet0/1
```

图 6-44 RIP 手动汇总路由条目

6.3.3 RIPv2 认证

认证是 RIPv2 的特性之一。要求认证的 RIP 路由器在收到其他 RIP 路由器发送来的 RIP 路由更新时，会检查其 RIP 更新包中的密钥，只有和本路由器 RIP 密钥相同的路由更新才被接受并安装到本地路由表中。

RIPv2 认证有两种方式：明文认证方式及密文认证（MD5）方式。

在 RIPv2 明文认证方式中，密钥以明文方式存储在 RIP 更新报文中发送；在密文认证方式中，密钥以 MD5 加密的形式存储在 RIP 更新报文中发送。

需要注意的是，RIPv2 认证是基于链路（接口）的认证方法，即对同一台路由器来说，可以选择在其中某些链路上要求 RIPv2 明文认证，而另一些链路上要求 RIPv2 密文认证，还可以在其他一些链路上不进行 RIPv2 认证。

下面，我们就这两种认证方式讨论其配置方法。

1. 明文认证

在图 6-45 中，路由器 A、路由器 B 之间的链路上启用 RIP 明文认证；路由器 B、路由器 C 之间的链路上不启用 RIP 认证。

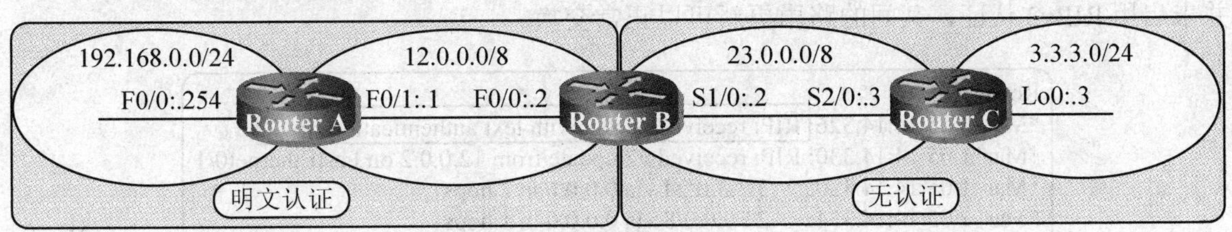

图 6-45　RIPv2 认证示例网络

图 6-46 给出了在路由器 A 上对路由器 B 配置 RIPv2 明文认证的步骤。相同的步骤也需要在路由器 B 上完成。

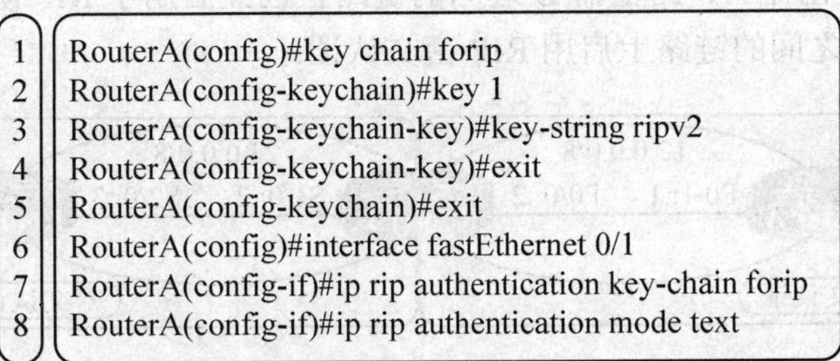

```
1 RouterA(config)#key chain forip
2 RouterA(config-keychain)#key 1
3 RouterA(config-keychain-key)#key-string ripv2
4 RouterA(config-keychain-key)#exit
5 RouterA(config-keychain)#exit
6 RouterA(config)#interface fastEthernet 0/1
7 RouterA(config-if)#ip rip authentication key-chain forip
8 RouterA(config-if)#ip rip authentication mode text
```

图 6-46　路由器 A 上的 RIPv2 明文认证配置

在图 6-46 中，

第 1 行建立了一个名字为“forip”的密钥链，此密钥链的名字不必和路由器 B 相同；

第 2 行指明引用第一个密钥；

第 3 行设置第一个密钥的值为“ripv2”，此密钥值必须和路由器 B 上的密钥值相同；

第 7 行在接口 fastethernet 0/1 上启用 RIP 认证并引用前面定义的密钥链“forip”；

第 8 行指定接口 fastethernet 0/1 上启用的 RIP 认证类型为明文认证，此项为可选命令，系统默认即为明文认证。

上述配置完成后，在对路由器 B 做类似的 RIPv2 认证配置之前，路由器 A 将拒绝接受路由器 B 发送过来的 RIP 路由更新。如图 6-47 所示。

```
*Mar  1 04:25:42.942: RIP: ignored v2 packet from 12.0.0.2 (invalid authentication)
```

图 6-47　路由器 A 上的 RIP 诊断输出

但路由器 B 仍将收到路由器 A 发送过来的路由器更新条目并安装在自己的路由表中。如图 6-48 所示。

```
RouterB#show ip route rip
     3.0.0.0/24 is subnetted, 1 subnets
R       3.3.3.0 [120/1] via 23.0.0.3, 00:00:08, Serial1/0
R    192.168.0.0/24 [120/1] via 12.0.0.1, 00:00:28, FastEthernet0/0
```

图 6-48　路由器 B 的 RIP 路由

在路由器 B 对路由器 A 的链路上也做了相同的 RIP 认证配置后，路由器 A 和路由器 B 之间就可以顺利交换路由更新了，如图 6-49 所示。同时，由于路由器 B 和路由器 C 之间的链路并未启用 RIPv2 认证，其间的路由更新可以正常交换。

```
RouterA#
*Mar  1 05:14:14.326: RIP: received packet with text authentication ripv2
*Mar  1 05:14:14.330: RIP: received v2 update from 12.0.0.2 on FastEthernet0/1
*Mar  1 05:14:14.330:      3.3.3.0/24 via 0.0.0.0 in 2 hops
*Mar  1 05:14:14.334:      23.0.0.0/8 via 0.0.0.0 in 1 hops
```

图 6-49　路由器 A 上的 RIP 诊断输出

2. 密文认证

在图 6-50 中，路由器 A、路由器 B 之间的链路上已经启用了 RIP 明文认证。现在要求在路由器 B、路由器 C 之间的链路上启用 RIP 密文认证。

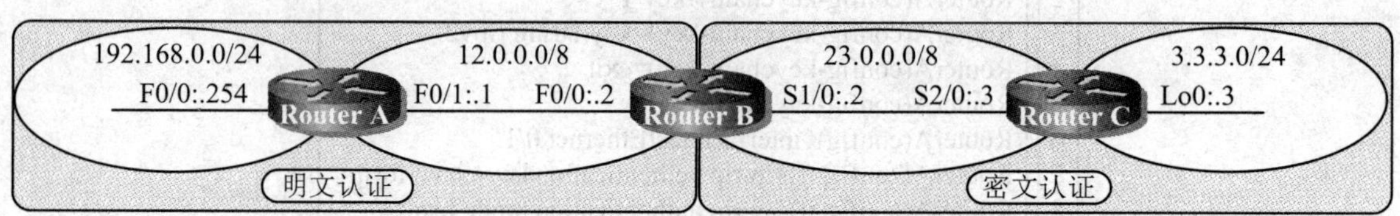

图 6-50　RIPv2 认证示例网络

图 6-51 给出了在路由器 B 上对路由器 C 配置 RIPv2 密文认证的步骤。相同的步骤也需要在路由器 C 上完成。

```
1  RouterB(config)#key chain ripmd5
2  RouterB(config-keychain)#key 1
3  RouterB(config-keychain-key)#key-string ripv2md5
4  RouterB(config-keychain-key)#exit
5  RouterB(config-keychain)#exit
6  RouterB(config)#interface serial 1/0
7  RouterB(config-if)#ip rip authentication key-chain ripmd5
8  RouterB(config-if)#ip rip authentication mode md5
```

图 6-51　路由器 B 上的 RIPv2 密文认证配置

在图 6-51 中，

第 1 行建立了一个名字为“ripmd5”的密钥链，此密钥链的名字不必和路由器 C 相同；

第 2 行指明引用第一个密钥；

第 3 行设置第一个密钥的值为“ripv2md5”，此密钥值必须和路由器 C 上的密钥值相同；

第 7 行在接口 serial 1/0 上启用 RIP 认证并引用前面定义的密钥链“ripmd5”；

第 8 行指定接口 serial 1/0 上启用的 RIP 认证类型为密文认证，即 MD5 认证。

上述配置完成后，在对路由器 C 做类似的 RIPv2 认证配置之前，路由器 B 将拒绝接受路由器 C 发送过来的 RIP 路由更新。如图 6-52 所示。

```
*Mar  1 05:39:02.774: RIP: ignored v2 packet from 23.0.0.3 (invalid authentication)
```

图 6-52　路由器 B 上的 RIP 诊断输出

和 RIP 明文认证不同的是，这时，路由器 C 也将拒绝接受路由器 B 发送过来的 RIP 路由更新。如图 6-53 所示。

```
*May  8 19:40:46.874: RIP: ignored v2 packet from 23.0.0.2 (invalid authentication)
```

图 6-53　路由器 C 上的 RIP 诊断输出

在路由器 C 对路由器 B 的链路上也做了相同的 RIP 认证配置后，路由器 B 和路由器 C 之间就可以顺利交换路由更新了，如图 6-54 所示。

```
RouterB#
*Mar  1 00:08:10.111: RIP: received packet with MD5 authentication
*Mar  1 00:08:10.111: RIP: received v2 update from 23.0.0.3 on Serial1/0
*Mar  1 00:08:10.111:     3.3.3.0/24 via 0.0.0.0 in 1 hops
```

图 6-54　路由器 B 上的 RIP 诊断输出

实验 6-1　RIPv1 动态路由协议配置

一、实验目的

掌握 RIP 动态路由协议的配置、诊断方法。

二、实验任务

1．配置 RIP 动态路由协议，使得三台路由器所连接的网络互通。

2．对运行中的 RIP 动态路由协议进行诊断。

3．配置 RIP 被动接口，观察效果。

4．配置 RIP 缺省路由，观察效果。

三、实验设备

PC 终端一台，Dynamips/Dynagen 路由器模拟软件一套。

四、实验环境

实验环境如图 6-55 所示。

图 6-55　“RIPv1 动态路由协议配置”实验环境

五、实验步骤

1．按图 6-55 设计、编写 Dynagen 所需.NET 文件。

2．通过 Dynagen 运行编写好的.NET 网络拓扑文件。

3．按照 3.3.5 节配置路由器基本参数。

4．按图 6-55 配置各路由器的 IP 地址等参数。配置路由器 B 的串行接口 serial 0/0 接口时钟频率为 64000。

5．使用 ping 命令测试路由器之间的连通性。

6．配置路由器 A、B、C 上的 RIP 协议。

7．检查路由器 A、B、C 的路由表。

8．测试各节点之间的连通性。

9．在路由器 B 打开对 RIP 的诊断，使用 shutdown 和 no shutdown 命令关闭、开启串行接口 serial 0/0。观察 RIP 诊断的输出。

10．在路由器 A 打开对 RIP 的诊断，将路由器 A 的环回口设为被动接口。观察 RIP 诊断的输出。

11．在路由器 C 上配置 RIP 缺省路由，到路由器 A、B 观察路由表。

实验 6-2　RIPv2 的配置

一、实验目的

掌握 RIPv2 动态路由协议的配置、诊断方法。

二、实验任务

1．配置 RIPv2 路由协议。

2．对 RIPv2 进行版本控制。

3．观察 RIP 负载分担效果。

4．配置 RIPv2 手工汇总。

5．配置 RIPv2 明文认证。

6．配置 RIPv2 密文认证。

三、实验设备

PC 终端一台，Dynamips/Dynagen 路由器模拟软件一套。

四、实验环境

实验环境如图 6-56 所示。

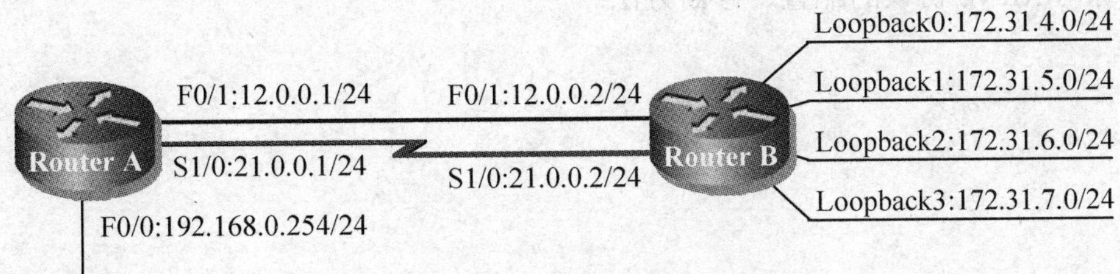

图 6-56　“RIPv2 的配置”实验环境

五、实验步骤

1．按图 6-56 设计、编写 Dynagen 所需.NET 文件。

2．通过 Dynagen 运行编写好的.NET 网络拓扑文件。

3．按照 3.3.5 节配置路由器基本参数。

4．按图 6-56 配置各路由器的 IP 地址等参数。配置路由器 A 的串行接口 serial 1/0 接口时钟频率为 64000。

5．使用 ping 命令测试路由器之间的连通性。

6．配置路由器 A、B 上的 RIP 协议。

7．检查路由器 A、B 的路由表。

8．测试各节点之间的连通性。

9．在路由器 B 打开对 RIP 的诊断，使用 shutdown 和 no shutdown 命令关闭、开启串行接口 serial 1/0。观察 RIP 诊断的输出。

10．观察 RIP 负载分担的效果。

11．参照 6.3.1 节对路由器 A、B 上的 RIP 协议进行版本控制，观察配置效果。

12．配置路由器 B 上的 RIP 手工汇总，观察配置效果。

13．配置路由器 A、B 之间的 RIPv2 明文认证，观察配置效果。

14．配置路由器 A、B 之间的 RIPv2 密文认证，观察配置效果。

思考与练习

1．RIP 动态路由协议有哪些特点？

2．RIPv2 和 RIPv1 有何异同？

3．RIP 被动接口的作用是什么？如何配置？应用在什么场合？

4．如何实现 RIP 的负载分担？

5．RIP 缺省路由的作用是什么？如何配置？应用在什么场合？
6．什么是 RIP 版本控制？如何配置？
7．如何实现 RIP 手工汇总？
8．RIPv2 认证有几种类型？各自有哪些特点？如何配置？
9．RIP 被动接口的作用是什么？应用在什么场合？
10．练习 RIP 协议的配置、诊断方法。
11．练习 RIPv2 协议的配置、诊断方法。

第 7 章　OSPF 动态路由协议原理与配置

本章学习目标

本章主要介绍 OSPF 动态路由协议的工作原理和相关术语及单区域环境下 OSPF 的配置和诊断方法。通过本章的学习，读者应该掌握以下内容：

- 了解 OSPF 的特点
- 理解 OSPF 的基本术语
- 熟悉各种常见类型的 OSPF 数据包结构和作用
- 熟悉各种类型的 OSPF 网络拓扑结构的特点
- 理解 OSPF 邻居建立过程
- 理解 SPF 过程
- 了解 OSPF 区域及相关概念术语
- 掌握单区域环境下 OSPF 的配置步骤和相应的配置命令
- 掌握点到点链路 OSPF 的配置和诊断方法
- 掌握广播网络 OSPF 的配置和诊断方法
- 掌握 OSPF 认证的配置和诊断方法
- 掌握广播网络中 DR/BDR/DROTHER 角色调整的方法
- 掌握影响 OSPF 选路的配置方法

7.1　OSPF 动态路由协议原理

链路状态路由选择协议的典型代表是开放最短路径优先 OSPF（Open Shortest Path First）路由选择协议。它是一种适合在大型、复杂网络环境下部署的路由协议。RFC 2328 描述了 OSPF 第 2 个版本的概念和原理。

7.1.1　OSPF 特点

OSPF 具有以下特点：

- OSPF 无路由自环问题。
- OSPF 支持变长子网掩码 VLSM。
- OSPF 支持区域划分，适应大规模网络。
- OSPF 支持等值路径负载分担（Cisco 定义最大 6 条）。
- OSPF 支持验证，防止对路由器、路由协议的攻击行为。
- OSPF 路由变化时收敛速度快，可适应大规模网络。

- OSPF 并不周期性地广播路由表，因此节省了宝贵的带宽资源。
- OSPF 被直接封装于 IP 协议之上（使用协议号 89），它靠自身的传输机制保证可靠性。
- OSPF 数据包的 TTL 值被设为 1，即 OSPF 数据包只能被传送到一跳范围之内的邻居路由器。
- OSPF 以组播地址发送协议报文（对所有 DR/BDR 路由器的组播地址：224.0.0.6；对所有 SPF 路由器的组播地址：224.0.0.5）。

7.1.2 OSPF 协议的基本术语

1. 路由器 ID

路由器号（路由器 ID、Router ID）是一个长度为 32 位的无符号二进制数，用于标识 OSPF 区域内的每一台路由器。这个编号在整个自治系统内部是唯一的。

路由器 ID 是否稳定对于 OSPF 协议的运行来说是很重要的。通常会采用路由器上处于激活（UP）状态的物理接口中 IP 地址最大的那个接口的 IP 地址作为路由器 ID。如果配置了逻辑环回接口（loopback interface），则采用具有最大 IP 地址的环回接口的 IP 地址作为路由器 ID。采用环回接口的好处是，它不像物理接口那样随时可能失效。因此，用环回接口的 IP 地址作为路由器 ID 更稳定，也更可靠。

当一台路由器的路由器 ID 选定以后，除非该 IP 所在接口被关闭，该接口 IP 地址被删除、更改和路由器重新启动，否则，路由器 ID 将一直保持不变。

2. 邻居（Neighbors）

运行 OSPF 协议的路由器每隔一定时间发送一次 Hello 数据包。可以互相收到对方 hello 包的路由器构成邻居关系。两个互为邻居的路由器之间可以一直维持这样的邻居关系，也可以进一步形成邻接关系。

3. 邻接（Adjacency）

邻接关系是一种比邻居关系更为密切的关系。互为邻接关系的两台路由器之间不但交流 Hello 包，还发送 LSA 泛洪消息。

4. 指定路由器

指定路由器（Designated Router，DR）用来在广播介质类型的网络中减少 LSA 泛洪数据量。

在广播介质类型的网络中，所有的路由器将自己的链路状态数据库向 DR 广播，而 DR 又将这些链路状态数据库信息发送到网络中的其他路由器。

路由器优先级高的路由器将成为 DR。网络中的所有路由器的优先级默认为 1，最大为 255。如果路由器优先级为 0，则表示此路由器不参加 DR/BDR 选举过程，也不会成为 DR/BDR。

在路由器优先级相同的情况下，具有最大路由器 ID 的路由器将成为 DR。

DR 一旦选定，除非路由器故障，否则 DR 不会更换。这样，可以免去经常重算链路状态数据库的开销。

5. 备份指定路由器

在选举出指定路由器后，还要选择备份指定路由器（Backup Designated Router，BDR）。当 DR 失效后，BDR 自动成为 DR，接收所有其他路由器的 LSA 泛洪消息。

6. 非指定路由器

在广播介质类型的网络中，除了 DR、BDR 以外，所有的其他路由器被称为非指定路由器（DROTHER）。

注意：DR、BDR 或 DROTHER 是对接口而言的。一个路由器的一个接口在一个区域可能是 DR，而在另一个区域可能是 BDR 或 DROTHER。

7. OSPF 链路状态数据库

在一个 OSPF 区域内，所有的路由器将自己的活动接口（并且是运行 OSPF 协议的接口）的状态及所连接的链路情况通告给所有的 OSPF 路由器。同时，每个路由器也收集本区域内所有其他 OSPF 路由器的链路状态信息，并将其汇总成为 OSPF 链路状态数据库。

经过一段时间的同步后，同一个 OSPF 区域内的所有 OSPF 路由器将拥有完全相同的链路状态数据库。这些路由器定时传送 hello 存活信息包以及 LSA 更新数据包以反映网络拓扑结构的变化。

7.1.3　OSPF 数据包类型及 OSPF 数据包头部结构

有 5 种不同类型的 OSPF 数据包，它们有不同的用途，用于不同的场合，如表 7-1 所示。

表 7-1　OSPF 数据包类型

编号	类型	用途
1	Hello	发现邻居、维持邻居关系、选举 DR/BDR
2	数据库描述	交换链路状态数据库 LSA 头
3	链路状态请求	请求一个指定的 LSA 数据细节
4	链路状态更新	发送被请求的 LSA 数据包
5	链路状态确认	对链路状态更新包的确认

以上 5 种不同类型的 OSPF 数据包的头部都相同，其头部长度都是 24 字节，如图 7-1 所示。

00 01 02 03 04 05 06 07 08 09 10 11 12 13 14 15 16 17 18 19 20 21 22 23 24 25 26 27 28 29 30 31 bit

<table>
<tr><td>版本</td><td>类型</td><td colspan="2">总长度</td></tr>
<tr><td colspan="4">路由器ID</td></tr>
<tr><td colspan="4">区域ID</td></tr>
<tr><td colspan="2">校验和</td><td colspan="2">认证类型</td></tr>
<tr><td colspan="4">身份认证</td></tr>
<tr><td colspan="4">身份认证</td></tr>
</table>

图 7-1　OSPF 数据包头部结构

其中，

- 版本字段：占 8 位。用来表明 OSPF 协议实现的版本号。当前版本号为 2，与版本 1 不兼容。
- 类型字段：占 8 位。用来表明不同 OSPF 数据包的类型。范围从 1～5，如表 7-1 所示。

- 总长度字段：占 16 位。是 OSPF 数据包的总长度，包括 OSPF 包数据和 OSPF 包头部在内。
- 路由器 ID（Router ID）字段：占 32 位。用来在 OSPF 区域内唯一地标识一台路由器。
- 区域 ID（Area ID）字段：占 32 位。在多区域 OSPF 中，用来唯一地标识某一区域。
- 校验和（Check Sum）字段：占 16 位。对除认证字段以外的字段进行校验。
- 认证类型（Autype）字段：占 16 位。用来标识身份认证方法。0 表示不进行认证；1 表示使用明文文本进行认证；2 表示使用 MD5 摘要值进行认证。
- 身份认证（Authentication）字段：占 64 位。包含身份认证数据。

下面分别介绍常用的 5 种类型的 OSPF 数据包。

7.1.4 5 种类型的 OSPF 数据包

1. Hello 数据包

Hello 数据包是编号为 1 的 OSPF 数据包。

运行 OSPF 协议的路由器每隔一定时间发送一次 Hello 数据包，用以发现、保持邻居（Neighbors）关系并可以选举 DR/BDR。

Hello 数据包主要包括以下内容：

- 网络掩码（Network Mask）：发送此 Hello 包的接口子网掩码。此字段只在广播介质的网络中才有意义。
- Hello 间隔（Hello Interval）：发送 Hello 包的时间间隔（在广播类型和点到点类型网络上是 10 秒钟，在其他类型网络上是 30 秒）。
- 路由器优先级（Priority）：用于选举 DR、BDR。此值越大，越有可能被选中为 DR 或 BDR。若此值为 0，则永远不会选作 DR 或 BDR。
- 死亡间隔（Dead Interval）：在这个时间间隔内如果没有收到邻居的 Hello 包，则将邻居从邻居表中删除。此值一般为 Hello 间隔的 4 倍。
- 指定路由器（DR）：指出本网段指定路由器的路由器 ID。如果没有 DR，此字段内容为 0。
- 备份指定路由器（BDR）：指出本网段备份指定路由器的路由器 ID。如果没有 BDR，此字段内容为 0。
- 邻居路由器列表：该路由器（发送此 Hello 数据包的路由器）在此网段上所有的邻居路由器的路由器 ID（从这些邻居路由器收到了 Hello 数据包）。

2. 链路状态数据库描述数据包

链路状态数据库描述数据包（DataBase Description，DBD）是编号为 2 的 OSPF 数据包。该数据包在链路状态数据库交换期间产生。它的主要作用有三个：

- 选举交换链路状态数据库过程中的主/从关系。
- 确定交换链路状态数据库过程中的初始序列号。
- 交换所有的 LSA 数据包头部。

DBD 的头部结构如图 7-2 所示。

00 01 02 03 04 05 06 07 08 09 10 11 12 13 14 15 16 17 18 19 20 21 22 23 24 25 26 27 28 29 30 31 bit

OSPF头部（24字节）				
接口MTU	选项	I	M	MS
DBD序列号				
LSA头部				
……				

图 7-2　DBD 的头部结构

其中，

- OSPF 头部：占 24 字节。原始的 OSPF 头部。
- 接口 MTU 字段：占 16 位。用来表明通过相关接口传送的最大数据大小。
- 选项（Option）字段：用来指明不透明 LSA（RFC 2370）、请求电路（RFC 1793）等附加特性。
- I 字段：占 1 位。当此字段值为 1 时，表示这是 DBD 的第 1 个数据包。
- M 字段：占 1 位。当此字段值为 1 时，表示后面还有更多的 DBD 数据包。
- MS 字段：占 1 位。当此字段值为 1 时，表示在 DBD 交换过程中，此路由器是主设备；此字段值为 0 时，表示此路由器是从设备。作为主设备的路由器将决定 DBD 交换过程中的初始 DBD 序列号。
- DBD 序列号字段：用来标识 DBD 交换过程中的每一个 DBD 数据包。该序列号只能由主设备设定、增加。
- LSA 头部：由若干个 DBD 头部列表组成。

3. 链路状态请求数据包

链路状态请求数据包（LSA-REQ）是编号为 3 的 OSPF 数据包。

该数据包用于请求在 DBD 交换过程发现的本路由器中没有的或已过时的 LSA 包细节。该数据包头部结构如图 7-3 所示。

00 01 02 03 04 05 06 07 08 09 10 11 12 13 14 15 16 17 18 19 20 21 22 23 24 25 26 27 28 29 30 31 bit

OSPF头部（24字节）
LS类型
链路状态ID
通告路由器
……

图 7-3　链路状态请求数据包

其中，

- OSPF 头部：占 24 字节。原始的 OSPF 头部。
- LS 类型字段：用来标明要请求何种类型的 LSA。

- 链路状态 ID 字段：见后面关于“LSA 数据包”的讨论。
- 通告路由器字段：其内容是发出此 LSA 路由器的路由器 ID。

4. 链路状态更新数据包

链路状态更新数据包（LSA-Update）是编号为 4 的 OSPF 数据包。

该数据包用于将多个 LSA 泛洪，也用于对接收到的链路状态更新进行应答。如果一个泛洪 LSA 没有被确认，它将每隔一段时间（缺省是 5 秒）重传一次。该数据包头部结构如图 7-4 所示。

00 01 02 03 04 05 06 07 08 09 10 11 12 13 14 15 16 17 18 19 20 21 22 23 24 25 26 27 28 29 30 31 bit

OSPF头部（24字节）
LSA的个数
LSAs
……

图 7-4 链路状态更新数据包

其中，

- OSPF 头部：占 24 字节。原始的 OSPF 头部。
- LSA 的个数字段：用来标明请求 LSA 的数量。
- LSAs 字段：若干个被请求的 LSA 头部。

5. 链路状态确认数据包

链路状态确认数据包（LSA-Acknowledgement）是编号为 5 的 OSPF 数据包。

该数据包用于对接收到的 LSA 进行确认，会以组播的形式发送。如果发送确认的路由器的状态是 DR 或者 BDR，确认数据包将被发送到 OSPF 路由器组播地址：224.0.0.5；如果发送确认的路由器的状态不是 DR 或者 BDR，确认将被发送到 OSPF 路由器组播地址：224.0.0.6。

该数据包头部结构如图 7-5 所示。

图 7-5 链路状态确认数据包

7.1.5 LSA 数据包

1. 链路状态通告数据包（LSA）头部格式

OSPF 是一种链路状态路由协议，运行 OSPF 协议的路由器会产生各种类型的链路状态信息通告（Link State Advertisement，LSA）数据包。

常见的 LSA 数据包有 5 种类型，如表 7-2 所示。本书将着重介绍前两种类型的 LSA，即路由器 LSA 和网络 LSA。

表 7-2　LSA 数据包类型

编号	类型
1	路由器 LSA
2	网络 LSA
3	（ABR）汇总 LSA
4	（ASBR）汇总 LSA
5	AS-External LSA

每个 LSA 都有一个 20 字节长的通用 LSA 头。如图 7-6 所示。

00 01 02 03 04 05 06 07 08 09 10 11 12 13 14 15 16 17 18 19 20 21 22 23 24 25 26 27 28 29 30 31 bit

LS年龄	选项	LS类型
链路状态ID		
通告路由器		
LS序列号		
LS校验和	长度	

图 7-6　LSA 头部

其中：

- LS 年龄（LS Age）字段：占 16 位。用来表明该 LSA 产生了多长时间，以秒为单位。LS 年龄的刷新时间为 1800 秒，其最大值是 3600 秒。超过最大值，该 LSA 必须从链路状态数据库中删除。
- 选项（Option）字段：占 8 位。用来指明不透明 LSA（RFC 2370）、请求电路（RFC 1793）等附加特性。
- LS 类型字段：占 8 位。用来标识 LSA 数据包类型，取值为 1～5，如表 7-3 所示。
- 链路状态 ID（Link-state ID）字段：占 32 位。根据前一个字段（链路状态类型）的不同，此字段代表不同的含义，如表 7-3 所示。

表 7-3　LSA 类型及对应链路状态 ID

LSA 类型	链路状态 ID
1	生成 LSA 的路由器 ID
2	该网络中 DR 的路由器 ID
3	目标网络的 IP 地址
4	ASBR 路由器 ID
5	目标网络的 IP 地址

- 通告路由器字段：占 32 位。标明产生此 LSA 的路由器 ID。在路由器 LSA 中，此字段的值与链路状态 ID 字段相同；在网络 LSA 中，此字段的值是网络中的 DR 的路由器 ID。
- LS 序列号字段：占 32 位。用来检验该 LSA 的新旧程度。对于旧的 LSA 不予接收。

- LS 校验和字段：占 16 位。对除了 LS 年龄字段以外的内容进行校验。
- 长度字段：占 16 位。包括头部在内的 LSA 长度。

2. 路由器 LSA

路由器 LSA 声明了一台路由器的每个活动 OSPF 接口的状态。路由器 LSA 在整个区域内部泛洪。

路由器 LSA 主要包括以下内容：

- 该路由器是否是一个区域边界路由器（ABR，见 7.1.8 节）。
- 该路由器是否是一个自治系统边界路由器（ASBR，见 7.1.8 节）。
- 路由器链路的数量。
- 链路类型、链路数据、链路状态 ID：不同链路类型的这三个字段的内容及含义不同。如表 7-4 所示。
- 度量：指定链路的 OSPF 代价。其计算公式是 10^8 除以链路带宽，如对于快速以太网（100Mb/s）是 1，对 10Mb/s 以太网是 10 等。

表 7-4　不同类型链路的对应链路状态 ID 和链路数据

编号	链路类型	链路状态 ID	链路数据
1	点到点连接	邻居路由器 ID	接口 IP 地址或标识
2	到传输网（Transit）的连接	DR 的 IP 地址	接口 IP 地址
3	到端网络（Stub）的连接	IP 网络/子网号	子网掩码
4	虚拟链路	邻居路由器 ID	接口 IP 地址

3. 网络 LSA

网络 LSA 是由 DR 产生的，它用来描述本网段的路由器。网络 LSA 也会在整个区域内部泛洪。

网络 LSA 主要包括以下内容：

- 网络掩码：与传输网相关的网络掩码。
- 接入（Attached）路由器：接入到传输网的所有路由器的路由器 ID 列表。

7.1.6　OSPF 网络介质分类

OSPF 可以运行在多种网络介质和网络拓扑结构下。OSPF 为了优化协议运行，将常见的网络拓扑结构分为不同的类型。同时，针对不同类型的网络进行不同的配置。

RFC 将网络介质类型分为：NBMA 和点到多点类型。Cisco 还自己额外定义了三种网络介质：点到点、广播和点到多点—非广播。

1. 点到点

点到点（Point to Point，PTP）类型的介质包括封装为 HDLC、PPP 协议的串行接口链路，还包括像帧中继、ATM 中的点到点子接口等。如图 7-7 所示。

在点到点类型的介质中，OSPF 数据包以多播地址发送（因为有时某些串行接口采用的是未编号 IP）。同时，不选举 DR、BDR。串行链路两端的路由器不但是邻居（Neighbors）还形成邻接（Adjacency）关系。

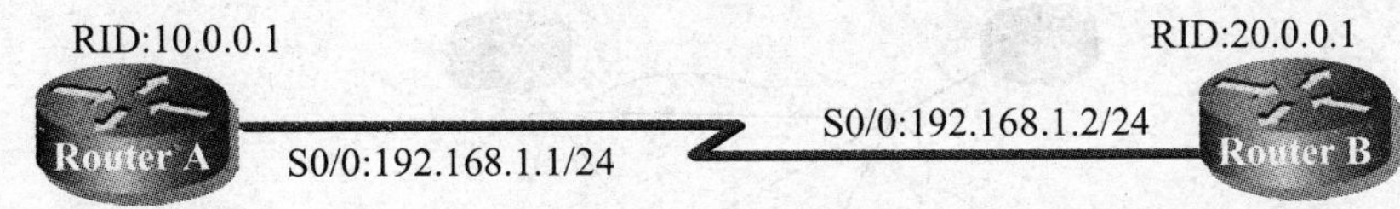

图 7-7 点到点链路

在点到点类型的介质中，OSPF 路由器之间的 Hello 数据包每 10 秒钟发送一次，邻居的死亡间隔时间为 40 秒（超时后，邻居被从邻居表中删除）。

2. 广播

广播（Broadcast）网络包括各种类型的以太网、令牌环、FDDI 等有广播能力的网络。

在这种类型的网络中，需要选举 DR/BDR。网络中的所有其他路由器（DROTHER）都向 DR/BDR 发送自己的链路状态数据。同时，DR 将收集到的所有链路状态数据汇总成链路状态数据库向其他路由器泛洪。这样，可以减少网络中所有的路由器之间两两建立邻接关系的开销。如图 7-8 所示。

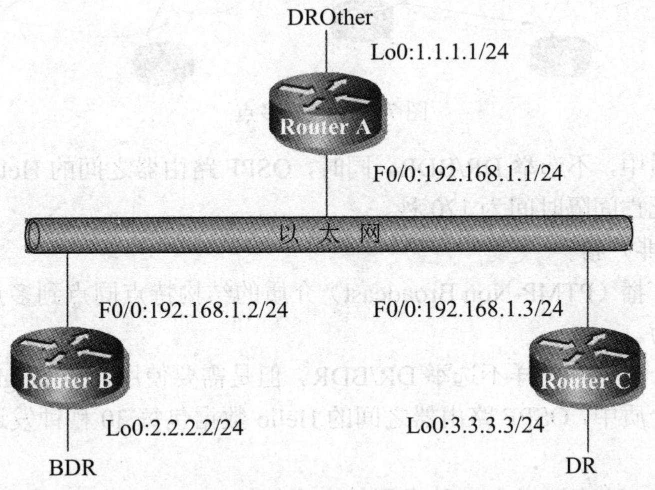

图 7-8 广播网络

在广播网络中，DROTHER 同 DR/BDR 之间形成邻接关系，DROTHER 之间只会保持邻居关系，不会形成邻接关系。

在广播类型的介质中，OSPF 路由器之间的 Hello 数据包每 10 秒钟发送一次，邻居的死亡间隔时间为 40 秒。

3. 非广播多路访问

非广播多路访问（Non-Broadcast Multi-Access，NBMA）类型的介质包括运行帧中继、X.25、ATM 等协议的网络。其特点是任意两点可达，形成路由器之间的全连通。如图 7-9 所示。

对于 NBMA 网络，需要手工指定 DR/BDR。之后，其运行模式将同广播网络一样。

使用帧中继封装的串行接口，其默认的网络介质是 NBMA。这需要手工指定 DR/BDR。同时，OSPF 路由器之间的 Hello 数据包每 30 秒钟发送一次，邻居的死亡间隔时间为 120 秒。

4. 点到多点

点到多点（Point to Multi-Point，PTMP）类型的介质包括运行帧中继、X.25、ATM 等协议的网络。其特点是非任意两点可达，路由器之间形成部分连通，如图 7-10 所示。

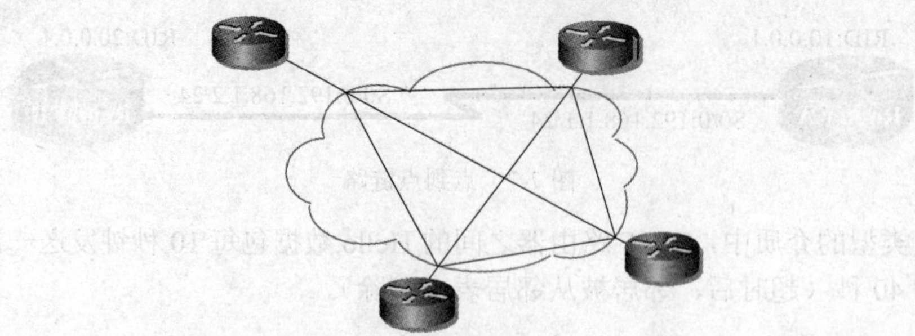

图 7-9 非广播多路访问

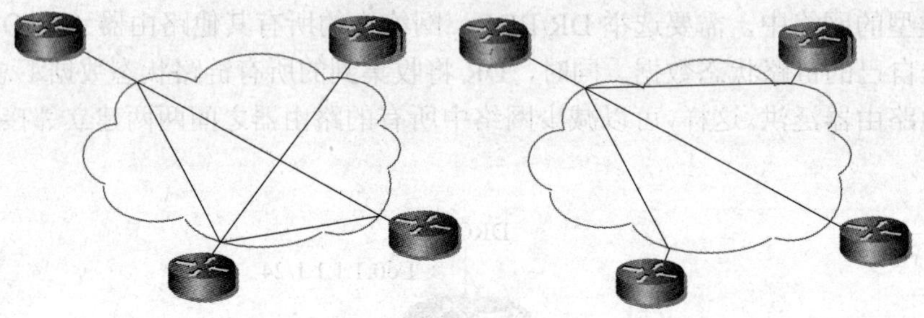

图 7-10 点到多点

在点到多点介质中，不选举 DR/BDR。同时，OSPF 路由器之间的 Hello 数据包每 30 秒钟发送一次，邻居的死亡间隔时间为 120 秒。

5. 点到多点—非广播

点到多点—非广播（PTMP-Non Broadcast）介质的结构特点同点到多点一样。但是，我们假设其没有广播能力。

在这种类型的介质中，同样不选举 DR/BDR。但是需要使用命令 neighbor 手工指定近邻。

在这种类型的介质中，OSPF 路由器之间的 Hello 数据包每 30 秒钟发送一次，邻居的死亡间隔时间为 120 秒。

作为总结，表 7-5 给出了以上 5 种类型的介质特性。

表 7-5 介质特性表

介质类型	寻址	DR/BDR	手工设置邻居	Hello 时间（秒）	死亡间隔时间（秒）
点到点	组播	否	否	10	40
广播	组播	是	否	10	40
非广播多路访问	单播	手工指定	是	30	120
点到多点	组播	否	否	30	120
点到多点—非广播	单播	否	是	30	120

7.1.7 SPF 过程

1. OSPF 邻接建立过程

运行 OSPF 的路由器互相之间会发送 Hello 数据包，以发现 OSPF 邻居。在建立 OSPF 邻居关系后，有些路由器还会进一步形成邻接关系。

OSPF 邻接建立过程主要会经过以下一些阶段或状态：

- 关闭（Down）状态：没有发送 Hello 数据包，也没有收到 Hello 数据包。
- 尝试（Attempt）状态：不停地向对方发送 Hello 数据包。
- 初始（Init）状态：收到了对方的 Hello 数据包，但对方没有收到自己的 Hello 报文。
- 双向（Two-Way）状态：双方均收到了对方的 Hello 数据包。
- 启动（ExStart）状态：发送 DBD 报文，选举主/从设备、设定初始序列号。
- 交换（Exchange）状态：互相交换 LSA 报头信息。
- 装入（Loading）状态：向对方请求自己没有的或过时的 LSA 信息，并在收到对方的更新 LSA 后添加到自己的链路状态数据库中。
- 完成（Full）状态：双方的链路状态数据库完全相同。

图 7-11 显示了 OSPF 邻接建立的过程。

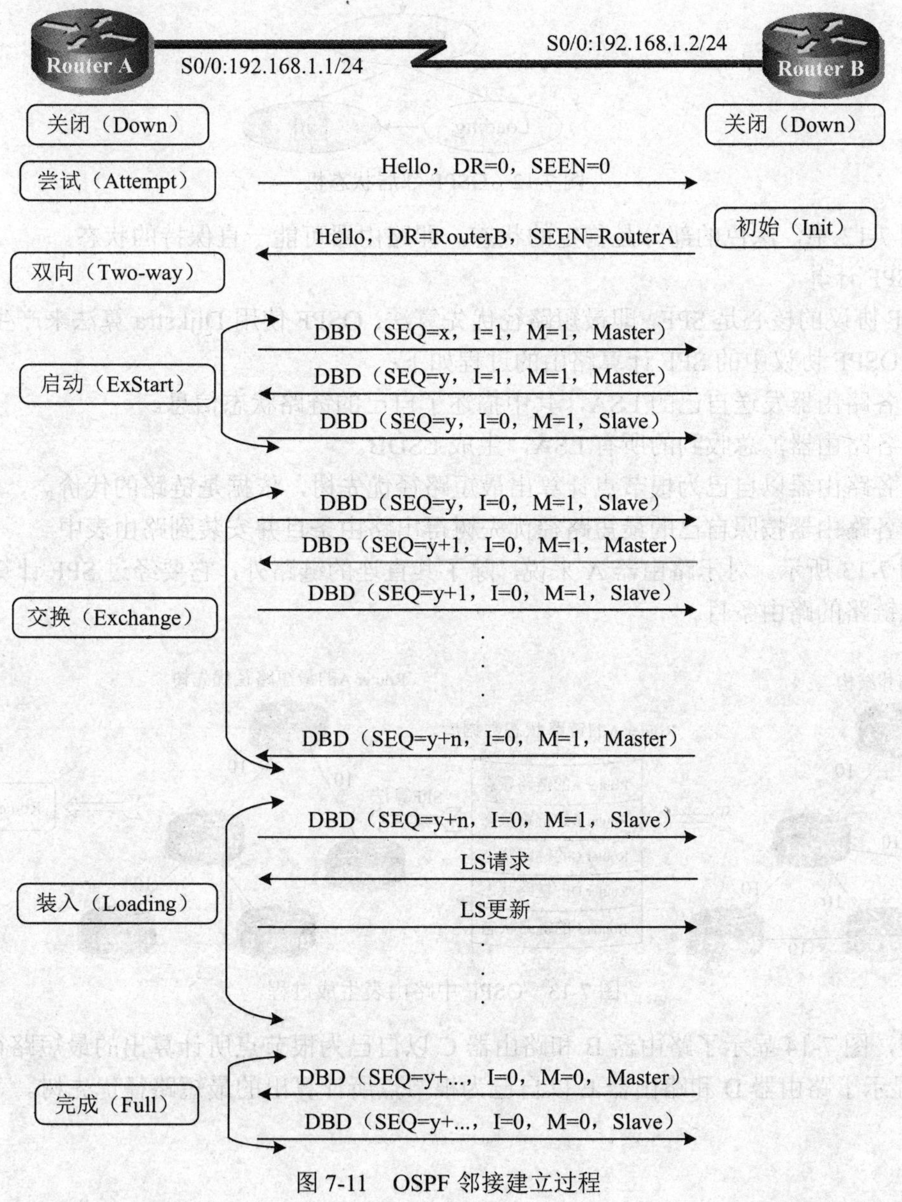

图 7-11　OSPF 邻接建立过程

2. OSPF 邻居状态机

OSPF 邻接建立过程还可以用 OSPF 邻居状态机来表示，如图 7-12 所示。

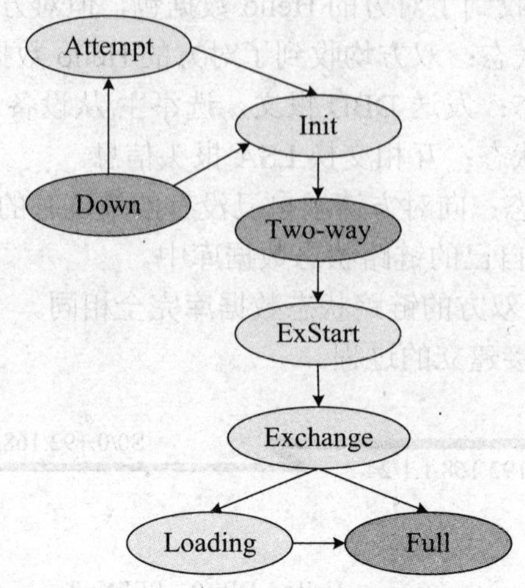

图 7-12　OSPF 邻居状态机

在图 7-12 中，深色的部分是稳定的状态，即路由器可能一直保持的状态。

3. SPF 计算

OSPF 协议的核心是 SPF，即最短路径优先算法。OSPF 使用 Dijkstra 算法来产生最短路径生成树。OSPF 协议中的 SPF 计算路由的过程如下：

- 各路由器发送自己的 LSA，其中描述了自己的链路状态信息。
- 各路由器汇总收到的所有 LSA，生成 LSDB。
- 各路由器以自己为根节点计算出最短路径优先树，依据是链路的代价。
- 各路由器按照自己的最短路径优先树得出路由条目并安装到路由表中。

如图 7-13 所示。对于路由器 A 来说，除了其直连的链路外，它要经过 SPF 计算过程才能得出其他链路的路由条目。

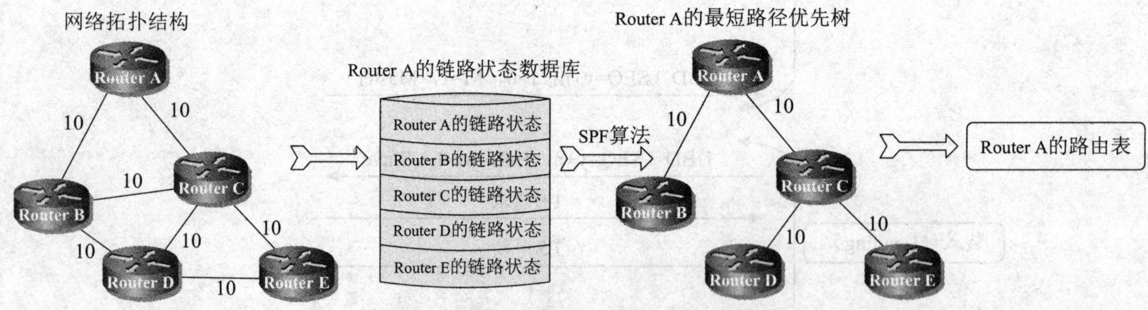

图 7-13　OSPF 中路由表生成过程

同理，图 7-14 显示了路由器 B 和路由器 C 以自己为根节点所计算出的最短路径优先树。图 7-15 显示了路由器 D 和路由器 E 以自己为根节点所计算出的最短路径优先树。

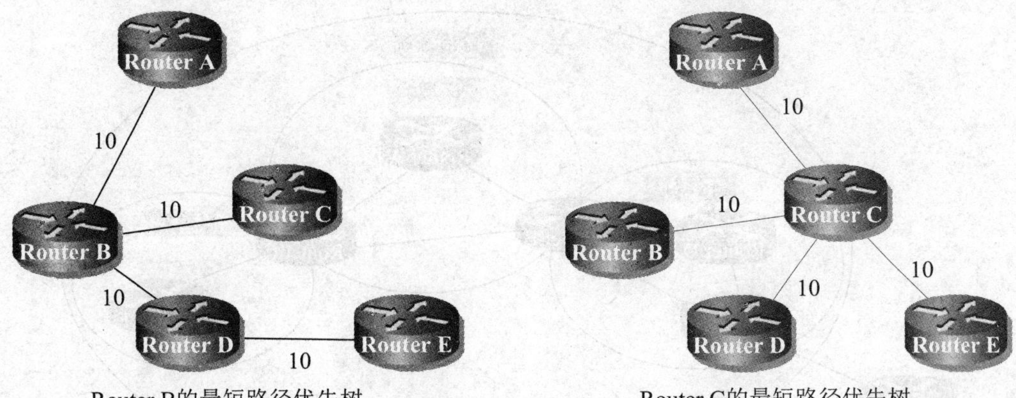

图 7-14　路由器 B 和路由器 C 的最短路径优先树

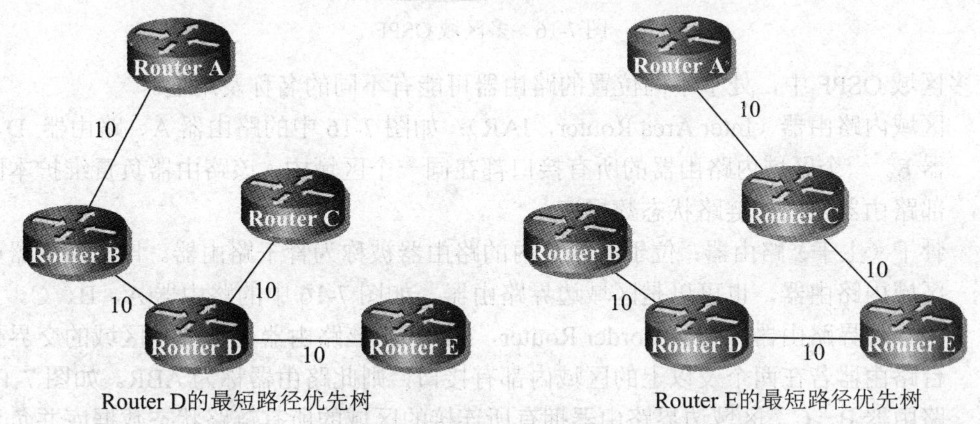

图 7-15　路由器 D 和路由器 E 的最短路径优先树

注意：在有些情况下得出的最短路径优先树可能不同。同时，OSPF 支持在最大 6 条等代价链路上进行负载分担。

7.1.8　OSPF 区域

当一个网络区域中运行 OSPF 路由协议的路由器数量很多时，其链路状态数据库 LSDB 也变得很庞大。一方面，这些 LSDB 将占用很多的内存空间。另一方面，每台路由器在计算 SPF 时将耗费更多的 CPU 时间。同时，网络中的一台路由器状态发生变化可能导致整个 SPF 的重新计算。

为了解决这些问题，OSPF 提出了区域的概念。它将运行 OSPF 路由协议的路由器分成若干个区域。每个区域内部的路由器 LSA 及网络 LSA 将只在区域内部泛洪。这样，既减小了 LSDB 的大小，也减轻了单个路由器失效对网络整体的影响。当网络拓扑发生变化时，可以大大加速路由收敛过程。OSPF 区域特性增强了网络的可扩展性。

OSPF 区域可以使用十进制数的格式来定义。如区域 0。也可以使用 IP 地址的格式，如区域 0.0.0.0。

OSPF 还规定，如果划分了多个区域，那么必须有一个区域 0，称为骨干区域。所有的其他类型区域都需要与骨干区域相连（除非使用虚链路）。如图 7-16 所示。

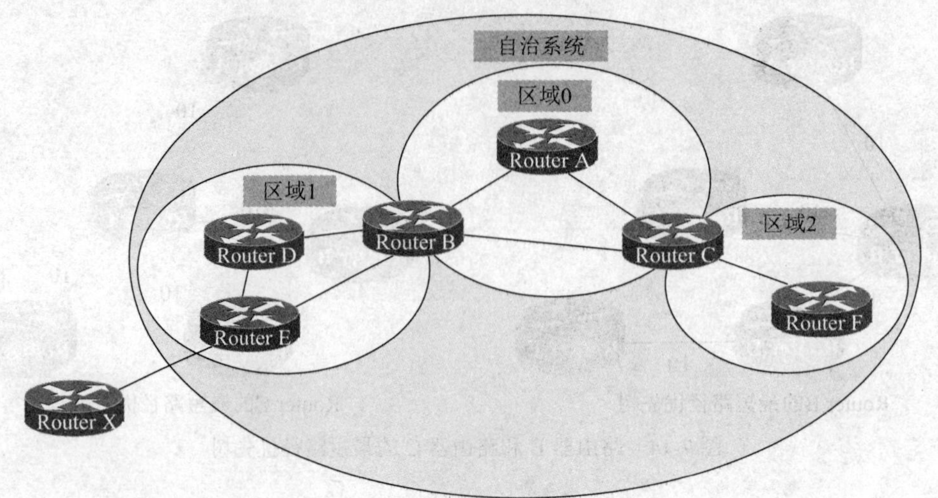

图 7-16 多区域 OSPF

在多区域 OSPF 中，处于不同位置的路由器可能有不同的名称及用途。

- 区域内路由器（Inter Area Router，IAR）：如图 7-16 中的路由器 A、路由器 D、路由器 F。一个区域内路由器的所有接口都在同一个区域中，该路由器负责维护本区域内部路由器之间的链路状态数据库。
- 骨干（主干）路由器：位于区域 0 内的路由器被称为骨干路由器。骨干路由器可以是区域内路由器，也可以是区域边界路由器。如图 7-16 中的路由器 A、B、C。
- 区域边界路由器（Area Border Router，ABR）。该路由器处于两个区域的交界处。一台路由器若在两个及以上的区域内都有接口，则此路由器称为 ABR。如图 7-16 中的路由器 B、C。区域边界路由器拥有所连接的区域的所有链路状态数据库并负责在区域之间发送 LSA 更新消息。
- 自治系统边界路由器（Autonomous System Border Router，ASBR）。该路由器处于自治系统边界，负责和自治系统外部交换路由信息。如图 7-16 中的路由器 E。

7.2 OSPF 动态路由协议配置

本节将讨论在点到点环境及广播介质环境下的单区域 OSPF 配置。限于篇幅关系，对于其他类型网络的 OSPF 配置，这里不再讲述。

7.2.1 单区域 OSPF 配置

单区域 OSPF 是指运行 OSPF 路由协议的路由器处于同一个区域。因为是单区域，所以此区域的区域号可以任意，但是一般建议为 0。

单区域 OSPF 的配置分为两个步骤：

- 启动 OSPF 路由器协议进程。
- 声明运行 OSPF 协议的路由器接口 IP 地址或子网地址。

1. 启动 OSPF 路由器协议进程

使用如下命令启动一个 OSPF 路由器协议进程：

Router（config）#router ospf *Process-ID*

其中，Process-ID 的范围取 1～65535。该字段表示本地 OSPF 协议进程代号，只具有本地意义。在同一台路由器上运行多个 OSPF 协议实例时，OSPF 协议进程代号用于区别不同的 OSPF 协议进程。

2. 声明运行 OSPF 协议的路由器接口 IP 地址或子网地址

Router（config-router）#network *A.B.C.D A.B.C.D* area *area-id*

其中，第一个 A.B.C.D 代表网络号，第二个 A.B.C.D 代表 OSPF 通配符掩码。area-id 的范围是 0～4294967295。可以用两种格式表示：十进制数或 IP 地址的点分十进制形式。如区域 1 可以表示为 1，也可以表示成 0.0.0.1。

7.2.2 点到点链路 OSPF 配置

在如图 7-17 所示的点到点链路中，三个路由器 A、B、C 通过串行接口互连。在路由器 A 定义了一个环回接口 loopback 0，它将成为路由器 A 的路由器 ID，并且用来模拟局域网链路的逻辑接口）。对于路由器 B、C 的配置类似。

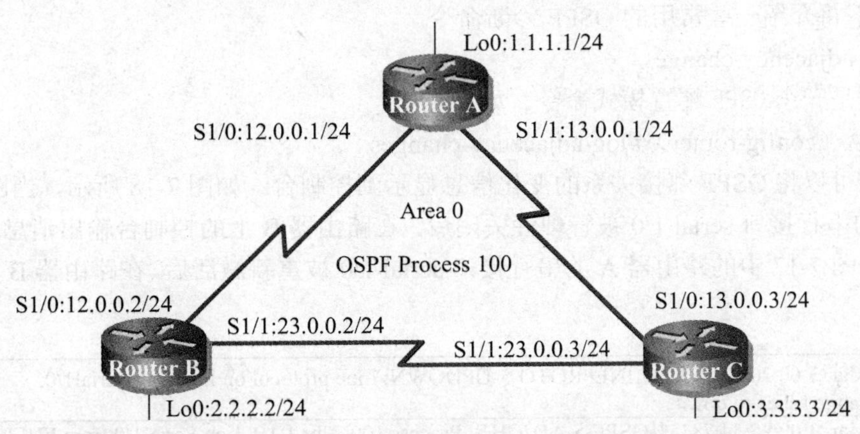

图 7-17 点到点链路 OSPF 配置

下面分别给出三台路由器上的 OSPF 配置。

以下是路由器 A 的配置命令：

```
RouterA(config)#router ospf 100
RouterA(config-router)#router-id 1.1.1.1
RouterA(config-router)#network 1.1.1.0 0.0.0.255 area 0
RouterA(config-router)#network 12.0.0.1 0.0.0.0 area 0
RouterA(config-router)#network 13.0.0.1 0.0.0.0 area 0
```

以下是路由器 B 的配置命令：

```
RouterB(config)#router ospf 100
RouterB(config-router)#router-id 2.2.2.2
RouterB(config-router)#network 2.2.2.0 0.0.0.255 area 0
RouterB(config-router)#network 12.0.0.2 0.0.0.0 area 0
RouterB(config-router)#network 23.0.0.2 0.0.0.0 area 0
```

以下是路由器 C 的配置命令：

```
RouterC(config)#router ospf 100
RouterC(config-router)#router-id 3.3.3.3
RouterC(config-router)#network 3.3.3.0 0.0.0.255 area 0
RouterC(config-router)#network 13.0.0.3 0.0.0.0 area 0
RouterC(config-router)#network 23.0.0.3 0.0.0.0 area 0
```

注意：

（1）在本例中只有一个环回口，所以各路由器的 OSPF RID 就是该环回口的地址，但是为了确保 RID 的可预测性，建议通过 OSPF 进程配置命令 router-id *x.x.x.x* 手工指定 OSPF 路由器的 RID。

（2）本例中三台路由器的 OSPF 进程号都是 100，实际网络环境中可以不同。对于路由器的具体接口，可以使用其网络号来描述，如 1.1.1.0 0.0.0.255，也可以使用主机号来描述，如 192.168.1.1 0.0.0.0。

7.2.3 点到点链路 OSPF 诊断

Cisco 路由器提供了丰富的 OSPF 诊断工具，从静态查看命令 show 到动态过程诊断命令 debug。以下将介绍一些常用的 OSPF 诊断命令。

1. log-adjacency-changes

该命令是一个 OSPF 配置模式命令。如下所示：

RouterA（config-router）#log-adjacency-changes

该命令可以将 OSPF 邻接关系的变化信息显示到控制台。如图 7-18 所示，当图 7-17 中的路由器 A 的串行接口 serial 1/0 被管理性关闭后，在路由器 B 上的控制台输出消息。而图 7-19 显示的是当图 7-17 中的路由器 A 的串行接口 serial 1/0 被重新激活后，在路由器 B 上的控制台输出消息。

```
*Mar  1 00:20:54.767: %LINEPROTO-5-UPDOWN: Line protocol on Interface Serial1/0,
changed state to down
*Mar  1 00:20:54.783: %OSPF-5-ADJCHG: Process 100, Nbr 1.1.1.1 on Serial1/0 from FULL
to DOWN, Neighbor Down: Interface down or detached
RouterB#
```

图 7-18 命令 log-adjacency-changes 的输出-1

```
*Mar  1 00:21:44.759: %LINEPROTO-5-UPDOWN: Line protocol on Interface Serial1/0,
changed state to up
*Mar  1 00:21:48.319: %OSPF-5-ADJCHG: Process 100, Nbr 1.1.1.1 on Serial1/0 from
LOADING to FULL, Loading Done
RouterB#
```

图 7-19 命令 log-adjacency-changes 的输出-2

注意：在高版本 IOS 中，该命令是系统缺省命令。

2. show ip protocols

该命令显示出动态路由协议 OSPF 的一些相关信息，如图 7-20 所示。主要包括：OSPF 进程号、路由器 ID（RID）、OSPF 区域号、在区域 0 内路由的网络、路由信息源（包括路由器信息源路由器 ID、链路管理距离值、路由条目安装时间）、OSPF 默认管理距离值。

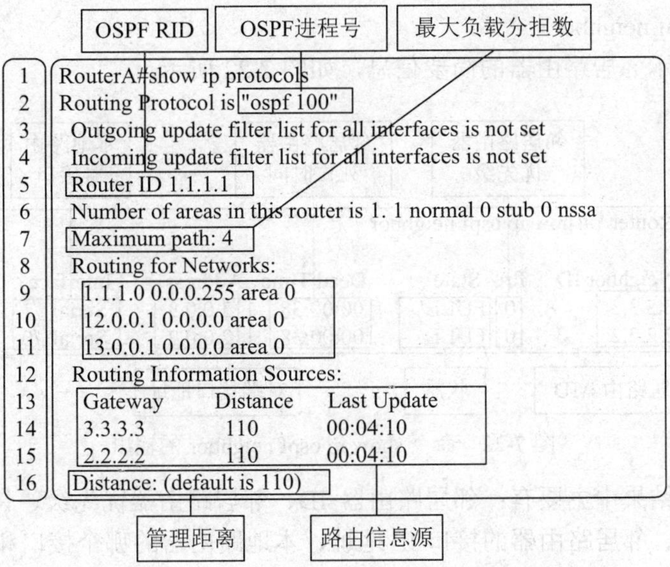

图 7-20　命令 show ip protocol 的输出

3. show ip route

该命令用于显示当前路由器的路由表。如图 7-21 所示，是在路由器 A 上执行 show ip route 命令的输出。主要包括：OSPF 编码（用于标识由 OSPF 路由进程发现的路由条目）、由 OSPF 发现的路由条目细节（包括目标网络、管理距离/代价、路由接口 IP、路由安装经过的时间、输出接口）。其中，最后一条到网络 23.0.0.0/24 的路由有两个条目。因为这两条路由代价相等（都是 128），所以将在这两条链路上进行负载分担。

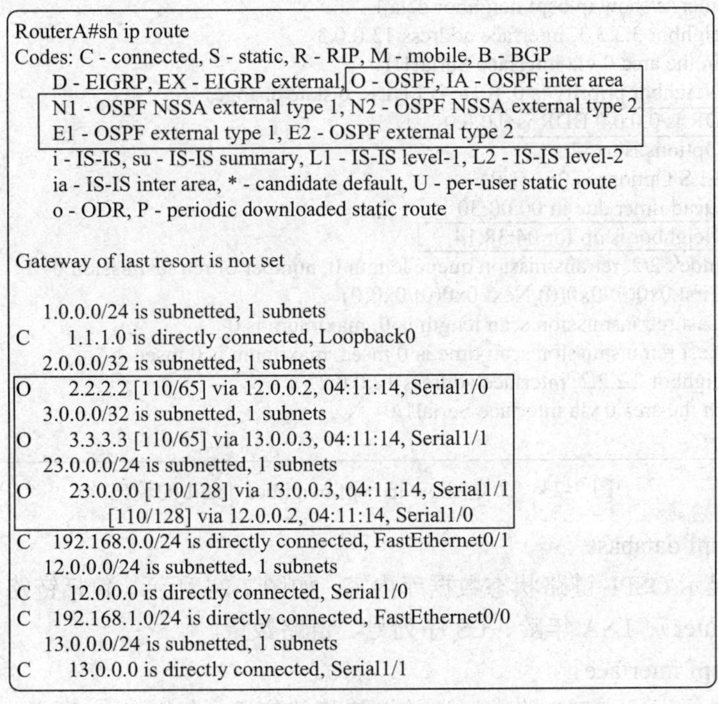

图 7-21　命令 show ip route 的输出

4. show ip ospf neighbor

该命令用来显示邻居路由器的简要信息，如图 7-22 所示。

图 7-22　命令 show ip ospf neighbor 的输出

该命令的输出结果中主要有：邻居路由器 ID、邻居路由器优先级、邻居路由器状态、邻居路由器死亡时间、邻居路由器的接口 IP 地址、本地路由器的哪个接口和邻居路由器相连。

其中，状态栏的前一部分表示路由器链路状态数据库的状态，可能的值包括 INIT、ExStart、Exchange、FULL。状态栏的后一部分表示路由器的角色，可能的值是 DR、BDR、DROTHER。在非广播网络中以“-”表示网络中没有任何 DR、BDR。

5. show ip ospf neighbor detail

该命令用来显示邻居路由器更为详细的信息，如图 7-23 所示。除了上一条命令结果中的简要信息外，还可以显示邻居路由器的存活时间以及网络上 DR 和 BDR 的接口 IP 地址。对于非广播网络，它们的值是 0.0.0.0，表示没有任何 DR 和 BDR。

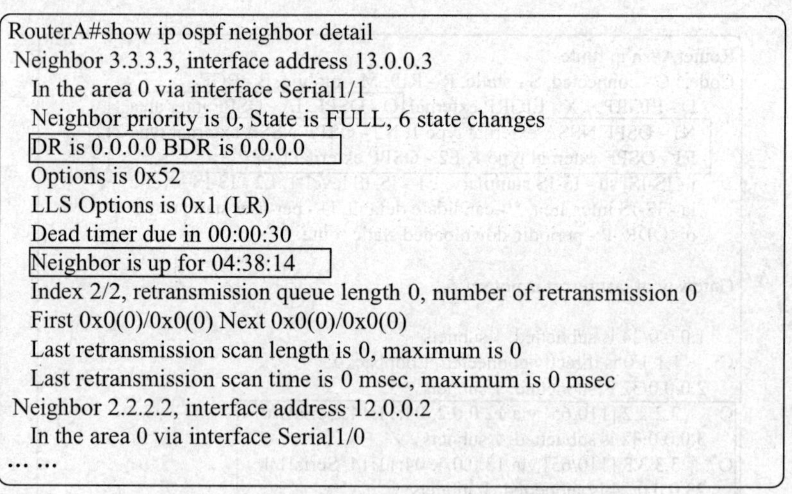

```
RouterA#show ip ospf neighbor detail
 Neighbor 3.3.3.3, interface address 13.0.0.3
    In the area 0 via interface Serial1/1
    Neighbor priority is 0, State is FULL, 6 state changes
    DR is 0.0.0.0 BDR is 0.0.0.0
    Options is 0x52
    LLS Options is 0x1 (LR)
    Dead timer due in 00:00:30
    Neighbor is up for 04:38:14
    Index 2/2, retransmission queue length 0, number of retransmission 0
    First 0x0(0)/0x0(0) Next 0x0(0)/0x0(0)
    Last retransmission scan length is 0, maximum is 0
    Last retransmission scan time is 0 msec, maximum is 0 msec
 Neighbor 2.2.2.2, interface address 12.0.0.2
    In the area 0 via interface Serial1/0
… …
```

图 7-23　命令 show ip ospf neighbor detail 的输出

6. show ip ospf database

该命令用来显示 OSPF 链路状态数据库内容，如图 7-24 所示。包括链路 ID、发送 LSA 的路由器（ADV Router）、LSA 年龄、LS 序列号、链路数量。

7. show ip ospf interface

该命令用来显示运行 OSPF 路由协议的接口相关信息，如图 7-25 所示。

```
RouterA#show ip ospf database

        OSPF Router with ID (1.1.1.1) (Process ID 100)

            Router Link States (Area 0)

Link ID      ADV Router    Age    Seq#          Checksum   Link count
1.1.1.1      1.1.1.1       527    0x80000010    0x00C4CC   5
2.2.2.2      2.2.2.2       465    0x8000000F    0x003C38   5
3.3.3.3      3.3.3.3       941    0x8000000C    0x003932   5
```

图 7-24　命令 show ip ospf database 的输出

```
1   RouterA#show ip ospf interface
2   … …
3   Serial1/0 is up, line protocol is up
4     Internet Address 12.0.0.1/24, Area 0
5     Process ID 100, Router ID 1.1.1.1, Network Type POINT_TO_POINT, Cost: 64
6     Transmit Delay is 1 sec, State POINT_TO_POINT,
7     Timer intervals configured, Hello 10, Dead 40, Wait 40, Retransmit 5
8       oob-resync timeout 40
9       Hello due in 00:00:07
10    Index 2/2, flood queue length 0
11    Next 0x0(0)/0x0(0)
12    Last flood scan length is 1, maximum is 1
13    Last flood scan time is 4 msec, maximum is 4 msec
14    Neighbor Count is 1, Adjacent neighbor count is 1
15      Adjacent with neighbor 2.2.2.2
16    Suppress hello for 0 neighbor(s)
17  Loopback0 is up, line protocol is up
18    Internet Address 1.1.1.1/24, Area 0
19    Process ID 100, Router ID 1.1.1.1, Network Type LOOPBACK, Cost: 1
20    Loopback interface is treated as a stub Host
```

图 7-25　命令 show ip ospf interface 的输出

其中，

第 3、17 行反映了接口的物理和协议状态。

第 4、18 行显示了接口的 IP 地址。

第 5、19 行显示了 OSPF 进程号、路由器 ID、网络类型以及代价。

第 6 行显示了在链路上的传输延迟及链路状态。

第 7 行显示了一些 OSPF 计时器值。

第 9 行显示了下次 Hello 包发送的时间。

第 14 行显示了该接口邻居的数量、邻接的数量。

第 15 行显示了建立了邻接关系的邻接路由器 ID。

8．show ip ospf flood-list

该命令用来显示 OSPF 泛洪将在哪些接口进行，如图 7-26 所示。

9．show ip ospf process-id

该命令用来显示指定进程号的 OSPF 进程相关信息。如图 7-27 所示，其中，包括前面一些命令的输出内容，如路由器 ID、各种 OSPF 计时器值等。

```
RouterA#show ip ospf flood-list

        OSPF Router with ID (1.1.1.1) (Process ID 100)

 Interface Serial1/1, Queue length 0

 Interface Serial1/0, Queue length 0

 Interface Loopback0, Queue length 0
```

图 7-26　命令 show ip ospf flood-list 的输出

```
RouterA#show ip ospf 100
 Routing Process "ospf 100" with ID 1.1.1.1
 Supports only single TOS(TOS0) routes
 Supports opaque LSA
 Supports Link-local Signaling (LLS)
 Initial SPF schedule delay 5000 msecs
 Minimum hold time between two consecutive SPFs 10000 msecs
 Maximum wait time between two consecutive SPFs 10000 msecs
 Minimum LSA interval 5 secs. Minimum LSA arrival 1 secs
 LSA group pacing timer 240 secs
 Interface flood pacing timer 33 msecs
 Retransmission pacing timer 66 msecs
 Number of external LSA 0. Checksum Sum 0x000000
 Number of opaque AS LSA 0. Checksum Sum 0x000000
 Number of DCbitless external and opaque AS LSA 0
 Number of DoNotAge external and opaque AS LSA 0
 Number of areas in this router is 1. 1 normal 0 stub 0 nssa
 External flood list length 0
    Area BACKBONE(0)
        Number of interfaces in this area is 3 (1 loopback)
        Area has no authentication
        SPF algorithm last executed 04:44:33.916 ago
        SPF algorithm executed 9 times
        Area ranges are
        Number of LSA 3. Checksum Sum 0x013A36
        Number of opaque link LSA 0. Checksum Sum 0x000000
        Number of DCbitless LSA 0
        Number of indication LSA 0
        Number of DoNotAge LSA 0
        Flood list length 0
```

图 7-27　命令 show ip ospf 的输出

10. debug ip ospf hello

该命令将显示发送 Hello 数据包的区域、发送使用的多播地址、接口及 IP；接收 Hello 数据包的情况，包括邻居路由器 ID、来源接口、来源接口 IP 地址等信息，如图 7-28 所示。

11. debug ip ospf adj

该命令用来显示 OSPF 邻接关系的建立过程。如图 7-29 所示，显示了当路由器 A 到路由器 B 的链路断开后，在路由器 B 收到的 debug ip ospf adj 诊断消息输出。

其中，第 11、12 行是由命令 logging-ospf-adj 产生的控制台消息。

图 7-30 显示了当路由器 A 到路由器 B 的链路又恢复正常后，在路由器 B 收到的 debug ip ospf adj 诊断消息。其中，第 17、18 行是由命令 logging-ospf-adj 产生的控制台消息。

```
RouterA#debug ip ospf hello
OSPF hello events debugging is on
RouterA#
*Mar 1 05:08:10.638: OSPF: Send hello to 224.0.0.5 area 0 on Serial1/0 from 12.0.0.1
*Mar 1 05:08:12.666: OSPF: Send hello to 224.0.0.5 area 0 on Serial1/1 from 13.0.0.1
RouterA#
*Mar 1 05:08:17.138: OSPF: Rcv hello from 3.3.3.3 area 0 from Serial1/1 13.0.0.3
*Mar 1 05:08:17.142: OSPF: End of hello processing
*Mar 1 05:08:17.178: OSPF: Rcv hello from 2.2.2.2 area 0 from Serial1/0 12.0.0.2
*Mar 1 05:08:17.182: OSPF: End of hello processing
```

图 7-28　命令 debug ip ospf hello 的输出

```
RouterB#debug ip ospf adj
OSPF adjacency events debugging is on
RouterB#
*Mar 1 00:04:06.735: %LINEPROTO-5-UPDOWN: Line protocol on Interface
Serial1/0, changed state to down
*Mar 1 00:04:06.747: OSPF: Interface Serial1/0 going Down
*Mar 1 00:04:06.751: OSPF: 2.2.2.2 address 12.0.0.2 on Serial1/0 is dead, state
DOWN
*Mar 1 00:04:06.755: OSPF: 1.1.1.1 address 12.0.0.1 on Serial1/0 is dead, state
DOWN
*Mar 1 00:04:06.755: %OSPF-5-ADJCHG: Process 100, Nbr 1.1.1.1 on
Serial1/0 from FULL to DOWN, Neighbor Down: Interface down or detached
*Mar 1 00:04:07.259: OSPF: Build router LSA for area 0, router ID 2.2.2.2, seq
0x80000003
RouterB#
```

图 7-29　命令 debug ip ospf adj 的输出

```
RouterB#
*Mar 1 00:10:36.711: %LINEPROTO-5-UPDOWN: Line protocol on Interface Serial1/0, changed state to up
*Mar 1 00:10:36.731: OSPF: Interface Serial1/0 going Up
*Mar 1 00:10:36.759: OSPF: 2 Way Communication to 1.1.1.1 on Serial1/0, state 2WAY
*Mar 1 00:10:36.759: OSPF: Send DBD to 1.1.1.1 on Serial1/0 seq 0x1766 opt 0x52 flag 0x7 len 32
*Mar 1 00:10:37.163: OSPF: Rcv DBD from 1.1.1.1 on Serial1/0 seq 0x20CC opt 0x52 flag 0x7 len 32  mtu 1500
state EXSTART
*Mar 1 00:10:37.167: OSPF: First DBD and we are not SLAVE
*Mar 1 00:10:37.167: OSPF: Rcv DBD from 1.1.1.1 on Serial1/0 seq 0x1766 opt 0x52 flag 0x2 len 72  mtu 1500
state EXSTART
*Mar 1 00:10:37.171: OSPF: NBR Negotiation Done. We are the MASTER
*Mar 1 00:10:37.171: OSPF: Send DBD to 1.1.1.1 on Serial1/0 seq 0x1767 opt 0x52 flag 0x3 len 72
*Mar 1 00:10:37.171: OSPF: Rcv DBD from 1.1.1.1 on Serial1/0 seq 0x1767 opt 0x52 flag 0x0 len 32  mtu 1500
state EXCHANGE
*Mar 1 00:10:37.171: OSPF: Send DBD to 1.1.1.1 on Serial1/0 seq 0x1768 opt 0x52 flag 0x1 len 32
*Mar 1 00:10:37.171: OSPF: Send LS REQ to 1.1.1.1 length 12 LSA count 1
*Mar 1 00:10:37.215: OSPF: Rcv LS REQ from 1.1.1.1 on Serial1/0 length 36 LSA count 1
*Mar 1 00:10:37.219: OSPF: Send UPD to 12.0.0.1 on Serial1/0 length 40 LSA count 1
*Mar 1 00:10:37.223: OSPF: Rcv DBD from 1.1.1.1 on Serial1/0 seq 0x1768 opt 0x52 flag 0x0 len 32  mtu 1500
state EXCHANGE
*Mar 1 00:10:37.223: OSPF: Exchange Done with 1.1.1.1 on Serial1/0
*Mar 1 00:10:37.231: OSPF: Rcv LS UPD from 1.1.1.1 on Serial1/0 length 76 LSA count 1
*Mar 1 00:10:37.235: OSPF: Synchronized with 1.1.1.1 on Serial1/0, state FULL
*Mar 1 00:10:37.235: %OSPF-5-ADJCHG: Process 100, Nbr 1.1.1.1 on Serial1/0 from LOADING to FULL,
Loading Done
*Mar 1 00:10:37.243: OSPF: Build router LSA for area 0, router ID 2.2.2.2, seq 0x80000004
*Mar 1 00:10:37.787: OSPF: Rcv LS UPD from 1.1.1.1 on Serial1/0 length 88 LSA count 1
```

图 7-30　命令 debug ip ospf adj 的输出

12. debug ip ospf events

该命令的作用和前一个命令相仿，其输出也类似。如图 7-31 所示，显示了当路由器 A 到路由器 B 的链路断开又恢复正常后，在路由器 A 收到的 debug ip ospf events 诊断消息。

```
RouterA#
*Mar  1 05:29:26.422: %LINEPROTO-5-UPDOWN: Line protocol on Interface Serial1/0, changed
state to up
*Mar  1 05:29:26.434: OSPF: Interface Serial1/0 going Up
*Mar  1 05:29:26.434: OSPF: Send hello to 224.0.0.5 area 0 on Serial1/0 from 12.0.0.1
*Mar  1 05:29:26.478: OSPF: Rcv hello from 2.2.2.2 area 0 from Serial1/0 12.0.0.2
*Mar  1 05:29:26.482: OSPF: 2 Way Communication to 2.2.2.2 on Serial1/0, state 2WAY
*Mar  1 05:29:26.482: OSPF: Send DBD to 2.2.2.2 on Serial1/0 seq 0x1528 opt 0x52 flag 0x7 len 32
*Mar  1 05:29:26.482: OSPF: End of hello processing
*Mar  1 05:29:26.514: OSPF: Rcv hello from 2.2.2.2 area 0 from Serial1/0 12.0.0.2
*Mar  1 05:29:26.514: OSPF: End of hello processing
*Mar  1 05:29:26.514: OSPF: Rcv DBD from 2.2.2.2 on Serial1/0 seq 0x1AE6 opt 0x52 flag 0x7 len 32
mtu 1500 state EXSTART
*Mar  1 05:29:26.514: OSPF: NBR Negotiation Done. We are the SLAVE
*Mar  1 05:29:26.514: OSPF: Send DBD to 2.2.2.2 on Serial1/0 seq 0x1AE6 opt 0x52 flag 0x2 len 92
*Mar  1 05:29:26.558: OSPF: Rcv DBD from 2.2.2.2 on Serial1/0 seq 0x1AE7 opt 0x52 flag 0x3 len 92
mtu 1500 state EXCHANGE
*Mar  1 05:29:26.562: OSPF: Send DBD to 2.2.2.2 on Serial1/0 seq 0x1AE7 opt 0x52 flag 0x0 len 32
*Mar  1 05:29:26.586: OSPF: Rcv DBD from 2.2.2.2 on Serial1/0 seq 0x1AE8 opt 0x52 flag 0x1 len 32
mtu 1500 state EXCHANGE
*Mar  1 05:29:26.590: OSPF: Exchange Done with 2.2.2.2 on Serial1/0
*Mar  1 05:29:26.590: OSPF: Synchronized with 2.2.2.2 on Serial1/0, state FULL
*Mar  1 05:29:26.590: %OSPF-5-ADJCHG: Process 100, Nbr 2.2.2.2 on Serial1/0 from LOADING to
FULL, Loading Done
… …
```

图 7-31　命令 debug ip ospf events 的输出

13. debug ip ospf flood

该命令用来显示 OSPF 泛洪消息。该命令的输出非常冗长，但却是观察 OSPF 操作以及对 OSPF 异常进行诊断的好工具。如图 7-32 所示，只给出了该命令输出的一小部分。

```
RouterA#debug ip ospf flood
OSPF flooding debugging is on
*Mar  1 05:33:03.134: OSPF: received update from 3.3.3.3, Serial1/1
*Mar  1 05:33:03.138: OSPF: Rcv Update Type 1, LSID 2.2.2.2, Adv rtr 2.2.2.2, age 2, seq
0x80000016
*Mar  1 05:33:03.138: OSPF: Inc retrans unit nbr count index 1 (0/1) to 1/1
*Mar  1 05:33:03.142: OSPF: Set Nbr 2.2.2.2 1 first flood info from 0 (0) to 632D0650 (44)
*Mar  1 05:33:03.142: OSPF: Init Nbr 2.2.2.2 1 next flood info to 632D0650
*Mar  1 05:33:03.146: OSPF: Add Type 1 LSA ID 2.2.2.2 Adv rtr 2.2.2.2 Seq 80000016 to Serial1/0
2.2.2.2 retransmission list
*Mar  1 05:33:03.146: OSPF: Start Serial1/0 2.2.2.2 retrans timer
*Mar  1 05:33:03.150: OSPF: Set idb next flood info from 0 (0) to 632D0650 (44)
*Mar  1 05:33:03.150: OSPF: Add Type 1 LSA ID 2.2.2.2 Adv rtr 2.2.2.2 Seq 80000016 to Serial1/0
flood list
*Mar  1 05:33:03.154: OSPF: Sending update over Serial1/0 without pacing
*Mar  1 05:33:03.154: OSPF: Flooding update on Serial1/0 to 224.0.0.5 Area 0
*Mar  1 05:33:03.158: OSPF: Send Type 1, LSID 2.2
RouterA#.2.2, Adv rtr 2.2.2.2, age 3, seq 0x80000016 (0)
*Mar  1 05:33:03.158: OSPF: Create retrans unit 0x632CE278/0x632CD56C 1 (0/1) 1
*Mar  1 05:33:03.162: OSPF: Set nbr 1 (0/1) retrans to 4984 count to 0
*Mar  1 05:33:03.162: OSPF: Set idb next flood info from 632D0650 (44) to 0 (0)
*Mar  1 05:33:03.166: OSPF: Remove Type 1 LSA ID 2.2.2.2 Adv rtr 2.2.2.2 Seq 80000016 from
Serial1/0 flood list
… …
```

图 7-32　命令 debug ip ospf flood 的输出

14. debug ip ospf packet

该命令对产生的 OSPF 类型数据包进行显示，如图 7-33 所示。

```
RouterA#debug ip ospf packet
OSPF packet debugging is on
RouterA#
*Mar  1 05:35:16.922: OSPF: Drop packet (interface Serial1/0 down or dampened)
*Mar  1 05:35:17.170: OSPF: rcv. v:2 t:1 l:48 rid:3.3.3.3
    aid:0.0.0.0 chk:E492 aut:0 auk: from Serial1/1
*Mar  1 05:35:17.422: OSPF: rcv. v:2 t:4 l:100 rid:3.3.3.3
    aid:0.0.0.0 chk:6125 aut:0 auk: from Serial1/1
*Mar  1 05:35:26.510: OSPF: rcv. v:2 t:1 l:48 rid:2.2.2.2
    aid:0.0.0.0 chk:E694 aut:0 auk: from Serial1/0
*Mar  1 05:35:26.546: OSPF: rcv. v:2 t:2 l:32 rid:2.2.2.2
```

图 7-33　命令 debug ip ospf packet 的输出

15. debug ip ospf spf

该命令给出了 OSPF 进程的 SPF 计算过程诊断。该命令的输出同样非常冗长，但是对于观察 SPF 过程、对 OSPF 异常进行诊断非常有价值。如图 7-34 所示，只是其命令输出的一小部分。

```
RouterA#debug ip ospf spf
OSPF spf intra events debugging is on
OSPF spf inter events debugging is on
OSPF spf external events debugging is on
RouterA#
*Mar  1 05:37:49.482: OSPF: Detect change in LSA type 1, LSID 2.2.2.2, from 2.2.2.2 area 0
*Mar  1 05:37:54.482: OSPF: running SPF for area 0
*Mar  1 05:37:54.482: OSPF: Initializing to run spf
*Mar  1 05:37:54.482:  It is a router LSA 1.1.1.1. Link Count 5
*Mar  1 05:37:54.482:   Processing link 0, id 3.3.3.3, link data 13.0.0.1, type 1
*Mar  1 05:37:54.482:    Add better path to LSA ID 3.3.3.3, gateway 13.0.0.3, dist 64
*Mar  1 05:37:54.482:    Add path: next-hop 13.0.0.3, interface Serial1/1
*Mar  1 05:37:54.482:   Processing link 1, id 13.0.0.0, link data 255.255.255.0, type 3
*Mar  1 05:37:54.482:    Add better path to LSA ID 13.0.0.255, gateway 13.0.0.0, dist 64
*Mar  1 05:37:54.482:    Add path: next-hop 13.0.0.1, interface Serial1/1
*Mar  1 05:37:54.482:   Processing link 2, id 2.2.2.2, link data 12.0.0.1, type 1
*Mar  1 05:37:54.482:   No RTR Back link
*Mar  1 05:37:54.482:   Processing link 3, id 12.0.0.0, link data 255.255.255.0, type 3
*Mar  1 05:37:54.482:    Add better path to LSA ID 12.0.0.255, gateway 12.0.0.0, dist 64
……
```

图 7-34　命令 debug ip ospf spf 的输出

7.2.4　广播网络 OSPF 配置

广播网络中的 OSPF 配置同点到点链路中的配置过程类似。但是，在广播介质的网络中，需要选举 DR/BDR。

图 7-35 显示了我们将要配置的网络。

在图 7-35 中，三个路由器 A、B、C 通过快速以太网接口互连。在路由器 A 定义了一个环回接口 loopback 0，它将成为路由器 A 的路由器 ID，并且用来模拟局域网链路的逻辑接口。

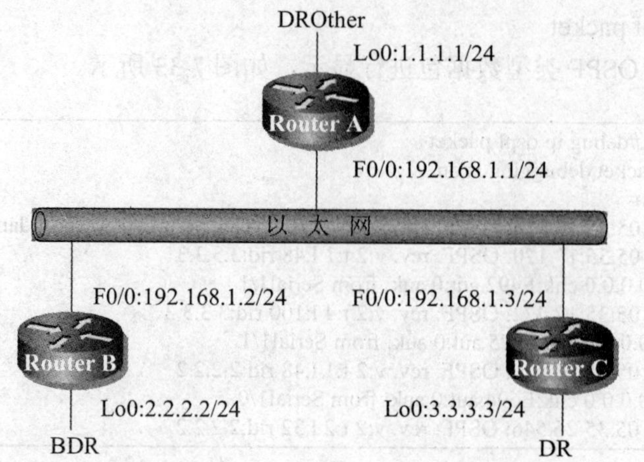

图 7-35　广播网络 OSPF 配置

下面，我们分别给出三台路由器上的 OSPF 配置。

以下是路由器 A 的配置命令：

```
RouterA(config)#router ospf 100
RouterA(config-router)#router-id 1.1.1.1
RouterA(config-router)#network 1.1.1.0 0.0.0.255 area 0
RouterA(config-router)#network 192.168.1.1 0.0.0.0 area 0
```

以下是路由器 B 的配置命令：

```
RouterB(config)#router ospf 100
RouterA(config-router)#router-id 2.2.2.2
RouterB(config-router)#network 2.2.2.0 0.0.0.255 area 0
RouterB(config-router)#network 192.168.1.2 0.0.0.0 area 0
```

以下是路由器 C 的配置命令：

```
RouterC(config)#router ospf 100
RouterA(config-router)#router-id 3.3.3.3
RouterC(config-router)#network 3.3.3.0 0.0.0.255 area 0
RouterC(config-router)#network 192.168.1.3 0.0.0.0 area 0
```

本例中三台路由器的 OSPF 进程号都是 100，实际网络环境中可以不同。

7.2.5　广播介质网络 OSPF 诊断

用于点到点链路 OSPF 配置的诊断命令同样可以用于广播介质网络的 OSPF 诊断。但是，它们的输出内容不完全相同。下面，我们只列出不同的部分。

1. show ip ospf neighbor

该命令用来显示邻居路由器的简要信息。如图 7-36 所示，是在路由器 A 上显示的其邻居路由器状态。

```
RouterA#show ip ospf neighbor

Neighbor ID   Pri  State       Dead Time  Address       Interface
2.2.2.2        1   FULL/BDR    00:00:36   192.168.1.2   FastEthernet0/0
3.3.3.3        1   FULL/DR     00:00:35   192.168.1.3   FastEthernet0/0
```

图 7-36　命令 show ip ospf neighbor 在路由器 A 上的输出

可以看到路由器 ID 为 3.3.3.3 的路由器 C 因为具有最高的路由器 ID 号，所以被选举为 DR，而路由器 ID 为 2.2.2.2 的路由器 B 因为具有次高的路由器 ID 号，所以成为 BDR。同时，该命令输出还显示了邻居路由器优先级、邻居路由器死亡时间、邻居路由器的接口 IP 地址、本地路由器的哪个接口和邻居路由器相连等信息。

图 7-37 和图 7-38 显示了在路由器 B 以及路由器 C 上执行此命令的输出。可以发现，路由器 A（路由器 ID 为 1.1.1.1）最终成为非指定路由器（DROTHER）。

```
RouterB#show ip ospf neighbor

Neighbor ID    Pri   State           Dead Time   Address        Interface
1.1.1.1          1   FULL/DROTHER    00:00:36    192.168.1.1    FastEthernet0/0
3.3.3.3          1   FULL/DR         00:00:34    192.168.1.3    FastEthernet0/0
```

图 7-37　命令 show ip ospf neighbor 在路由器 B 上的输出

2. show ip ospf neighbor detail

该命令用来显示邻居路由器更为详细的信息。除了上一条命令结果中的简要信息外，还可以显示邻居路由器的存活时间以及网络上 DR 和 BDR 的路由器 ID 号，如图 7-39 所示。

```
RouterC#show ip ospf neighbor

Neighbor ID    Pri   State           Dead Time   Address        Interface
1.1.1.1          1   FULL/DROTHER    00:00:38    192.168.1.1    FastEthernet0/0
2.2.2.2          1   FULL/BDR        00:00:36    192.168.1.2    FastEthernet0/0
```

图 7-38　命令 show ip ospf neighbor 在路由器 C 上的输出

```
RouterA#show ip ospf neighbor detail
 Neighbor 2.2.2.2, interface address 192.168.1.2
    In the area 0 via interface FastEthernet0/0
    Neighbor priority is 1, State is FULL, 6 state changes
    DR is 192.168.1.3 BDR is 192.168.1.2
    Options is 0x52
    LLS Options is 0x1 (LR)
    Dead timer due in 00:00:30
    Neighbor is up for 00:13:23
    Index 1/1, retransmission queue length 0, number of retransmission 0
    First 0x0(0)/0x0(0) Next 0x0(0)/0x0(0)
    Last retransmission scan length is 0, maximum is 0
    Last retransmission scan time is 0 msec, maximum is 0 msec
 Neighbor 3.3.3.3, interface address 192.168.1.3
……
```

图 7-39　命令 show ip ospf neighbor detail 在路由器 A 上的输出

3. show ip ospf database

该命令用来显示 OSPF 链路状态数据库内容，如图 7-40 所示。和点到点链路不同的是，该输出包括两个部分：路由器链路状态（其中包括 3 个直连路由器的路由器 ID）和网络链路状态（内容是 DR 的接口 IP 地址）。对于路由器 B、C 来说，也是一样，如图 7-41 和图 7-42 所示。

4. show ip ospf interface

该命令用来显示运行 OSPF 路由协议的接口相关信息。如图 7-43 所示，显示的是在路由器 A 上该命令的输出。

```
RouterA#show ip ospf database

        OSPF Router with ID (1.1.1.1) (Process ID 100)

            Router Link States (Area 0)

Link ID     ADV Router     Age     Seq#        Checksum  Link count
1.1.1.1     1.1.1.1        925     0x80000003 0x0078C2  2
2.2.2.2     2.2.2.2        775     0x80000004 0x008AA2  2
3.3.3.3     3.3.3.3        933     0x80000003 0x00A080  2

            Net Link States (Area 0)

Link ID         ADV Router     Age     Seq#        Checksum
192.168.1.3     3.3.3.3        926     0x80000002 0x008D16
```

图 7-40　命令 show ip ospf database 在路由器 A 上的输出

```
RouterB#show ip ospf database

        OSPF Router with ID (2.2.2.2) (Process ID 100)

            Router Link States (Area 0)

Link ID     ADV Router     Age     Seq#        Checksum Link count
1.1.1.1     1.1.1.1        1143    0x80000003 0x0078C2 2
2.2.2.2     2.2.2.2        991     0x80000004 0x008AA2 2
3.3.3.3     3.3.3.3        1149    0x80000003 0x00A080 2

            Net Link States (Area 0)

Link ID         ADV Router     Age     Seq#        Checksum
192.168.1.3     3.3.3.3        1142    0x80000002 0x008D16
```

图 7-41　命令 show ip ospf database 在路由器 B 上的输出

```
RouterC#show ip ospf database

        OSPF Router with ID (3.3.3.3) (Process ID 100)

            Router Link States (Area 0)

Link ID     ADV Router     Age     Seq#        Checksum Link count
1.1.1.1     1.1.1.1        1224    0x80000003 0x0078C2 2
2.2.2.2     2.2.2.2        1073    0x80000004 0x008AA2 2
3.3.3.3     3.3.3.3        1229    0x80000003 0x00A080 2

            Net Link States (Area 0)

Link ID         ADV Router     Age     Seq#        Checksum
192.168.1.3     3.3.3.3        1222    0x80000002 0x008D16
```

图 7-42　命令 show ip ospf database 在路由器 C 上的输出

和点到点链路不同的地方主要包括：链路类型是广播类型（BROADCAST）、链路代价是1、存在 DR/BDR（本身是 DROTHER）、有两个邻居并且同这两个邻居同时建立了邻接关系（第16～17 行）等。在路由器 B、C 上将看到类似的输出结果。

```
RouterA#show ip ospf interface
FastEthernet0/0 is up, line protocol is up
  Internet Address 192.168.1.1/24, Area 0
  Process ID 100, Router ID 1.1.1.1, Network Type BROADCAST, Cost: 1
  Transmit Delay is 1 sec, State DROTHER, Priority 1
  Designated Router (ID) 3.3.3.3, Interface address 192.168.1.3
  Backup Designated router (ID) 2.2.2.2, Interface address 192.168.1.2
  Timer intervals configured, Hello 10, Dead 40, Wait 40, Retransmit 5
    oob-resync timeout 40
    Hello due in 00:00:01
  Index 2/2, flood queue length 0
  Next 0x0(0)/0x0(0)
  Last flood scan length is 0, maximum is 1
  Last flood scan time is 0 msec, maximum is 0 msec
  Neighbor Count is 2, Adjacent neighbor count is 2
    Adjacent with neighbor 2.2.2.2  (Backup Designated Router)
    Adjacent with neighbor 3.3.3.3  (Designated Router)
  Suppress hello for 0 neighbor(s)
Loopback0 is up, line protocol is up
  Internet Address 1.1.1.1/24, Area 0
  Process ID 100, Router ID 1.1.1.1, Network Type LOOPBACK, Cost: 1
  Loopback interface is treated as a stub Host
```

图 7-43　命令 show ip ospf interface 的输出

5. debug ip ospf adj

用来显示 OSPF 邻接关系建立过程，如图 7-44 所示。和点到点链路不同的是，这里还显示了广播介质中特有的过程，即 DR/BDR 的选举过程。

```
RouterA#debug ip ospf adj
OSPF adjacency events debugging is on
RouterA#
*Mar  1 00:39:27.903: OSPF: Interface FastEthernet0/0 going Up
*Mar  1 00:39:28.403: OSPF: Build router LSA for area 0, router ID 1.1.1.1, seq 0x80000006
*Mar  1 00:39:38.003: OSPF: 2 Way Communication to 2.2.2.2 on FastEthernet0/0, state 2WAY
*Mar  1 00:39:38.007: OSPF: 2 Way Communication to 3.3.3.3 on FastEthernet0/0, state 2WAY
*Mar  1 00:40:07.903: OSPF: end of Wait on interface FastEthernet0/0
*Mar  1 00:40:07.903: OSPF: DR/BDR election on FastEthernet0/0
*Mar  1 00:40:07.903: OSPF: Elect BDR 3.3.3.3
*Mar  1 00:40:07.907: OSPF: Elect DR 3.3.3.3
*Mar  1 00:40:07.907:        DR: 3.3.3.3 (Id)  BDR: 3.3.3.3 (Id)
*Mar  1 00:40:07.907: OSPF: Send DBD to 3.3.3.3 on FastEthernet0/0 seq 0x1D67 opt 0x52 flag 0x7 len 32
*Mar  1 00:40:08.907: OSPF: Neighbor change Event on interface FastEthernet0/0
*Mar  1 00:40:08.907: OSPF: DR/BDR election on FastEthernet0/0
*Mar  1 00:40:08.911: OSPF: Elect BDR 3.3.3.3
*Mar  1 00:40:08.911: OSPF: Elect DR 3.3.3.3
*Mar  1 00:40:08.911:        DR: 3.3.3.3 (Id)  BDR: 3.3.3.3 (Id)
*Mar  1 00:40:08.915: OSPF: Neighbor change Event on interface FastEthernet0/0
*Mar  1 00:40:08.915: OSPF: DR/BDR election on FastEthernet0/0
*Mar  1 00:40:08.919: OSPF: Elect BDR 3.3.3.3
*Mar  1 00:40:08.919: OSPF: Elect DR 3.3.3.3
*Mar  1 00:40:08.919:        DR: 3.3.3.3 (Id)  BDR: 3.3.3.3 (Id)
*Mar  1 00:40:09.563: OSPF: Neighbor change Event on interface FastEthernet0/0
*Mar  1 00:40:09.567: OSPF: DR/BDR election on FastEthernet0/0
*Mar  1 00:40:09.567: OSPF: Elect BDR 2.2.2.2
*Mar  1 00:40:09.567: OSPF: Elect DR 3.3.3.3
*Mar  1 00:40:09.571:        DR: 3.3.3.3 (Id)  BDR: 2.2.2.2 (Id)
… …
```

图 7-44　命令 debug ip ospf adj 的输出

7.2.6　OSPF 认证配置

在第 6 章里，我们讨论了 RIPv2 认证。要求认证的 RIP 路由器在收到其他 RIP 路由器发送来的 RIP 路由更新时，会检查其 RIP 更新包中的密钥，只有和本路由器 RIP 密钥相同的路由更新才被接受并安装到本地路由表中。

同样，OSPF 也支持认证功能。和 RIPv2 的认证不同，在配置了 OSPF 认证后，如果 OSPF 路由器之间没有通过 OSPF 认证，则他们之间不会建立 OSPF 邻居关系，进而不会交换后续的 LSA 数据包。

和 RIPv2 认证相同的是，OSPF 认证类型也可分为两种，即：明文认证和密文（MD5）认证。

1. OSPF 明文认证

在图 7-45 中，处在 OSPF 区域 0 的路由器 A、路由器 B 之间将启用 OSPF 明文认证。

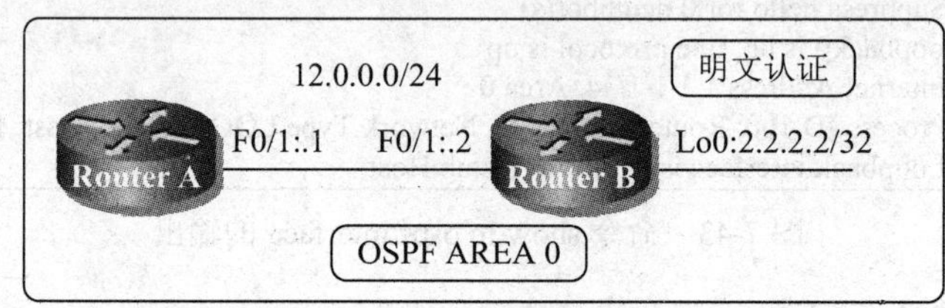

图 7-45　OSPF 明文认证示例网络

图 7-46 给出了在路由器 A 上配置 OSPF 区域 0 明文认证的步骤。

```
1  RouterA(config)#router ospf 100
2  RouterA(config-router)#area 0 authentication
3  RouterA(config-router)#exit
4  RouterA(config)#interface fastEthernet 0/1
5  RouterA(config-if)#ip ospf authentication-key txtpass
```

图 7-46　OSPF 明文认证配置—路由器 A

在图 7-46 中，

第 1 行用于指定进行 OSPF 认证的 OSPF 进程；

第 2 行用于指定启用 OSPF 明文认证功能的区域；

第 4 行用于指定进行 OSPF 认证的接口；

第 5 行设置此 OSPF 认证的明文密码为 txtpass。

上述配置完成后，在对路由器 B 做类似的 OSPF 认证配置之前，路由器 A 的诊断显示认证类型不匹配，如图 7-47 所示（路由器 B 也会显示类似的信息）。同时，路由器 A 和路由器 B 将无法建立 OSPF 邻居。

```
RouterA#debug ip ospf events
OSPF events debugging is on
RouterA#
*Mar  1 02:44:38.227: OSPF: Send hello to 224.0.0.5 area 0 on
FastEthernet0/1 from 12.0.0.1
RouterA#
*Mar  1 02:44:42.487: OSPF: Rcv pkt from 12.0.0.2, FastEthernet0/1 :
Mismatch Authentication Key - Clear Text
```

图 7-47　路由器 A 的诊断输出

如图 7-48 所示，在路由器 B 上也做了相同的 OSPF 认证配置后，路由器 A 和路由器 B 之间就可以成功建立邻接关系，如图 7-49 所示。

```
RouterB(config)#router ospf 100
RouterB(config-router)#area 0 authentication
RouterB(config-router)#exit
RouterB(config)#interface fastEthernet 0/1
RouterB(config-if)#ip ospf authentication-key txtpass
```

图 7-48　OSPF 明文认证配置-路由器 B

```
RouterA#show ip ospf neighbor

Neighbor ID   Pri   State        Dead Time   Address     Interface
2.2.2.2       1     FULL/BDR     00:00:34    12.0.0.2    FastEthernet0/1
```

图 7-49　OSPF 邻居关系建立

2. OSPF 密文认证

在图 7-50 中，处在 OSPF 区域 0 的路由器 A、路由器 B 之间将启用 OSPF 密文认证。

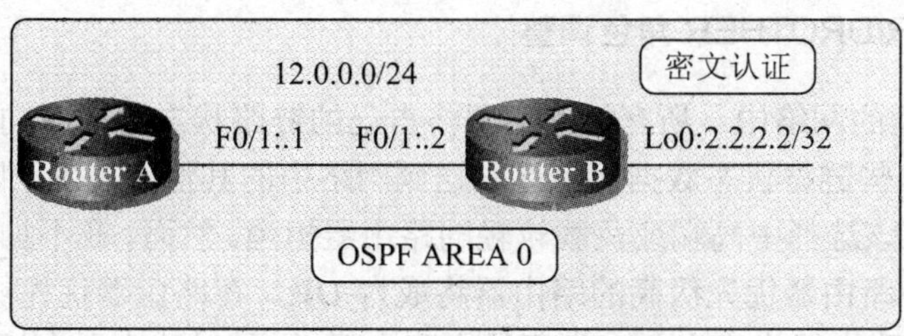

图 7-50　OSPF 密文认证示例网络

图 7-51 给出了在路由器 A 上配置 OSPF 区域 0 密文认证的步骤。

```
1  RouterA(config)#router ospf 100
2  RouterA(config-router)#area 0 authentication message-digest
3  RouterA(config-router)#exit
4  RouterA(config)#interface fastEthernet 0/1
5  RouterA(config-if)# ip ospf message-digest-key 5 md5 md5pass
```

图 7-51　OSPF 密文认证的配置－路由器 A

在图 7-51 中，

第 1 行用于指定进行 OSPF 认证的 OSPF 进程；

第 2 行用于指定启用 OSPF 密文认证功能的区域；

第 4 行用于指定进行 OSPF 认证的接口；

第 5 行设置此 OSPF 认证的密文密码为 md5pass。

上述配置完成后，在对路由器 B 做类似的 OSPF 认证配置之前，路由器 A 的诊断显示认证类型不匹配，如图 7-52 所示（路由器 B 也会显示类似的信息）。同时，路由器 A 和路由器 B 将无法建立 OSPF 邻居。

如图 7-53 所示，在路由器 B 上也做了相同的 OSPF 认证配置后，路由器 A 和路由器 B 之间就可以成功建立邻接关系。如图 7-54 所示。

```
RouterA#debug ip ospf events
OSPF events debugging is on
RouterA#
*Mar  1 03:09:33.531: OSPF: Rcv pkt from 12.0.0.2, FastEthernet0/1 :
Mismatch Authentication type. Input packet specified type 1, we use type 2
```

图 7-52　路由器 A 的诊断输出

```
RouterB(config)#router ospf 100
RouterB(config-router)#area 0 authentication message-digest
RouterB(config-router)#exit
RouterB(config)#interface fastEthernet 0/1
RouterB(config-if)# ip ospf message-digest-key 5 md5 md5pass
```

图 7-53　OSPF 密文认证的配置－路由器 B

```
RouterA#show ip ospf neighbor

Neighbor ID     Pri   State           Dead Time   Address       Interface
2.2.2.2         1     FULL/DROTHER    00:00:39    12.0.0.2      FastEthernet0/1
```

图 7-54　OSPF 邻居关系建立

7.2.7　DR/BDR/DROTHER 角色调整

在广播介质类型的网络中，所有的路由器将自己的链路状态数据库向 DR（指定路由器）广播，而 DR 又将这些链路状态数据库信息发送到网络中的其他路由器。因此，被选做 DR 的路由器负担较重，应该选择中高端或负载较轻的路由器担当。然而，在不加人为控制的情况下，DR 是选举产生的（路由器优先级高的路由器将成为 DR，在路由器优先级相同的情况下，具有最大路由器 ID 的路由器将成为 DR）。而最大路由器 ID 是以路由器上活动接口的最高 IP 为依据的，因而，这样选举的 DR 往往并不合理。

例如，在如图 7-55 所示的网络中，在路由器优先级相等的情况下（默认均为 1），经过选举路由器 C 成为 DR，因为其 RID 最大（拥有最高的环回口 IP 地址）；路由器 B 成为 BDR，因为其 RID 次大（拥有次高的环回口 IP 地址）；路由器 C 成为 DROTHER，因为其 RID 最小（拥有最小的环回口 IP 地址）。如图 7-56 所示。

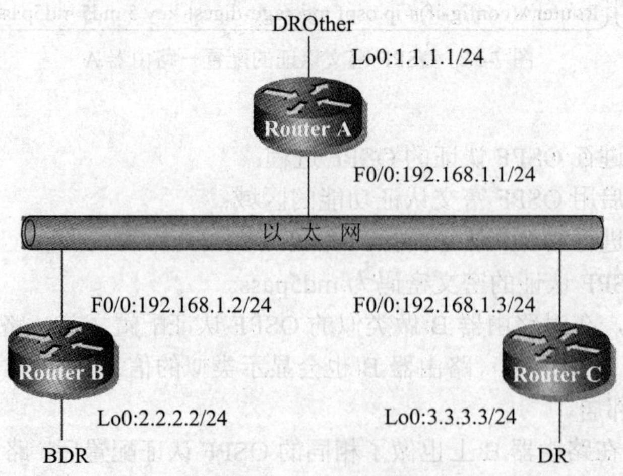

图 7-55　示例网络

```
RouterA#show ip ospf neighbor

Neighbor ID   Pri  State        Dead Time   Address        Interface
2.2.2.2       1    FULL/BDR     00:00:38    192.168.1.2    FastEthernet0/0
3.3.3.3       1    FULL/DR      00:00:38    192.168.1.3    FastEthernet0/0
```

图 7-56　显示 DR 选举结果

我们可以通过修改 OSPF 路由器 ID（通过 OSPF 配置模式命令 router-id *x.x.x.x*）的方法影响 DR 的选举。如图 7-57 所示，是当我们将路由器 A 的 OSPF 路由器 ID 修改为 9.9.9.9、路由器 B 的 OSPF 路由器 ID 修改为 8.8.8.8、路由器 C 的 OSPF 路由器 ID 修改为 7.7.7.7 后，DR 重新选举（通过使用特权模式命令 clear ip ospf process 命令）后的结果。

```
RouterA#show ip ospf neighbor

Neighbor ID   Pri  State            Dead Time   Address        Interface
7.7.7.7       1    FULL/DROTHER     00:00:33    192.168.1.3    FastEthernet0/0
8.8.8.8       1    FULL/BDR         00:00:33    192.168.1.2    FastEthernet0/0
```

图 7-57　显示 DR 选举结果一2

可以发现路由器 A 因为具有最高的 RID，所以成为 DR；路由器 B 因为具有次高的 RID，所以成为 BDR，路由器 C 因为具有最小的 RID，所以成为 DROTHER。

但是更具有灵活性、也更实用的方法是通过修改路由器的优先级来调整 DR/BDR/DROTHER 的角色。

我们已经知道，网络中的所有路由器的优先级默认为 1，最大为 255。如果路由器优先级为 0，则表示此路由器不参加 DR/BDR 选举过程，也不会成为 DR/BDR。

如图 7-58 所示，是继续前面的例子，设置路由器 A 的优先级为 0，即不参加 DR 选举过程。

```
RouterA(config)#interface fastEthernet 0/0
RouterA(config-if)# ip ospf priority 0
```

图 7-58　修改路由器 A 的端口优先级

如图 7-59 所示，设置路由器 B 的优先级为 100（使其成为 BDR）。

```
RouterB(config)#interface fastEthernet 0/0
RouterB(config-if)# ip ospf priority 100
```

图 7-59　修改路由器 B 的端口优先级

如图 7-60 所示，设置路由器 C 的优先级为 200（使其成为 DR）。

```
RouterC(config)#interface fastEthernet 0/0
RouterC(config-if)# ip ospf priority 200
```

图 7-60　修改路由器 C 的端口优先级

在上述设置完成后，分别到路由器 A、B 上检查效果，可以发现实现了我们的预想，即路由器 B 成为 BDR，路由器 C 成为 DR，路由器 A 成为 DROTHER。如图 7-61 和图 7-62 所示。

```
RouterA#show ip ospf neighbor

Neighbor ID   Pri  State        Dead Time   Address       Interface
7.7.7.7       200  FULL/DR      00:00:38    192.168.1.3   FastEthernet0/0
8.8.8.8       100  FULL/BDR     00:00:37    192.168.1.2   FastEthernet0/0
```

图 7-61 显示 DR 选举结果一路由器 A

```
RouterB#show ip ospf neighbor
Neighbor ID   Pri  State           Dead Time   Address       Interface
7.7.7.7       200  FULL/DR         00:00:35    192.168.1.3   FastEthernet0/0
9.9.9.9       0    FULL/DROTHER    00:00:35    192.168.1.1   FastEthernet0/0
```

图 7-62 显示 DR 选举结果一路由器 B

注意：DR 一旦选定，除非路由器故障，否则 DR 不会更换。这样，可以免去经常重算链路状态数据库的开销。因此，为了实现 DR/BDR/DROTHER 的切换，除了上面提到的修改 RID 或修改路由器优先级的步骤，还必须使用特权模式命令 clear ip ospf process 来重置 OSPF 进程，如图 7-63 所示。

```
RouterA#clear ip ospf process
Reset ALL OSPF processes? [no]: y
RouterA#
```

图 7-63 重置 OSPF 进程

7.2.8 影响 OSPF 选路

和距离矢量路由协议 RIP 不同，链路状态路由协议 OSPF 代价的计算依据是链路带宽，严格来说即接口描述带宽。具体计算公式是：

$$\text{链路 Cost}=10^8/\text{接口描述带宽（bit）}$$

在实际计算时，是采用从本路由器到目标网络的出接口带宽和为总的接口描述带宽。这里所谓的接口描述带宽是指一个接口描述性带宽，即并不代表该接口的实际数据传输速率。我们可以通过命令 show interface 显示一个接口的默认描述带宽，如图 7-64 所示。

```
RouterA#show interface serial 0/0
Serial0/0 is up, line protocol is up
  Hardware is PowerQUICC Serial
  Internet address is 21.0.0.1/24
  MTU 1500 bytes, BW 1544 Kbit, DLY 20000 usec,
     reliability 255/255, txload 1/255, rxload 1/255
  Encapsulation HDLC, loopback not set
  Keepalive set (10 sec)
……
```

图 7-64 显示串行接口 serial 0/0 的默认描述带宽

以图 7-65 为例，路由器 A 有两条路径到达路由器 B 的网络（主机）2.2.2.2/32，即通过接口 ethernet 0/0 或通过接口 serial 0/0。

图 7-65　示例网络

对于路由器 A 来说，到达网络 2.2.2.2/32 的出接口是路由器 A 的 ethernet 0/0 或 serial 0/0 以及路由器 B 的 loopback 0。这三个接口的描述带宽如图 7-66 所示。

```
RouterA#show interface ethernet 0/0 | include BW
  MTU 1500 bytes, BW 10000 Kbit, DLY 1000 usec,
RouterA#show interface serial 0/0 | include BW
  MTU 1500 bytes, BW 1544 Kbit, DLY 20000 usec,
……
RouterB#show interfaces loopback 0 | include BW
  MTU 1514 bytes, BW 8000000 Kbit, DLY 5000 usec,
……
```

图 7-66　路由器 A、B 接口描述带宽

因此，从路由器 A 到达网络 2.2.2.2/32，如果选择 ethernet 0/0 为出接口，则：

Cost=ethernet 0/0 接口代价+loopback 0 接口代价=$10^8/10^7+10^8/8*10^9=10+1=11$

如果选择 serial 0/0 为出接口，则：

Cost=serial 0/0 接口代价+loopback 0 接口代价=$10^8/1544*10^3+10^8/8*10^9=64+1=65$

经过比较，OSPF 选择代价较小的路径（即接口 ethernet 0/0 所在链路）为最优路径，即在路由表中安装下一跳是路由器 B 接口 ethernet 0/0 的路径，如图 7-67 所示。

```
RouterA#show ip route ospf
     2.0.0.0/32 is subnetted, 1 subnets
O       2.2.2.2 [110/11] via 12.0.0.2, 00:00:05, Ethernet0/0
```

图 7-67　OSPF 最优路径

当路由器 A、B 之间的以太网链路因故障中断时，OSPF 才会选择以接口 serial 0/0 为出接口的次优路径安装到路由表中。如图 7-68 所示。

```
RouterA(config)#interface ethernet 0/0
RouterA(config-if)#shutdown
00:04:49: %OSPF-5-ADJCHG: Process 100, Nbr 2.2.2.2 on Ethernet0/0 from
FULL to DOWN, Neighbor Down: Interface down or detached
00:04:51: %LINK-5-CHANGED: Interface Ethernet0/0, changed state to
administratively down
00:04:52: %LINEPROTO-5-UPDOWN: Line protocol on Interface Ethernet0/0,
changed state to down
RouterA(config-if)#end
RouterA#show ip route ospf
     2.0.0.0/32 is subnetted, 1 subnets
O       2.2.2.2 [110/65] via 21.0.0.2, 00:00:15, Serial0/0
```

图 7-68　OSPF 次优路径

有时候出于某种考虑，我们可能想要加以人为的控制来影响 OSPF 的选路。

我们可以采用更改接口带宽描述的方法（使用接口命令 bandwidth）来改变链路 cost 的值，

从而影响 OSPF 选路。然而，虽然更改接口描述并不影响接口速率，但改变接口带宽描述通常不符合实际情况。

在实际运用中，我们通常采用直接改变接口 OSPF 代价的方法来达到影响 OSPF 选路的目的。

在前面的讨论中，我们已经知道，在图 7-69 中，默认情况下 OSPF 将选择路由器 A 上 ethernet 0/0 为去往网络 2.2.2.2/32 的最优路径的出接口，因为该路径的总代价值为 11，小于 serial 0/0 接口所在的链路的总代价 65。

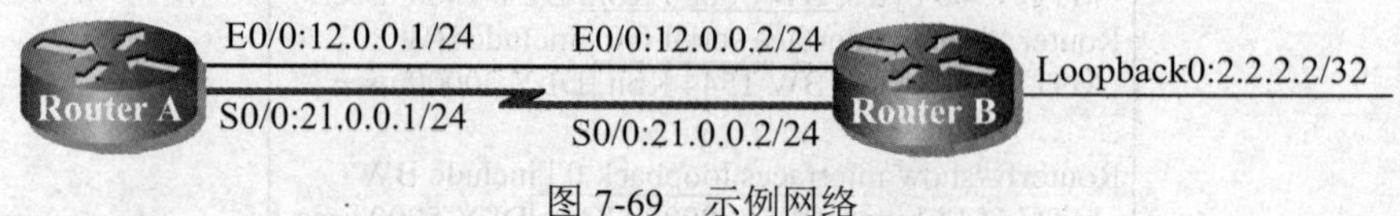

图 7-69 示例网络

现在，我们将路由器 A 到网络 2.2.2.2/32 的出接口 serial 0/0 的 OSPF 代价值修改为 5，则此时该链路总代价为 6，小于 ethernet 0/0 接口所在链路的总代价 11。因而成为最优路径，如图 7-70 所示。

```
RouterA(config)#interface serial 0/0
RouterA(config-if)#ip ospf cost 5
RouterA(config-if)#end
RouterA#
RouterA#show ip route ospf
     2.0.0.0/32 is subnetted, 1 subnets
O       2.2.2.2 [110/6] via 21.0.0.2, 00:09:47, Serial0/0
```

图 7-70 修改接口 serial 0/0 的 ospf 代价值

实验 7-1 点到点链路 OSPF 配置

一、实验目的

掌握点到点链路 OSPF 的配置方法。

二、实验任务

配置点到点链路上的 OSPF，对运行中的 OSPF 进行诊断。

三、实验设备

PC 终端一台，Dynamips/Dynagen 路由器模拟软件一套。

四、实验环境

实验环境如图 7-71 所示。

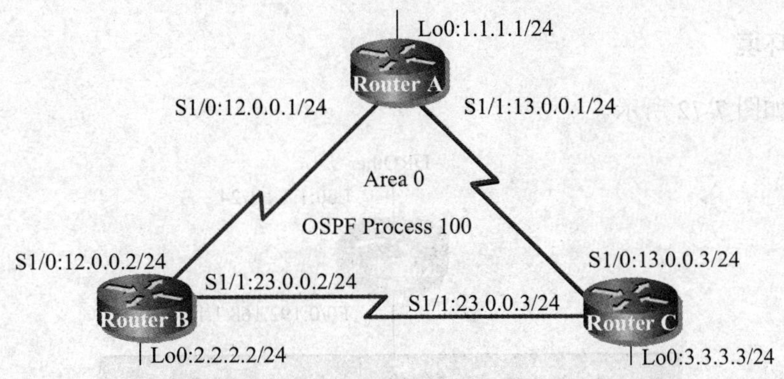

图 7-71　“点到点链路 OSPF 配置”实验环境

五、实验步骤

1．按图 7-71 设计、编写 Dynagen 所需.NET 文件。

2．通过 Dynagen 运行编写好的.NET 网络拓扑文件。

3．按照 3.3.5 节配置路由器基本参数。

4．按图 7-71 配置各路由器的 IP 地址等参数。配置路由器 B 的串行接口 serial 1/0、serial 1/1、路由器 C 的串行接口 serial 1/0 接口时钟频率为 64000。

5．使用 ping 命令测试路由器之间的连通性。

6．配置路由器 A、B、C 上的 OSPF 协议（假设三个路由器都处于区域 0）。

7．测试各网络之间的连通性。

8．利用 7.2 节中的命令对 OSPF 的运行进行诊断，观察诊断输出。

9．启用路由器 A、B、C 上的 OSPF 明文认证，利用 7.2 节中的命令进行诊断，观察诊断输出。

10．启用路由器 A、B、C 上的 OSPF 密文认证，利用 7.2 节中的命令进行诊断，观察诊断输出。

实验 7-2　广播网络 OSPF 配置

一、实验目的

掌握广播网络 OSPF 的配置方法。

二、实验任务

配置广播网络上的 OSPF，调整路由器的 DR/BDR/DROTHER 角色，对运行中的 OSPF 进行诊断。

三、实验设备

PC 终端一台，Dynamips/Dynagen 路由器模拟软件一套。

四、实验环境

实验环境如图 7-72 所示。

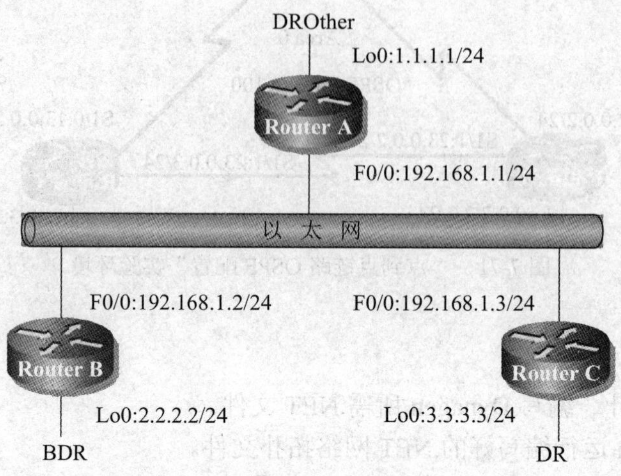

图 7-72 “广播网络 OSPF 配置”实验环境

五、实验步骤

1. 按图 7-72 设计、编写 Dynagen 所需.NET 文件。
2. 通过 Dynagen 运行编写好的.NET 网络拓扑文件。
3. 按照 3.3.5 节配置路由器基本参数。
4. 按图 7-72 配置各路由器的 IP 地址等参数。
5. 使用 ping 命令测试路由器之间的连通性。
6. 配置路由器 A、B、C 上的 OSPF 协议（假设三个路由器都处于区域 0）。
7. 测试各网络之间的连通性。
8. 利用 7.2 节中的命令对 OSPF 的运行进行诊断，观察诊断输出。
9. 按照 7.2.7 节的叙述调整路由器 A、B、C 的 DR/BDR/DROTHER 角色，检查调整效果。

实验 7-3 OSPF 选路调整

一、实验目的

掌握 OSPF 选路调整的方法。

二、实验任务

采用两种方式对 OSPF 选路进行调整。

三、实验设备

PC 终端一台，Dynamips/Dynagen 路由器模拟软件一套。

四、实验环境

实验环境如图 7-73 所示。

图 7-73　“OSPF 选路调整”实验环境

五、实验步骤

1．按图 7-73 设计、编写 Dynagen 所需.NET 文件。
2．通过 Dynagen 运行编写好的.NET 网络拓扑文件。
3．按照 3.3.5 节配置路由器基本参数。
4．按图 7-73 配置各路由器的 IP 地址等参数。
5．使用 ping 命令测试路由器之间的连通性。
6．配置路由器 A、B 上的 OSPF 协议（假设两个路由器都处于区域 0）。
7．测试各网络之间的连通性。
8．利用 7.2 节中的命令对 OSPF 的运行进行诊断，观察诊断输出。
9．按照 7.2.8 节中介绍的两种方法调整路由器 A、B 的 OSPF 选路，使路由器 A、B 之间的串行链路成为优选路径，检查调整效果。

思考与练习

1．写出 OSPF 不同于 RIP 的特点。
2．写出 5 种类型 OSPF 数据包的名称和作用。
3．写出路由器 LSA 和网络 LSA 的区别。
4．写出各种 OSPF 网络拓扑结构的名称及特点。
5．画出 OSPF 邻居状态机。
6．写出单区域环境下 OSPF 的配置步骤和相应的配置命令。
7．OSPF 认证与 RIPv2 认证的特点有何不同？
8．如何影响 DR/BDR/DROTHER 的选举？
9．如何调整 OSPF 选路？
10．练习点到点链路 OSPF 的配置和诊断命令。
11．练习广播网络 OSPF 的配置和诊断命令。
12．练习 OSPF 明文认证配置和诊断命令。
13．练习 OSPF 密文认证配置和诊断命令。
14．练习调整 DR/BDR/DROTHER 的配置和诊断命令。
15．练习调整 OSPF 选路的配置和诊断命令。

第 8 章　交换机原理与基本配置

本章学习目标

本章主要介绍交换技术基础知识、交换机基本配置方法以及虚拟局域网（VLAN）技术的实现及其配置、诊断方法。通过本章的学习，读者应该掌握以下内容：

- 了解常见网络互连设备种类、特点以及应用场合
- 了解分层交换的概念
- 了解园区网分层设计模型
- 掌握交换机基本配置步骤和方法
- 掌握对交换机配置进行检查的方法
- 掌握对交换机配置文件及 IOS 文件进行管理的方法
- 了解 VLAN 的概念
- 掌握创建 VLAN、分配 VLAN 静态成员、删除 VLAN、验证 VLAN 的方法
- 理解 ISL 主干道工作原理
- 理解 802.1Q 主干道工作原理
- 掌握主干道配置方法
- 掌握 VLAN 间路由的原理和配置方法

8.1　交换技术概述

8.1.1　网络互连设备

下面将要介绍的各种不同网络互连设备都可以实现将网络设备或网络互相连接起来的功能。但是，不同的网络互连设备可能工作在 OSI 模型的不同层次上。如中继器工作在物理层，网桥和交换机工作在数据链路层，路由器工作在网络层，而网关工作在 OSI 模型的上三层。因此，每一层的网络互连设备要根据不同层次的特点完成各自不同的任务。

1. 传统以太网操作

传统共享式以太网的典型代表是总线型以太网。在这种类型的以太网中，通信信道只有一个，采用介质共享（介质争用）的访问方法（第 1 章中介绍的 CSMA/CD 介质访问方法）。每个站点在发送数据之前首先要侦听网络是否空闲，如果空闲就发送数据。否则，继续侦听直到网络空闲。

如果两个站点同时检测到介质空闲并同时发送出一帧数据，则会导致数据帧的冲突，双方的数据帧均被破坏。这时，两个站点将采用“二进制指数退避”的方法各自等待一段随机的时间再侦听、发送。

在图 8-1 中，主机 A 只是想发送一个单播数据包给主机 B。但由于传统共享式以太网的广播性质，接入到总线上的所有主机都将收到此单播数据包。同时，此时如果任何第二方，包括主机 B 也要发送数据到总线上都将冲突，导致双方数据发送失败。我们称连接在总线上的所有主机共同构成了一个冲突域。

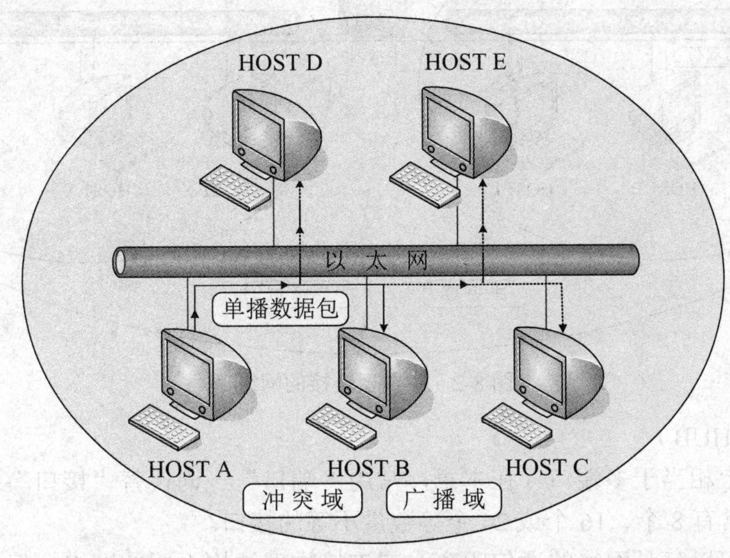

图 8-1　传统以太网

当主机 A 发送一个目标是所有主机的广播类型数据包时，总线上的所有主机都要接收该广播数据包，并检查广播数据包的内容，如果需要的话加以进一步的处理。我们称连接在总线上的所有主机共同构成了一个广播域。

随着连接到总线上的主机数量的增加，冲突的数量也随之增加，而整个网段的有效带宽将随之减少。例如，当总线上只有两台主机时，每台主机可用的平均带宽为 5Mb/s，当有四台主机时，每台主机可用的平均带宽为 2.5Mb/s，而当总线上有十台主机时，每台主机可用的平均带宽只有 1Mb/s。

2. 中继器（Repeater）

中继器（Repeater）作为一个实际产品出现主要有两个原因：

第一，早期以太网主要使用粗同轴电缆作为传输电缆，每一网段的最大距离为 500m。超过 500m 时，到达接收端的信号就会因长距离传输而衰减变得无法识别。这时，可以通过中继器来扩展网络距离，将衰减信号经过再生后，重现出原来完整的信号，再继续传送。

第二，中继器也常用来实现粗同轴电缆以太网和细同轴电缆以太网的互连。

通过中继器虽然可以延长信号传输的距离、实现两个网段的互连。但并没有增加网络的可用带宽。如图 8-2 所示，网段 1 和网段 2 经过中继器连接后构成了一个单个的冲突域和广播域。

这是因为中继器不具有“智能性”，不会“学习”。它工作在物理层，只能识别 0、1 信号这样的高低电平。它只是将收到的信号再生后，“忠实地”转发给另一网段。因此，当主机 A 发送一个单播数据包给主机 B 时，网段 1 和网段 2 总线上的所有主机都将收到此单播数据包。同时，如果某主机 A 发送一个广播类型数据包时，两个网段总线上的所有主机都会收到该广播数据包。因此，用中继器连接的两个网段仍然共同构成了一个冲突域和一个广播域。

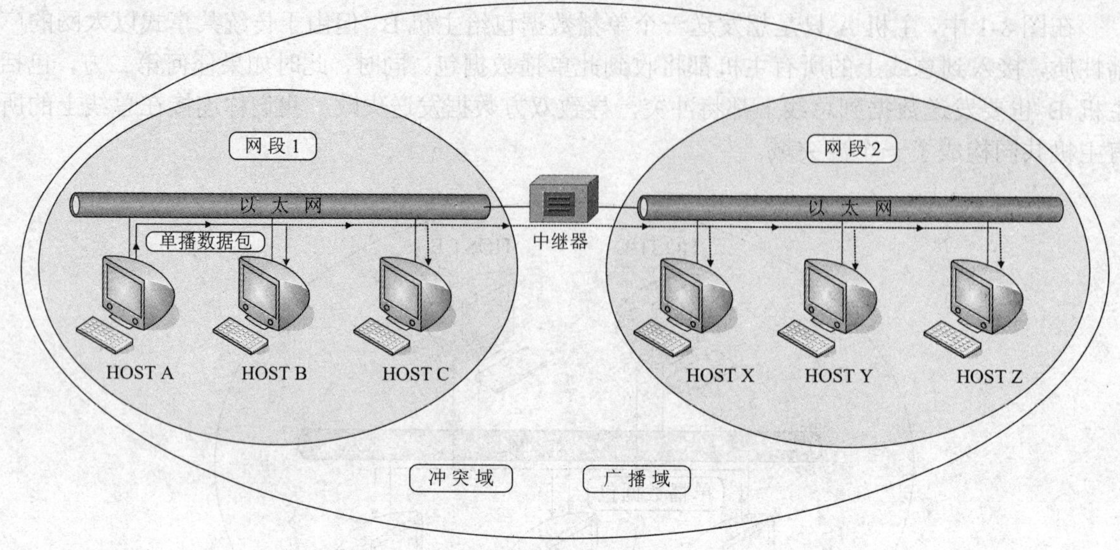

图 8-2　中继器连接的网络

3. 集线器（HUB）

集线器实际上相当于多端口（在本章，常用“端口”一词代替“接口”这个术语）的中继器。集线器通常有 8 个、16 个或 24 个等数量不等的接口。

集线器同样可以延长网络的通信距离，或连接物理结构不同的网络，但主要还是作为一个主机站点的汇聚点，将连接在集线器上各个接口上的主机联系起来使之可以互相通信。

如图 8-3 所示，所有主机都连接到中心节点的集线器上构成一个物理上的星型连接。但实际上，在集线器内部，各接口都是通过背板总线连接在一起的，在逻辑上仍构成一个共享的总线。因此，集线器及其所有接口所接的主机共同构成了一个冲突域和一个广播域。

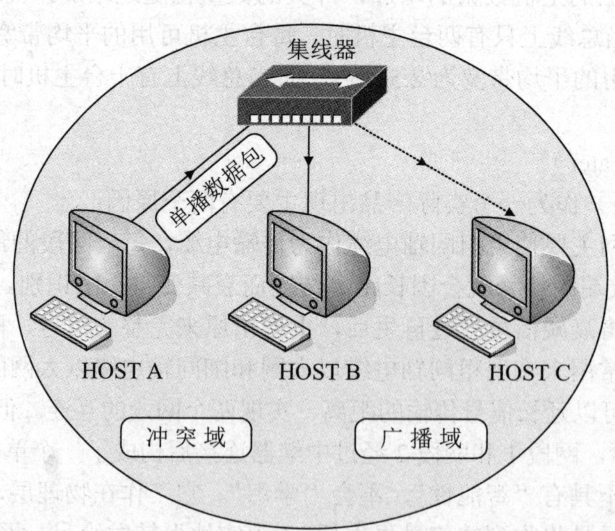

图 8-3　集线器连接的网络

4. 网桥（Bridge）

网桥（Bridge）又称为桥接器。和中继器类似，传统的网桥只有两个端口，用于连接不同的网段。和中继器不同的是，网桥具有一定的“智能”性，可以“学习”网络上主机的地址，同时具有信号过滤的功能。

如图 8-4 所示，网段 1 的主机 A 发给主机 B 的数据包不会被网桥转发到网段 2。因为，网桥可以识别这是网段 1 内部的通信数据流。同样，网段 2 的主机 X 发给主机 Y 的数据包也不会被网桥转发到网段 1。可见，网桥可以将一个冲突域分割为两个。其中，每个冲突域共享自己的总线信道带宽。

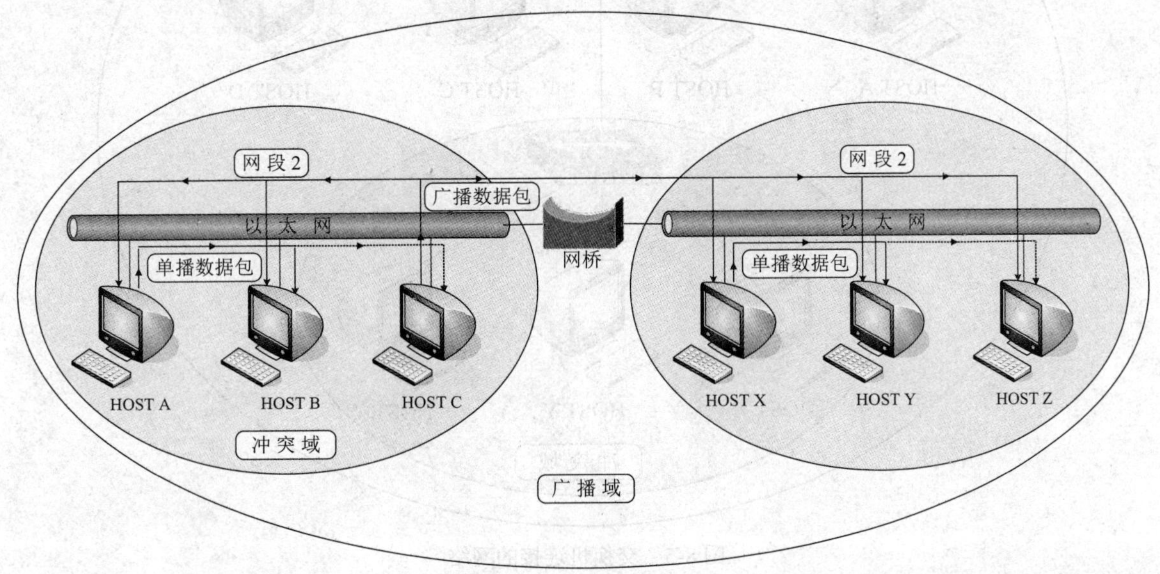

图 8-4　网桥连接的网络

但是，如果主机 C 发送了一个目标是所有主机的广播类型数据包时，网桥要转发这样的数据包。网桥两侧的两个网段总线上的所有主机都要接收该广播数据包。因此，网段 1 和网段 2 仍属于同一个广播域。

5. 交换机（Switch）

交换机（Switch）也被称为交换式集线器，它的出现是为了解决连接在集线器上的所有主机共享可用带宽的缺陷。

交换机是通过为需要通信的两台主机直接建立专用的通信信道来增加可用带宽的。从这个角度上来讲，交换机相当于多端口网桥。

如图 8-5 所示，交换机为主机 A 和主机 B 建立一条专用的信道，也为主机 C 和主机 D 建立一条专用的信道。只有当某个接口直接连接了一个集线器，而集线器又连接了多台主机时，交换机上的该接口和集线器上所连的所有主机才可能产生冲突，形成冲突域。换句话说，交换机上的每个接口都是自己的一个冲突域。

但是，交换机同样没有过滤广播通信的功能。如果交换机收到一个广播数据包后，它会向其所有的端口转发此广播数据包。因此，交换机及其所有接口所连接的主机共同构成了一个广播域。

我们将使用交换机作为互连设备的局域网称为交换式局域网。

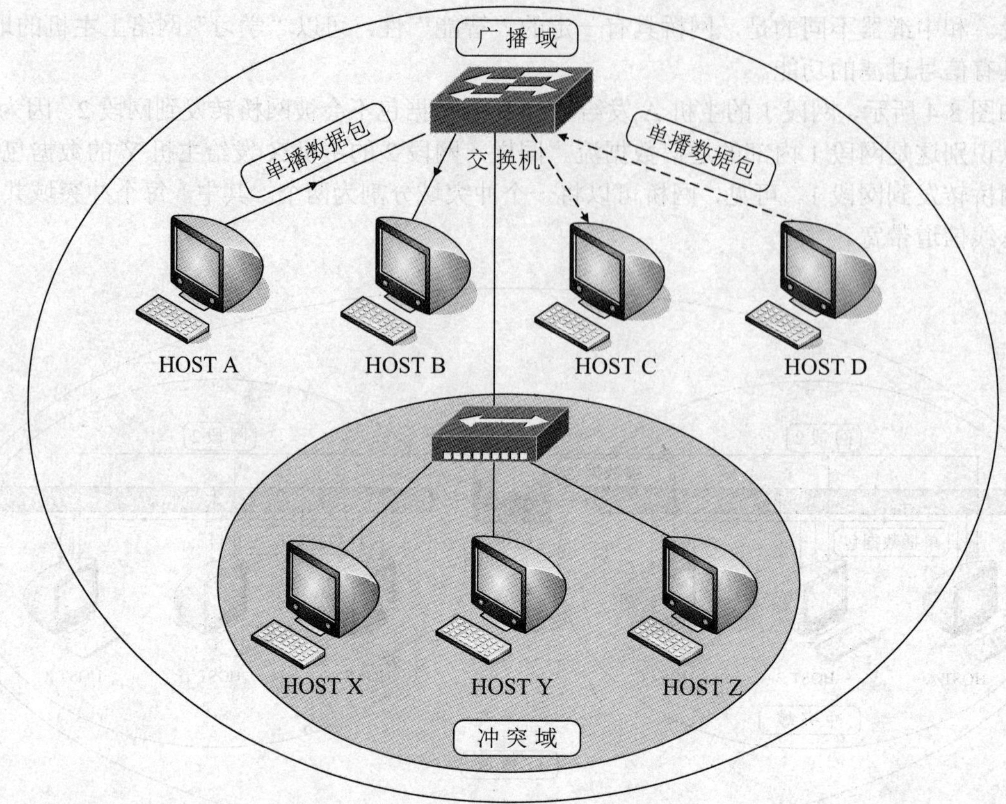

图 8-5 交换机连接的网络

6. 路由器（Router）

路由器工作在网络层，可以识别网络层的地址——IP 地址，有能力过滤第 3 层的广播消息。实际上，除非做特殊配置，否则路由器从不转发广播类型的数据包。因此，路由器的每个端口所连接的网络都独自构成一个广播域。如图 8-6 所示，如果各网段都是共享式局域网，则每网段自己构成一个独立的冲突域。

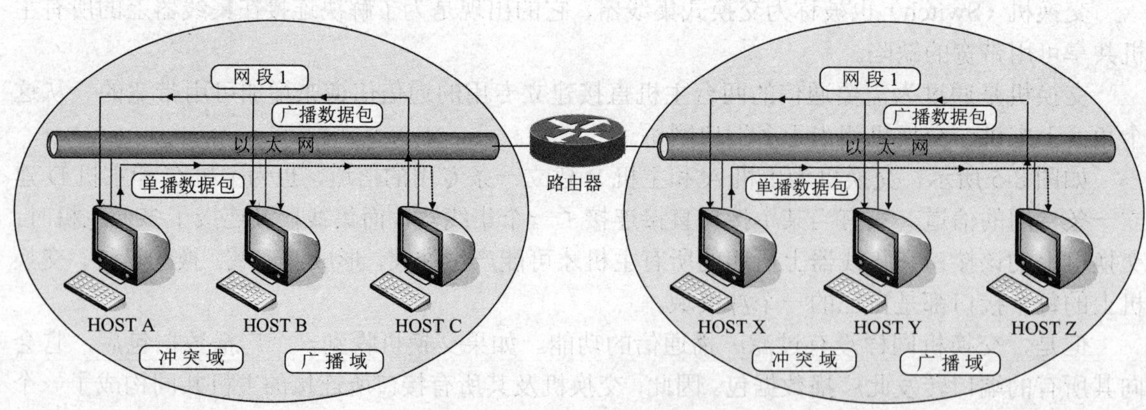

图 8-6 路由器连接的网络

7. 网关（Gateway）

网关工作在 OSI 参考模型的高三层，主要用来进行高层协议之间的转换。例如，充当

LOTUS 1-2-3 邮件服务和 Microsoft Exchange 邮件服务之间的邮件网关。

注意：这里网关的概念完全不同于 PC 主机以及路由器上配置的默认网关。

8.1.2　第 2 层交换

1. 第 2 层交换原理

网桥和集线器相比具有智能性，它的智能性体现在它有自学习的功能。如图 8-7 所示，网桥 A 连接了两个网段：网段 1 和网段 2。因为网桥 A 的端口 1 和端口 2 分别位于网段 1 和网段 2，所以也会收到各自网段的数据包。当网桥 A 启动后，会将收到的数据包的源主机 MAC 地址和其对应的端口保存到缓存（称为可寻址内容内存，Content Addressable Memory，CAM）表格中，我们将其称为桥接表。

经过一段时间后，网桥 A 将会学习到网段 1 和网段 2 上所有主机的 MAC 地址以及所在端口。这时网桥 A 开始进行转发或过滤工作，此时，如果网桥 A 收到一个主机 A 发送给主机 B 的单播数据包，网桥 A 检查自己的桥接表，发现主机 B 和主机 A 处于同一个端口——端口 1，则网桥 A 将执行过滤功能，丢弃此数据包。相反，如果网桥 A 收到一个主机 C 发送给主机 X 的单播数据包，网桥 A 检查自己的桥接表，发现主机 C 和主机 X 处于不同的端口，则网桥 A 将执行转发功能，将此数据包转发到端口 2 所在的网段 2。图 8-7 给出了网桥的交换原理示意图。

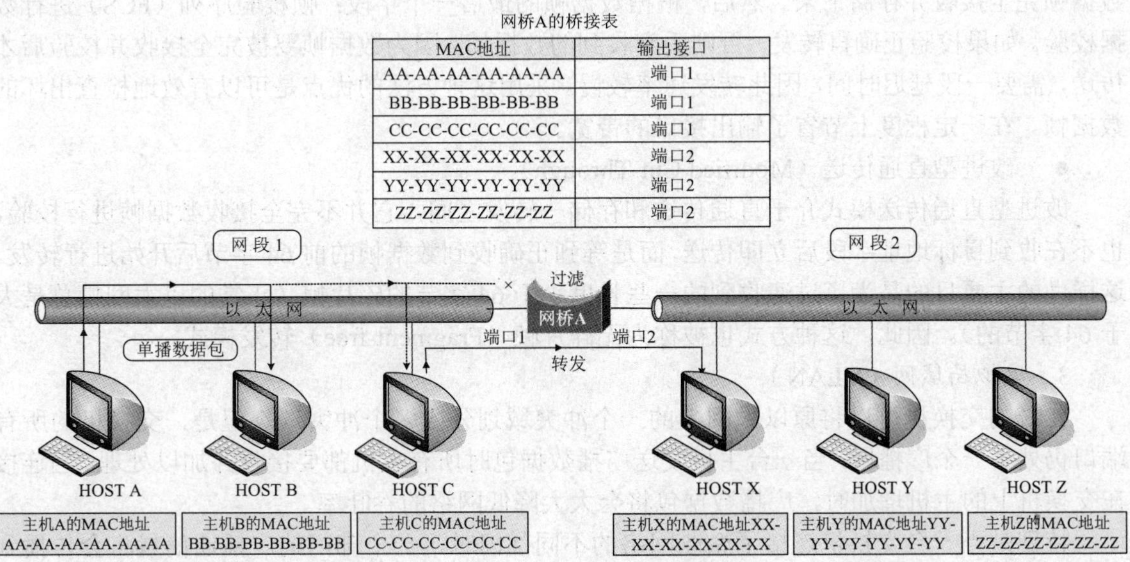

图 8-7　网桥交换原理

交换机作为网桥的一种特殊形式，可以完成网桥能够完成的功能。但是，它和传统网桥相比，主要有以下三个方面的改进。

- 端口数量大大增加：成倍增加了可用带宽。
- 采用硬件实现交换过程：采用专用集成电路（Application Specific Integrated Circuit，ASIC），因而大大提高了转发数据包的速率。
- 有三种数据包转发模式：传统网桥只能工作在一种模式下，即后面要讲到的存储—转发模式。

2. 交换机的数据转发模式

交换机可以采用三种方法转发数据：即直通传送、存储—转发和改进型直通传送。如图 8-8 所示。

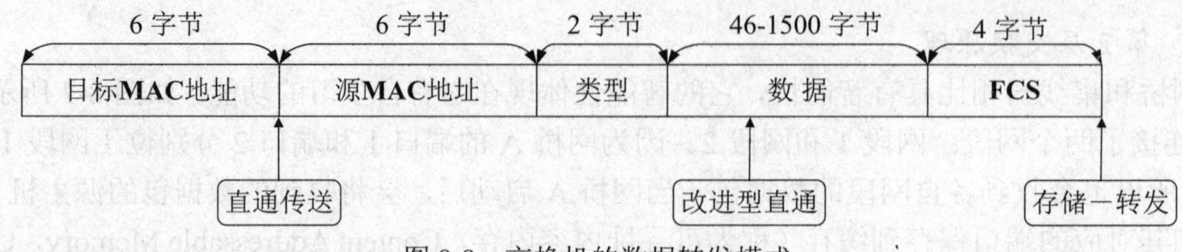

图 8-8 交换机的数据转发模式

- 直通传送（Cut-through）

如图 8-8 所示，所谓直通传送，是指只要网桥收到数据帧的目标地址 MAC 字段，就立即将数据转发到相应的端口。因此，对数据帧的延迟很小，加大了数据包吞吐率。缺点是无法有效地检查出坏帧。但是，随着局域网硬件线路质量的不断提高，出现数据错误的几率很小。因此，目前大部分交换机都提供了直通传送的功能。

- 存储—转发（Store-and-forward）

传统的网桥都使用存储—转发的方法传送数据。在这种工作模式下，网桥首先要将整个数据帧完全接收并存储下来。然后，根据数据帧的最后一个字段：帧校验序列（FCS）进行数据校验。如果校验正确再转发，否则丢弃收到的数据帧。因为数据帧要被完全接收并校验后才传送，需要一段延迟时间，因此转发速率较慢。采用这种方法的优点是可以有效地检查出坏的数据帧。在一定程度上节省了输出接口的带宽。

- 改进型直通传送（Modified Cut-Through）

改进型直通传送模式介于直通传送和存储—转发之间，它并不完全接收数据帧进行校验，也不在收到目标地址字段后立即传送，而是等到正确收到数据帧的前 64 字节后开始进行转发。这样做的主要目的是为了过滤收到的一些长度小于 64 字节的碎片帧（正常的以太网帧总是大于 64 字节的）。因此，这种方式也被称为无碎片帧（Fragment-free）转发模式。

3. 虚拟局域网（VLAN）

传统的交换机可以将原以太网上的一个冲突域划分成多个冲突域。但是，交换机的所有端口仍处于一个广播域，当一台主机发送广播数据包时所有主机都要接收并加以处理。当连接在交换机上的主机增加时，广播数据包将会大大降低网络的吞吐率。

特别是当一台交换机连接了企业网络的不同部门时，一个部门的广播通信量将会传播到整个广播域，尽管一个部门大部分时候并不关心其他部门的广播数据。

可以采用路由器来隔离广播通信量，但路由器每端口的成本很高，不太可能为每个部门提供一个局域网接口。同时，因为路由器工作在网络层，这将会增加数据包的处理延迟。

为了在不改变设备和不增加传输延迟的情况下增加广播域的数目，可以采用虚拟局域网（Virtual LAN，VLAN）技术。

虚拟局域网技术利用交换机把网络划分成若干个 VLAN，同时将广播通信量限制在每个 VLAN 内部，从而增加了广播域的数目，减少了广播对网络的影响。

如图 8-9 所示，由网络管理人员手工将交换机的第 1～8 个端口设为 VLAN 10 的成员，将第 9～16 个端口设为 VLAN 20 的成员，将第 17～24 个端口设为 VLAN 30 的成员。

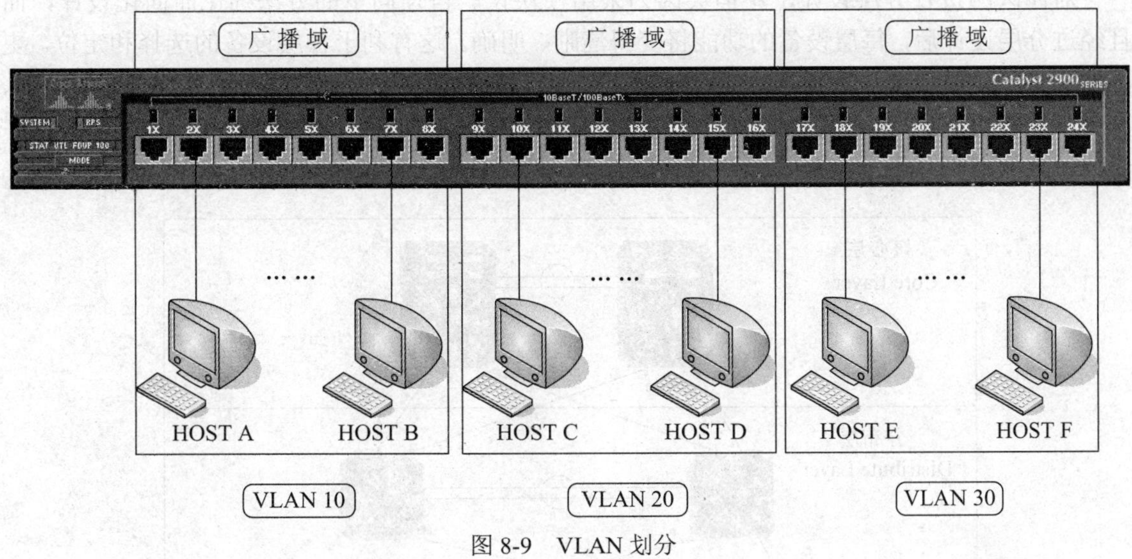

图 8-9　VLAN 划分

当交换机在 VLAN 10 所属的端口收到广播数据帧后，它并不向 VLAN 20、VLAN 30 等其他 VLAN 所属的端口转发此广播数据帧。实际上，交换机在各 VLAN 之间不传输任何用户数据。如果各 VLAN 之间需要通信的话，必须借助外接的路由器或交换机内置的路由模块。

8.1.3　第 3 层交换

第 3 层交换发生在网络层，因此第 3 层交换机的作用和工作原理与路由器几乎完全相同。不同的是，路由器采用的是通用的处理器芯片，而交换机采用的是专用集成电路处理芯片。除此之外，二者都需要根据目标 IP 转发报文，改变报文中的 MAC 地址，递减 IP 头部中的生存时间（TTL）值，进行数据校验等。

第 3 层交换机也使用静态路由、动态路由（如 RIP、OSPF）来创建和维护路由表。但是，交换机为了实现高速转发数据包，通常采用“路由一次，交换多次”的工作方式。即去往同一网络的数据包只在第一次被路由器处理时才查找路由表，其后续的去往同一目标的数据包将被直接送到输出接口。这样，大大提高了数据包的转发速率。

8.1.4　多层交换

多层交换是指包含第 4 层交换在内的高层交换技术。执行多层交换的交换机可以通过检查 IP 数据包中的 TCP 或 UDP 头部中的端口号来判断上层应用协议的类型，并为不同类型的数据流划分优先级。因此，多层交换提供了多种多样的服务质量，优化了网络带宽的使用，满足了不同类型网络应用程序的需要。

8.1.5　园区网分层设计模型

1. 园区网分层设计模型

随着园区网规模的不断扩大以及园区网内部网络结构和功能的日益复杂，对园区网进行分层设计变得越来越重要。

对园区网进行分层设计，不但会因为采用模块化、自顶向下的方法细化而简化设计，而且经过分层设计后，每层设备的功能将变得清晰、明确。这有利于各层设备的选择和定位。更重要的是，可以使得园区网各层的设备运行在最佳状态。园区网分层设计还具有可扩展性强、易于管理的特点。

园区网网络互连设备可以划分为三个层次：访问层、分布层、核心层，如图 8-10 所示。

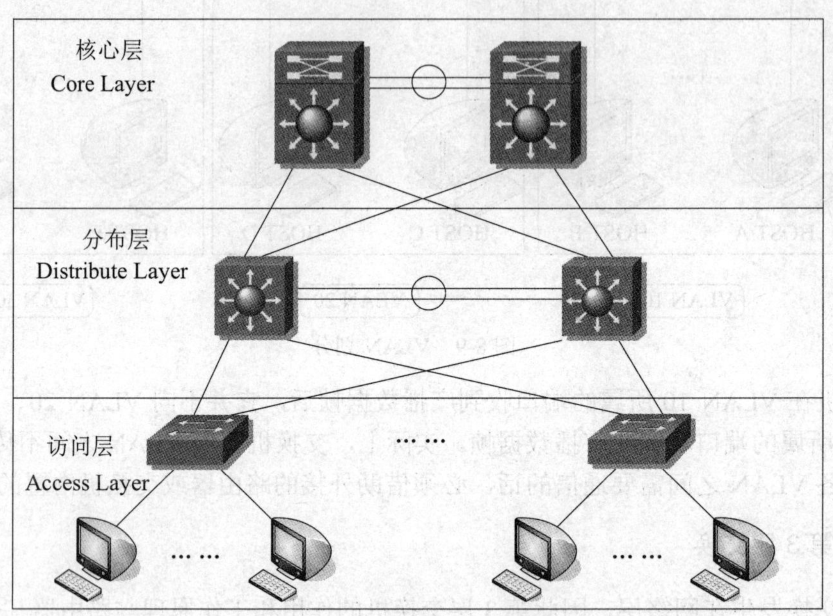

图 8-10　园区网分层设计模型

2．访问层交换机

访问层（Access Layer）又被称为接入层，因为在该层，终端用户主机通过双绞线接入该层的交换机。

访问层的主要任务是提供一个终端用户的接入点。因此，对访问层交换机的主要要求是低成本、有足够高的端口密度、提供级连端口以及高速上连端口。

该层的冗余特性是通过通往其上层交换机的多条冗余链路来实现的。其安全特性可以通过基于 VLAN 成员划分以及基于端口安全的方式来实现。

可以采用 Cisco 低端的交换机产品，如 Catalyst 2900、2950、3500 等作为访问层交换机使用。在中、大型园区网中，也可以采用高端口密度的 Cisco 中端的交换机产品，如 Catalyst 4000、5000 系列交换机。

3．分布层交换机

分布层（Distributed Layer）又被称为汇聚层，因为网络中的所有访问层交换机在该层汇聚在一起。

分布层不但完成汇聚其他访问层交换机的任务，还需要为这些访问层交换机上的各个 VLAN 提供路由选择功能。因此，它必须是第 3 层的交换机。

在该层还应该实现较高的网络吞吐量以及不同类型网络介质的转换功能。

该层的安全特性可以通过定制访问控制列表的方式实现。

可以采用 Cisco 中端的交换机产品，如 Catalyst 5000、6000、8500 等作为分布层交换机使用。

4. 核心层交换机

核心层（Core Layer）又被称为主干层。各分布层交换机通过核心层交换机构成的主干道进行高速的数据交换。

核心层的主要任务是提供一个高速（线速）数据包转发通道。

为了实现高速率通道以及链路冗余，可以采用核心交换机之间的千兆位以太网信道（Gigabit Ethernet Channel）甚至万兆位以太网信道实现主干道的连接。

可以采用 Cisco 高端的交换机路由器产品，如 GSR 12000 作为核心层交换机使用。在中、小型园区网中，也可以采用 Cisco 中端的交换机产品，如 Catalyst 8500、6000 系列交换机。

8.2　交换机基本配置

8.2.1　交换机概述

1. 交换机产品概述

通过前面一节的学习，我们已经知道作为数据交换设备，交换机主要用于在第 2、3 层甚至更高层进行快速的数据交换。网络设备厂商根据企业网络规模大小及业务应用等的不同特点生产出一系列自成体系的交换机产品家族以满足市场需要。

如图 8-11 至图 8-14 所示，是 Cisco 公司交换机产品线上的几种不同层次的交换机产品。

图 8-11　Cisco Catalyst 2970 系列交换机

图 8-12　Cisco Catalyst 3560 系列交换机

图 8-13　Cisco Catalyst 3750 系列交换机

图 8-14　Cisco Catalyst 6503 交换机

如图 8-15 和图 8-16 所示，是 Juniper 公司交换机产品线上的几种不同层次的交换机产品。

图 8-15 Juniper EX 3200 交换机　　　　图 8-16 Juniper EX 4200 交换机

2. 交换机的外观

图 8-17 是 Cisco 的型号为 Catalyst WS 2924-XL 的交换机的前面板图。

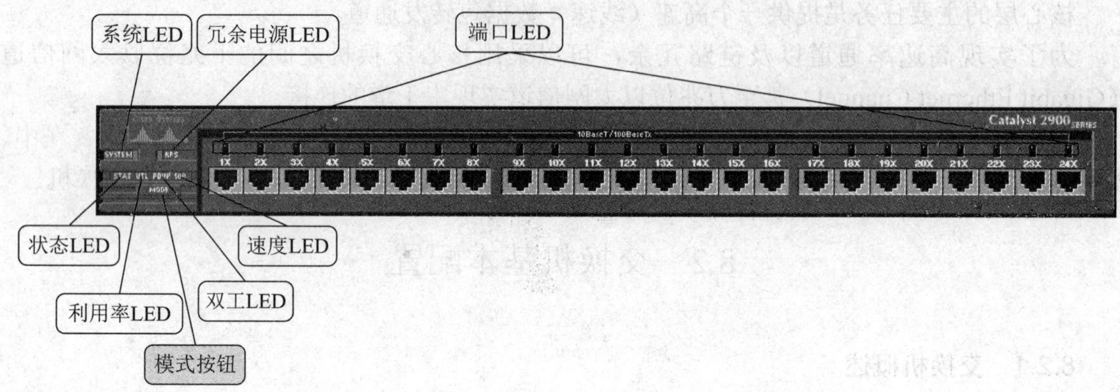

图 8-17 Catalyst WS 2924-XL 交换机的前面板图

交换机前面板除了有供接入主机的 RJ-45 端口之外，还有很多状态指示灯（LED）。这些指示灯反映了交换机的工作状态，对于诊断来说非常重要。

- 端口指示灯（PORT LED）：在每个端口上方都有一个端口指示灯，配合模式按钮来反映端口状态。
- 系统指示灯（SYSTEM LED）：常绿表示正常，琥珀色表示系统工作异常。
- 冗余电源（Redundant Power Supply，RPS）指示灯（LED）：熄灭表示没有安装冗余电源；常绿表示安装了冗余电源而且工作正常；琥珀色表示冗余电源处于备用（Standby）模式或工作异常。

接下来的几个指示灯的含义需要配合模式（Mode）按钮使用。

- 状态指示灯（STAT LED）：默认状态下此灯常绿，它表示端口指示灯状态反映了端口的工作状态。如果状态指示灯常绿，而且端口指示灯也常绿表示该端口检测到了接入该端口的设备。若端口指示灯闪烁表示端口正在收发数据，而如果端口指示灯为琥珀色表示端口被禁用或处于生成树的阻塞阶段而不能转发数据包。
- 双工指示灯（FDUP LED）：此灯绿色表示端口指示灯状态反映了对应端口的双工状态。若此时端口指示灯为绿色，表示该端口工作在全双工模式，熄灭表示工作在半双工模式。
- 速率指示灯（100）：有的交换机标为“SPEED”，此灯绿色表示端口指示灯状态反映了对应端口的速率。若此时端口指示灯为绿色，表示对应的端口工作速率为 100Mb/s，熄灭表示工作在 10Mb/s。
- 利用率指示灯（UTL LED）：反映了交换机带宽的利用率。以 Catalyst WS-2924-XL 为例，如果交换机的全部端口（1～24）指示灯全部为绿色时，表示交换机带宽的利用率超过了整个可用带宽的 50%。如果除了最右侧的端口外，其他端口（1～23）指示灯全部为绿色时，表示交换机带宽的利用率小于整个可用带宽的 50%，大于整个可用带宽的 25%，即利用率介于 25%～50%之间，以此类推。

3. 交换机互连：级连和堆叠

由于单个交换机的接口数量有限，有时需要将若干交换机互连起来以增加端口密度。交换机生产厂商提供了两种不同的交换机互连方法。

● 级连

采用级连方式连接交换机时，只需要用双绞线直接将两台交换机的某两个普通端口连接起来就可以了。级连后，交换机之间的数据交换线路带宽就是级连端口的带宽。

需要注意的是，当把同类型的交换机通过普通端口互连时，需要使用交叉线序双绞线（Crossover UTP）。

有的厂商为了方便用户，将交换机上的某个端口设为级连端口（Medium-Dependent Interface，MDI，即介质有关接口，一般是最后一个端口），并标为 MDI/MDI-X，同时提供一个按钮进行转换。当此按钮按下时为 MDI 模式，此时可用直通（Straight through）线序双绞线直接将两台交换机相连。当此按钮按起来时，此端口成为普通接口，可以用来通过直通线序双绞线连接 PC 主机。

还有的厂商将 MDI/MDI-X 接口设置为可以自动协商并智能调整接口内部线序，免去了用户自己识别接口类型以及制作交叉线序双绞线的麻烦。

● 堆叠

通过级连方式连接两台交换机时，由于级连链路带宽有限，有时可能会成为数据交换的瓶颈。为此，有的交换机生产厂商提供了另外一种交换机互连方式：交换机的堆叠扩展。

使用堆叠技术进行扩展的交换机必须有单独的专用堆叠接口（有时，同时提供两个堆叠接口，用于链路的冗余备份或负载均衡），同时使用专用的堆叠电缆，此堆叠接口的速率一般高于普通接口。因此，可以实现交换机间链路的高带宽。

8.2.2　交换机配置向导

同路由器一样，一个新交换机进行第一次加电启动后，会自动运行配置向导。利用配置向导，可以通过问答的形式对交换机进行初始配置。

下面通过表格的形式对交换机配置向导中出现的语句进行解释，如表 8-1 所示。

表 8-1　配置向导过程注释

配置过程提示信息	解释
--- System Configuration Dialog --- Continue with configuration dialog? [yes/no]: y	键入“y”继续
At any point you may enter a question mark '?' for help. Use ctrl-c to abort configuration dialog at any prompt. Default settings are in square brackets '[]'.	配置过程中键入“？”可以随时取得帮助 配置过程中可以随时按“Ctrl+C”中止配置 在“[ ]”中显示的是默认配置
Basic management setup configures only enough connectivity for management of the system,　extended setup will ask you to configure each interface on the system Would you like to enter basic management setup? [yes/no]: n	键入“n”，进入扩展设置

续表

配置过程提示信息	解释
First, would you like to see the current interface summary? [yes]:	键入“n”不显示接口状态汇总（交换机端口数较多，一般不选择显示接口状态汇总）
Configuring global parameters: Enter host name [Switch]:	键入交换机的名称
The enable secret is a password used to protect access to privileged EXEC and configuration modes. This password, after entered, becomes encrypted in the configuration. Enter enable secret [<Use current secret>]:	键入加密使能密码，此密码会使用 MD5 加密而且在显示配置文件内容时，无法用明文显示
The enable password is used when you do not specify an enable secret password, with some older software versions, and some boot images. Enter enable password [135741425B]:	键入使能密码，若设置了加密使能密码，此密码无效。此密码在显示配置文件内容时会以明文显示
The virtual terminal password is used to protect access to the router over a network interface. Enter virtual terminal password [abc123]:	键入虚拟终端访问密码，在以 Telnet 方式访问交换机时需要此密码以进入路由器
Configure SNMP Network Management? [yes]: n	键入“n”不设置对 SNMP 的支持
Do you want to configure Vlan1　interface? [no]: y Configure IP on this interface? [no]: y IP address for this interface: 192.168.1.8 Subnet mask for this interface [255.255.255.0] : Class C network is 192.168.1.0, 24 subnet bits; mask is /24	键入“y”配置 Vlan1 键入“y”配置此接口 IP（管理 IP） 键入“192.168.1.8”配置管理 IP 地址 键入“255.255.255.0”配置子网掩码 显示 IP 地址配置结果
Configuring interface parameters: Do you want to configure FastEthernet0/1　interface? [yes]:n	配置接口信息 键入“n”不配置快速以太网接口
… …	略（询问是否配置其余端口）
Would you like to enable as a cluster command switch? [yes/no]:n	键入“n”不配置交换机集群服务
The following configuration command script was created: hostname SwitchA enable secret 5 1A7LL$KshCczfZobqJ/AWYa8ean/ enable password c2 line vty 0 15 password c3 ! interface Vlan1 no shutdown ip address 192.168.1.8 255.255.255.0 ! interface FastEthernet0/1 no ip address ... ... end	所有配置工作结束后，自动显示根据配置向导生成的配置文件内容

续表

配置过程提示信息	解释
[0] Go to the IOS command prompt without saving this config. [1] Return back to the setup without saving this config. [2] Save this configuration to nvram and exit. Enter your selection [2]:	键入“0”不保存设置并返回 CLI 键入“1”不保存设置并重新设置 键入“2”保存设置到 NVRAM 并退出

注意：可以在交换机的特权模式提示符下输入命令 setup 重新启动配置向导。

8.2.3　交换机的手工配置

使用交换机配置向导只能完成一些基本的初始配置。对于更为详细的参数、选项设置，只能通过手工配置的方式来完成。

1. 基本配置

交换机的基本配置任务和路由器几乎完全一样。包括设置交换机名称、加密使能密码、虚拟终端密码、控制台密码及超时时间、禁止名称解析服务等，如图 8-18 所示。

```
Switch#configure terminal
Enter configuration commands, one per line.  End with CNTL/Z.
Switch(config)#hostname SwitchA
SwitchA(config)#enable secret lemein
SwitchA(config)#line vty 0 4
SwitchA(config-line)#password tellme
SwitchA(config-line)#login
SwitchA(config-line)#line con 0
SwitchA(config-line)#password keepitsec
SwitchA(config-line)#logging synchronous
SwitchA(config-line)#login
SwitchA(config-line)#exec-timeout 5 30
SwitchA(config-line)#exit
SwitchA(config)#no ip domain-lookup
SwitchA(config)#end
SwitchA#
```

图 8-18　交换机的基本配置

2. 配置管理 IP

交换机是数据链路层的设备，因此，给交换机的每个端口设置 IP 地址是没有意义的。但是，有时网络管理人员可能需要从远程登录到交换机上进行管理。这就需要给交换机设置一个管理用 IP 地址。这种情况下，实际上是将交换机看成和 PC 机一样的主机。

如图 8-19 所示，显示了将交换机管理 IP 地址设在 VLAN1 并设为 192.168.1.1，子网掩码设为 255.255.255.0。为了使网络管理人员可以在不同的子网管理此交换机，还设置了默认网关地址 192.168.1.254，此地址实际是和交换机某个端口相连的路由器以太网接口 IP 地址。

在设置了交换机的管理 IP 后，可以通过连接在交换机某端口上的 PC 机进行测试。同时，还可以通过浏览器的方式查看、管理交换机（参考第 4 章中的相关内容）。

```
SwitchA#configure terminal
Enter configuration commands, one per line.  End with CNTL/Z.
SwitchA(config)#interface vlan 1
SwitchA(config-if)#ip address 192.168.1.1 255.255.255.0
SwitchA(config-if)#no shutdown
SwitchA(config-if)#exit
SwitchA(config)#ip default-gateway 192.168.1.254
SwitchA(config)#end
SwitchA#
```

图 8-19　配置管理 IP

3. 端口速率配置

在 Cisco 1900/2800 系列交换机上，端口的速率是固定的。在 Cisco 2900/2950/4000/5000/6000 等系列交换机上可以使用 speed 命令改变端口速率。如图 8-20 所示，可以设定某端口根据对端设备速率自动调整本端口速率，也可以强制将端口速率设为 10Mb/s 或 100Mb/s。在了解对端设备速率的情况下，建议手动设置端口速率。

```
SwitchA#configure terminal
Enter configuration commands, one per line.  End with CNTL/Z.
SwitchA(config)#interface fastEthernet 0/1
SwitchA(config-if)#speed ?
  10    Force 10 Mbps operation
  100   Force 100 Mbps operation
  auto  Enable AUTO speed configuration
```

图 8-20　配置端口速率

4. 端口双工配置

传统总线型以太网工作在半双工方式下。同一时刻，通信双方只能有一方在单一的方向上传送数据。在用交换机连接的交换式以太网中可以设置交换机的某个端口工作于某种双工模式下。如图 8-21 所示，可以设定某端口根据对端设备双工类型自动调整本端口双工模式，也可以强制将端口双工模式设为半双工或全双工模式。在了解对端设备类型的情况下，建议手动设置端口双工模式。

```
SwitchA#configure terminal
Enter configuration commands, one per line.  End with CNTL/Z.
SwitchA(config)#interface fastEthernet 0/1
SwitchA(config-if)#dupl.ex ?
  Auto Enable AUTO dupl.ex configuration
  full Force fullduplex operation
  half Force half-duplex operation
```

图 8-21　配置双工

8.2.4　交换机配置检查

和路由器一样，可以使用 MS-DOS 命令 Ping、Tracert 测试交换机配置是否正确。除此之外，也可以使用一些 IOS 命令对交换机配置进行检查。

1. show running-config

该命令显示交换机运行配置文件内容。

2. show startup-config

该命令显示交换机启动配置文件内容。

3. show interface vlan *vlan-num*

该命令可以显示 VLAN 是否已激活、交换机 MAC 基地址（交换机第一个端口的 MAC 地址将在此基础上加 1，依此类推）、接口参数等。如图 8-22 所示，显示了 VLAN 1 的端口相关信息。

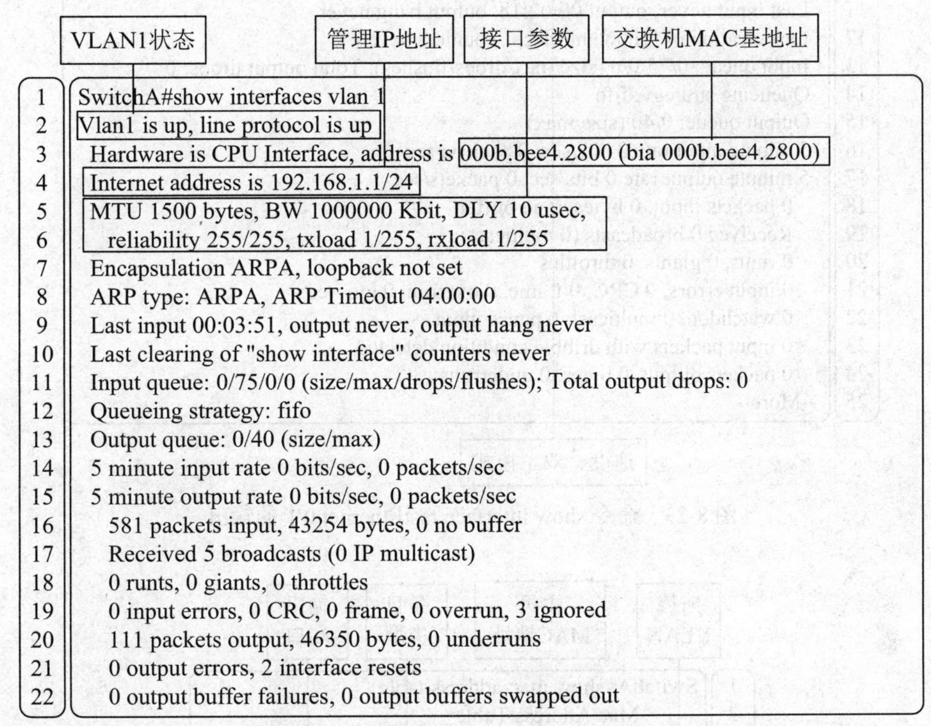

图 8-22　命令 show intErface vlan 1 的输出

4. show interface

该命令可以显示交换机端口是否已激活、端口 MAC 地址、端口参数、端口速率、双工模式等。如图 8-23 所示，显示了端口 fastEthernet 0/1 相关信息。

5. show mac-address-table 或 show mac address-table

该命令用来显示 CAM，即桥接表的内容，如图 8-24 所示。可列出学习到的主机 MAC 地址及其所属 VLAN、所处端口、条目类型（静态 STATIC、动态 DYNAMIC 等）以及满足列表条件的 MAC 地址数目。

8.2.5　交换机配置文件及 IOS 文件管理

和路由器一样，可以通过 copy 命令对交换机配置文件及交换机系统内核文件 IOS 进行管理，如图 8-25 和图 8-26 所示。详细命令此处不再赘述。

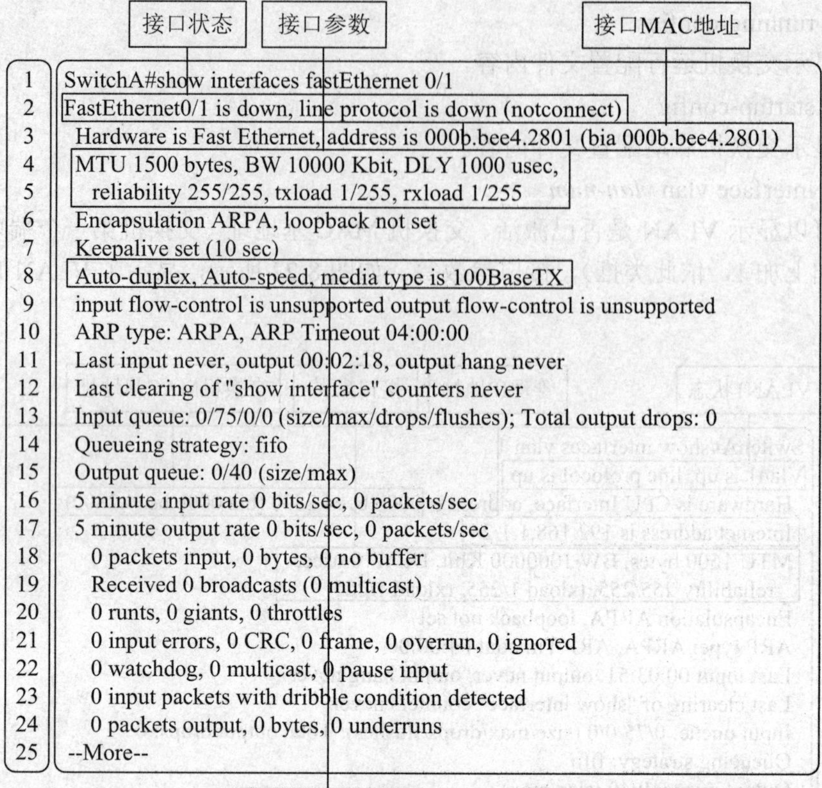


```
SwitchA#show interfaces fastEthernet 0/1
FastEthernet0/1 is down, line protocol is down (notconnect)
  Hardware is Fast Ethernet, address is 000b.bee4.2801 (bia 000b.bee4.2801)
  MTU 1500 bytes, BW 10000 Kbit, DLY 1000 usec,
     reliability 255/255, txload 1/255, rxload 1/255
  Encapsulation ARPA, loopback not set
  Keepalive set (10 sec)
  Auto-duplex, Auto-speed, media type is 100BaseTX
  input flow-control is unsupported output flow-control is unsupported
  ARP type: ARPA, ARP Timeout 04:00:00
  Last input never, output 00:02:18, output hang never
  Last clearing of "show interface" counters never
  Input queue: 0/75/0/0 (size/max/drops/flushes); Total output drops: 0
  Queueing strategy: fifo
  Output queue: 0/40 (size/max)
  5 minute input rate 0 bits/sec, 0 packets/sec
  5 minute output rate 0 bits/sec, 0 packets/sec
     0 packets input, 0 bytes, 0 no buffer
     Received 0 broadcasts (0 multicast)
     0 runts, 0 giants, 0 throttles
     0 input errors, 0 CRC, 0 frame, 0 overrun, 0 ignored
     0 watchdog, 0 multicast, 0 pause input
     0 input packets with dribble condition detected
     0 packets output, 0 bytes, 0 underruns
--More--
```

图 8-23　命令 show interface fastEthernet 0/1 的输出

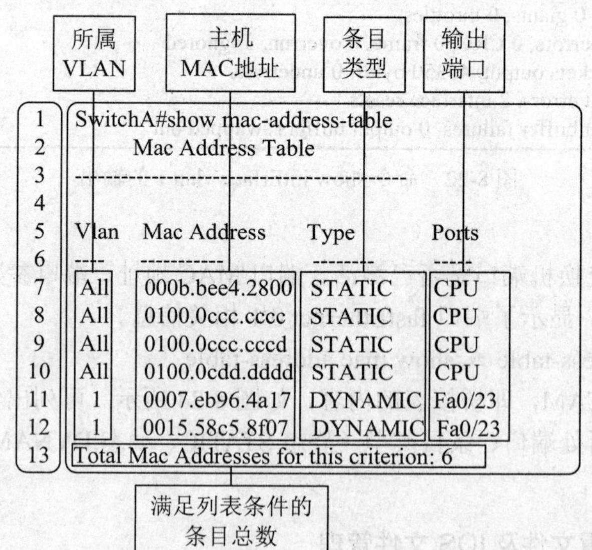


```
SwitchA#show mac-address-table
          Mac Address Table
-------------------------------------------

Vlan    Mac Address       Type        Ports
----    -----------       --------    -----
 All    000b.bee4.2800    STATIC      CPU
 All    0100.0ccc.cccc    STATIC      CPU
 All    0100.0ccc.cccd    STATIC      CPU
 All    0100.0cdd.dddd    STATIC      CPU
   1    0007.eb96.4a17    DYNAMIC     Fa0/23
   1    0015.58c5.8f07    DYNAMIC     Fa0/23
Total Mac Addresses for this criterion: 6
```

图 8-24　命令 show mac-address-table 的输出

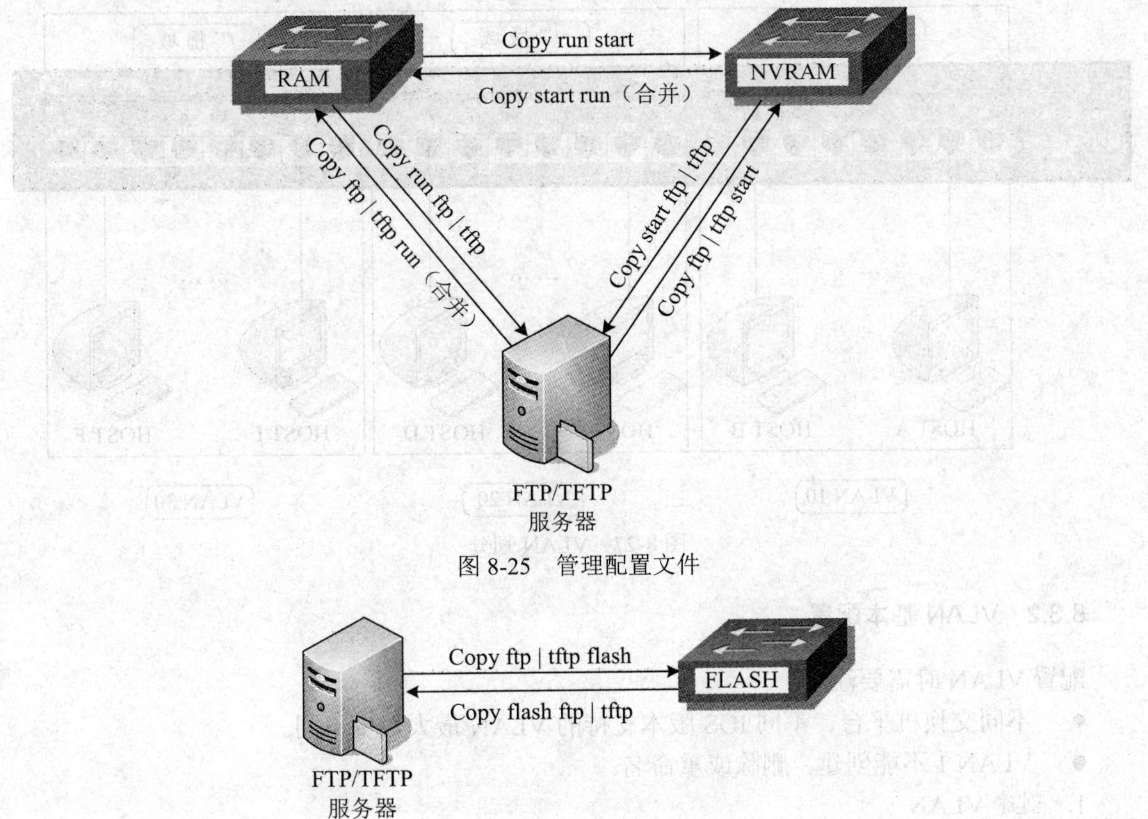

图 8-25　管理配置文件

图 8-26　IOS 备份与恢复命令

8.3　VLAN 原理及配置

8.3.1　VLAN 原理

虚拟局域网（VLAN）技术通过将连在交换机上的主机划分到不同的网段，并将广播通信量限制在每个网段内部，从而增加了广播域的数目，减少了广播对网络的不利影响。

网络管理人员通过手工方式将交换机的不同端口标记为属于不同的 VLAN，接入到某端口中的主机将自动成为该 VLAN 的成员。

如图 8-27 所示，交换机的第 1～8 个端口属于 VLAN 10，第 9～16 个端口属于 VLAN 20，第 17～24 个端口属于 VLAN 30。

交换机并不在各 VLAN 之间传输任何用户数据，它只是在某 VLAN 所属的端口之间转发数据包。

交换机是如何区分不同 VLAN 的数据的呢？实际上，交换机是通过给不同 VLAN 的数据打标记来区分 VLAN 的。数据包在流入交换机端口的时候，会被加上 VLAN 标记符，在将数据包从某端口发出之前再拿掉 VLAN 标记符。换句话说，带有 VLAN 标记的数据包不会从交换机任何端口发出，除非是主干（trunk）端口。主干端口用来级连多个交换机，并在主干道上传送多个 VLAN 的数据。

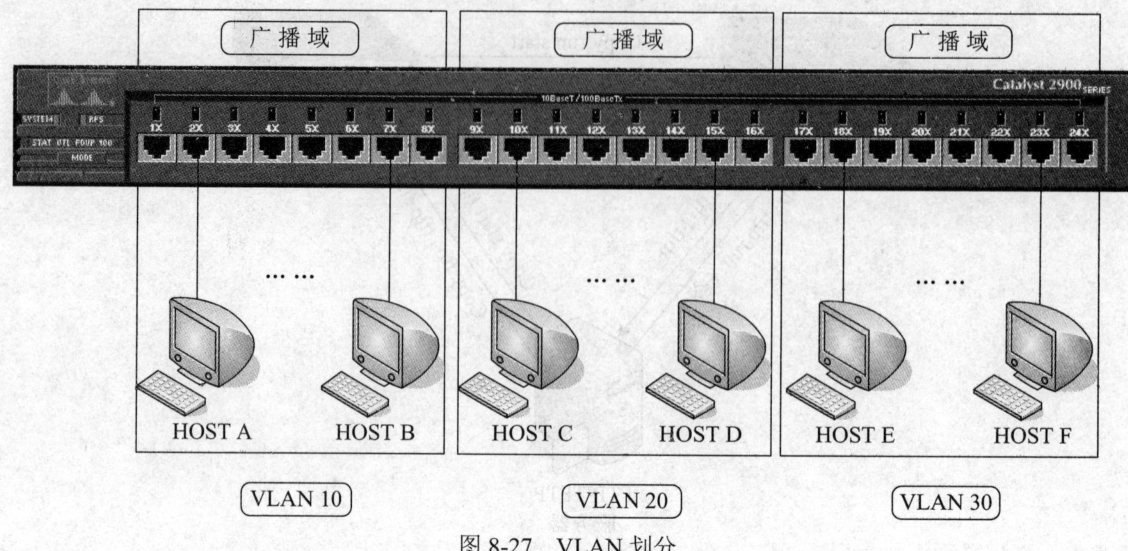

图 8-27　VLAN 划分

8.3.2　VLAN 基本配置

配置 VLAN 时需要注意：

- 不同交换机平台、不同 IOS 版本支持的 VLAN 最大数量不同。
- VLAN 1 不能创建、删除或重命名。

1. 创建 VLAN

创建 VLAN 需要进入 VLAN 数据库配置模式。如图 8-28 所示，创建了 10 号 VLAN，并给 VLAN 命名为 test10。如果没有为新创建的 VLAN 命名，交换机会自动为其命名，格式是 VLANXXXX，其中 XXXX 是 VLAN 编号。如果不足 4 位，前面补 0，如 VLAN0010。

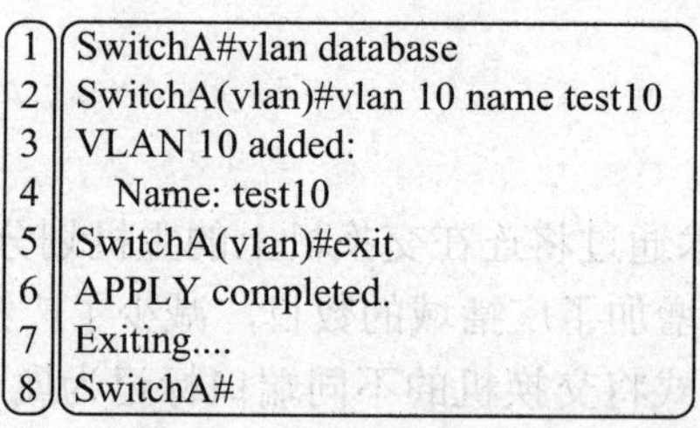

```
1 SwitchA#vlan database
2 SwitchA(vlan)#vlan 10 name test10
3 VLAN 10 added:
4    Name: test10
5 SwitchA(vlan)#exit
6 APPLY completed.
7 Exiting....
8 SwitchA#
```

图 8-28　创建 VLAN

在图 8-28 中，如果在第 2 行的命令执行完（VLAN 添加）后，想要撤消此 VLAN 的创建，可以用命令 abort 代替第 5 行的命令 exit 退出，如图 8-29 所示。

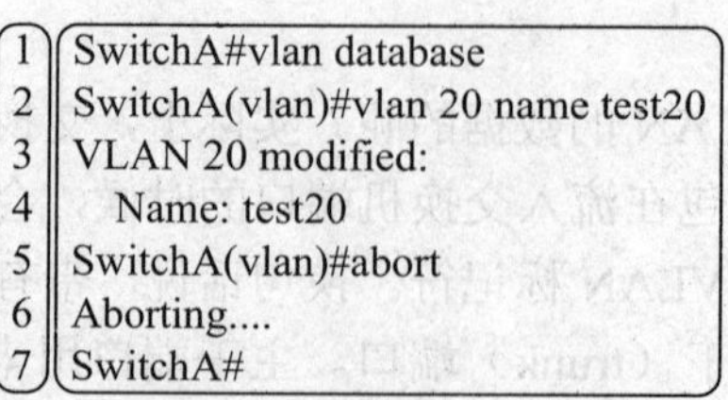

```
1 SwitchA#vlan database
2 SwitchA(vlan)#vlan 20 name test20
3 VLAN 20 modified:
4    Name: test20
5 SwitchA(vlan)#abort
6 Aborting....
7 SwitchA#
```

图 8-29　撤消 VLAN 的创建

注意：在一些版本的 IOS 下，也可以使用全局配置模式命令 VLAN 创建 VLAN，如图 8-30 所示。和在 VLAN 数据库配置模式不同，通过全局配置模式命令创建 VLAN 不会有“Apply”的动作产生，而是直接创建 VLAN。

```
SwitchA#configure terminal
Enter configuration commands, one per line. End with CNTL/Z.
SwitchA(config)#vlan 10
SwitchA(config-vlan)#name test10
SwitchA(config-vlan)#end
SwitchA#
```

图 8-30　创建 VLAN

2. VLAN 成员分配

VLAN 成员分配是指将交换机的某个（些）端口划分到建立好的 VLAN 中去，使其成为某 VLAN 的成员。

通常，VLAN 成员分配可以采用两种方式：动态成员分配、静态成员分配。

- 动态成员分配

动态成员分配方式是根据主机 MAC 地址来划分 VLAN 成员的一种管理方式。这需要一台 VLAN 管理策略服务器（VLAN Management Policy Server，VMPS）。该服务器维护着一个 MAC 地址及其对应 VLAN 号的数据库。

如果一个交换机端口的成员分配方式为动态分配，则当此端口收到一个数据帧的时候，会查询 VMPS 数据库中的信息，然后自动将此端口划分成 VMPS 数据库中对应记录规定的 VLAN 成员，如图 8-31 所示。

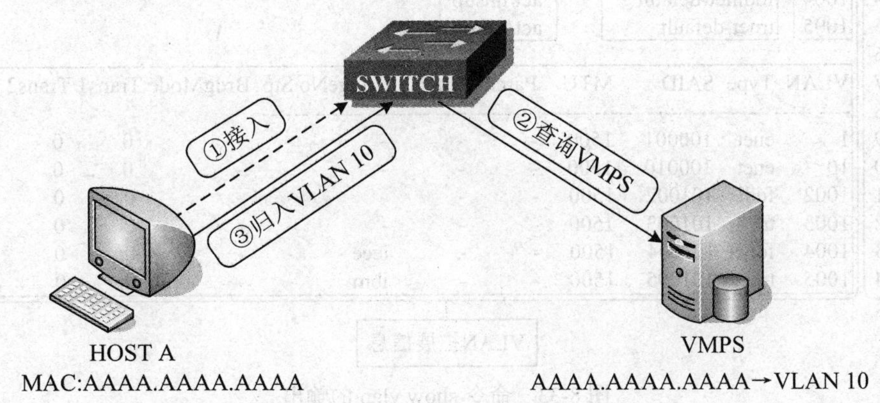

图 8-31　VLAN 动态成员分配

VLAN 管理策略服务器可以是专用服务器，也可以是 Catalyst 高端交换机，如 Catalyst 5000 等。

- 静态成员分配

静态成员分配方式是指由网络管理人员手工指定端口的 VLAN 成员属性。图 8-32 显示了为 VLAN 10 分配了两个静态成员端口 fastEthernet 0/1、fastEthernet 0/2。

```
SwitchA(config)#interface fastEthernet 0/1
SwitchA(config-if)#switchport access vlan 10
SwitchA(config)#interface fastEthernet 0/2
SwitchA(config-if)#switchport access vlan 20
SwitchA(config-if)#end
SwitchA#
```

图 8-32　VLAN 静态成员分配

3. 验证 VLAN 配置和删除 VLAN

VLAN 创建完成后，除了可以使用 show running-config 命令检查配置外，还可以使用命令 show vlan 命令查看 VLAN 创建情况。如图 8-33 所示，显示了系统所有的 VLAN 信息，包括 VLAN 编号、VLAN 名称、VLAN 状态、VLAN 成员等信息。

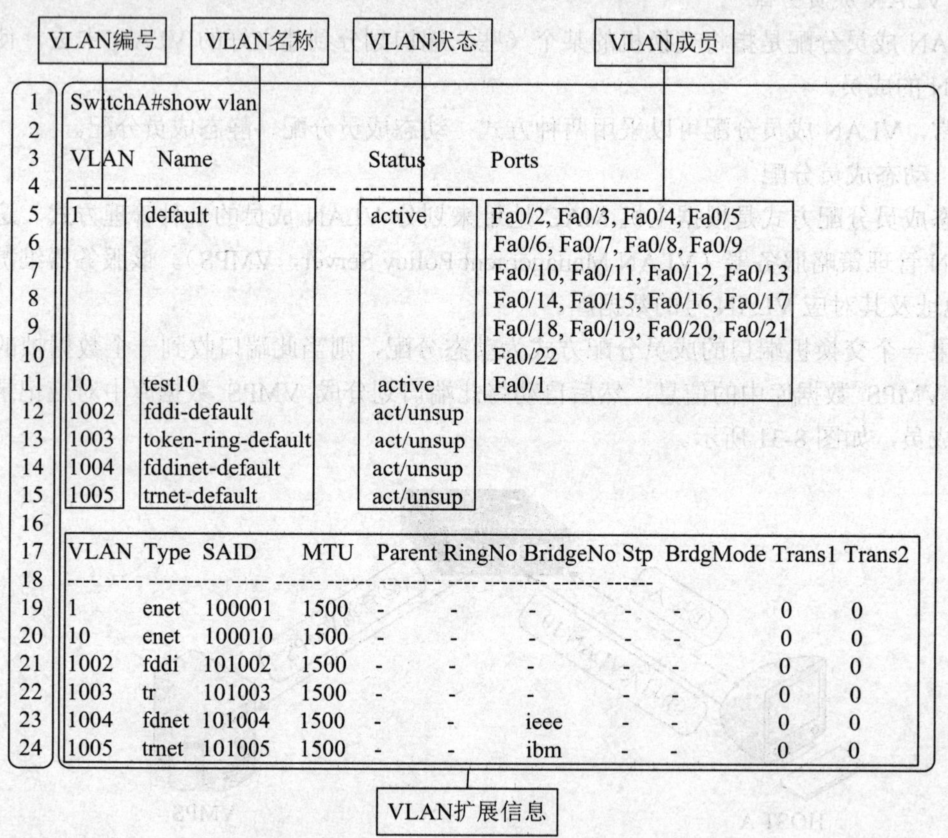

图 8-33　命令 show vlan 的输出

该命令还有一些常用的参数，如 show vlan brief 用来显示 VLAN 简要信息（不包括 VLAN 扩展信息）。命令 show vlan *id* 用来显示指定 VLAN 号的 VLAN 信息。命令 show vlan *name* 用来显示指定 VLAN 名称的 VLAN 信息。

在全局配置模式下输入命令 no vlan *vlan_id* 可以删除指定 VLAN。注意，VLAN 删除后，VLAN 成员并不自动从相应端口删除。

8.3.3　VLAN 中继配置

VLAN 可以通过交换机进行扩展，这意味着不同交换机上可以定义相同的 VLAN，可以将有相同 VLAN 的交换机通过主干道接口互连（主干道可以运载多个 VLAN 信息），处于不同交换机、但具有相同 VLAN 定义的主机将可以互相通信。

如图 8-34 所示，两台交换机通过各自的第 24 端口级连起来构成主干道，用来在两台交换机之间传送各 VLAN 的数据。

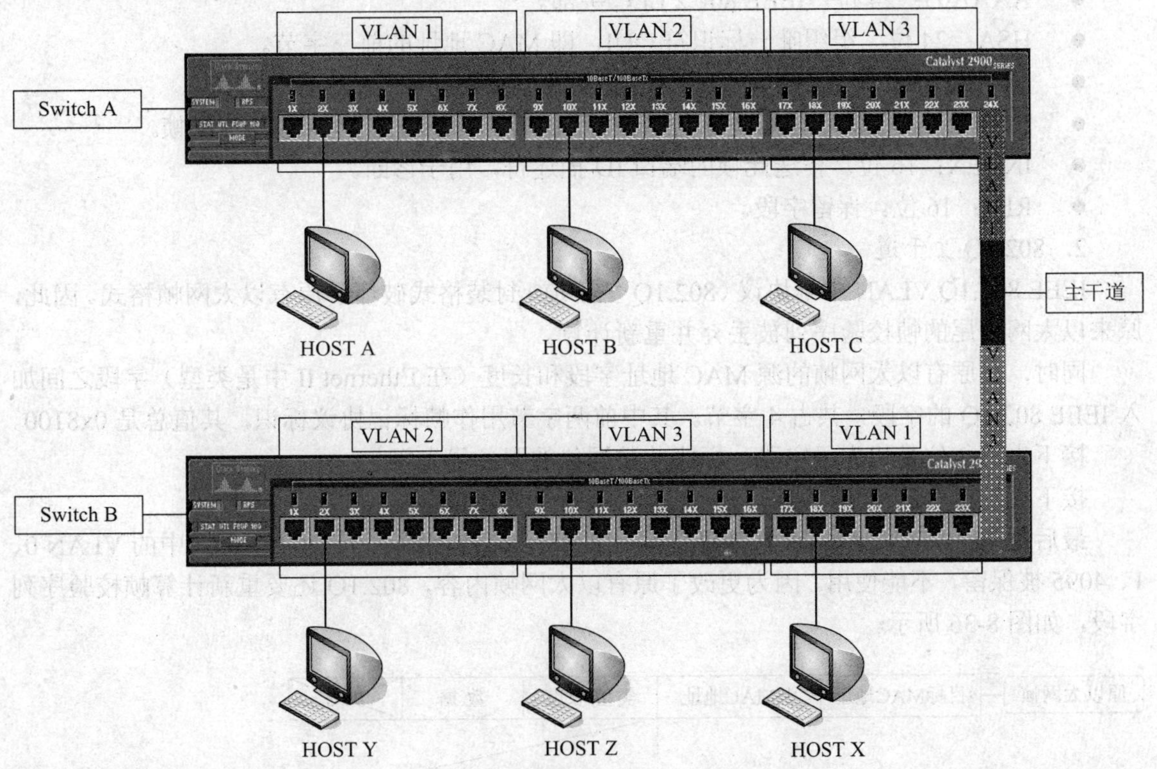

图 8-34　VLAN 干道

交换机 A 的 VLAN 1 上的主机 A 和交换机 B 的 VLAN 1 上的主机 X 将可以互相通信。同样，交换机 A 的 VLAN 2 上的主机 B 和交换机 B 的 VLAN 2 上的主机 Y 也将可以互相通信等。不属于同一 VLAN 的主机 A 和主机 C，虽然同时接入交换机 A，但是也无法互相通信。

有两种 VLAN 中继协议可以选择：ISL 和 IEEE 802.1Q。

1．ISL 主干道

交换机间链路（Inter-Switch Link，ISL）是 Cisco 专用的 VLAN 中继协议。ISL 将收到的以太网帧原封不动地封装在自己的 ISL 报文中进行传送。其帧格式如图 8-35 所示。

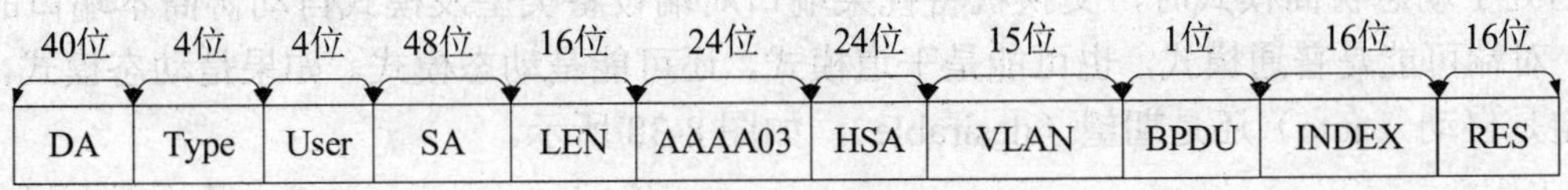

图 8-35　ISL 帧格式

各字段的含义如下：

- DA：40 位。组播目标地址。
- Type：4 位。描述被封装的帧类型。0000 表示 Ethernet，0001 表示 Token Ring，0010 表示 FDDI，0011 表示 ATM。
- User：4 位。此字段是 Type 字段的扩展定义或以太网优先级的 4 位描述符。
- SA：48 位。传送此帧的源交换机 MAC 地址。
- LEN：16 位。除了 DA、Type、User、SA、LEN 字段之外的帧长度。
- AAAA03：24 位。IEEE 802.2 LLC 头部。
- HSA：24 位。组织唯一标识符 OUI，即 MAC 地址的前三字节。
- VLAN：15 位。VLAN 号，只使用低 10 位来表示 0～1023 个 VLAN。
- BPDU：1 位。标识是网桥协议数据单元 BPDU（见 9.2.2 节），还是 CDP 帧。
- INDEX：16 位。传送此帧的端口 ID 描述符，用于诊断。
- RES：16 位。保留字段。

2. 802.1Q 主干道

IEEE 802.1Q VLAN 中继协议（802.1Q 主干道）封装格式破坏了原有以太网帧格式。因此，原来以太网帧尾的帧校验序列被丢弃并重新计算。

同时，在原有以太网帧的源 MAC 地址字段和长度（在 Ethernet II 中是类型）字段之间加入 IEEE 802.1Q 的字段，共占 4 字节。其中前两字节用作帧标记协议标识，其值总是 0x8100。

接下来的 3 位是优先级字段，标明此数据包的服务优先级。

接下来是 1 位的标志，当此位为 1 时表示是令牌环帧数据。

最后是 12 位的 VLAN 编号。因此，可用的 VLAN 号范围是 0～4095。但其中的 VLAN 0、1、4095 被保留，不能使用。因为更改了原有以太网帧内容，802.1Q 还要重新计算帧校验序列字段，如图 8-36 所示。

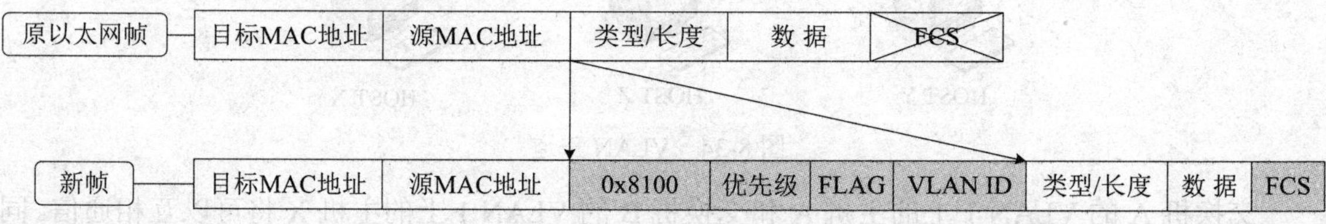

图 8-36　802.1Q 主干道帧格式

需要注意的是，802.1Q 将 VLAN 1 定义为本征（Native）VLAN。同时，当交换机收到 VLAN 1 的数据时，并不改变此帧的结构，换句话说，并不给此帧打标记而是直接传送。

3. 配置主干道

可以使用接口命令 switchport mode 显式地设置交换机某端口工作在普通模式或工作在主干道模式。也可以采用系统默认值——动态协商模式。如图 8-37 所示。

当处于动态协商模式时，交换机将视某端口对端设备类型及模式自动协商本端口的工作模式。对端可能是普通模式，也可能是干道模式，还可能是动态模式。如果是动态模式，又可以规定是自动（auto）还是期望（desirable），如图 8-38 所示。

```
SwitchA#configure terminal
Enter configuration commands, one per line.  End with CNTL/Z.
SwitchA(config)#terface fastEthernet 0/24
SwitchA(config-if)#sw itchportmode?
  access Settrunking mode to ACCESS unconditionally
  dynam ic Settrunking mode to dynam ically negotiate access or trunk mode
  trunk Settrunking mode to TRUNK unconditionally
```

图 8-37　配置主干道模式

```
SwitchA(config-if)#switchport mode  dynamic ?
  auto        Set trunking mode dynamic negotiation parameter to AUTO
  desirable  Set trunking mode dynamic negotiation parameter to DESIRABLE
```

图 8-38　配置动态主干道模式

因此，两台交换机的两个端口之间是否能够建立干道连接，取决于这两个端口模式的组合，如表 8-2 所示。

表 8-2　主干道模式组合

本交换机端口模式 \ 对方端口模式	普通	干道	自动	期望
普通	无干道	无干道	无干道	无干道
干道	无干道	干道	干道	干道
自动	无干道	干道	无干道	干道
期望	无干道	干道	干道	干道

在设置了交换机干道端口后，可以使用命令 show interfaces *xxx* trunk 检查干道状态。如图 8-39 所示，显示了 VLAN 的干道模式及当前干道状态、干道封装类型、本征 VLAN 号、干道可以承载的 VLAN 列表、本管理域活跃的 VLAN 列表、处于 STP（生成树协议，见 9.2 节）转发状态的 VLAN 等。

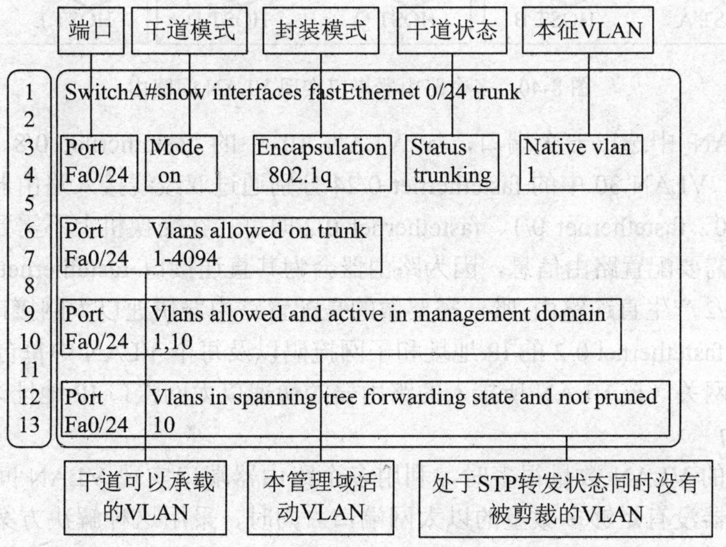

图 8-39　命令 show interfaces fastEthernet 0/24 trunk 的输出

8.3.4　VLAN 间路由选择

VLAN 将不同网段的广播隔离开，同时也隔离了不同网段间用户的其他数据。实际上，不同 VLAN 间如果不采用特殊的技术、不借助其他设备是无法通信的。

为了实现VLAN间的数据传递，必须使用外接路由器或内置路由模块的方法来实现VLAN间路由选择。

1. 利用多个路由器端口实现 VLAN 间路由选择

可以利用多个路由器端口实现 VLAN 间路由选择。这种方法是最简单的一种实现方法，在交换机一端和路由器一端几乎不需要额外的配置，如图 8-40 所示。

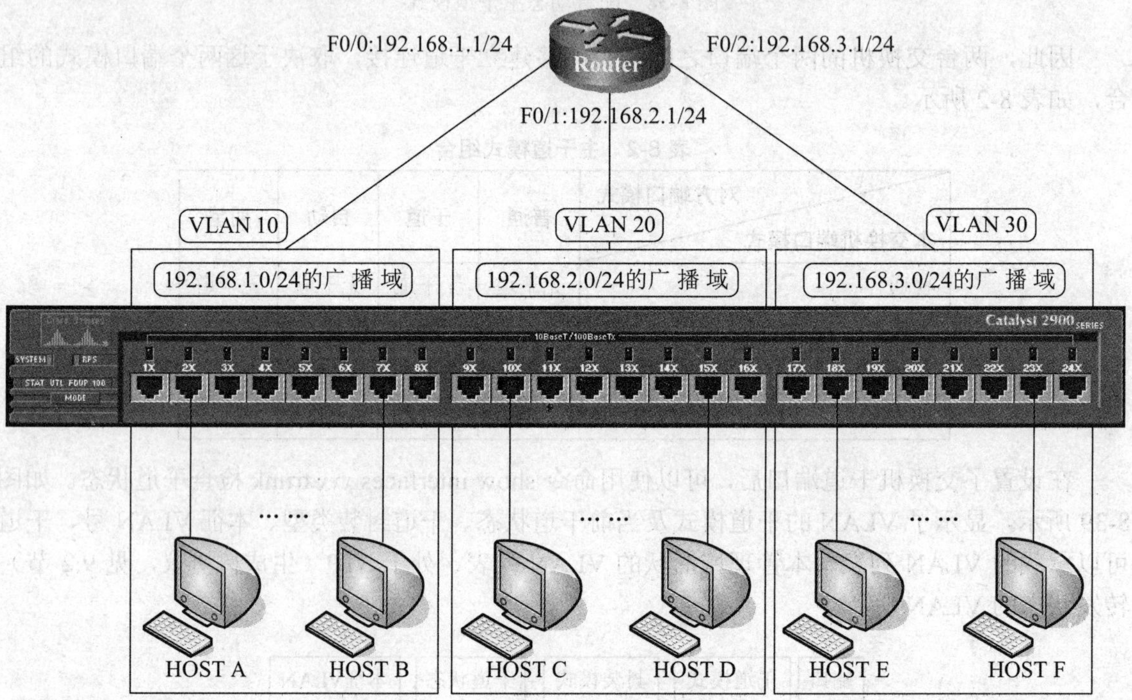

图 8-40　多个路由器接口实现 VLAN 间路由

在每个 VLAN 中选出一个端口，如 VLAN 10 中的 fastethernet 0/8、VLAN 20 中的 fastethernet 0/16、VLAN 30 中的 fastethernet 0/24 分别通过双绞线接入路由器的快速以太网接口 fastethernet 0/0、fastethernet 0/1、fastethernet 0/2 即可。在交换机上不需要配置任何选项。在路由器端也不需要配置路由信息，因为路由器会为其直连接口 fastethernet 0/0、fastethernet 0/1、fastethernet 0/2 产生直连路由。唯一需要做的是配置路由器快速以太网接口 fastethernet 0/0、fastethernet 0/1、fastethernet 0/2 的 IP 地址和子网掩码以及每个 VLAN 中每台主机的 IP 地址、子网掩码和默认网关（该 VLAN 所接入的路由器的快速以太网接口 IP 地址）。

2. 单臂路由

当交换机上的 VLAN 数量很多时，利用多个路由器端口实现 VLAN 间路由选择变得不可能，因为路由器没有足够多数量的以太网端口。同时，采用这种解决方案，每端口成本将会很高。

为此，可以使用称为单臂路由器（Router on a Stick，或称 One-Arm-Router）的解决方案。在这种方式中，路由器的一个快速以太网口和交换机的主干道接口相连，并将路由器的快速以太网物理接口划分成若干个子接口，每个子接口对应一个 LAN。同时，将路由器子接口的封装形式设为 ISL 或 802.1Q 之一（需要和交换机的设置匹配）。这时，路由器的快速以太网口和交换机主干端口之间将形成主干道，可以运载多个 VLAN 的信息，如图 8-41 所示。

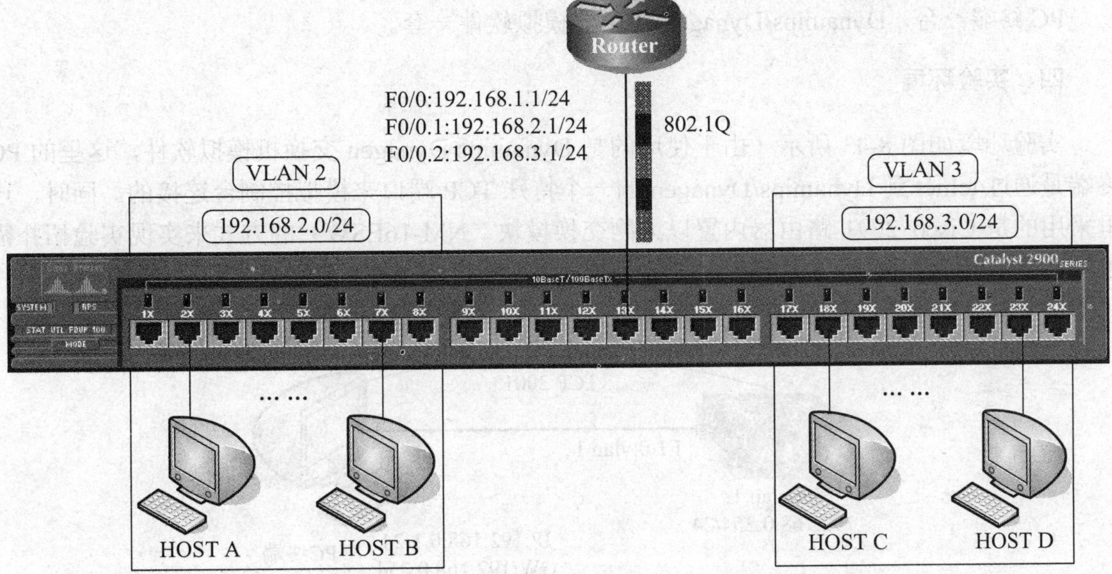

图 8-41　单臂路由

请注意，如果采用 802.1Q 的封装形式，则 VLAN 1 不能封装。因为 802.1Q 规定本征 VLAN（VLAN 1）是不封装的。如图 8-42 所示。

```
RouterA#configure terminal
Enter configuration commands, one per line.  End with CNTL/Z.
RouterA(config)#interface fastEthernet 0/1
RouterA(config-if)#ip address 192.168.1.1 255.255.255.0
RouterA(config-if)#interface fastEthernet 0/1.1
RouterA(config-subif)#encapsulation dot1Q 2
RouterA(config-subif)#ip address 192.168.2.1 255.255.255.0
RouterA(config-subif)#interface fastEthernet 0/1.2
RouterA(config-subif)#encapsulation dot1Q 3
RouterA(config-subif)#ip address 192.168.3.1 255.255.255.0
RouterA(config-subif)#end
RouterA#
```

图 8-42　配置 VLAN 间路由（采用子接口方式）

实验 8-1　交换机基本配置

一、实验目的

1．掌握交换机基本配置的步骤和方法。

2．掌握查看和测试交换机基本配置的步骤和方法。

二、实验任务

配置交换机的基本参数，检查交换机的基本参数配置。

三、实验设备

PC 终端一台，Dynamips/Dynagen 路由器模拟软件一套。

四、实验环境

实验环境如图 8-43 所示（由于使用的是 Dynamips/Dynagen 交换机模拟软件，这里的 PC 终端是通过 telnet 到 Dynamips/Dynagen 的一个特殊 TCP 端口来模拟控制台连接的。同时，这里采用的是 Cisco 2691 路由器内置以太网交换模块（NM-16ESW）的方式来实现实验拓扑需求的，见附录 A）。

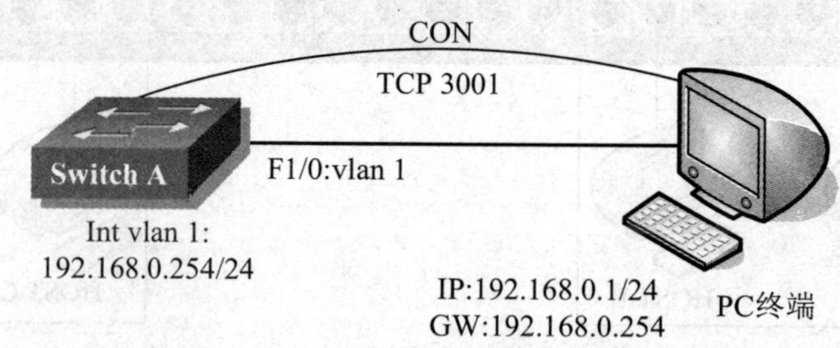

图 8-43 “交换机基本配置”实验环境

五、实验步骤

1．按图 8-43 设计、编写 Dynagen 所需.NET 文件。

2．通过 Dynagen 运行编写好的.NET 网络拓扑文件。

3．配置交换机主机名（SwitchA）、加密使能密码（S1）、虚拟终端密码（S2）及超时时间（5 分钟）、禁止名称解析服务。

4．配置 PC 终端 IP 地址：（192.168.0.1）、子网掩码（255.255.255.0）、默认网关（192.168.0.254）；配置交换机管理 IP 地址（192.168.0.254）、子网掩码（255.255.255.0）、默认网关（192.168.0.253）。

5．配置交换机端口（fastethernet）速率（100Mb/s）、端口双工方式（全双工）。

6．通过 Telnet 方式登录到交换机。

7．检查交换机运行配置文件内容。

8．检查交换机启动配置文件内容。

9．检查 VLAN 1 的参数及配置。

10．检查端口 fastethernet 1/0 的状态及参数。

11．检查交换机 MAC 地址表的内容。

实验 8-2　VLAN 配置

一、实验目的

掌握交换机上创建 VLAN、分配静态 VLAN 成员的方法。

二、实验任务

1．配置两个 VLAN：VLAN 2 和 VLAN 3 并为其分配静态成员。
2．测试 VLAN 分配结果。

三、实验设备

PC 终端一台，Dynamips/Dynagen 路由器模拟软件一套。

四、实验环境

实验环境如图 8-44 所示。这里采用 4 台路由器 A、B、C、D 来模拟接入交换机 A 的 PC 终端。

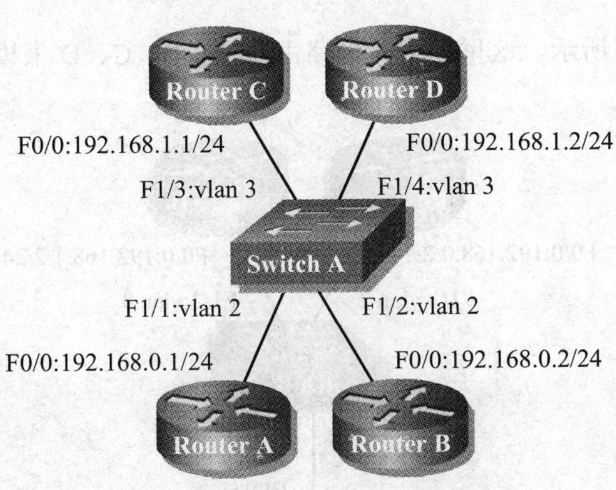

图 8-44　“VLAN 配置”实验环境

五、实验步骤

1．按图 8-44 设计、编写 Dynagen 所需.NET 文件。
2．通过 Dynagen 运行编写好的.NET 网络拓扑文件。
3．按照 8.2 节配置交换机基本参数。
4．在交换机 A 上创建两个 VLAN：VLAN 2 和 VLAN 3。
5．将交换机 A 上的端口 fastethernet 1/1、fastethernet 1/2 分配成 VLAN 2 的成员，将交换机 A 上的端口 fastethernet 1/3、fastethernet 1/4 分配成 VLAN 3 的成员。
6．按图 8-44 所示配置各路由器 IP 地址、子网掩码信息。

7．测试同一 VLAN 内工作站的连通性。
8．测试不同 VLAN 间工作站的连通性。
9．检查交换机上的 VLAN 相关信息。

实验 8-3　VLAN 主干道配置

一、实验目的

掌握在交换机上创建交换机间的主干道，实现对多 VLAN 的运输。

二、实验任务

1．在两个交换机上分别创建两个 VLAN：VLAN 2 和 VLAN 3 并为其分配静态成员。
2．创建两个交换机上的主干道；测试主干道的工作情况。

三、实验设备

PC 终端一台，Dynamips/Dynagen 路由器模拟软件一套。

四、实验环境

实验环境如图 8-45 所示。这里采用 4 台路由器 A、B、C、D 来模拟接入交换机 A、交换机 B 的 PC 终端。

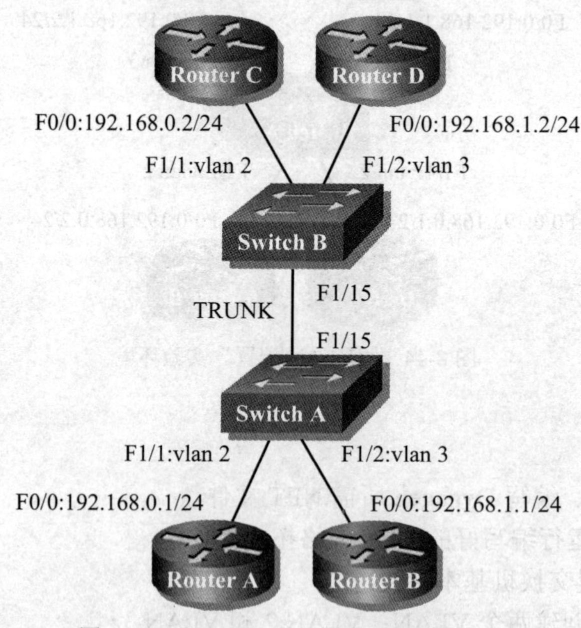

图 8-45　“VLAN 主干道配置”实验环境

五、实验步骤

1．按图 8-45 设计、编写 Dynagen 所需.NET 文件。

2．通过 Dynagen 运行编写好的.NET 网络拓扑文件。

3．按照 8.2 节配置交换机基本参数。

4．在交换机 A 和交换机 B 上各自创建两个 VLAN：VLAN 2 和 VLAN 3。

5．将各交换机上的端口 fastethernet 1/1 分配成 VLAN 2 的成员，将各交换机上的端口 fastethernet 1/2 分配成 VLAN 3 的成员。

6．按图 8-45 所示配置各路由器 IP 地址、子网掩码信息。

7．将交换机 A 和交换机 B 的端口 fastethernet 1/15 设置为干道接口。

8．测试同一 VLAN 内工作站的连通性。

9．测试不同 VLAN 间工作站的连通性。

10．检查交换机上的 VLAN 相关信息。

11．检查交换机上的主干道相关信息。

实验 8-4　VLAN 间路由配置

一、实验目的

掌握利用路由器快速以太网子接口以及 802.1Q 封装实现 VLAN 间路由的方法。

二、实验任务

1．配置两个 VLAN：VLAN 2 和 VLAN 3 并为其分配静态成员。

2．配置路由器快速以太网子接口上的 802.1Q 封装实现 VLAN 间路由。

3．测试 VLAN 间的连通性。

三、实验设备

PC 终端一台，Dynamips/Dynagen 路由器模拟软件一套。

四、实验环境

实验环境如图 8-46 所示。这里采用 1 台路由器 B 来模拟接入交换机 A 的另一台 PC 终端。

五、实验步骤

1．按图 8-46 设计、编写 Dynagen 所需.NET 文件。

2．通过 Dynagen 运行编写好的.NET 网络拓扑文件。

3．配置路由器、交换机的基本参数。

4．在交换机 A 上创建两个 VLAN：VLAN 2 和 VLAN 3。

5．将交换机 A 上的端口 fastethernet 1/1 分配成 VLAN 2 的成员，将交换机 A 上的端口 fastethernet 1/2 分配成 VLAN 3 的成员。

6．按图 8-46 所示配置 PC 终端的 IP 地址、子网掩码信息、默认网关信息。

7．按图 8-46 所示配置路由器 B 的接口 fastethernet 0/0 的 IP 地址、子网掩码信息。同时，配置下一跳指向 192.168.3.1 的默认路由以模拟默认网关。

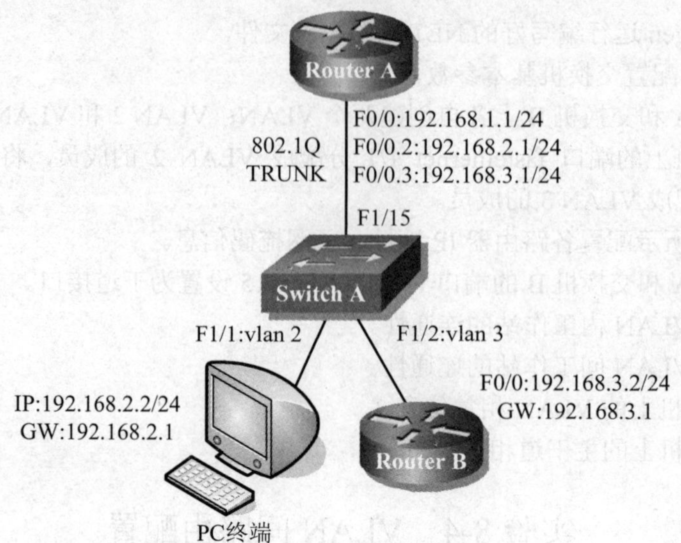

图 8-46 “VLAN 间路由配置”实验环境

8．将交换机 A 端口 fastethernet1/15 设置为干道接口。

9．按图 8-46 所示配置路由器 A 的快速以太网接口 fastethernet 0/0，建立相应 VLAN 的子接口并封装 802.1Q 协议。

10．测试不同 VLAN 间工作站的连通性。

思考与练习

1．常见的网络互连设备有哪些，它们有什么特点，在何种场合使用？

2．交换机有几种数据转发模式？

3．简述园区网分层设计模型思想。

4．写出 VLAN 成员分配的两种方法的特点。

5．写出两种 VLAN 中继协议的特点。

6．写出 VLAN 间路由的各种方法及其特点。

7．练习交换机的基本配置。

8．练习创建 VLAN、分配 VLAN 静态成员、删除 VLAN、验证 VLAN。

9．练习配置交换机间主干道。

10．练习配置 VLAN 间路由。

第 9 章　生成树协议原理与配置

本章学习目标

本章主要介绍冗余交换链路与生成树协议的相关知识及交换机上生成树协议的诊断方法。通过本章的学习，读者应该掌握以下内容：

- 了解冗余拓扑结构的优点及其带来的问题
- 了解生成树协议的工作原理
- 熟悉生成树协议的相关术语
- 理解根网桥选举的过程
- 熟悉生成树协议中交换机端口状态的转化
- 掌握生成树协议的诊断方法
- 掌握加速生成树协议收敛的方法
- 掌握网根桥调整方法
- 理解 PVST 工作原理
- 理解 MST 工作原理

9.1　冗余拓扑结构

为了实现设备之间的冗余配置，往往需要对网络中的关键设备和关键链路进行备份。如图 9-1 所示。

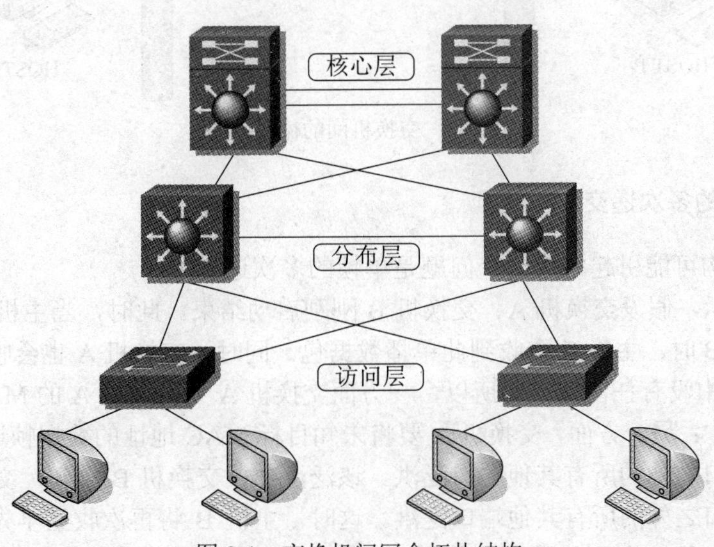

图 9-1　交换机间冗余拓扑结构

采用冗余拓扑结构保证了当设备或链路故障时提供备份设备或链路，从而不影响正常的通信。但是，如果网络设计不合理，这些冗余设备及链路构成的环路将会引发很多问题，导致网络设计失败。

本节将讨论如何在实现冗余的同时保证网络的无环设计。

9.1.1 广播风暴

首先，冗余拓扑结构可能导致最严重的问题是广播风暴。

如果不进行特殊设计，采用冗余拓扑结构的交换网络必将出现广播风暴。如图 9-2 所示，交换机 A 和交换机 B 分别同时连接了网段 1 和网段 2。当交换机 A 收到主机 A 发来的一个广播帧后，它会将此广播帧向除了接收此帧的端口之外的所有其他端口转发，称为广播泛洪。交换机 B 同样也会将从主机 A 发来的这个广播帧向除了接收此帧的端口之外的所有其他端口广播。同时，交换机 A、交换机 B 也会收到对方转发过来的广播帧。它们仍然要向除接收端口之外的所有端口转发，依此类推。之后，网段 1 和网段 2 链路上将出现越来越多的广播帧。另外，由于属于数据链路层的数据帧中没有 TTL 字段。因此，这些广播帧将一直在网络之间循环，直到网络完全瘫痪或交换机重新启动为止。我们将这种现象称为广播风暴。

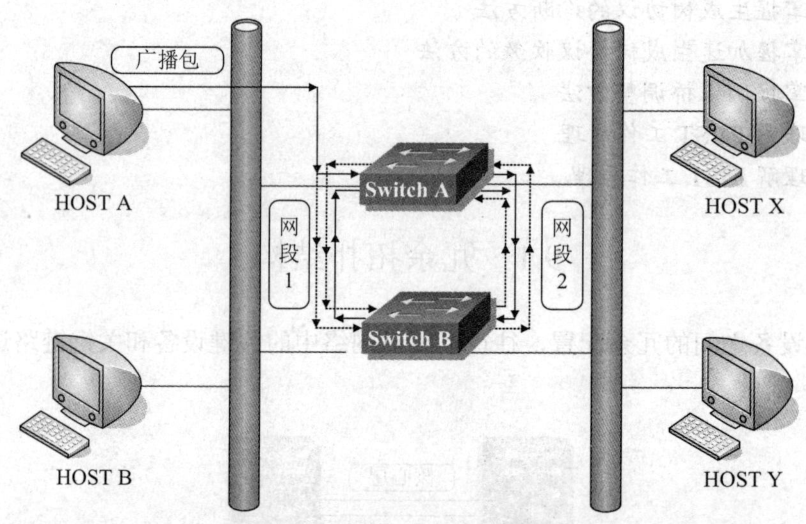

图 9-2 交换机间的循环链路

9.1.2 单帧的多次递交

冗余拓扑结构可能引起的第二个问题是单帧的多次递交。

如图 9-3 所示，假设交换机 A、交换机 B 刚刚启动结束。此时，当主机 A 发送了一个单播数据包给主机 B 时，主机 B 会收到此单播数据包。同时，交换机 A 也会收到此包。由于交换机 A 的桥接表中没有任何条目，所以，一方面交换机 A 要将主机 A 的 MAC 地址和所在端口记录在桥接表中；另一方面，交换机 A 要将未知目标 MAC 地址的数据帧进行泛洪，即向除了接收此帧的端口之外的所有其他端口泛洪。该泛洪会被交换机 B 收到，交换机 B 也要向除了接收此帧的端口之外的所有其他端口泛洪。这时，主机 B 将再次收到早先收到过的主机 A 发给它的数据包。我们将这个现象称为单帧的多次递交。

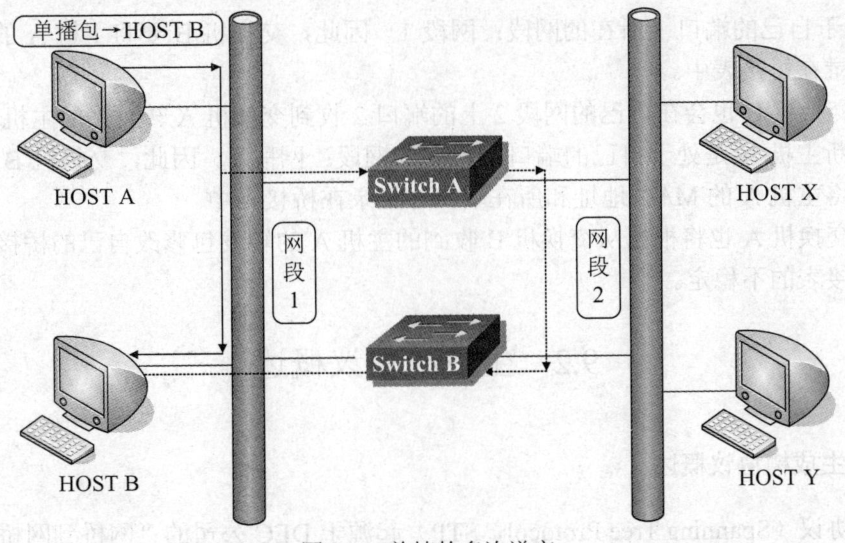

图 9-3　单帧的多次递交

单帧的多次递交可能会导致目标主机上层协议栈的工作出现问题。同时，也引起交换链路上不必要的带宽消耗。

9.1.3　桥接表的不稳定

冗余拓扑结构还可能引起桥接表的不稳定。

如图 9-4 所示，假设交换机 A、交换机 B 刚刚启动结束。此时，当主机 A 发送了一个单播数据包时，交换机 A 会收到此包并判断主机 A 是处于自己的端口 1 所在网段：网段 1。因此，交换机 A 要将主机 A 的 MAC 地址和端口 1 记录在桥接表中。另一方面，交换机 A 要将此未知目标 MAC 地址向除了端口 1 之外的所有其他端口泛洪，包括自己的端口 2。

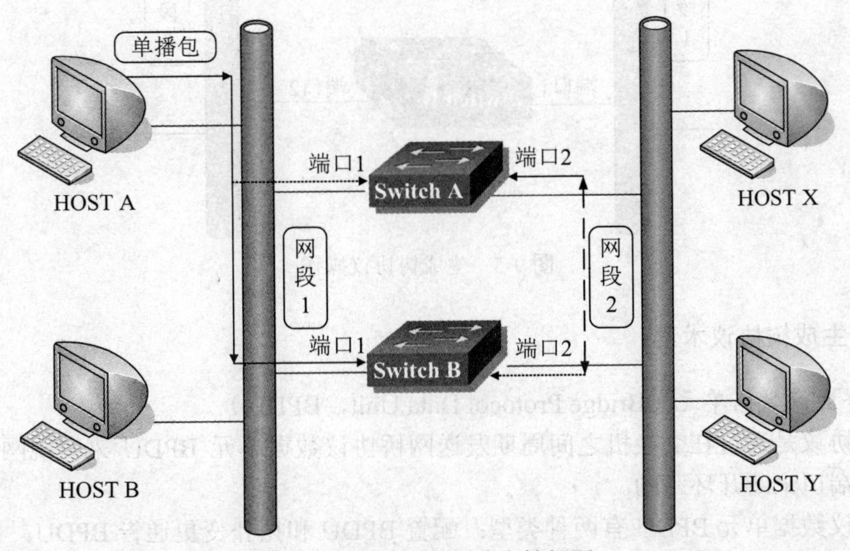

图 9-4　桥接表的不稳定性问题

同样，交换机 B 也会在自己的网段 1 上的端口 1 收到主机 A 发来的单播数据包，并判断主机 A 是处于自己的端口 1 所在的网段：网段 1。因此，交换机 B 要将主机 A 的 MAC 地址和端口 1 记录在桥接表中。

随后，交换机 B 也会在自己的网段 2 上的端口 2 收到交换机 A 转发来的主机 A 的单播数据包，并判断主机 A 是处于自己的端口 2 所在的网段：网段 2。因此，交换机 B 要修改自己的桥接表，将主机 A 的 MAC 地址和所在端口 2 记录在桥接表中。

同样，交换机 A 也将根据从交换机 B 收到的主机 A 的转发包修改自己的桥接表。以此循环，造成桥接表的不稳定。

9.2 生成树协议概述

9.2.1 生成树协议概述

生成树协议（Spanning Tree Protocol，STP）起源于 DEC 公司的“网桥到网桥”协议。后来，IEEE 802 委员会制定了生成树协议的规范 IEEE 802.1D。

生成树协议是一个第 2 层的管理协议。其目标是在物理环路上建立一个无环的逻辑链路拓扑结构。

如图 9-5 所示，通过逻辑地将某端口阻塞来断开环路，使得任何两台主机之间只有一条唯一的通路，达到既冗余又无环的目的。

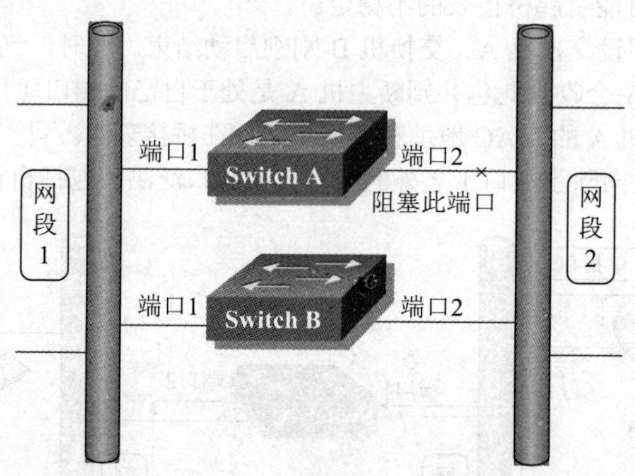

图 9-5 生成树协议操作

9.2.2 生成树协议术语

1. 网桥协议数据单元（Bridge Protocol Data Unit，BPDU）

生成树协议是通过在交换机之间周期发送网桥协议数据单元 BPDU 来发现网络上的环路并阻塞有关端口来断开环路的。

网桥协议数据单元 BPDU 有两种类型：配置 BPDU 和拓扑变更通告 BPDU。

网络上的交换机每隔 2 秒钟都要向网络上发送配置 BPDU 报文。通过这些报文，每台交换机可以判断自己的位置和每个端口应该工作的模式等。

表 9-1 列出了配置 BPDU 报文主要包含的一些字段。

表 9-1　配置 BPDU 报文中的各字段

字段名称	长度（字节）	作用
协议号	2	固定为 0
版本号	1	固定为 0
报文类型	1	配置 BPDU 或拓扑变更通告 BPDU
标记	1	用于指示与拓扑变更通告 BPDU 有关的信息
根网桥号	8	由优先级和 MAC 地址两部分组成
根路径成本	4	到根网桥的累计花费值
发送网桥号	8	发送此 BPDU 的网桥号
端口号	2	发送此 BPDU 的网桥的端口号
呼叫时间	2	两次发送 BPDU 之间的间隔，默认为 2 秒
转发延迟	2	端口处于侦听、学习状态的时间，默认为 15 秒

2. 网桥号（Bridge ID）

网桥号（Bridge ID，BID）用来标识网络中的每台交换机。它由两部分组成。第一部分是网桥优先级，占 2 字节。因此，范围是 0～65535，默认值是 32768（从 IOS 版本 12.1（9）EA1 开始，要叠加 VLAN 号，如 VLAN 1 的生成树协议实例 BID 的优先级为 32769，VLAN 2 的生成树协议实例 BID 的优先级为 32770 等）。第二部分是交换机 MAC 基地址，占 6 字节。

3. 根网桥（Root bridge）

交换机通过彼此交换 BPDU 信息来选出根网桥。具有最小网桥号的交换机将成为根网桥（Root bridge）。根网桥的所有端口都不会阻塞，即都处于转发包的状态。

4. 指定网桥（Designated bridge）

交换机连接的每个网段要选出一个指定网桥，该指定网桥到根网桥的累计路径花费最小。同时该指定网桥负责收发本网段的数据包。

5. 根端口（Root port）

整个网络中只能有一个根网桥，其他网桥称为非根网桥。在非根网桥上，需要选择一个根端口（Root port）。所谓根端口是指交换机上到根网桥累计路径花费最小的端口。交换机通过此端口和根网桥通信。

6. 指定端口（Designated port）

每个非根网桥还要为所连接的网段选出一个指定端口（Designated port）。一个网段的指定端口是指该网段到根网桥累计路径花费最小的端口。该网段通过此端口向根网桥发送数据包。对于根网桥来说，其每个端口都是指定端口。

7. 非指定端口（NonDesignated port）

除了根端口和指定端口外的其他端口称为非指定端口（NonDesignated port）。非指定端口将处于阻塞状态，不转发任何用户数据。

9.2.3 根网桥选举

网络中的每一台交换机都周期性地发送 BPDU。在开始阶段，需要决定哪个交换机是根网桥。

每台交换机启动时都假设自己是根网桥，从自己的所有可用端口发送配置 BPDU，并在自己的 BPDU 包中声明这一点，同时该 BPDU 中还包含自己的网桥号。当一台交换机收到其他交换机发送来的 BPDU 时，会检查对方交换机的网桥号，如果对方的网桥号比自己小，则此交换机将不再声称自己是根网桥，而是将对方网桥号写入根网桥号字段。

网络中的所有交换机都进行这样的操作。最后，网络中具有最小网桥号的交换机将成为根网桥。

如图 9-6 所示，在交换机 A、交换机 B、交换机 C 互相发送 BPDU 的过程中，各网桥将最终达成一致——交换机 A 将成为根网桥，因为其网桥号 BID 最小（在优先级相同的情况下，比较网桥的 MAC 地址）。其他交换机，如交换机 B、交换机 C 将成为非根网桥。

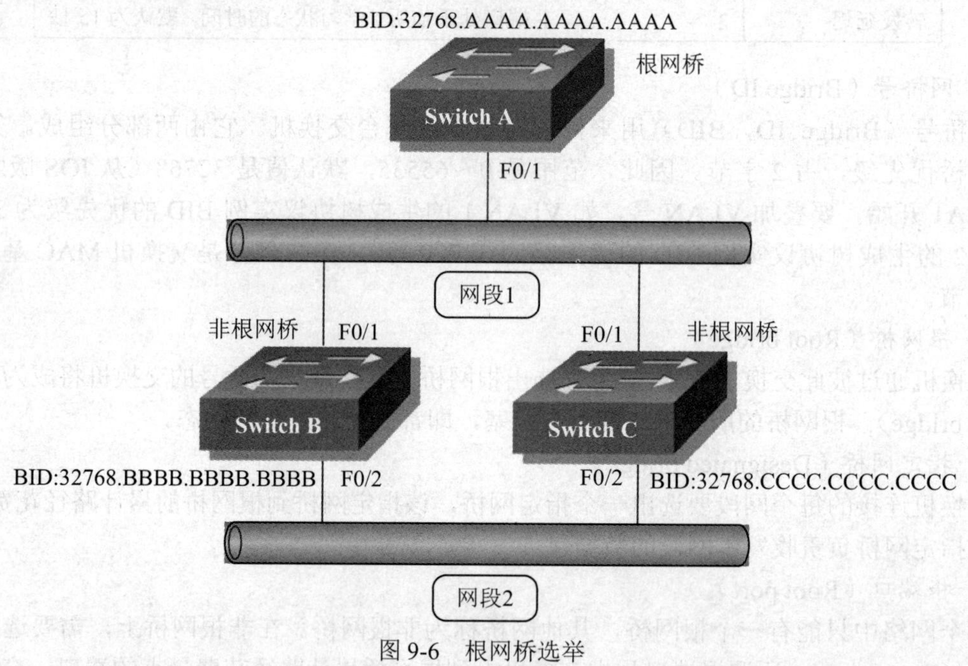

图 9-6 根网桥选举

9.2.4 生成树代价

在根网桥被确定下来以后，其他非根网桥要决定自己的根端口。根据定义，根端口是指非根网桥上到根网桥累计路径花费最小的端口。

路径花费反映了到达根网桥的代价。计算原则是链路带宽越大，代价或花费越小。原来的 IEEE 802.1D 规定，代价值等于 1000Mb/s 除以链路带宽，如 10Mb/s 以太网链路代价将是 100，而 100Mb/s 快速以太网链路代价将是 10。随着技术的发展，以太网链路带宽已达到 10Gb/s，原来的规定已不再适用。IEEE 给出了修正的非线性链路代价值，如表 9-2 所示。

表 9-2　生成树链路代价值

链路带宽	旧标准	新标准
4Mb/s	250	250
10Mb/s	100	100
16Mb/s	63	62
100Mb/s	10	19
155Mb/s	6	14
622Mb/s	2	6
1Gb/s	1	4
10Gb/s	1	2
>10Gb/s	1	1

按照这个表格，可以算出每条链路的代价，进而决定非根网桥上的根端口。

如图 9-7 所示，对于交换机 B 来说有两条路径可以到达根网桥交换机 A。一条路径是从自己的 fastethernet 0/1 出发直接到达根网桥，此路径的代价是 19。另一条路径是从自己的 fastethernet 0/2 出发先到达交换机 C 的 fastethernet 0/2，再经过交换机 C 的 fastethernet 0/1 到达根网桥，此路径的代价是 38。显然，第一条路径代价更小。因此，交换机 A 的 fastethernet 0/1 将成为该交换机的根端口。

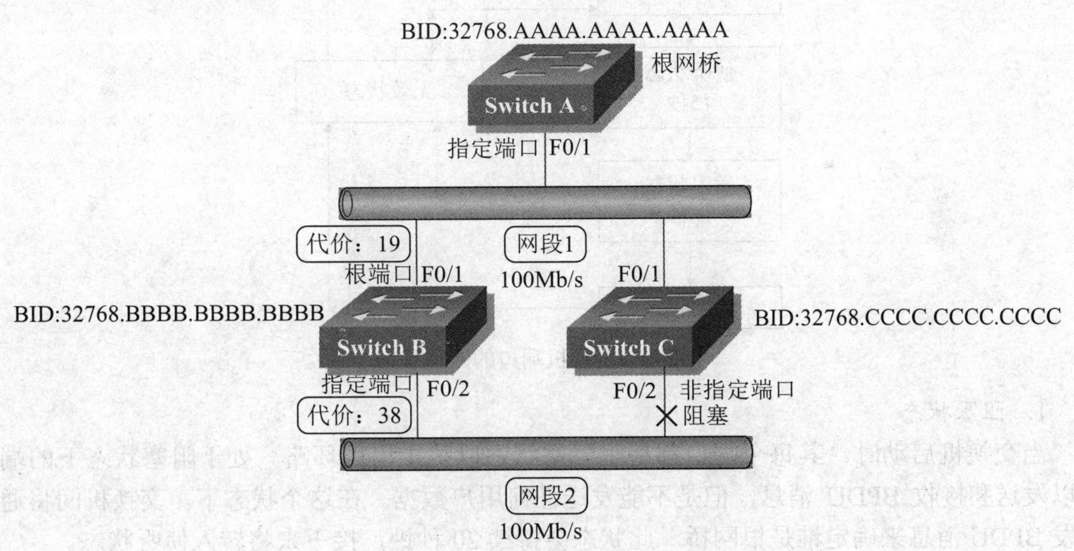

图 9-7　根端口选举

同理，交换机 C 将选择自己的 fastethernet 0/1 作为该交换机的根端口。

接下来，每个网段还要选出该网段的指定端口。对于网段 1，因为直接连着根网桥，而根网桥的所有端口都是指定端口，所以根网桥交换机 A 的 fastethernet 0/1 将成为指定端口，负责收发网段 1 的数据包。

对于网段 2，情况有些复杂。根据指定端口的定义，指定端口是指该网段到根网桥累计路径花费最小的端口。网段 2 到根网桥有两条路径。一条路径是从交换机 B 的 fastethernet 0/2 进入，再从交换机 B 的 fastethernet 0/1 流出，然后到达根网桥，此路径的代价是 38。另一条路径是从交换机 C 的 fastethernet 0/2 进入，再从交换机 C 的 fastethernet 0/1 流出，然后到达根网桥，此路径的代价也是 38。

这时，该如何决定谁是指定端口呢？为了打破平衡，这时将比较两个网桥的网桥号。拥有较低网桥号的交换机上的端口将成为网段 2 的指定端口。即交换机 B 上的 fastethernet 0/2 将成为指定端口，负责收发网段 2 上的数据包，如图 9-7 所示。

最后，既不是根端口，也不是指定端口的端口将成为非指定端口。在图 9-7 中，交换机 C 的 fastethernet 0/2 将成为非指定端口。该端口将处于阻塞状态，不能收发任何用户数据。

9.2.5 生成树协议操作

当运行生成树协议的交换机启动时，其所有端口都要经过一定的端口状态变化过程。在这个过程中，生成树协议要通过交换机间交换的 BPDU 消息决定网桥角色、端口角色以及端口状态。

交换机上的端口可能处于以下四种状态之一：阻塞、侦听、学习和转发，如图 9-8 所示。

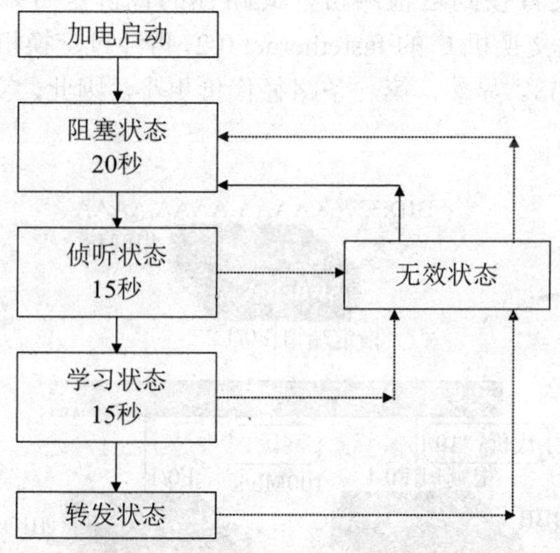

图 9-8 交换机端口的四种状态

1. 阻塞状态

当交换机启动时，其每个端口都处于阻塞状态以防止出现环路。处于阻塞状态下的端口可以发送和接收 BPDU 消息，但是不能发送任何用户数据。在这个状态下，交换机间将通过收发 BPDU 消息来确定谁是根网桥。此状态会持续 20 秒钟，接下来将转入侦听状态。

2. 侦听状态

在侦听状态下，交换机间将继续收发 BPDU 消息。这时，仍不能发送任何用户数据。在这个状态下，交换机将确定根端口和指定端口。此状态会持续 15 秒钟。在这个阶段结束时，那些既不是根端口，也不是指定端口的端口将成为非指定端口并退回到阻塞状态。而根端口和指定端口将转入学习状态。

3. 学习状态

在学习状态下，交换机开始接收用户数据，并根据用户数据内容建立桥接表。但仍然不能转发用户数据。此状态会持续 15 秒钟。接下来处于学习状态的端口将进入转发状态。

4. 转发状态

在转发状态下，端口开始转发用户的数据包。

5. 无效状态

无效状态不是正常生成树协议的状态。当一个接口处于无外接链路、被管理性关闭的情况下，它将处于无效状态。处于无效状态的端口不接收 BPDU。

9.2.6 生成树的重新计算

拓扑结构变化也会引起端口状态变化。例如，某个处于阻塞状态的端口仍然每隔 2 秒发送 BPDU 消息，也期望每隔 2 秒能收到对方交换机发来的 BPDU 消息。如果经过“最大寿命”时间——20 秒钟后仍未收到任何 BPDU 消息，该端口将自动转入侦听状态。如果有可能，该端口最后会转到转发状态并转发用户数据。

如图 9-9 所示，当交换机 C 的 fastethernet 0/1 由于某种原因断开时，交换机 C 开始重新计算生成树。经过计算，将把端口 fastethernet 0/2 变成交换机 C 的根端口。此端口开始转入侦听、学习等状态，最后开始转发数据包。这时，称网络重新达到收敛状态。达到收敛状态需要 30～50 秒的时间。

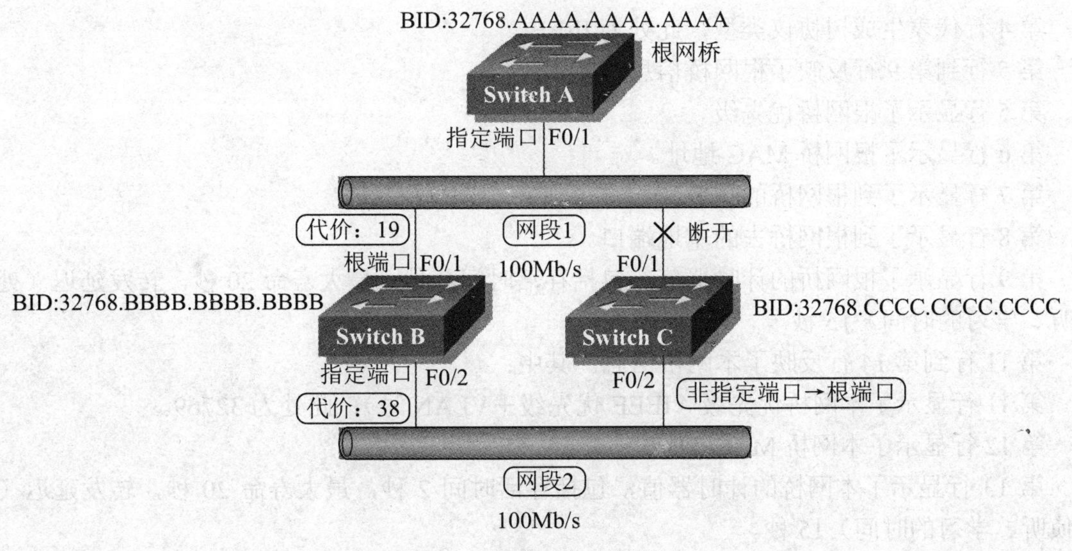

图 9-9　生成树的重新计算

9.3 生成树协议诊断

生成树几乎不需要任何配置就可以正常工作。但是，为了优化交换式网络的性能，有时需要对生成树的工作状态进行诊断。必要的时候，还要进行调整。本节介绍常用的生成树协议诊断命令。

1. show spanning-tree

该命令用来显示生成树协议中交换机及其端口的情况，如图 9-10 所示。

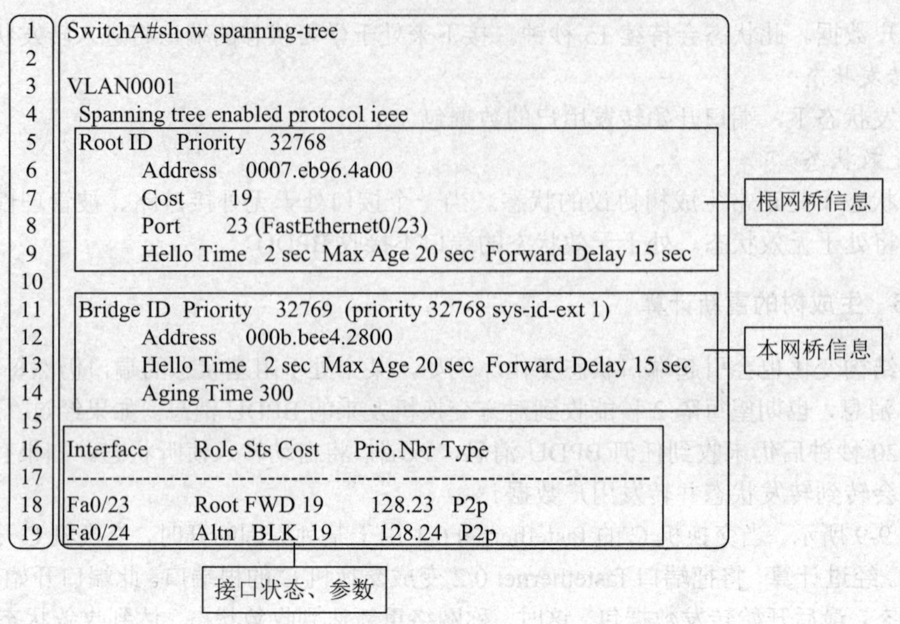

图 9-10　命令 show spanning-tree 的输出

其中，

第 4 行代表生成树协议类型，此处为 IEEE。

第 5 行到第 9 行反映了根网桥信息。其中：

第 5 行显示了根网桥优先级。

第 6 行显示了根网桥 MAC 地址。

第 7 行显示了到根网桥的花费。

第 8 行显示了到根网桥去的本地端口。

第 9 行显示了根网桥的计时器值，包括存活时间 2 秒，最大寿命 20 秒，转发延迟（处于侦听、学习的时间）15 秒。

第 11 行到第 14 行反映了本网桥信息。其中：

第 11 行显示了本网桥优先级（IEEE 优先级＋VLAN 号），此处为 32769。

第 12 行显示了本网桥 MAC 地址。

第 13 行显示了本网桥的计时器值，包括存活时间 2 秒，最大寿命 20 秒，转发延迟（处于侦听、学习的时间）15 秒。

第 14 行显示了本网桥 MAC 地址表（桥接表）的老化时间，此处为 300 秒。

第 16 行到第 19 行反映了本网桥端口相关信息。包括端口名称、端口号、端口角色、端口状态等信息。

2. show spanning-tree blockedports

该命令用于显示处于阻塞状态的端口，如图 9-11 所示。

3. show spanning-tree detail

和 show spanning-tree 的输出类似，该命令用于显示生成树详细信息，如图 9-12 所示。

4. show spanning-tree interface

该命令用于显示生成树中某端口相关状态，如图 9-13 所示。

```
SwitchA#show spanning-tree blockedports

Name                 Blocked Interfaces List
-------------------- ------------------------------------
VLAN0001             Fa0/24

Number of blocked ports (segments) in the system : 1
```

图 9-11　命令 show spanning-tree blockedports 的输出

```
SwitchA#show spanning-tree detail

 VLAN0001 is executing the ieee compatible Spanning Tree protocol
  Bridge Identifier has priority 32768, sysid 1, address 000b.bee4.2800
  Configured hello time 2, max age 20, forward delay 15
  Current root has priority 32768, address 0007.eb96.4a00
  Root port is 23 (FastEthernet0/23), cost of root path is 19
  Topology change flag not set, detected flag not set
  Number of topology changes 0 last change occurred 00:15:55 ago
  Times:  hold 1, topology change 35, notification 2
          hello 2, max age 20, forward delay 15
  Timers: hello 0, topology change 0, notification 0, aging 300

 Port 23 (FastEthernet0/23) of VLAN0001 is forwarding
   Port path cost 19, Port priority 128, Port Identifier 128.23.
   Designated root has priority 32768, address 0007.eb96.4a00
   Designated bridge has priority 32768, address 0007.eb96.4a00
   Designated port id is 128.37, designated path cost 0
   Timers: message age 1, forward delay 0, hold 0
   Number of transitions to forwarding state: 1
   Link type is point-to-point by default
   BPDU: sent 2, received 475

 Port 24 (FastEthernet0/24) of VLAN0001 is blocking
… …
```

图 9-12　命令 show spanning-tree detail 的输出

```
SwitchA#show spanning-tree interface fastEthernet 0/23

Vlan                Role Sts Cost      Prio.Nbr Type
---------------- ---- --- ----- -------- --------------------
VLAN0001            Root FWD 19        128.23   P2p
```

图 9-13　命令 show spanning-tree interface 的输出

5. show spanning-tree vlan

当有多个 VLAN 时，Catalyst 交换机会为每个 VLAN 运行一个生成树实例。该命令用来显示指定 VLAN 的生成树内容，如图 9-14 所示。

6. show spanning-tree summary

该命令用于显示生成树汇总。包括本交换机是哪些 VLAN 的根网桥、端口快速特性（见本章后面的叙述）是否启用、处于生成树各个端口状态的端口数量等信息，如图 9-15 所示。

```
SwitchA#show spanning-tree vlan 1

VLAN0001
  Spanning tree enabled protocol ieee
  Root ID    Priority    32768
             Address     0007.eb96.4a00
             Cost        19
             Port        23 (FastEthernet0/23)
             Hello Time   2 sec  Max Age 20 sec  Forward Delay 15 sec

  Bridge ID  Priority    32769  (priority 32768 sys-id-ext 1)
             Address     000b.bee4.2800
             Hello Time   2 sec  Max Age 20 sec  Forward Delay 15 sec
             Aging Time 300

Interface        Role Sts  Cost     Prio.Nbr Type
---------------- ---- ---  -------- -------- --------------------------------
Fa0/23           Root FWD  19       128.23   P2p
Fa0/24           Altn BLK  19       128.24   P2p
```

图 9-14　命令 show spanning-tree vlan 1 的输出

```
SwitchA#show spanning-tree summary
Switch is in pvst mode
Root bridge for: none
EtherChannel misconfig guard is enabled
Extended system ID           is enabled
Portfast Default             is disabled
PortFast BPDU Guard Default  is disabled
Portfast BPDU Filter Default is disabled
Loopguard Default            is disabled
UplinkFast                   is disabled
BackboneFast                 is disabled
Pathcost method used         is short

Name                   Blocking Listening Learning Forwarding STP Active
---------------------- -------- --------- -------- ---------- ----------
VLAN0001                      1         0        0          1          2
```

图 9-15　命令 show spanning-tree summary 的输出

9.4　生成树协议调整

9.4.1　加速生成树收敛时间

经过前面的分析，我们已经知道交换机在刚加电启动时，每个端口都要经历生成树的四个阶段：阻塞、侦听、学习、转发。在能够转发用户的数据包之前，某个端口可能最多要等 50 秒钟的时间（20 秒的阻塞时间＋15 秒的侦听延迟时间＋15 秒的学习延迟时间）。

随着 PC 终端启动速度的不断加快以及以太网链路带宽的不断提高，在某些时候，有些 PC 终端上操作系统运行的协议可能会因交换机端口的转发延迟而失败。例如，运行 DHCP 的

PC 终端一启动就要发送 IP 地址的请求，而此请求可能会在 50 秒内的时间内超时。除此之外，微软客户在登录域的时候也会受到影响。受影响最大的，恐怕是运行 RARP 的无盘工作站，它们加电启动后立即要寻找服务器，以获得启动映像。

实际上，对于交换机上直接连接普通用户，如 PC 终端的端口来说，用于阻塞和侦听的时间是不必要的。为了加速交换机端口状态转化时间，可以将某端口设置成为快速端口（Portfast）。设置为快速端口的端口当交换机启动或端口有工作站接入时，将会直接进入转发状态，而不会经历阻塞、侦听状态。

使用接口命令 spanning-tree portfast 可以将端口设置为快速端口，如图 9-16 所示。系统接收此命令后会给出警告信息，指出快速端口可能会造成桥接环路。同时，该命令只会对处于非干道方式的端口有效。

```
SwitchA#configure terminal
Enter configuration commands, one per line.  End with CNTL/Z.
SwitchA(config)#interface fastEthernet 0/10
SwitchA(config-if)#spanning-tree portfast
%Warning: portfast should only be enabled on ports connected to a single
 host. Connecting hubs, concentrators, switches, bridges, etc... to this
 interface  when portfast is enabled, can cause temporary bridging loops.
 Use with CAUTION

%Portfast has been configured on FastEthernet0/10 but will only
 have effect when the interface is in a non-trunking mode.
```

图 9-16　配置快速端口

9.4.2　每 VLAN 生成树

IEEE 802.1Q 中对生成树的定义是全局的，即对网络中所有的 VLAN 运行一个共同的生成树实例，将其称为单一生成树（Mono Spanning Tree，MST）。Cisco 对 802.1Q 进行了优化，提出了支持不同 VLAN 不同生成树实例，即每个 VLAN 一个生成树实例的解决方案，称为每 VLAN 生成树（Per Vlan Spanning Tree，PVST）。

在 PVST 中，每个 VLAN 独自运行自己的生成树实例，独自地选举根网桥、根端口、指定端口。换句话说，不同 VLAN 对于根网桥、根端口等的定义可能不同。而交换机上的某个端口对于不同的生成树实例来说会处于不同的工作状态。这样可以实现链路的复用和负载均衡。

如图 9-17 所示，交换机 A 是 VLAN 10 的根网桥，而交换机 B 是 VLAN 20 的根网桥。对于交换机 C 来说，它的端口 fastethernet 0/1 对于 VLAN 10，是其根端口，可以收发数据；对于 VLAN 20 是非指定端口，处于阻塞状态，不能收发用户数据。VLAN 20 在此网段的数据只能从交换机 A 的 fastethernet 0/1 发出。

对于交换机 B 来说，它的端口 fastethernet 0/2 对于 VLAN 20，是其指定端口，可以收发数据；对于 VLAN 10 是非指定端口，处于阻塞状态，不能收发用户数据。VLAN 10 在此网段的数据只能从交换机 C 的 fastethernet 0/2 发出。

这样，不同的 VLAN 有不同的数据通路，实现了负载均衡。

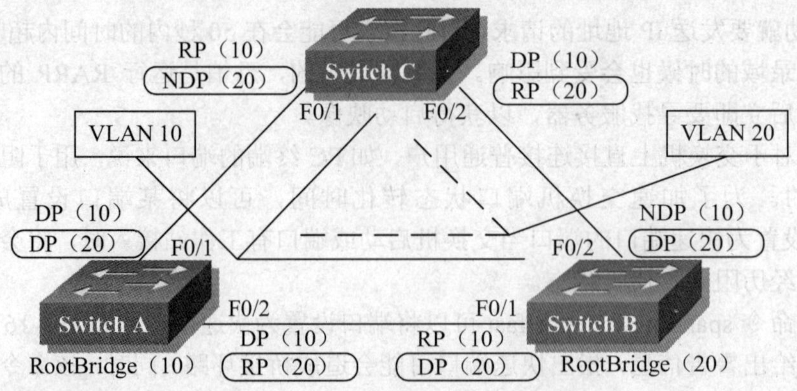

图 9-17　每 VLAN 生成树（PVST）

9.4.3　根网桥调整

默认情况下所有交换机的根网桥优先级都相等，而具有最低 MAC 地址的交换机将成为根网桥。但是，一方面，核心层交换机虽然吞吐量很大，但有可能因为 MAC 地址较大而成为非根网桥。另一方面，有可能被选作根网桥的交换机可能只是一台低端的交换机如 1900、2900 系列交换机，其带宽相对较低。但是作为根网桥，它需要充当其他所有交换机的交换中枢，其有限的带宽会成为园区网络交换的瓶颈。

为了解决这个问题，可以通过调整网桥优先级以及端口优先级的方式人工控制网络的交换结构，优化网络的运行。

在图 9-18 中，如果不加配置，默认都具有相同的网桥优先级（32768），而交换机 A 因具有较低的 MAC 地址成为根网桥，而交换机 B、C 成为非根网桥。

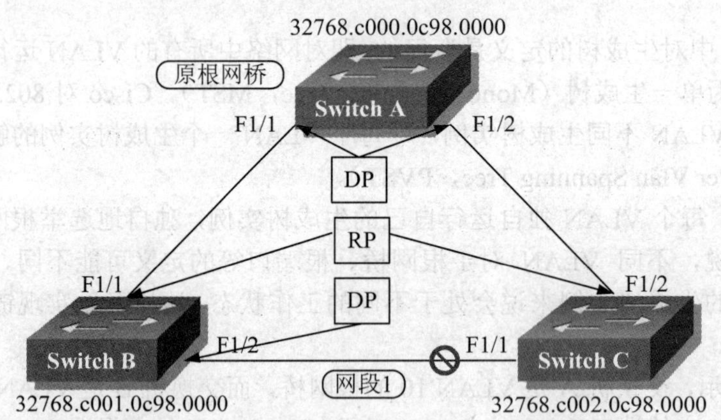

图 9-18　默认情况下的根网桥与非根网桥

从图 9-18 上还可以看出交换机 B 的端口 fastethernet 1/2 及交换机 C 的 fastethernet 1/1 到达根网桥的代价均为 19，进而拥有较低网桥号（32768.c001.0c98.0000）的交换机上的端口 fastethernet 1/2 将成为网段 1 的指定端口。交换机 C 的 fastethernet 1/1 将成为非指定端口并处于阻塞状态，不能收发任何用户数据。

图 9-19、图 9-20、图 9-21 中的 show spanning-tree brief 命令也显示了上述交换网络中生成树运行的结果。

```
SwitchA#show spanning-tree brief

VLAN1
  Spanning tree enabled protocol ieee
  Root ID    Priority    32768
             Address     c000.0c98.0000
             This bridge is the root
             Hello Time   2 sec  Max Age 20 sec  Forward Delay 15 sec

  Bridge ID  Priority    32768
             Address     c000.0c98.0000
             Hello Time   2 sec  Max Age 20 sec  Forward Delay 15 sec
             Aging Time 0

Interface                            Designated
Name                 Port ID  Prio  Cost  Sts   Cost  Bridge ID            Port ID
--------------------  -------  ----  -----  ---  -----  -------------------  -------
FastEthernet1/1      128.42   128   19    FWD   0     32768 c000.0c98.0000 128.42
FastEthernet1/2      128.43   128   19    FWD   0     32768 c000.0c98.0000 128.43
```

图 9-19　交换机 A 的生成树协议信息

```
SwitchB#show spanning-tree brief

VLAN1
  Spanning tree enabled protocol ieee
  Root ID    Priority    32768
             Address     c000.0c98.0000
             Cost        19
             Port        42 (FastEthernet1/1)
             Hello Time   2 sec  Max Age 20 sec  Forward Delay 15 sec

  Bridge ID  Priority    32768
             Address     c001.0c98.0000
             Hello Time   2 sec  Max Age 20 sec  Forward Delay 15 sec
             Aging Time 0

Interface                            Designated
Name                 Port ID  Prio  Cost  Sts   Cost  Bridge ID            Port ID
--------------------  -------  ----  -----  ---  -----  -------------------  -------
FastEthernet1/1      128.42   128   19    FWD   0     32768 c000.0c98.0000 128.42
FastEthernet1/2      128.43   128   19    FWD   19    32768 c001.0c98.0000 128.43
```

图 9-20　交换机 B 的生成树协议信息

在 Cisco 交换机中可以使用命令 spanning-tree vlan *vlan-id* root primary|secondary 调整每一个 VLAN 的根网桥/非根网桥角色。

其中，命令 spanning-tree vlan *vlan-id* root primary 将交换机的网桥优先级调整为 8192，使其成为根网桥或主根网桥，如图 9-22 所示。

命令 spanning-tree vlan *vlan-id* root secondary 将交换机的网桥优先级调整为 16384，使其成为次（或称为备份、辅助）根网桥，如图 9-23 所示。

经过上述调整，此时，交换机 B 因具有最低的网桥优先级（8192）而成为根网桥，交换机 C 因具有次低的网桥优先级（16384）而成为次根网桥，交换机 A 因具有默认的网桥优先级（32768）而成为普通（非根）网桥，如图 9-24 所示。

```
SwitchC#show spanning-tree brief

VLAN1
  Spanning tree enabled protocol ieee
  Root ID    Priority    32768
             Address     c000.0c98.0000
             Cost        19
             Port        43 (FastEthernet1/2)
             Hello Time   2 sec  Max Age 20 sec  Forward Delay 15 sec

  Bridge ID  Priority    32768
             Address     c002.0c98.0000
             Hello Time   2 sec  Max Age 20 sec  Forward Delay 15 sec
             Aging Time 0

Interface                           Designated
Name              Port ID  Prio  Cost  Sts   Cost  Bridge ID              Port ID
----------------  -------  ----  ----  ---   ----  ---------------------  -------
FastEthernet1/1   128.42   128   19    BLK   19    32768 c000.0c98.0000   128.42
FastEthernet1/2   128.43   128   19    FWD   0     32768 c001.0c98.0000   128.43
```

图 9-21　交换机 C 的生成树协议信息

```
SwitchB#configure terminal
Enter configuration commands, one per line.  End with CNTL/Z.
SwitchB(config)#spanning-tree vlan 1 root primary
 VLAN 1 bridge priority set to 8192
 VLAN 1 bridge max aging time unchanged at 20
 VLAN 1 bridge hello time unchanged at 2
 VLAN 1 bridge forward delay unchanged at 15
SwitchB(config)#end
SwitchB#
```

图 9-22　定义（主）根网桥

```
SwitchC#configure terminal
Enter configuration commands, one per line.  End with CNTL/Z.
SwitchC(config)#spanning-tree vlan 1 root secondary
 VLAN 1 bridge priority set to 16384
 VLAN 1 bridge max aging time unchanged at 20
 VLAN 1 bridge hello time unchanged at 2
 VLAN 1 bridge forward delay unchanged at 15
SwitchC(config)#end
SwitchC#
```

图 9-23　定义次根网桥

同时在图 9-24 中，交换机 C 的端口 fastethernet 1/2 因拥有较低网桥号（16384.c002.0c98.0000）而成为网段 2 的指定端口。交换机 A 的 fastethernet 1/2 将成为非指定端口并处于阻塞状态，不能收发任何用户数据。

图 9-25、图 9-26、图 9-27 中的 show spanning-tree brief 命令也显示了上述交换网络中生成树运行的结果。

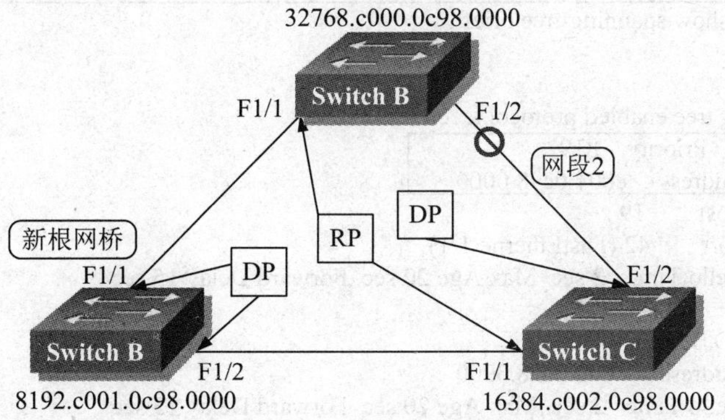

图 9-24　新的根网桥与非根网桥

```
SwitchA#show spanning-tree brief

VLAN1
 Spanning tree enabled protocol ieee
 Root ID    Priority    8192
            Address     c001.0c98.0000
            Cost        19
            Port        42 (FastEthernet1/1)
            Hello Time   2 sec  Max Age 20 sec  Forward Delay 15 sec

 Bridge ID  Priority    32768
            Address     c000.0c98.0000
            Hello Time   2 sec  Max Age 20 sec  Forward Delay 15 sec
            Aging Time 0

Interface                        Designated
Name                 Port ID  Prio  Cost  Sts   Cost  Bridge ID              Port ID
-------------------- -------  ----  ----- ---   ----- --------------------   -------
FastEthernet1/1      128.42   128   19    FWD   0     8192 c001.0c98.0000    128.42
FastEthernet1/2      128.43   128   19    BLK   19    16384 c002.0c98.0000   128.43
```

图 9-25　交换机 A 的生成树协议信息

```
SwitchB#show spanning-tree brief

VLAN1
 Spanning tree enabled protocol ieee
 Root ID    Priority    8192
            Address     c001.0c98.0000
            This bridge is the root
            Hello Time   2 sec  Max Age 20 sec  Forward Delay 15 sec

 Bridge ID  Priority    8192
            Address     c001.0c98.0000
            Hello Time   2 sec  Max Age 20 sec  Forward Delay 15 sec
            Aging Time 0

Interface                        Designated
Name                 Port ID  Prio  Cost  Sts   Cost  Bridge ID              Port ID
-------------------- -------  ----  ----- ---   ----- --------------------   -------
FastEthernet1/1      128.42   128   19    FWD   0     8192 c001.0c98.0000    128.42
FastEthernet1/2      128.43   128   19    FWD   0     8192 c001.0c98.0000    128.43
```

图 9-26　交换机 B 的生成树协议信息

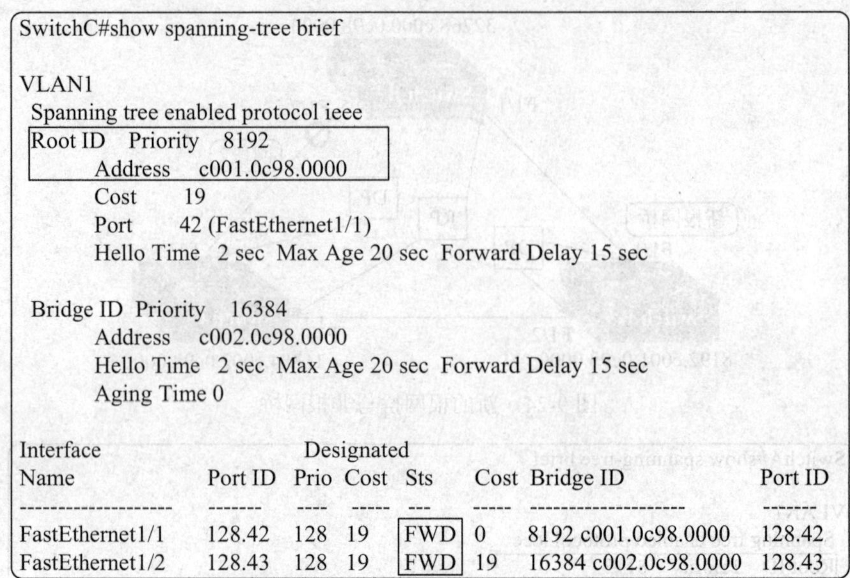

```
SwitchC#show spanning-tree brief

VLAN1
 Spanning tree enabled protocol ieee
 Root ID    Priority    8192
            Address     c001.0c98.0000
            Cost        19
            Port        42 (FastEthernet1/1)
            Hello Time   2 sec  Max Age 20 sec  Forward Delay 15 sec

 Bridge ID  Priority    16384
            Address     c002.0c98.0000
            Hello Time   2 sec  Max Age 20 sec  Forward Delay 15 sec
            Aging Time 0

Interface                          Designated
Name                 Port ID  Prio  Cost  Sts   Cost  Bridge ID              Port ID
-------------------- -------  ----  ----- ---   ----- --------------------   -------
FastEthernet1/1      128.42   128   19    FWD   0     8192 c001.0c98.0000    128.42
FastEthernet1/2      128.43   128   19    FWD   19    16384 c002.0c98.0000   128.43
```

图 9-27　交换机 C 的生成树协议信息

注意：在一个稳定的交换网络中，次根网桥的操作同普通网桥没什么不同。但是，当主根网桥失效的时候，次根网桥由于拥有次优的网桥优先级（16384），高于普通网桥默认的优先级（32768）。因此，可以取代失效的主根网桥成为当前的根网桥。

根网桥调整也可以采用直接修改网桥优先级的方法来完成。如图 9-28 所示。使用命令 spanning-tree vlan *vlan-id* priority *xxx* 将交换机 A 的网桥优先级修改为 4096。

```
RouterA(config)#spanning-tree vlan 1 priority 4096
RouterA(config)#end
RouterA#show spanning-tree brief

VLAN1
 Spanning tree enabled protocol ieee
 Root ID    Priority    4096
            Address     c000.02e8.0000
            This bridge is the root
            Hello Time   2 sec  Max Age 20 sec  Forward Delay 15 sec

 Bridge ID  Priority    4096
            Address     c000.02e8.0000
            Hello Time   2 sec  Max Age 20 sec  Forward Delay 15 sec
            Aging Time 0
… ...
```

图 9-28　修改网桥优先级

9.4.4　多 VLAN 生成树

在每 VLAN 生成树中，每一个 VLAN 都有自己独有的一个生成树实例，当交换机上 VLAN 数量很多时，运行、维护大量的生成树实例会占用很多交换机的资源。另外，在一般的交换拓扑模型下（如图 9-29 所示），交换机之间的冗余链路并不会多到支持每个 VLAN 生成树都拥有自己独有的物理链路。因此，许多 VLAN 生成树实例将共享有限的冗余链路。多 VLAN 负载均衡的效果也将不再那么明显。

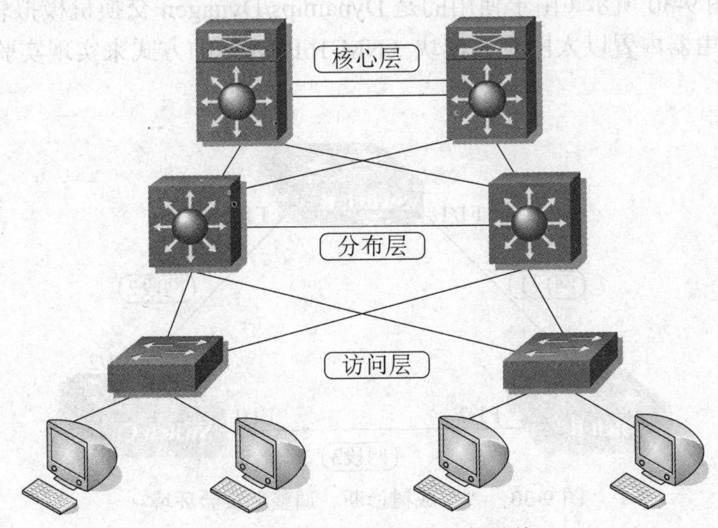

图 9-29　交换机间冗余拓扑结构

和 PVST 不同，多 VLAN 生成树（Multiple VLAN Spanning Tree，MST）可以将多个 VLAN 映射到一个生成树协议实例下。一方面大量减少了需要维护的生成树协议数量，另一方面还可以充分、合理地利用冗余链路进行负载均衡。

在 IEEE 802.1s 标准中，描述了多生成树协议的规范。当一台交换机处于 MST 模式时，快速生成树协议（Rapid Spanning Tree Protocol，RSTP）将自动启用。RSTP 的实现基于 IEEE 802.1w，它通过减少 802.1D 中的转发延迟，使根端口和指定端口快速转换进入转发状态而加速生成树的收敛过程。

MST 的另外一个优点是可以兼容原始的 802.1D、Cisco 的 PVST 等。

限于篇幅，关于如何进行 PVST/MST 的配置诊断这里不再赘述，感兴趣的读者可以参考相关的书籍。

实验 9-1　生成树诊断、调整

一、实验目的

掌握交换机上生成树协议的诊断、调整方法。

二、实验任务

配置三台交换机之间的冗余主干道，对运行的生成树协议进行诊断、调整。

三、实验设备

PC 终端一台，Dynamips/Dynagen 路由器模拟软件一套。

四、实验环境

实验环境如图 9-30 所示（由于使用的是 Dynamips/Dynagen 交换机模拟软件，这里采用的是 Cisco 2691 路由器内置以太网交换模块（NM-16ESW）的方式来实现实验拓扑需求，见附录 A）。

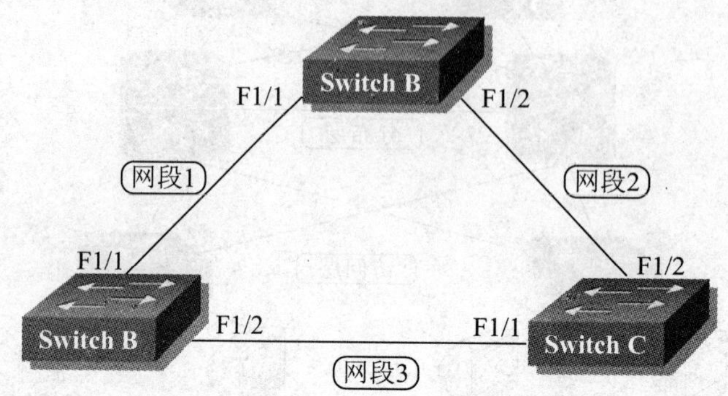

图 9-30 “生成树诊断、调整”实验环境

五、实验步骤

1．按图 9-30 设计、编写 Dynagen 所需.NET 文件。
2．通过 Dynagen 运行编写好的.NET 网络拓扑文件。
3．按照 8.2 节配置交换机基本参数。
4．使用 9.3 节中介绍的命令对运行着的生成树协议进行诊断。
5．使用 9.4.3 节中介绍的命令对运行着的生成树协议进行调整并观察结果。

思考与练习

1．冗余拓扑结构解决了什么问题？
2．冗余拓扑结构带来了什么问题？
3．生成树协议的目标是什么？
4．生成树协议操作中交换机的端口要经历哪些状态？
5．如何加速生成树的收敛？
6．根网桥调整有哪几种方法？
7．PVST 是如何工作的？与 MST 有何不同？

第 10 章　远程访问技术基础

本章学习目标

本章主要介绍常见的广域网连接类型及其特点、路由器常用接口及 NAT 原理与配置。通过本章的学习，读者应该掌握以下内容：

- 了解常见的广域网连接类型及其特点
- 了解常见的广域网封装协议类型及其特点
- 了解路由器上常用接口的工作原理和特点
- 掌握路由器的线路编号规则
- 理解 NAT 实现原理
- 掌握 NAT 相关术语
- 掌握静态 NAT 配置步骤及诊断
- 掌握动态 NAT 配置步骤及诊断
- 掌握接口复用 NAT 配置步骤及诊断

10.1　广域网连接类型

和局域网不一样，广域网连接由于需要经过长途传输，信号可能需要进行转换。同时，还要处理许多局域网不需要处理的问题，如校验、身份认证等。

在选择广域网连接类型的时候，需要进行多方面的考虑。主要需要考虑包括以下衡量广域网连接品质的因素。

（1）可用性。首先需要考虑的是广域网服务类型的可用性。不同国家和地区可能提供不同类型的广域网连接，包括 X.25、帧中继、ISDN、DDN、xDSL 等。在制定技术方案时，应首先将本地不能提供的广域网服务类型排除在外。

（2）带宽。不同的广域网连接类型可以提供的带宽也可能不同。高带宽链路可以为本地用户提供更高质量的广域网接入服务。当然，更高的带宽也意味着更多的投资和开销。要根据企业日常业务实际所需的平均带宽来选择一种或几种广域网连接类型（做主链路及备份链路）。同时还要注意留出一定的带宽余量。

（3）花费。还要仔细考虑广域网连接的花费。这些花费除了初期的设备投资、设备安装、调试费用之外，还有每月都产生的线路租用费。线路费可能是包月形式的固定月租费，也可能是一定的月租费加上浮动的流量费用或时间费用等。应该综合考虑企业业务流量的特点和要求以及企业可能的费用支出来选择一种适合的广域网连接类型。

下面简要介绍一下常见的广域网连接类型及其特点。

10.1.1　专线连接

专线连接也称租用线路（Leased line），如图 10-1 所示。

专线连接提供点到点的专用链路，可以提供 24 小时×7 天的服务。同时线路较为稳定。但是也因为物理线路是专用的，通信服务提供商可能会收取较高的费用。

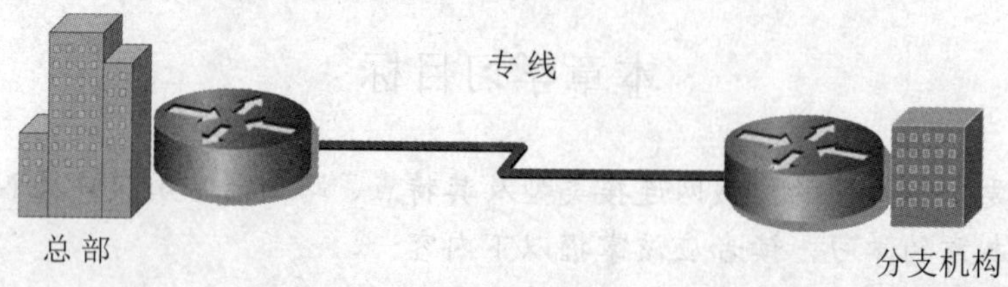

图 10-1　专线连接

专线连接的费用通常按照租用线路的带宽，以包月的方式来计算。因此，主要用在企业需要持续的永久连接的情况下。典型的专线连接的例子是数字数据网（Digital Data Network，DDN）。DDN 是利用数字信道传输数据信号的数据传输网。它的传输媒介有光缆、数字微波、卫星信道以及用户端可用的普通电缆和双绞线。利用数字信道传输数据信号与传统的模拟信道相比，具有传输质量高、速率快、带宽利用率高等一系列优点。专线连接一般可以提供范围为 64kb/s～2Mb/s 的带宽。

10.1.2　电路交换

电路交换也称为拨号线路，如图 10-2 所示。

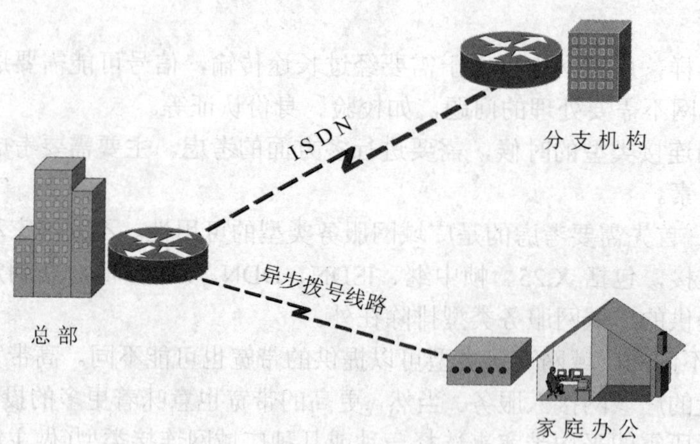

图 10-2　电路交换

电路交换中，线路是共享的、临时的。企业只有在需要的时候，才进行呼叫以建立交换链路。当通信结束后还要断开呼叫链路以节省费用。

电路交换的特点是，线路带宽有限，一般从 56～128kb/s。近些年随着 DSL 技术的发展，带宽有所提升。其次，交换电路不够稳定、有掉线的可能。但是，由于线路是共用的，通信服务提供商会收取相对较低的费用。费用计算一般是按照时间来计算，也有在一定时间、流量的限制内进行包月的。

电路交换适用于企业业务量不大、间歇时间较长的场合。如用在企业的移动用户、家庭办公用户、临时访问公司网络或因特网的环境中。有时，为了在主线路失败的时候提供冗余，也常使用电路交换的方式在企业中心机构和分支机构或是企业网到因特网之间提供拨号备份线路。电路交换的典型代表是异步通信线路、ISDN 等。

10.1.3　包交换

包交换是目前使用最广的广域网接入解决方案，如图 10-3 所示。

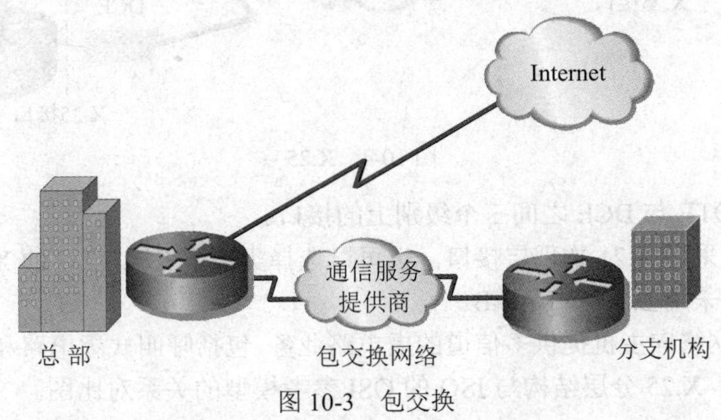

图 10-3　包交换

使用包交换技术，企业在访问公用网络的时候不需要拨号，数据可以随时直接传送，属于同步连接类型。但是，用于传送用户数据的链路不是专用的，而是很多用户共享的。因此，通信服务提供商往往也会收取相对较低的费用。费用一般是按照流量来计算，也有按用户租用带宽大小进行包月的。

包交换主要用作连接企业中心机构和分支机构之间的主干线路或访问因特网的主干线路。包交换的典型代表是帧中继、ATM 等。

10.2　广域网连接技术

不同的广域网连接可能使用不同的广域网封装协议。下面介绍一些常见的广域网封装协议。

10.2.1　X.25 与帧中继

1. X.25

1974 年，CCITT 提出了对于公共分组交换网的标准访问协议 X.25，并在 1976 年、1980 年、1984 年、1988 年相继做了修订。目前应用较广泛的是 X.25（1980 年）、X.25（1984 年）、X.25（1988 年）。

X.25 最初的提出是用来连接“哑”终端（没有独立处理能力）和小型机的。后来，被扩展到了广域网互连领域。

X.25 规定了主机与公共分组交换网之间的协议。在该标准中，主机被称为 DTE（数据终端设备），与 DTE 接口相连的网络设备称为 DCE（数据通信设备）。

DTE（数据终端设备）：具有一定的数据处理能力以及数据收发能力的设备，如计算机。

DCE（数据通信设备）：在 DTE 和传输线路之间提供信号变换和编码功能，并负责建立、保持和释放数据链路的连接，Modem是常用的DCE之一，如图10-4所示。

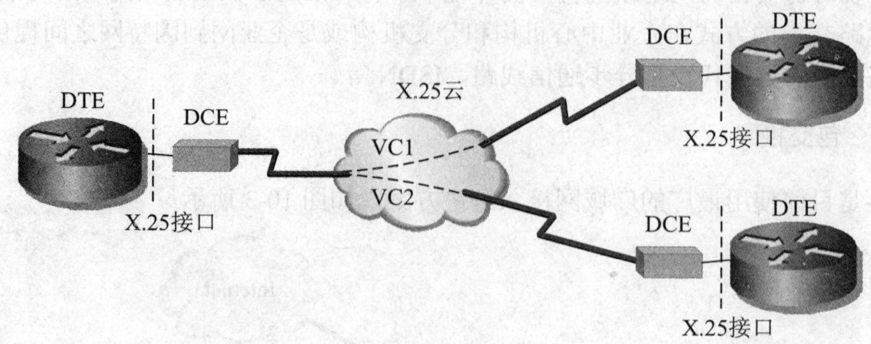

图10-4　X.25

X.25指定了DTE与DCE之间三个级别上的接口。

- 物理级：采用X.21物理层接口，也可以选择类似于RS-232 C的X.21bis。
- 链路级：采用LAP和LAP-B。
- 分组级：网络向主机提供多信道的虚电路业务，包括呼叫式虚电路和永久虚电路业务。

图10-5给出了X.25分层结构与ISO的OSI参考模型的关系对比图。

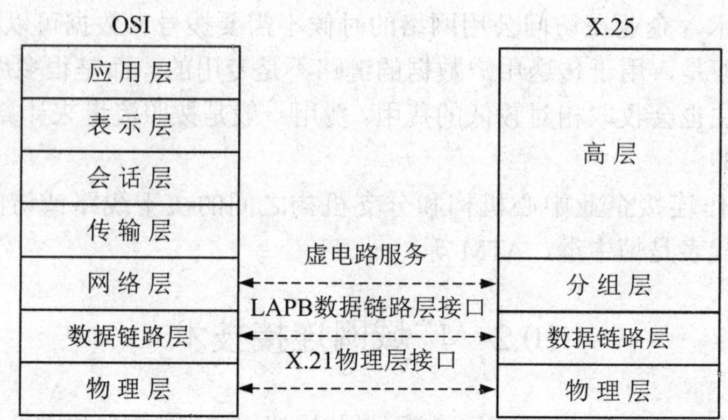

图10-5　X.25分层结构与ISO的OSI参考模型关系对比图

2. 帧中继

X.25主要运行在早期质量较差的电话交换网中。因为通信线路的不可靠，X.25被设计成具有很强检错、纠错能力的协议。对于通信服务提供商不断铺设新线路及改造线路质量的今天来说，信道误码率很低，X.25过于繁杂的检错、纠错过程反而使得该协议变得效率不高。此外，随着用户终端的运算、处理能力不断提高，对于检错的工作可以在用户端完成，减轻了通信子网协议的负担。

为此，在X.25的基础上，提出了帧中继，它去掉了X.25中很多不必要的功能。换句话说，它是X.25的一个简化版本。

帧中继通过建立虚电路的方式连接需要通信的两个端点。这种虚电路可以是临时虚电路（通信前先要建立连接），也可以是永久虚电路。目前，主要多见的是永久虚电路的形式，如图10-6所示。

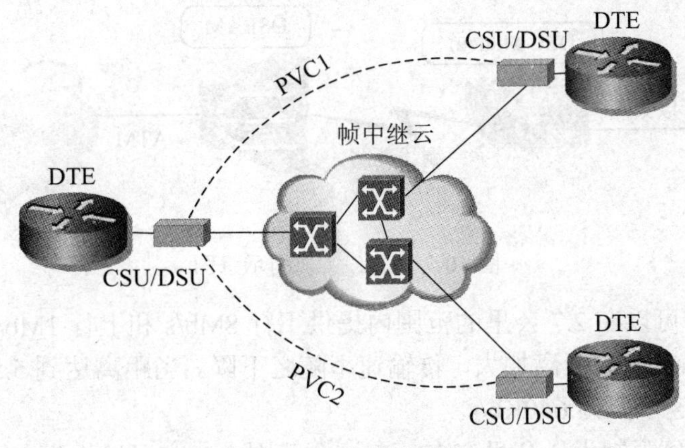

图 10-6 帧中继网络

10.2.2 ISDN

综合业务数字网 ISDN 的英文全称是 Integrated Services Digital Network。ISDN 的概念是由 CCITT 在 1972 年提出并定义的。

综合业务数字网 ISDN 是以电话综合数字网为基础发展而成的通信网，可以提供端到端的数字连接。所谓综合业务是指可以提供包括话音和非话音在内的多种电信业务。通过接入 ISDN 网络，用户可以传输各种形式的数据，如音频、数据、图形、视频等多媒体数据。

ISDN 还提供多种可选的用户接入速率。对于普通用户，ISDN 提供基本速率的 ISDN 接口：ISDN-BRI。ISDN-BRI 可以提供 1～2 个 B 信道（每信道 64kb/s）连接（用来传输用户的数据）和一个 16kb/s 的 D 信道（用来传输电路交换的控制信令）连接，常被称作 2B+D。

ISDN 还为集团用户提供了更高速率的基群速率接口：ISDN-PRI。在北美地区和日本，1 个 ISDN-PRI 由 23 个 B 信道（每信道 64kb/s）和 1 个 D 信道（64kb/s）构成，称为 23B+D（T1），可以提供 1.544Mb/s 的数据传输速率。在包括欧洲在内的全球其他地区，1 个 ISDN-PRI 由 30 个 B 信道（每信道 64kb/s）和 1 个 D 信道（64kb/s）构成，称为 30B+D（E1），可以提供 2.048Mb/s 的数据传输速率。我国采用的是 30B+D 的 ISDN-PRI。

10.2.3 DSL

数字用户线路（Digital Subscriber Line，DSL）技术是近些年来发展迅速的一种广域网连接技术。DSL 是一种在现有的一对铜线上高速传输数据的技术，其数据链路层协议使用 ATM。

如图 10-7 所示，是 DSL 实现的示意图。用户终端主机通过以太网接口连接到客户端设备（Customer Premises Equipment，CPE），即 DSL 调制解调器上。经过铜线本地环路的传输到达中心局端的数字用户线接入多路复用器（Digital Subscriber Line Access Multiplexer，DSLAM）上。复用的信号通过 ATM 光接口（一般为 155Mb/s）进入服务提供商的网络。

DSL 的特点是用户不需要进行拨号连接，当用户端的 DSL Modem 打开的时候，连接就建立了（但是为了计费考虑，用户还需要进行用户名、密码的验证）。

有两种类型的 DSL，即非对称 DSL（Asymmetric DSL，ADSL）及对称 DSL（Synmmetric DSL，SDSL）。ADSL 提供下行（下载）速率高于上行（上传）速率的服务，而 SDSL 的上、下行速率相同。

图 10-7 DSL 实现的示意图

对 ADSL 来说，可以在 2.7 公里的范围内提供下行 8Mb/s 和上行 1Mb/s 的传输速率。随着用户端设备和中心局之间的距离加大，传输速率随之下降。当距离达到 5.5 公里时，下行速率降为 1.5Mb/s，上行速率降为 640Kb/s。

SDSL 的工作距离限制为 3 公里左右。在这个范围内，它可以提供 1.544Mb/s 的上、下行对称速率。

除了上面两种常见的 DSL 技术外，还存在 HDSL（高速 DSL，采用对称方式，可以在 3.6 公里的范围内提供 T1 或 E1 的速率）、VDSL（超高速 DSL，工作距离在 0.3 公里到 1.3 公里之间，下行速率在 13Mb/s 到 52Mb/s 之间，上行速率在 1.5Mb/s 到 2.3Mb/s 之间）等不同种类的 DSL 实现。

10.3 路由器常用（非以太网）接口

10.3.1 EIA/TIA 232

EIA/TIA 232 有时又被称作 RS-232 C。RS（recommended standard）代表推荐标准（EIA 制定的标准一般都被冠以“RS”），232 是标识号，C 代表 RS-232 的最新一次修改。它是由美国电子工业协会/电信工业协会（Electronic Industries Association/Telecommunications Industries Association，EIA/TIA）在 1969 年公布的通信协议标准。最初主要用于近距离的 DTE 和 DCE 设备之间的通信，后来被广泛用于计算机的串行接口（COM1、COM2 等）与终端或外设之间的近地连接标准。该标准在数据传输速率 20kb/s 时，最长的通信距离为 15m。该标准对应的国际标准是 CCITT 推荐的标准 V.24。

这个标准对串行接口通信的有关问题，如电缆、接口的机械、电气特性、信号功能及传送过程特性进行了描述。

1. 机械特性

RS-232 C 可以有多种类型的连接器（接口），如 25 针连接器（DB-25）、15 针连接器（DB-15）和 9 针连接器（DB-9）。其中以 DB-25、DB-9 最为常见，如图 10-8 所示。不论哪种类型的接口，都定义了孔端连接器用来连接 DTE 设备，针端连接器用来连接 DCE 设备。

2. 电气指标

RS-232 C 规定，数据线上的逻辑 1 的电压范围是：-3～-15V、逻辑 0 的电压范围是：+3～＋15V；通信控制线上的信号有效或称接通的电压范围是：+3～＋15V、信号无效或称断开的电压范围是：-3～-15V。其他值视为违例。

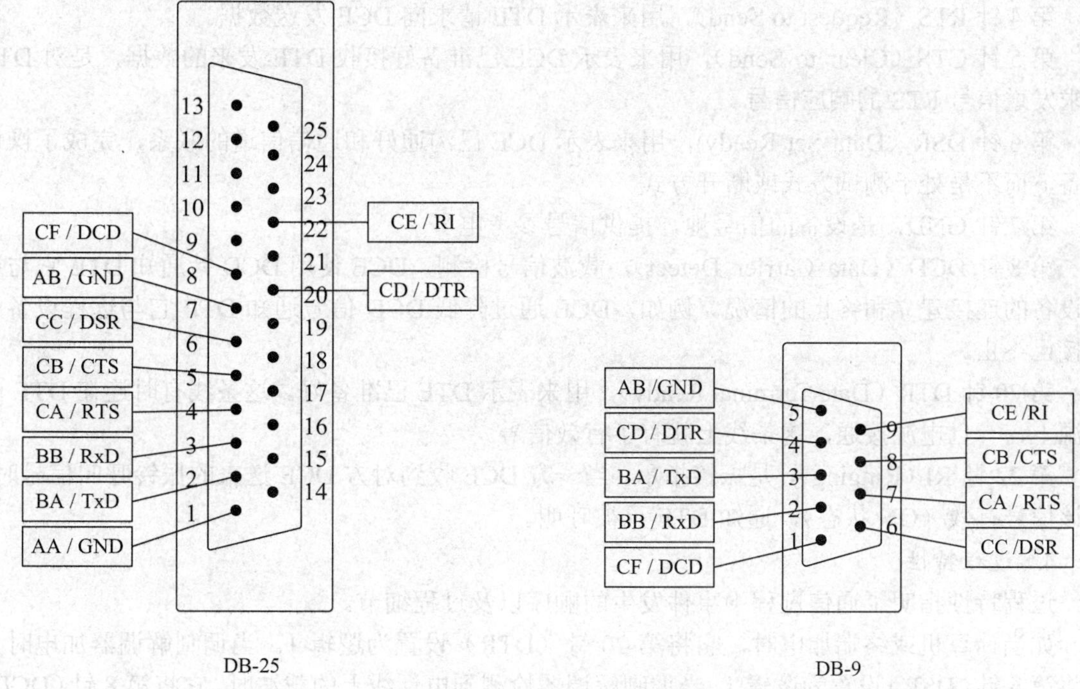

图 10-8 DB-25 和 DB-9 连接器

3．功能特性

功能特性规定了连接器的各针的定义、与哪些电路连接、有何功能。表 10-1 给出了 DB-25 常用的一些针的定义、功能等。

表 10-1 DB-25 常用针的定义和功能

针号	编号代号	名称	功能描述
1	AA	GND	保护地
2	BA	TxD	数据发送
3	BB	RxD	数据接收
4	CA	RTS	请求发送
5	CB	CTS	允许发送
6	CC	DSR	数据设置准备好
7	AB	GND	信号地
8	CF	DCD	载波信号检测
20	CD	DTR	数据终端准备好
22	CE	RI	振铃指示

其中，

第 1 针 GND，是设备的保护地，与设备机壳相连。

第 2 针 TxD（Transmitted Data），是数据发送针，由此针上 DTE 向 DCE 发送数据。

第 3 针 RxD（Received Data），是数据接收针，由此针上 DTE 从 DCE 接收数据。

第 4 针 RTS（Request to Send），用来表示 DTE 请求向 DCE 发送数据。

第 5 针 CTS（Clear to Send），用来表示 DCE 已准备好接收 DTE 发来的数据，是对 DTE 请求发送信号 RTS 的响应信号。

第 6 针 DSR（Data Set Ready），用来表示 DCE 已沟通好和通信信道的联系，完成了操作准备，而不是处于测试方式或断开方式。

第 7 针 GND，是设备的信号地，提供信号参考电平。

第 8 针 DCD（Data Carrier Detect），载波信号检测，DCE 使用 DCD 针通知 DTE 它与远程设备的连接建立和终止的情况。例如，DCE 通过降低 DCD 信号通知 DTE 它与远程设备的连接已终止。

第 20 针 DTR（Data Terminal Ready），用来表示 DTE 已准备好。这条线有时连在 DTE 的电源上，一旦电源接通，这条线上就有了有效信号。

第 22 针 RI（Ringing），是振铃指示。当一方 DCE 收到对方 DCE 送来的振铃呼叫信号时，使该信号有效（ON 状态），通知 DTE 已被呼叫。

4. 过程特性

过程特性指明了通信过程中事件发生的顺序以及过程细节。

如当计算机或终端加电时，它将第 20 针（DTR）设置为逻辑 1。当调制解调器加电时，它将第 6 针（DSR）设置为逻辑 1。当调制解调器检测到电话线上的载波时，它将第 8 针（DCD）设置为逻辑 1。

只有当 DSR 和 DTR 都处于 ON 状态时，才能在 DTE 和 DCE 间操作。而当 DTE 要发送数据时，则首先要将 RTS 线置成 ON 状态，等在 CTS 线上检测到 ON 状态的应答后，才能在 TxD 线上发送数据。

5. EIA/TIA 449

RS-232 C 的数据传输不能超过 20 kb/s，同时电缆最大长度不能超过 15m。这大大限制了其应用能力。后来（1977 年），EIA/TIA 推出了一个新的标准：RS-449，如图 10-9 所示。

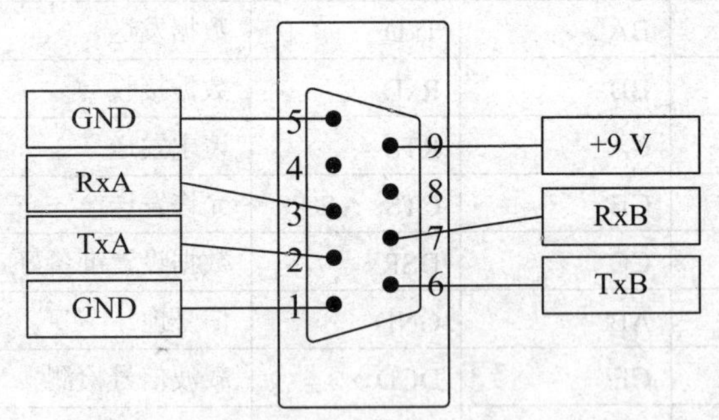

图 10-9 RS-449 接口

该标准的机械特性、功能特性和过程特性由 RS-449 定义，电气接口由两个不同的标准定义。一个标准是 RS-423 A，它与 RS-232 C 相似，所有的电路共享一个公共地，称为非平衡传输（unbalanced transmission）。另一个电气标准是 RS-422 A，采用平衡传输（balanced transmission），无公共地。RS-422 A 能在不超过 60 米长的电缆上达到 2Mb/s 的数据传输速率。

10.3.2　控制台端口

很多厂商的各类不同的网络设备都提供了控制台端口（Console Port）对设备进行初始、带外配置。对于 Cisco 来说，其所有路由、交换设备都提供了控制台端口。很多平台、型号还配有辅助端口（Auxiliary Port），提供了远程维护设备的手段。

根据设备类型、型号不同，其控制台端口的接口形式也不同。常见的有两种：采用 DB-25 的控制台端口和采用 RJ-45 的控制台端口。它们都符合 EIT/TIA 232 异步串行接口规范。

Cisco 的低端设备，一般都提供采用 RJ-45 的控制台端口。它是 DCE 端，当将其与调试工作站的串行接口（COM1、COM2 等）相连时，必须使用 EIT/TIA 232 到 RJ-45 的转换器和反转（rollover）电缆。

在 Cisco 设备中，其控制台端口电路中没有使用 RTS、CTS 针，致使控制台端口没有流量控制功能。如果 PC 端发送数据太快、太多，则可能造成控制台端口的缓冲区溢出。因此，一般控制台端口的速率选择为 9600b/s，而这时发生缓冲区溢出的可能性很小。

10.3.3　辅助端口

辅助端口是标准的异步串行设备，有着标准串行设备的所有功能，如流量控制。因此可以在较高的速率上运行，一般可以达到 115200b/s。

辅助端口为网络管理人员远程管理网络设备提供了可能，如图 10-10 所示。

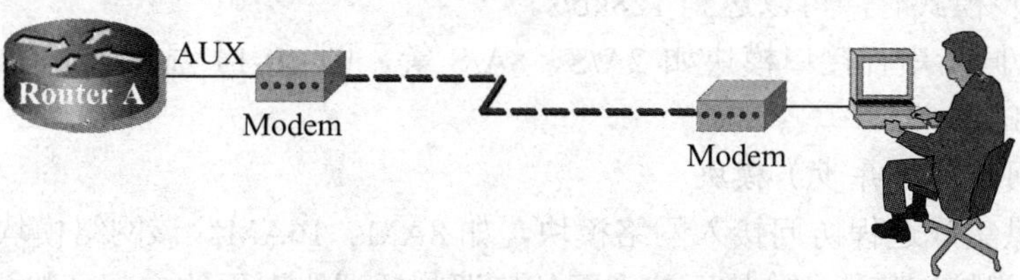

图 10-10　辅助端口作为远程管理网络设备的端口

尽管速率有限，辅助端口也可以作为链路临时备份端口。在主链路失败的时候，拨号到目的网络，保持连通性，如图 10-11 所示。

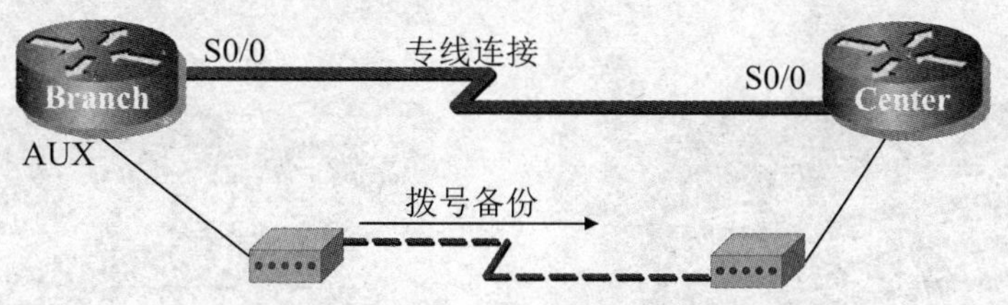

图 10-11　辅助端口作为链路临时备份端口

10.3.4　异步及同步串行接口

1. 异步串行接口

异步串行接口的默认封装是 SLIP，还可以是 PPP。取决于使用的电缆，异步串行接口的速率最高可达 128K。

Cisco 模块化路由器可以接入多种异步接口网络模块，如 8A、16A、32A。图 10-12 显示了异步接口网络模块 NM-32A。

2. 同步串行接口

同步串行接口的默认封装为 HDLC（Cisco 私有），还可以是 PPP、FRAME-RELAY、X.25 等。默认速率为 T1——1.544Mb/s。不同电缆最高速率不同，EIA/TIA 232 为 115.2kb/s，EIA/TIA 449、X.21 为 2Mb/s 等。

典型的同步串行接口卡有 WIC-1T、WIC-2T 等。图 10-13 显示了广域网接口卡 WIC-1T。

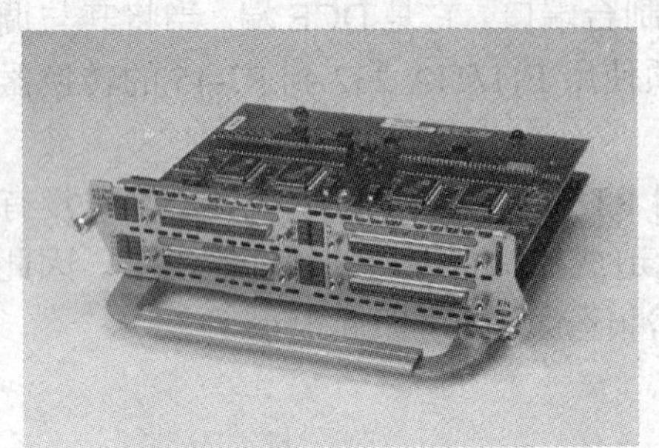

图 10-12　NM-32A

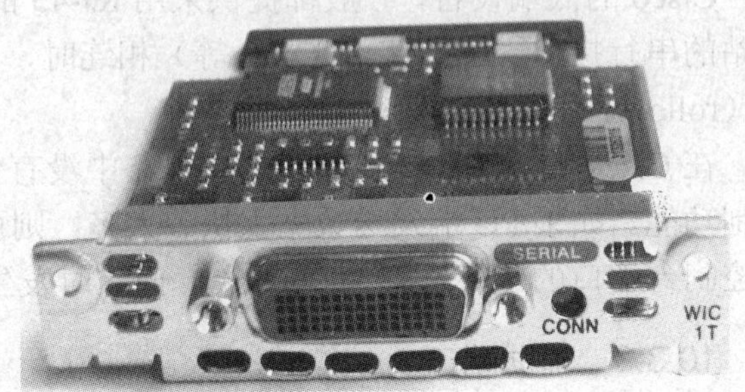

图 10-13　WIC-1T

3. 异步/同步串行接口

异步/同步串行接口可以提供串行异步或同步连接。在异步模式时，最高速率可达 115.2kb/s，在同步模式时，可以达到 128kb/s。

典型的异步/同步串行接口模块如 2A/S、8A/S 等。图 10-14 显示了异步/同步串行接口网络模块 NM-8A/S。

4. 远程访问接入（异步）模块

Cisco 也提供集成远程访问接入网络模块，如 8AM、16AM。该网络模块将模拟调制解调器集成到远程访问接入模块中，从而节省了外接调制解调器占用的空间及投资。该网络模块提供了 8～16 个 RJ-11 接口，可以将电话线直接接入远程访问模块。如图 10-15 所示，显示了模拟调制解调器接入模块 NM-8AM。

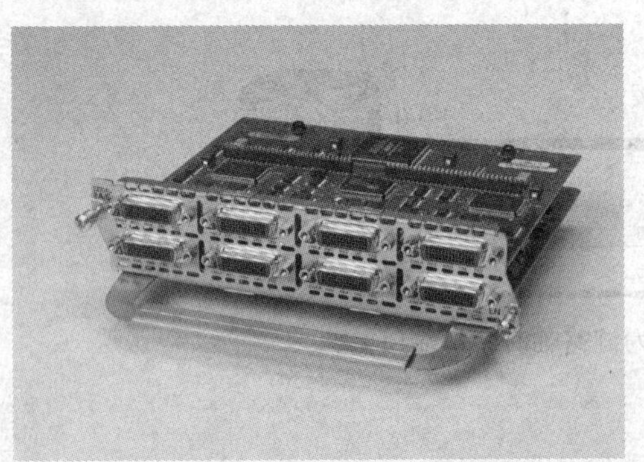

图 10-14　NM-8A/S

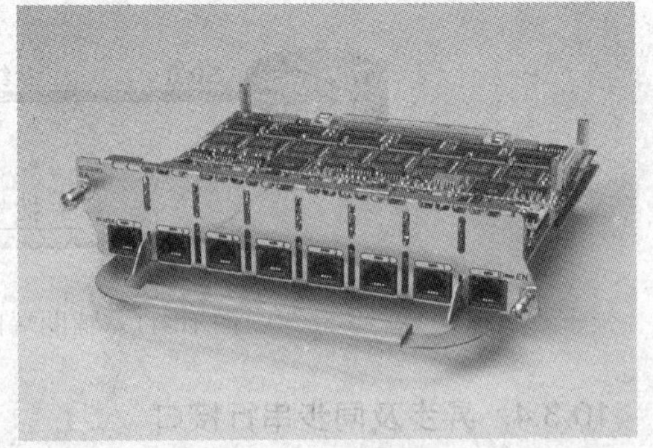

图 10-15　NM-8AM

当路由启动后，将自动发现、安装该模块。如图 10-16 所示，是用命令 show line 显示了 8AM 模块线路（图中标有 TTY 的线路）的状态。

```
RouterA#show line
   Tty Typ    Tx/Rx       A Modem  Roty AccO AccI  Uses  Noise Overruns  Int
*    0 CTY                -   -     -     -    -     0     1     0/0      -
    33 TTY                -  inout  -     -    -     0     1     0/0      -
    34 TTY                -  inout  -     -    -     0     1     0/0      -
    35 TTY                -  inout  -     -    -     0     1     0/0      -
    36 TTY                -  inout  -     -    -     0     1     0/0      -
    37 TTY                -  inout  -     -    -     0     1     0/0      -
    38 TTY                -  inout  -     -    -     0     1     0/0      -
    39 TTY                -  inout  -     -    -     0     1     0/0      -
    40 TTY                -  inout  -     -    -     0     1     0/0      -
    65 AUX  9600/9600     -   -     -     -    -     0     0     0/0      -
    66 VTY                -   -     -     -    -     0     1     0/0      -
    67 VTY                -   -     -     -    -     0     1     0/0      -
    68 VTY                -   -     -     -    -     0     1     0/0      -
    69 VTY                -   -     -     -    -     0     1     0/0      -
    70 VTY                -   -     -     -    -     0     1     0/0      -

Line(s) not in async mode -or- with no hardware support:
1-32, 41-64
```

图 10-16　命令 show line 的输出

10.3.5　线路编号

Cisco 用编号来标识每一条线路。编号方法分为相对线号和绝对线号两种。在引用的时候用哪一种方法都可以。

1．相对线号

在相对线号标识法中，需要在线命令 line 中指明线路（端口）类型以及顺序号。

例如，对于控制台端口来说，其类型名称是 console，而整个设备只有一个控制台端口，因此，可以用 line console 0 这样的相对线号来标识。

同样，对于辅助端口 aux，可以用 line aux 0 来标识。

正如前面我们一直在使用的，系统默认提供了 5 条虚拟终端线路，而引用时可以使用 line vty 3 来标识某一条虚拟终端线路，也可以使用 line vty 0 4 标识所有 5 条虚拟终端线路。

对于异步串行接口，其类型名称是 tty。因此，可以使用 line tty 5 来标识某一条异步串行线路，也可以使用 line tty 1 4 标识某几条异步串行线路。

2．绝对线号

在 Cisco 设备中，还可以使用绝对线号来标识一条线路。

在绝对线号标识法中定义控制台端口为线路 0，因此可以使用命令 line 0 来标识。

同时，所有的 TTY 线路在控制台端口线路号以后开始编号，即从 1 开始编号。如 TTY 线路上的第 1 个到第 8 个异步串行接口编号从 1～8。

对于辅助端口，总是比最后一个 TTY 线路号大 1。例如，如果 TTY 线路号是 1～8，则辅助端口是 9；如果 TTY 线路号是 1～16，则辅助端口是 17。

对于虚拟终端线路，是在辅助端口线路号后开始编号的。例如，如果辅助端口是 9，则 5 条虚拟终端线路的编号范围是 10～14；如果辅助端口是 17，则 5 条虚拟终端线路的编号范围是 18～22 等。

有些路由器型号没有辅助端口，但在实际编号时，也假设有辅助端口。因此虚拟终端线路总是从 TTY 线路的最后一个编号加 2 开始编号的。

3. 模块化路由器的线路编号

对于模块化路由器，因为每个模块槽安装的模块类型不同，按照上述绝对线号的方法编号可能会造成混乱。为此，采用了非线性的线路编号，即线号可能是不连续的。

对于图 10-17 中的 2611 路由器，0 号插槽（Slot 0）中的异步接口线路总是在 33～64 的范围内进行编号的。

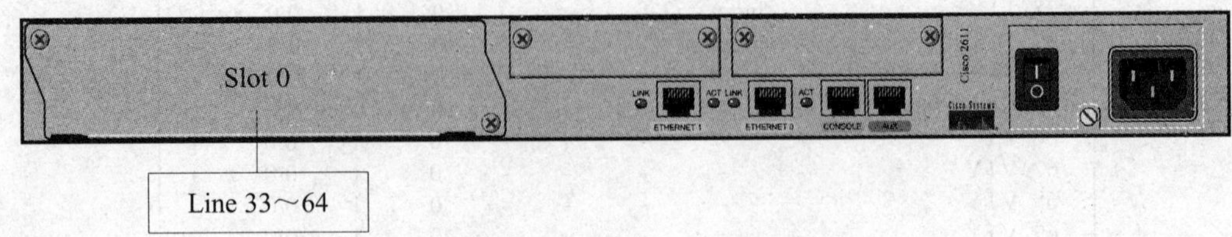

图 10-17 模块化路由器的线路编号-1

例如，如果 0 号插槽中安装了一个有 8 个异步接口的网络模块 NM-8A，则其线路编号是 line 33～line 40。而辅助端口将被编号为 65，即设备自动假设 0 号插槽中已安装了最大数量（32 个）的异步接口。对于虚拟终端线路，将被编号为 66～70。

再如模块化路由器 3640，系统将 4 个可用的模块插槽从下至上、从右至左定义为插槽 0、插槽 1、插槽 2、插槽 3。同时，系统为每个插槽都预留了足够的异步接口编号，如图 10-18 所示。

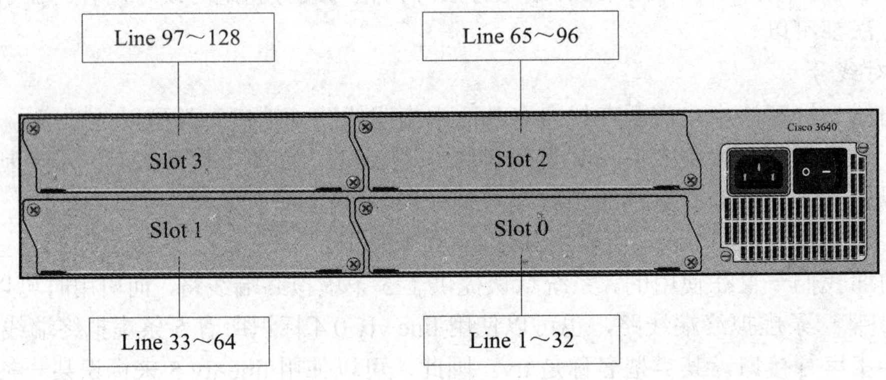

图 10-18 模块化路由器的线路编号-2

不管前面的插槽是否安装了异步接口模块，每个插槽的 TTY 线路编号将保持不变。因此，最后实际的 TTY 线路编号之间可能有空隙而不连续。

例如，插槽 2 和插槽 3 分别安装了 NM-8A 模块，则插槽 2 中的异步串行线路将被编号为 65～72，插槽 3 中的异步串行线路将被编号为 97～104。而 73～96 之间的编号未用。

对于图 10-18 中的路由器 3640 来说，其控制台端口线路编号为 0，其辅助端口的编号总是 129，其虚拟终端线路的编号总是 130～134。

10.4 NAT 配置

由于目前 IPv4 地址资源非常稀缺，不可能给园区网内部的所有工作站都分配一个公有 IP（Internet 可路由的）地址。为了解决所有工作站访问广域网（Internet）的需要，必须使用网络地址转换（Network Address Translation，NAT）技术。

10.4.1　NAT 原理

NAT 技术的实质是改写原 IP 头部 IP 地址的技术。即，将原来 Internet 不可路由的 IP 地址（也常被称为私网 IP）转换为 Internet 可路由的 IP 地址（也常被称为公网 IP）。

例如，一个园区网申请了 6 个 Internet 可路由的 IP 地址：210.31.235.1～210.31.235.6 用做公网 IP。在园区网内部采用 RFC 1918 中定义的 C 类地址段之一：192.168.1.1～192.168.1.254 做为私网 IP。为了园区网内部主机能够访问 Internet，必须在出口路由器 A 上做地址转换。

如图 10-19 所示，在数据包的发送过程中，园区网内部主机 A 将数据包发送给自己的默认网关——路由器 A，数据包中的源 IP 是主机 A 的私网 IP：192.168.1.1，目标地址是公网地址：211.90.3.2。当路由器 A 收到此数据包之后，从公网 IP 地址池中拿出第 1 个可用 IP 地址替换原 IP 数据包中的源 IP 位置处的 IP 地址，然后将此数据包从串行接口 S0/0 发送出去。同时，路由器 A 也要将此转换条目记录在地址转换表中。

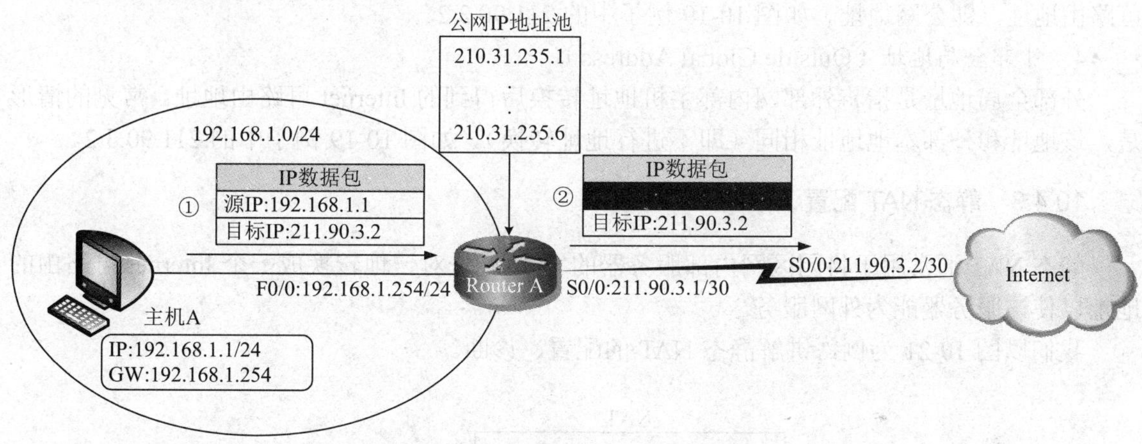

图 10-19　NAT 原理——数据包发送过程

当有返程数据包到达路由器 A 时，它将检查此数据包的目标 IP，如果是其地址转换表中的地址：210.31.235.1，则它将进行反向的 IP 地址转换。即，将数据包中的目标 IP：210.31.235.1 转换成为 192.168.1.1，然后发送给主机 A，如图 10-20 所示。

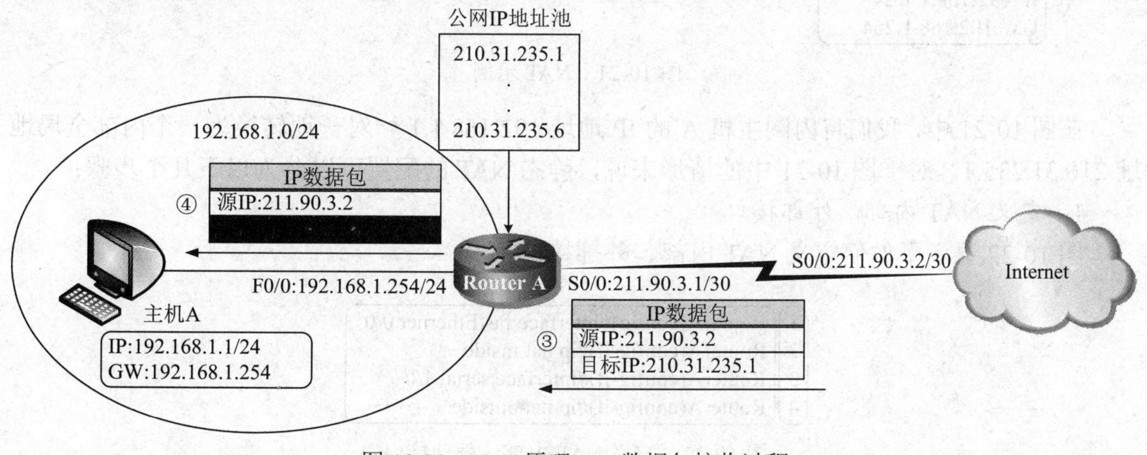

图 10-20　NAT 原理——数据包接收过程

注意：由于改变了反映数据包真实位置的 IP 地址，NAT 技术可能不能够支持像 DNS 区域传输、SNMP、BOOTP 等协议数据流。

10.4.2　NAT 术语

1. 内部本地地址（Inside Local Address）

内部本地地址是指分配给园区网内部主机的地址。一般来说，该地址是待转换的私网地址。如图 10-19 例子中的 192.168.1.0/24 地址段的 IP 地址。

2. 内部全局地址（Inside Global Address）

内部全局地址是园区网经过申请获得的 Internet 可路由地址。一般来说，该地址是转换后的公网地址。如图 10-19 例子中的 210.31.235.1～210.31.235.6 地址段的 IP 地址。

3. 外部本地地址（Outside Local Address）

外部本地地址是指分配给外部网内部主机的地址。常见的情形是，该地址本身就是 Internet 可路由地址，即公网地址。如图 10-19 例子中的 211.90.3.2。

4. 外部全局地址（Outside Global Address）

外部全局地址是指将外部网内部主机地址转换后得到的 Internet 可路由地址。常见的情形是，该地址和外部本地地址相同（即不进行地址转换）。如图 10-19 例子中的 211.90.3.2。

10.4.3　静态 NAT 配置、诊断

静态 NAT 通常用于将园区网内部服务器的 IP 地址一对一地转换成一个 Internet 可路由的地址以使该服务器能为外网服务。

我们以图 10-21 为例，讲解静态 NAT 的配置、诊断。

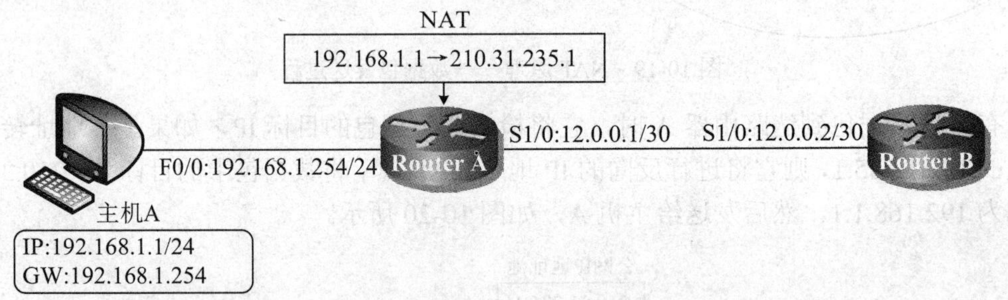

图 10-21　NAT 示例

在图 10-21 中，我们将内网主机 A 的 IP 地址 192.168.1.1 一对一地转换为一个内部全局地址 210.31.235.1。对于图 10-21 中的情形来说，静态 NAT 的配置可以分为以下几个步骤：

1. 定义 NAT 内部、外部接口

图 10-22 显示了如何定义 NAT 内部、外部接口。

```
RouterA(config)#interface fastEthernet 0/0
RouterA(config-if)#ip nat inside
RouterA(config-if)#interface serial 1/0
RouterA(config-if)#ip nat outside
```

图 10-22　定义 NAT 内部、外部接口

图 10-22 中第 2 行将路由器 A 的接口 fastethernet 0/0 定义为 NAT 内部接口。该接口的地址属于内部本地地址，即待转换的私网地址。图 10-22 中第 4 行将路由器 A 的接口 serial 1/0 定义为 NAT 外部接口。

2. 定义静态地址转换

图 10-23 显示了如何定义静态地址转换。

```
RouterA(config)#ip nat inside source static 192.168.1.1 210.31.235.1
```

图 10-23　定义静态地址转换

注意：为了让上述 NAT 正常工作，还需要为路由器 A、B 配置路由信息。如下：

（1）为路由器 A 配置默认路由，如图 10-24 所示。

```
RouterA(config)#ip route 0.0.0.0 0.0.0.0 serial 1/0
```

图 10-24　为路由器 A 配置默认路由

（2）为路由器 B 配置静态路由，如图 10-25 所示。

```
RouterB(config)#ip route 210.31.235.1 255.255.255.255 12.0.0.1
```

图 10-25　为路由器 B 配置静态路由

在完成上述配置后，主机 A 就可以访问外部网络了。我们可以利用 ping 命令进行测试，如图 10-26 所示。

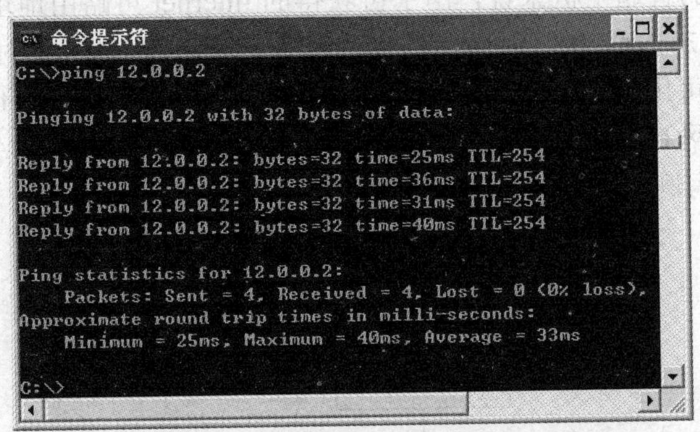

图 10-26　利用 ping 命令进行测试

可以使用命令 show ip nat translations 检查 NAT 转换表的内容，如图 10-27 所示。

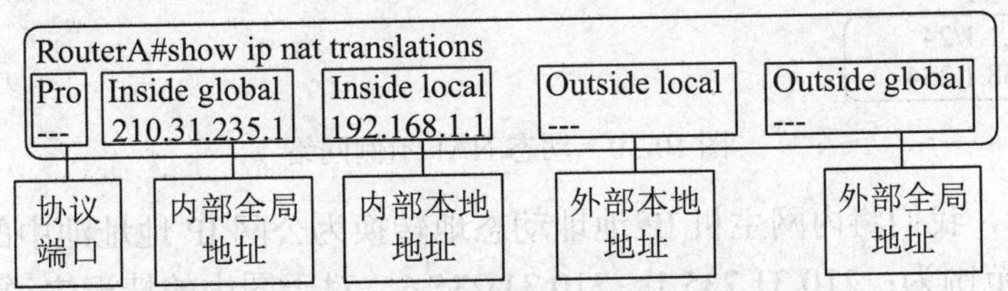

图 10-27　命令 show ip nat translations 的输出

可以使用命令 show ip nat translations verbose 检查 NAT 转换表的更为详细的内容，如一个 NAT 条目的创建时间、上次使用此条目的时间等，如图 10-28 所示。

```
RouterA#show ip nat translations verbose
Pro Inside global   Inside local    Outside local   Outside global
--- 210.31.235.1   192.168.1.1     ---             ---
    create 00:15:36, use 00:00:02,
    flags:
static, use_count: 0
```

图 10-28 检查 NAT 转换表的更为详细的内容

可以使用命令 show ip nat statistics 检查 NAT 转换统计信息，包括 NAT 内部、外部接口定义、活动地址转换的数量，数据包的命中数量等内容，如图 10-29 所示。

```
RouterA#show ip nat statistics
Total active translations: 1 (1 static, 0 dynamic; 0 extended)
Outside interfaces:
  Serial1/0
Inside interfaces:
  FastEthernet0/0
Hits: 8  Misses: 0
Expired translations: 0
Dynamic mappings:
```

图 10-29 检查 NAT 转换统计信息

注意：可以使用 clear ip nat statistics 命令清除 NAT 转换统计信息。

10.4.4 动态 NAT 配置、诊断

对于园区网内部的普通主机来说，由于可获得的 Internet 可路由地址有限，我们只能进行动态 NAT 配置。在动态 NAT 中，园区网内部主机在需要访问 Internet 时，NAT 路由器从公网 IP 地址池中取出一个可用地址进行一对一的转换。在该主机访问 Internet 结束一段时间（超时）后，将用于转换的公网 IP 地址归还给公网 IP 地址池供其他内网主机 NAT 使用。

我们以图 10-30 为例，讲解动态 NAT 的配置、诊断。

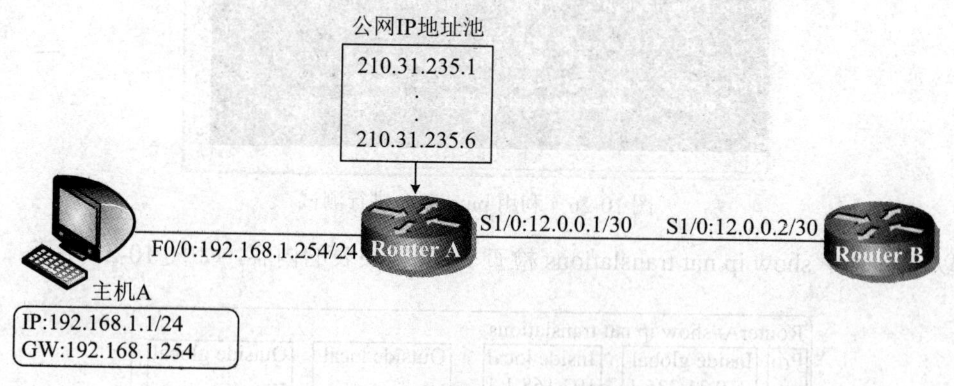

图 10-30 动态 NAT 示例网络

在图 10-30 中，我们将内网主机 IP 地址动态地转换为公网 IP 地址池中的一个地址。该地址池中的 IP 地址范围为：210.31.235.1～210.31.235.6。对于图中的情形来说，动态 NAT 的配置可以分为以下几个步骤：

1. 定义 NAT 内部、外部接口

定义 NAT 内部、外部接口。如图 10-31 所示。

```
RouterA(config)#interface fastEthernet 0/0
RouterA(config-if)#ip nat inside
RouterA(config-if)#interface serial 1/0
RouterA(config-if)#ip nat outside
```

图 10-31　定义 NAT 内部、外部接口

2. 定义待转换的内部本地地址，即私网地址

使用 ACL 来定义需要进行地址转换的 IP 地址（段），如图 10-32 所示。

```
RouterA(config)#access-list 1 permit 192.168.1.0 0.0.0.255
```

图 10-32　定义待转换的内部本地地址

3. 定义内部全局地址池

图 10-33 定义了一个名为“DEMOPOOL”的内部全局地址池，该地址池的 IP 地址范围为：210.31.235.1～210.31.235.6，掩码为：255.255.255.0。

```
RouterA(config)#ip nat pool DEMOPOOL 210.31.235.1 210.31.235.6 netmask 255.255.255.0
```

图 10-33　定义内部全局地址池

4. 定义动态地址转换

图 10-34 显示了如何定义动态地址转换。

```
RouterA(config)#ip nat inside source list 1 pool DEMOPOOL
```

图 10-34　定义动态地址转换

注意：为了让上述 NAT 正常工作，还需要为路由器 A、B 配置路由信息。如下：

（1）为路由器 A 配置默认路由，如图 10-35 所示。

```
RouterA(config)#ip route 0.0.0.0 0.0.0.0 serial 1/0
```

图 10-35　为路由器 A 配置默认路由

（2）为路由器 B 配置静态路由，如图 10-36 所示。

```
RouterB(config)#ip route 210.31.235.0 255.255.255.248 12.0.0.1
```

图 10-36　为路由器 B 配置静态路由

在完成上述配置后，主机 A 就可以访问外部网络了。我们可以利用 ping 命令进行测试，如图 10-37 所示。

```
命令提示符
C:\>ping 12.0.0.2

Pinging 12.0.0.2 with 32 bytes of data:

Reply from 12.0.0.2: bytes=32 time=25ms TTL=254
Reply from 12.0.0.2: bytes=32 time=36ms TTL=254
Reply from 12.0.0.2: bytes=32 time=31ms TTL=254
Reply from 12.0.0.2: bytes=32 time=40ms TTL=254

Ping statistics for 12.0.0.2:
    Packets: Sent = 4, Received = 4, Lost = 0 (0% loss),
Approximate round trip times in milli-seconds:
    Minimum = 25ms, Maximum = 40ms, Average = 33ms

C:\>
```

图 10-37　利用 ping 命令进行测试

可以使用命令 show ip nat translations 检查 NAT 转换表的内容，如图 10-38 所示。

```
RouterA#show ip nat translations
Pro Inside global      Inside local      Outside local      Outside global
---  210.31.235.1      192.168.1.1       ---                ---
```

图 10-38 检查 NAT 转换表的内容

可以使用命令 show ip nat translations verbose 检查 NAT 转换表的更为详细的内容，如一个 NAT 条目的创建时间、上次使用此条目的时间等，如图 10-39 所示。从图中还可以看出此 NAT 条目的默认超时时间为 24 小时。

```
RouterA#sh ip nat translations verbose
Pro Inside global      Inside local      Outside local      Outside global
--- 210.31.235.1       192.168.1.1       ---                ---
    create 00:01:26, use 00:01:23, left 23:58:36, Map-Id(In): 1,
    flags:
none, use_count: 0
```

图 10-39 检查 NAT 转换表的更为详细的内容

可以使用命令 show ip nat statistics 检查 NAT 转换统计信息，包括 NAT 内部、外部接口定义、活动地址转换的数量，数据包的命中数量，内部全局地址池的定义及使用情况等内容，如图 10-40 所示。

```
RouterA#show ip nat statistics
Total active translations: 1 (0 static, 1 dynamic; 0 extended)
Outside interfaces:
  Serial1/0
Inside interfaces:
  FastEthernet0/0
Hits: 8  Misses: 0
Expired translations: 0
Dynamic mappings:
-- Inside Source
[Id: 1] access-list 1 pool DEMOPOOL refcount 1
 pool DEMOPOOL: netmask 255.255.255.0
      start 210.31.235.1 end 210.31.235.6
      type generic, total addresses 6, allocated 1 (16%), misses 0
```

图 10-40 检查 NAT 转换统计信息

注意：可以使用 clear ip nat translation *命令清除 NAT 表中的动态转换条目。

10.4.5 接口复用 NAT 配置、诊断

有时，一个园区网只获得了一个用于广域网互连用的 IP 地址，无法定义内部全局地址池。这时，可以采用接口复用 NAT 的方式来进行配置。

接口复用 NAT 属于端口地址转换（Port Address Translation，PAT）的一种。其特点是将所有内部本地地址转换为唯一一个内部全局地址。为了区分内部不同的主机，使用端口号来标识不同的 NAT 转换条目。如图 10-41 所示。

我们以图 10-41 为例，讲解接口复用 NAT 的配置、诊断。在图 10-41 中，我们将内网全部主机 IP 地址均复用转换为路由器 A 串行接口 serial 1/0 的 IP 地址。

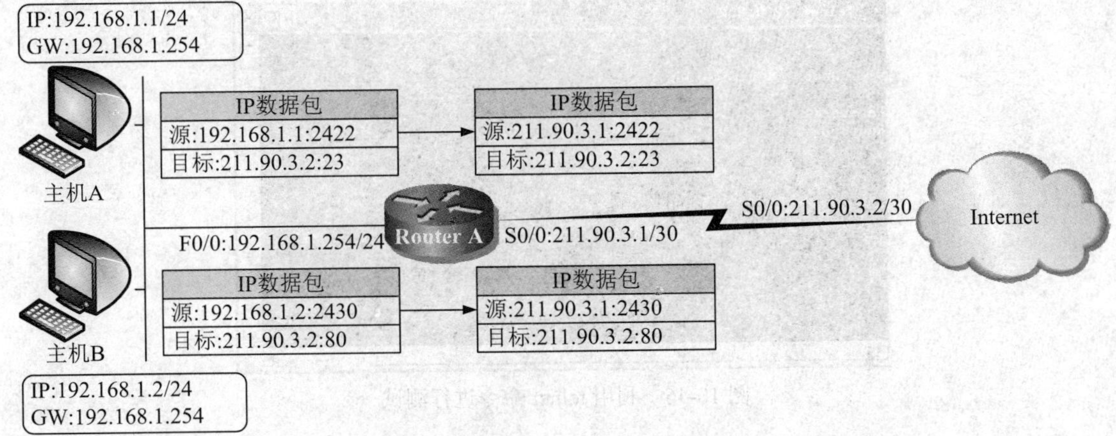

图 10-41　接口复用 NAT 示例

接口复用 NAT 的配置可以分为以下几个步骤：

1. 定义 NAT 内部、外部接口

定义 NAT 内部、外部接口。如图 10-42 所示。

```
1 RouterA(config)#interface fastEthernet 0/0
2 RouterA(config-if)#ip nat inside
3 RouterA(config-if)#interface serial 1/0
4 RouterA(config-if)#ip nat outside
```

图 10-42　定义 NAT 内部、外部接口

2. 定义待转换的内部本地地址，即私网地址

使用 ACL 来定义需要进行地址转换的 IP 地址（段），如图 10-43 所示。

```
RouterA(config)#access-list 1 permit 192.168.1.0 0.0.0.255
```

图 10-43　定义待转换的内部本地地址

3. 定义接口复用地址转换

图 10-44 显示了如何定义接口复用地址转换。“overload”关键字指明转换时进行接口的复用。

```
RouterA(config)#ip nat inside source list 1 interface serial 1/0 overload
```

图 10-44　定义接口复用地址转换

注意：为了让上述 NAT 正常工作，还需要为路由器 A 配置路由信息，如图 10-45 所示。

```
RouterA(config)#ip route 0.0.0.0 0.0.0.0 serial 1/0
```

图 10-45　配置路由器 A 的路由信息

在完成上述配置后，主机 A 就可以访问外部网络了。为了检验此接口复用地址转换（端口地址转换）的效果，我们可以利用 telnet 命令进行测试，如图 10-46 所示。

可以使用命令 show ip nat translations 检查 NAT 转换表的内容。做了 PAT 后，除了转换前后的 IP 地址外，还列出了转换的协议类型、转换前后的端口号，如图 10-47 所示。

可以使用命令 show ip nat translations verbose 检查 NAT 转换表的更为详细的内容，如图 10-48 所示。

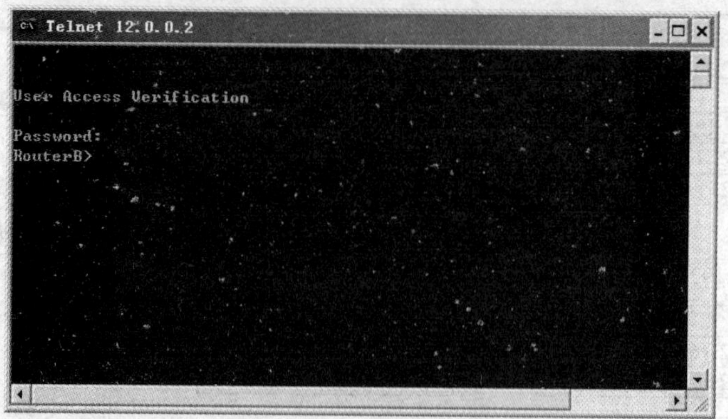

图 10-46 利用 telnet 命令进行测试

```
RouterA#show ip nat translations
Pro Inside global     Inside local          Outside local    Outside global
tcp 12.0.0.1:2422     192.168.1.1:2422      12.0.0.2:23      12.0.0.2:23
```

图 10-47 检查 NAT 转换表的内容

```
RouterA#show ip nat translations verbose
Pro Inside global     Inside local          Outside local    Outside global
tcp 12.0.0.1:2422     192.168.1.1:2422      12.0.0.2:23      12.0.0.2:23
    create 00:03:24, use 00:01:11, left 23:58:48, Map-Id(In): 2,
    flags:
extended, use_count: 0
```

图 10-48 检查 NAT 转换表的更为详细的内容

可以使用命令 show ip nat statistics 检查 NAT 转换统计信息，包括 NAT 内部、外部接口定义、活动地址转换的数量，数据包的命中数量，内部全局地址池的定义及使用情况等内容，如图 10-49 所示。

```
RouterA#show ip nat statistics
Total active translations: 2 (0 static, 2 dynamic; 2 extended)
Outside interfaces:
  Serial1/0
Inside interfaces:
  FastEthernet0/0
Hits: 16  Misses: 1
Expired translations: 0
Dynamic mappings:
-- Inside Source
[Id: 2] access-list 1 interface Serial1/0 refcount 2
```

图 10-49 检查 NAT 转换统计信息

接下来，可以在主机 B 进行 http 访问的测试，然后在路由器 A 检查 NAT 转换表的内容的变化。这里，不再列出相关结果。

10.4.6 调整 NAT 条目超时时间

前面我们已经知道，动态 NAT 条目的超时时间为 24 小时。对于内网用户很多而内部全局地址有限的情况来说，这么长的超时时间很可能导致已完成外网访问的空闲用户无谓地占用内部全局地址，而其他用户无法访问外网的情况出现。

我们可以使用命令 ip nat translation timeout 调整动态 NAT 条目的超时时间，如图 10-50 所示。

```
RouterA(config)#ip nat translation timeout ?
  <0-2147483>  Timeout in seconds
  never        Never timeout
```

图 10-50　调整动态 NAT 条目的超时时间

我们也可以调整 PAT 中 TCP、UDP、ICMP 等协议条目的超时时间，如图 10-51 所示。

```
RouterA(config)#ip nat translation tcp-timeout ?
  <0-2147483>  Timeout in seconds
  never        Never timeout

RouterA(config)#ip nat translation udp-tim
RouterA(config)#ip nat translation udp-timeout ?
  <0-2147483>  Timeout in seconds
  never        Never timeout

RouterA(config)#ip nat translation icmp-timeout ?
  <0-2147483>  Timeout in seconds
  never        Never timeout
```

图 10-51　调整 PAT 中 TCP、UDP、ICMP 等协议条目的超时时间

除此之外，还可以调整 NAT 表中最大条目的数量，如图 10-52 所示。

```
RouterA(config)#ip nat translation max-entries ?
  <1-2147483647>  Number of entries
  all-vrf         Specify maximum number of NAT entries for each vrf
  vrf             Specify per-VRF NAT entry limit
```

图 10-52　调整 NAT 表中最大条目的数量

实验 10-1　NAT 配置

一、实验目的

掌握静态 NAT、动态 NAT、接口复用 NAT 的配置、诊断方法。

二、实验任务

配置边界路由器上的静态 NAT、动态 NAT、接口复用 NAT，实现网络的互通。

三、实验设备

PC 终端一台，Dynamips/Dynagen 路由器模拟软件一套。

四、实验环境

实验环境如图 10-53 所示。这里采用 1 台路由器 C 来模拟接入路由器 A 的另一台 PC 终端。

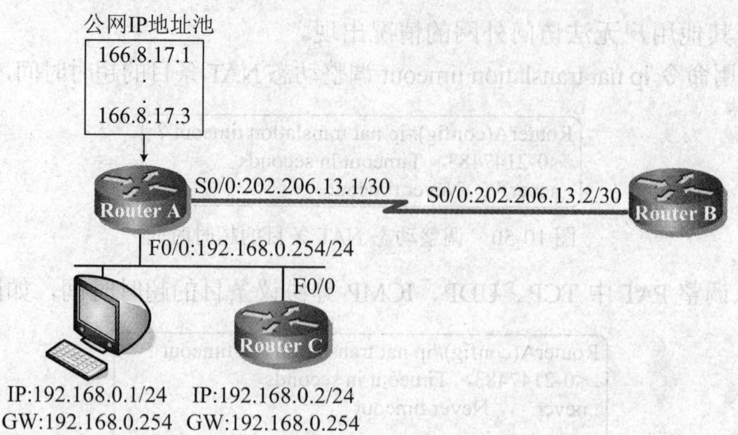

图 10-53 “NAT 配置”实验环境

五、实验步骤

1．按图 10-53 设计、编写 Dynagen 所需.NET 文件。

2．通过 Dynagen 运行编写好的.NET 网络拓扑文件。

3．按照 3.3.5 节配置路由器基本参数。

4．按图 10-53 所示配置 PC 终端的 IP 地址、子网掩码信息、默认网关信息。

5．按图 10-53 所示配置路由器 C 的接口 fastethernet 0/0 的 IP 地址、子网掩码信息。同时，配置下一跳指向 192.168.0.254 的默认路由以模拟默认网关。

6．配置路由器 A 上的静态 NAT（使用公网 IP 地址池中的 IP 地址：166.8.17.1）使 PC 终端可以访问路由器 B（ping 通地址：202.206.13.2）。

7．检查路由器 A 上的 NAT 转换表内容及 NAT 转换统计信息。

8．配置路由器 A 上的动态 NAT（使用公网 IP 地址池中的 IP 地址）使 PC 终端及路由器 C 可以访问路由器 B（ping 通地址：202.206.13.2）。

9．检查路由器 A 上的 NAT 转换表内容及 NAT 转换统计信息。

10．配置路由器 A 上的接口复用 NAT（使用公网路由器 A 串行接口 serial 0/0 的 IP 地址：202.206.13.1）使 PC 终端及路由器 C 可以访问路由器 B（ping 通地址：202.206.13.2）。

11．检查路由器 A 上的 NAT 转换表内容及 NAT 转换统计信息。

思考与练习

1．广域网连接有哪些常见的类型？

2．常见的广域网技术有哪些？各自有什么特点？

3．控制台端口和辅助端口有哪些异同？

4．有几种线路编号方法？写出相对线号编号规则。

5．什么是静态 NAT？用在什么场合？

6．什么是动态 NAT？用在什么场合？

7．什么是接口复用 NAT？用在什么场合？

8．如何调整 NAT 条目超时时间？

第 11 章　HDLC 及 PPP 原理与配置

本章学习目标

本章主要介绍 HDLC 及 PPP 的工作原理及配置方法。通过本章的学习，读者应该掌握以下内容:

- 了解 HDLC 的特点
- 理解 HDLC 帧格式及控制字段
- 理解 HDLC“数据透明”的实现原理
- 掌握 HDLC 的配置过程
- 了解 PPP 的层次结构和功能
- 理解 PPP 过程
- 了解 PPP 帧格式
- 了解 LCP 协商选项
- 理解 PAP 工作原理
- 理解 CHAP 工作原理
- 掌握基本 PPP 配置命令
- 掌握 PAP 的配置过程、配置命令以及诊断方法
- 掌握 CHAP 的配置过程、配置命令以及诊断方法

11.1　HDLC 概述

20 世纪 70 年代初，IBM 公司首先提出了面向比特的同步数据链路控制（Synchronous Data Link Control，SDLC）规程，并将其提交给了美国国家标准学会 ANSI 和国际标准化组织 ISO。

后来，ISO 将 SDLC 做了改进，形成了自己的标准：高级数据链路控制（High-level Data Link Control，HDLC）规程。

ANSI 也提出了自己的 SDLC 版本：先进数据通信控制规程（Advanced Data Communication Control Procedure，ADCCP）。

与此同时，国际电报电话咨询委员会 CCITT 为 X.25 中数据终端设备（DTE）和数据通信设备（DCE）之间的接口制定了标准，称为链路访问规程（Link Access Procedure，LAP）或者平衡链路访问规程（Link Access Procedure Balanced，LAPB）。该规程实际上也是 HDLC 的一种变体。

这些不同的规程，内容大同小异。下面以 HDLC 为例进行介绍。

11.1.1　HDLC 帧格式

HDLC 规定：数据帧中所传输的数据的位数是任意的，不必是字节的整数倍。此外，HDLC

是通过约定的位模式进行帧的定界，而不是靠使用特殊定义的字符（区别于面向字符的同步规程，如 IBM 公司的二进制同步通信协议——Binary Synchronous Communication，BISYNC）来界定帧的开始和结束的，故称为“面向位”的同步规程，其帧格式如图 11-1 所示。

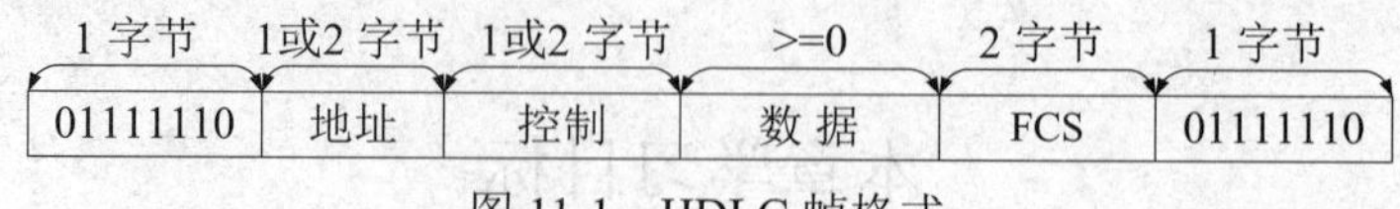

图 11-1　HDLC 帧格式

由图 11-1 可见，接收端可以通过检查输入二进制序列中的一个特定模式的位串“01111110”来界定帧的开始和结束，称为帧定界符。

接下来是地址字段。长度为 1 或 2 字节（视不同的规程而定）。一般，在点到点类型的通信中，地址不是必需的。但是，有的规程通过此字段指明数据的方向。

地址字段后面是控制字段。长度为 1 或 2 字节。根据该字段的内容不同，一个 HDLC 帧又可分为：信息帧（又称 I—帧）、监控帧（S—帧）和无编号帧（U—帧）。具体介绍见后。

接下来是任意位长度的数据。

在数据字段的后面是 2 字节的 CRC 帧校验序列码，对从地址开始直至数据字段的内容进行校验。

最后是 1 字节的帧定界符，标识此帧的结束。

11.1.2　HDLC 的“数据透明”实现

HDLC 是使用特殊模式的二进制串“01111110”来标识帧头和帧尾的。如果用户的数据中也出现了这种模式的二进制串“01111110”，协议会认为数据帧已经结束，从而提前结束数据的接收，导致协议失败。

所谓“数据透明”是指规程应该有区别特定模式比特串和普通用户数据的能力。

HDLC 中的“数据透明”是通过比特填充来实现的。

发送端在发送数据的时候，如果用户的数据中也出现了特殊模式的二进制串“01111110”，则协议会在用户的每连续出现的 5 个比特“1”之后，自动插入一个比特“0”。

这样，在接收端接收到的用户数据中就不可能出现像“01111110”这样的位串。同时，接收端在接收用户数据的时候，每连续检测到 5 个 1，就删除其后的一个“0”，如图 11-2 所示。

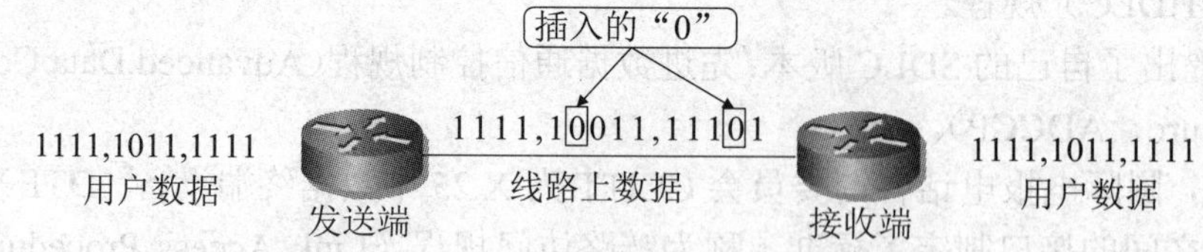

图 11-2　HDLC 的“数据透明”实现

11.1.3　HDLC 的控制字段

HDLC 控制字段的第 1 位或第 1、2 位用来区分三种不同类型的 HDLC 帧，分别是信息帧（又称 I—帧）、监控帧（S—帧）和无编号帧（U—帧），如图 11-3 所示。

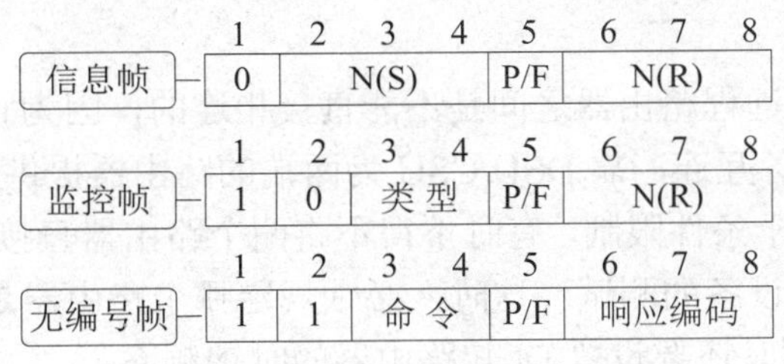

图 11-3　HDLC 的控制字段

- 信息帧

HDLC 允许发送方连续发送多个帧。信息帧用来传送用户的数据。其中，字段 N（S）代表待发送的帧编号，而字段 N（R）的内容是期待接收的对方下一帧的帧编号，代表对对方已发送过来的帧的确认。

当控制字段长度为 2 字节时，N（S）和 N（R）的长度分别为 7 位。

各种控制字段的第 5 位都是 P/F 位，即探询/结束（Poll/Final）位。当主站发送一帧时，该位起探询的作用。如果该位为 1，表示要求从站必须响应。当从站的响应是多个帧的时候，最后一帧中，将 P/F 位置“1”，指示响应结束。

- 监控帧

监控帧用来对通信链路进行控制、管理。其中类型字段的不同内容指示另一方怎样解释后面的 N（R）字段。此类型的帧用来实现简单的流控和检错重发。

- 无编号帧

无编号帧因其帧中控制字段不含发送帧编号字段 N（S）和确认帧编号字段 N（R）而得名。无编号帧主要用来提供各种附加的链路控制命令和响应功能。如要求对方复位各种计数器的值。

HDLC 可以使用全双工通信，同时允许多帧数据的连续发送而只进行单次确认，因此可以达到较高的数据速率，所以应用非常广泛。

11.1.4　Cisco 的 HDLC 实现

标准 HDLC 只能在一条链路上支持一种协议类型。针对这一限制，Cisco 提出了自己的 HDLC 实现。

在 Cisco 的 HDLC 实现中，主要通过在标准 HDLC 帧格式中加入上层协议类型字段来运载多种类型的上层协议数据。如图 11-4 所示。

01111110	地址	控制	私有	数据	FCS	01111110

图 11-4　Cisco 的 HDLC 实现

需要注意的是，Cisco 的 HDLC 是 Cisco 私有的协议，其格式和标准 HDLC 并不兼容，因此，只能在两端都是 Cisco 设备的链路上进行封装。

11.2　HDLC 配置

同步串行线路上的 HDLC 封装主要用在像 DDN 专线这样的场合。

在实际工作中，HDLC 几乎不需要配置就可以工作。但是，在实验室环境下，可能需要做额外的配置。

在实际工作中，两个远程路由器之间是不能直接相连的，因为它们都是 DTE 设备，必须通过 DSU/CSU 这样的设备互连，靠 DSU/CSU 为两端的路由器提供用于同步的时钟。

在实验室环境下，由于条件限制，有时不得不将两个路由器直接相连（称为背靠背连接）。背靠背连接也用于新购置设备的测试。这时，必须规定哪个路由器是 DTE，哪个是 DCE，由 DCE 路由器提供时钟，同时还要设置 DCE 路由器的时钟频率。

其实，在将两个路由器的串行接口用电缆背靠背连接起来的时候，就已经决定了哪个路由器会充当 DCE 端。因为路由器可以自动识别串行接口所接入的电缆类型。

可以通过观察电缆形式判断哪个路由器会充当 DCE 端。方法是看连接电缆（如 V.35）一端，如果是孔端母接头，则此线缆的另一端就是 DCE 设备；如果是针端，线缆另一端所接的就是 DTE 设备。

如果路由器处于开机状态，也可以使用 show controllers interface 命令查看路由器某接口的类型。如果是 DCE 设备，还将显示出时钟速率。如图 11-5 所示，显示出接口类型为 DCE。

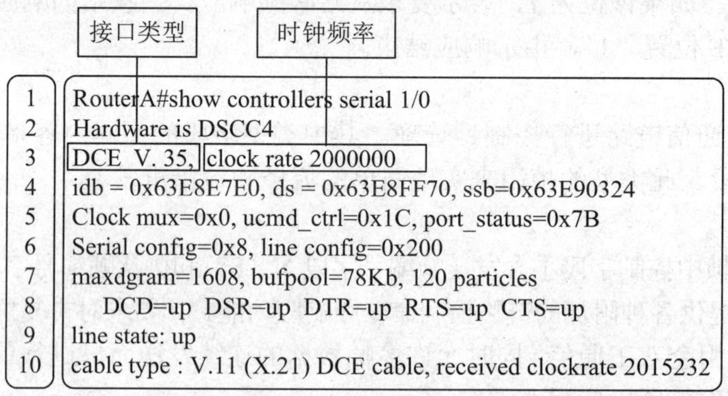

图 11-5　命令 show controllers serial 1/0 的输出

需要特别注意的是，某台路由器可以同时是 DCE 和 DTE 设备，这要视该路由器的对应接口接入了什么类型的电缆而定。如一台路由器的 serial 0/0 是 DCE 端设备，而其 serial 0/1 却是 DTE 端设备。

下面以图 11-6 给出的点到点串行连接为例，介绍 HDLC 的配置过程。

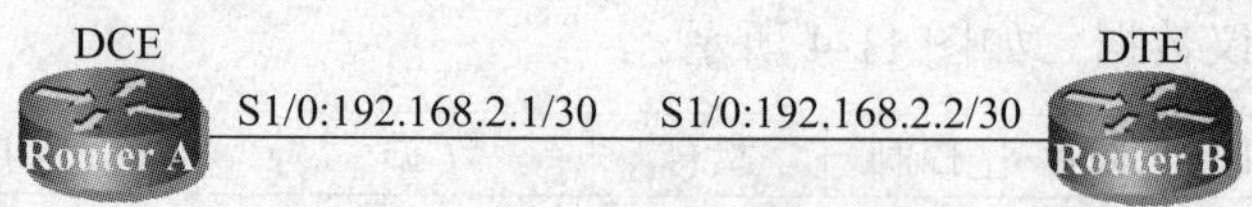

图 11-6　配置点到点串行连接

首先，配置作为 DTE 端的路由器 B，如图 11-7 所示。

```
RouterB#configure terminal
Enter configuration commands, one per line.  End with CNTL/Z.
RouterB(config)#interface serial 1/0
RouterB(config-if)#encapsulation hdlc
RouterB(config-if)#ip address 192.168.2.2 255.255.255.252
RouterB(config-if)#no shutdown
RouterB(config-if)#end
```

图 11-7　配置路由器 B

接下来配置作为 DCE 端的路由器 A，如图 11-8 所示。

```
RouterA#configure terminal
Enter configuration commands, one per line.  End with CNTL/Z.
RouterA(config)#interface serial 1/0
RouterA(config-if)#encapsulation hdlc
RouterA(config-if)#ip address 192.168.2.1 255.255.255.252
RouterA(config-if)#clock rate 2000000
RouterA(config-if)#no shutdown
RouterA(config-if)#end
```

图 11-8　配置路由器 A

和路由器 B 不同的是，需要使用 clock rate 命令设置 DCE 端的时钟，范围为 1200～8000000，单位是 b/s。

请注意，在实际环境中不需要配置时钟频率，因为通信服务提供商会利用其 DCU/CSU 提供时钟。

配置完成后，可以使用命令 show interfaces serial 检查接口状态。如图 11-9 所示，其中第 2 行显示了物理接口及协议状态。如果物理接口状态为“down”，表明物理连接有问题，没有收到任何信号；如果物理接口状态为“up”，协议状态字段为“down”，则表明物理连接正常，但是数据链路层工作有问题。

接口物理、协议状态　　接口IP地址

```
1   RouterA#show interfaces serial 1/0
2   Serial1/0 is up, line protocol is up
3     Hardware is M4T
4     Internet address is 192.168.2.1/30
5     MTU 1500 bytes, BW 1544 Kbit, DLY 20000 usec,
6       reliability 255/255, txload 1/255, rxload 1/255
7     Encapsulation HDLC, crc 16, loopback not set
8     Keepalive set (10 sec)
9     Restart-Delay is 0 secs
10    Last input never, output 00:00:00, output hang never
11    Last clearing of "show interface" counters never
12    Input queue: 0/75/0/0 (size/max/drops/flushes); Total output drops: 0
```

接口封装类型　　接口参数

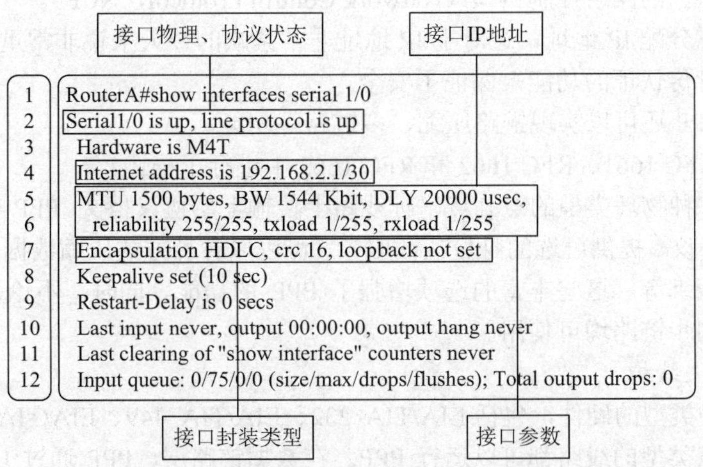

图 11-9　命令 show interfaces serial 1/0 的输出

接下来可以使用 ping 命令进行第 3 层连通性测试，如图 11-10 所示。

发送包数　　每包大小及类型　　目标IP　　超时时间

```
1   RouterA#ping 192.168.2.2
2
3   Type escape sequence to abort.
4   Sending 5, 100-byte ICMP Echos to 192.168.2.2, timeout is 2 seconds:
5   !!!!!
6   Success rate is 100 percent (5/5), round-trip min/avg/max = 1456/1464/1468 ms
```

成功率　　往返所需时间

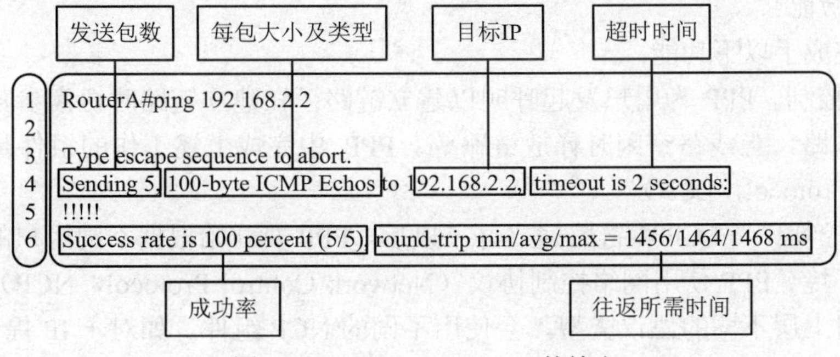

图 11-10　ping 192.168.2.2 的输出

注意：Cisco 的 HDLC 是 Cisco 私有的协议，其格式和标准 HDLC 并不兼容。因此，只能在两端都是 Cisco 设备的链路上进行封装。如果两端不全是 Cisco 设备，可以采用 PPP 封装类型。

11.3 PPP 概述

11.3.1 PPP 概述

点到点协议（Point to Point Protocol，PPP）是从串行线路 IP（Serial Line IP，SLIP）改进而来的。SLIP 的提出主要是想在串行线路上传输原始的 IP 数据包。其帧格式非常简单，因此功能也非常有限。例如，它没有数据校验功能、只支持 IP、不能进行动态 IP 地址分配、没有提供任何形式的身份认证等。

针对 SLIP 的缺陷，PPP 协议主要做了以下的改进工作。

- 明确地划分出一帧的尾部和下一帧的头部的成帧方式并对数据进行错误检测工作。
- 检测不再需要的线路，经过协商后释放这些链路。这个协议被称为链路控制协议（Link Control Protocol，LCP）。
- 用独立于网络层协议的方法来商议使用网络层的哪些选项。对于每个支持的网络层来说，有不同的网络控制协议（Network Control Protocol，NCP）。
- 允许动态分配 IP 地址，这对于 IP 地址非常紧缺的今天来说非常重要。
- 增加了身份认证的功能，保证了安全。

除此之外，PPP 还可以实现链路压缩、多链路等功能。

PPP 协议在 RFC 1661、RFC 1662 和 RFC 1663 中进行了描述。

PPP 支持在各种物理类型的点到点串行线路上传输上层协议报文。PPP 有很多丰富的可选特性，如支持多协议、提供可选的身份认证服务、可以以各种方式压缩数据、支持动态地址协商、支持多链路捆绑等。这些丰富的选项增强了 PPP 的功能。同时，不论是异步拨号线路还是路由器之间的同步链路均可使用。

1. PPP 的层次结构

PPP 支持各种类型的硬件，包括 EIA/TIA 232、EIA/TIA 449、EIA/TIA 530、V.35、V.21 等。只要是点到点类型的线路都可以运行 PPP。在数据链路层，PPP 通过 LCP 协议进行链路管理，相当于以太网数据链路层的 MAC 子层。而在网络层，由 NCP 为不同的协议提供服务。这里的 NCP 相当于以太网数据链路层的 LLC 子层，如图 11-11 所示。

2. PPP 的功能

PPP 主要完成了以下功能：

（1）链路控制。PPP 为用户发起呼叫以建立链路；在建立链路时协商参数选择；通信过程中随时测试线路，当线路空闲时释放链路等。PPP 中完成上述工作的组件是链路控制协议（Link Control Protocol，LCP）。

（2）网络控制。当 LCP 将链路建立好了以后，PPP 要开始根据不同用户的需要，配置上层协议所需的环境。PPP 使用网络控制协议（Network Control Protocol，NCP）来为上层提供服务接口。针对上层不同的协议类型，会使用不同的 NCP 组件。如对于 IP 提供 IPCP 接口，对于 IPX 提供 IPXCP 接口，对于 APPLETALK 提供 ATCP 接口等。

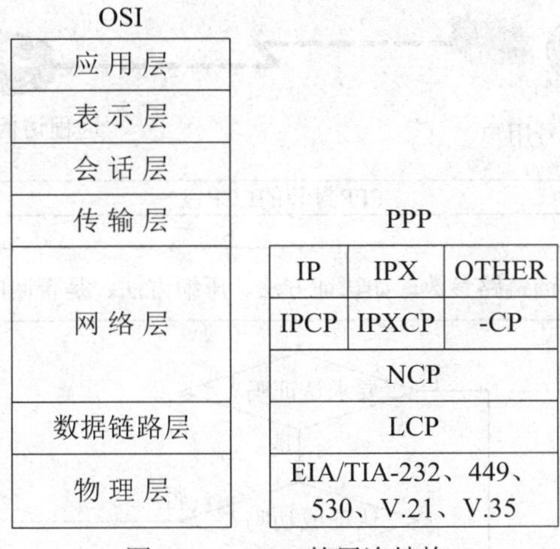

图 11-11　PPP 的层次结构

11.3.2　PPP 过程

从开始发起呼叫到最终通信完成后释放链路，PPP 的工作经历了一系列的过程。下面是这一过程的描述。

（1）当一个 PC 终端拨号用户发起一次拨号后，此 PC 终端首先通过调制解调器呼叫远程访问服务器，如提供拨号服务的路由器。

（2）当路由器上的远程访问模块应答了这个呼叫后，就建立起一个初始的物理连接。

（3）接下来，PC 终端和远程访问服务器之间开始传送一系列经过 PPP 封装的 LCP 分组，用于协商选择将要采用的 PPP 参数。

（4）如果上一步中有一方要求认证，接下来就开始认证过程。如果认证失败，如错误的用户名、密码，则链路被终止，双方负责通信的设备或模块（如用户端的调制解调器或服务器端的远程访问模块）关闭物理链路回到空闲状态。如果认证成功则进行下一步。

（5）通信双方开始交换一系列的 NCP 分组来配置网络层。对于上层使用 IP 协议的情形来说，此过程是由 IPCP 完成的。

（6）当 NCP 配置完成后，双方的逻辑通信链路就建立好了，双方可以开始在此链路上交换上层数据。

（7）当数据传送完成后，一方会发起断开连接的请求。这时，首先使用 NCP 来释放网络层的连接，归还 IP 地址；然后利用 LCP 来关闭数据链路层连接；最后，双方的通信设备或模块关闭物理链路回到空闲状态。

图 11-12 给出了上述过程的示意图。

11.3.3　PPP 帧格式

PPP 帧格式以 HDLC 帧格式为基础，做了很少的改动。二者的主要区别是：PPP 是面向字符的，而 HDLC 是面向位的。PPP 在点到点串行线路上使用字符填充技术。所以，所有帧的大小都是字节的整数倍。

图 11-13 中给出了 PPP 的帧格式。

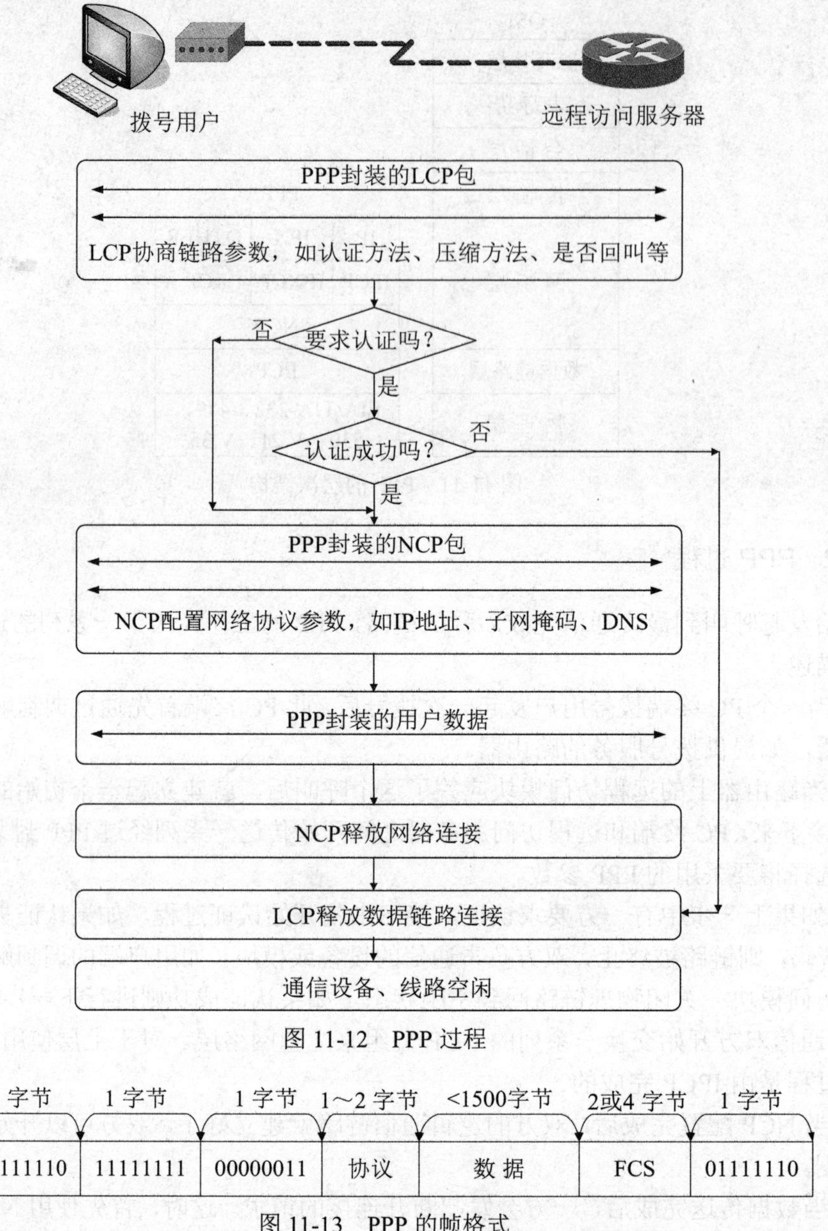

图 11-12　PPP 过程

1 字节	1 字节	1 字节	1～2 字节	<1500字节	2或4 字节	1 字节
01111110	11111111	00000011	协议	数 据	FCS	01111110

图 11-13　PPP 的帧格式

PPP 帧是以标准 HDLC 标志字节（01111110）开始和结束的。

接下来是地址字段，默认情况下，被固定设成二进制数 11111111，因为点到点线路的一个方向上只有一个接收方。

地址字段后面是控制字段，默认情况下，被固定设成二进制数 00000011。

因为默认情况下，地址字段、控制字段总是常数。因此，这两部分实际可以省略不要（需要通过 LCP 进行协商）。

接下来是协议字段，用来标明后面携带的是什么类型的数据。其默认大小为 2 字节，但如果是 LCP 包，则可以是 1 字节。

接下来是数据字段。其长度可变，默认最大长度为 1500 字节。

接下来是校验和字段，通常情况下是 2 字节，但也可以是 4 字节。

11.3.4　LCP 协商选项

LCP 用来在通信链路建立初期，在通信双方之间协商功能选项。表 11-1 列出其中主要的选项，包括身份认证、压缩、回叫、多链路。

表 11-1　PPP LCP 协商选项

特性	解释	协议
身份认证	链路建立成功前要求提供正确的密码	PAP，CHAP
压缩	在带宽有限的链路提供对数据的压缩功能	Predictor，Stacker， MPPC
回叫	由被叫方重新呼叫原呼叫发起方	Cisco Callback，MS Callback
多链路	需要的时候进行多链路捆绑、负载均衡	MP

11.3.5　PAP 和 CHAP

PPP 提供了两种可选的身份认证方法：口令认证协议（Password Authentication Protocol，PAP）和质询握手认证协议（Challenge Handshake Authentication Protocol，CHAP）。如果双方协商达成一致，也可以不使用任何身份认证方法。

1．PAP

PAP 是一个简单的、实用的身份认证协议，如图 11-14 所示。

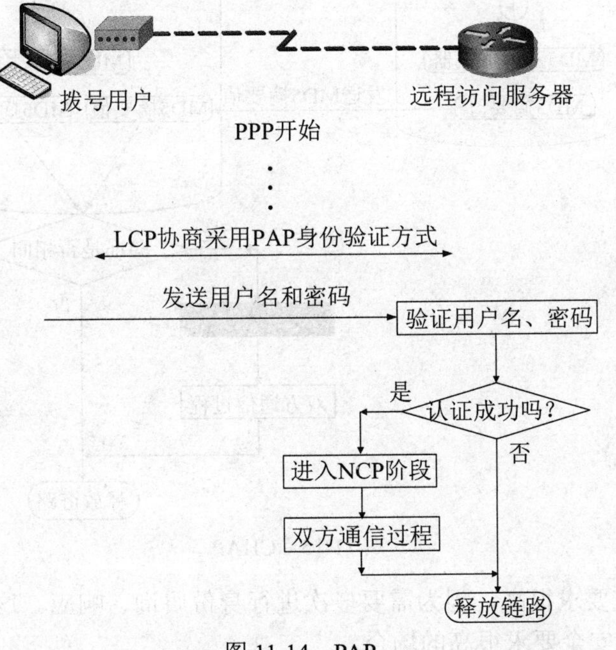

图 11-14　PAP

PAP 认证进程只在双方的通信链路建立初期进行。如果认证成功，在通信过程中不再进行认证。如果认证失败，则直接释放链路。

PAP 的弱点是用户的用户名和密码是明文发送的，有可能被协议分析软件捕获而导致安全问题。但是，因为认证只在链路建立初期进行，节省了宝贵的链路带宽。

2. CHAP

CHAP 认证比 PAP 认证更安全，因为 CHAP 不在线路上发送明文密码，而是发送经过摘要算法加工过的随机序列，也被称为“质询字符串”，如图 11-15 所示。同时，身份认证可以随时进行，包括在双方正常通信过程中。因此，非法用户就算截获并成功破解了一次密码，此密码也将在一段时间内失效。

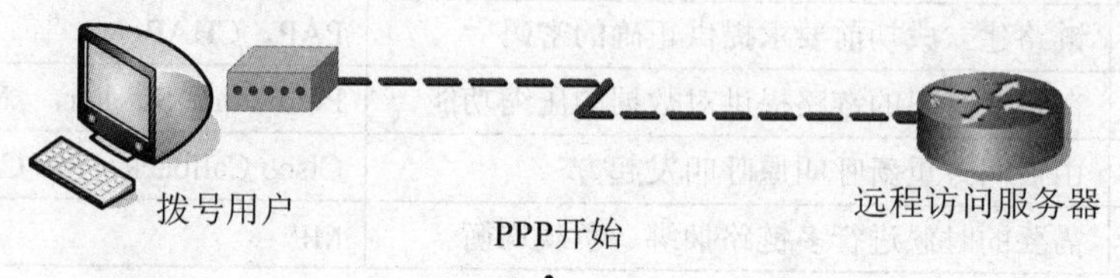

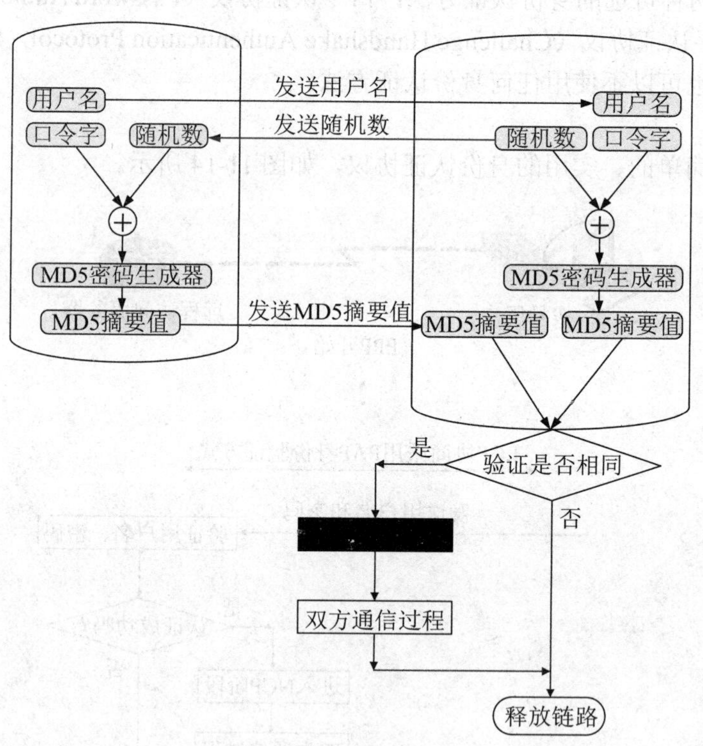

图 11-15 CHAP

CHAP 对端系统要求很高，因为需要多次进行身份质询、响应。这需要耗费较多的 CPU 资源，因此只用在对安全要求很高的场合。

11.3.6 LCP 协商的其他选项

除了身份认证方法之外，PPP 的 LCP 还提供了链路压缩、回叫、多链路捆绑等选项。

1. 链路压缩

PPP 协议运行在速率十分有限的点到点串行链路上。为了提高数据发送效率，可以采用对数据进行压缩后再传送的方法，我们将其称为链路压缩。

LCP 支持以下一些链路压缩方法：Stac、MPPC、Predictor 以及 TCP 头部压缩。不同的方法对 CPU 及内存的需求并不相同。有些需要更多的内存（内存密集型），有些则需要占用更多的 CPU 时间（CPU 密集型）。压缩原理和效果也不相同。

- Stac：Stac 压缩算法基于 Lempel-Ziv 理论，它通过查找、替换传送内容中的重复字符串的方法达到压缩数据的目的。使用 Stac 压缩算法可以选择由硬件（适配器、模块等）进行压缩或者由软件进行压缩，还可以选择压缩的比率。Stac 压缩算法需要占用较多的 CPU 时间。
- MPPC：MPPC 是微软的压缩算法实现，也是基于 Lempel-Ziv 理论，也需要占用较多的 CPU 时间。
- Predictor：Predictor 预测算法通过检查数据的压缩状态（是否已被压缩过）来决定是否进行压缩。因为，对数据的二次压缩一般不会有更大的压缩率。相反，有时经过二次压缩的数据反而比一次压缩后的数据更大。Predictor 算法需要占用更多的内存。
- TCP 头部压缩：TCP 头部压缩基于 Van Jacobson 算法，该算法通过删除 TCP 头部一些不必要的字节来实现数据压缩的目的。

2. 回叫

回叫又称为回拨，是指当通信一方拨号到另一方后，由另一方断开拨号连接并进行反向的拨号。

对于从甲地到乙地的电话费大于从乙地到甲地的电话费的情形，这时，可以由甲方首先发起到乙方的呼叫连接，当乙方收到甲方的呼叫请求后，断开乙方的呼叫。然后，从乙方发起到甲方的回叫。甲方应答后，双方的通信链路就建立起来了。

回叫还有更安全的优点。因为乙方在回叫之前可以验证对方是否是合法用户，可以用口令数据库的方法或者检验对方电话号码的方法。

3. 多链路捆绑

LCP 的多链路捆绑（MP）选项通过将通信两端之间的多条通信链路捆绑成一条虚拟的链路而达到扩充链路可用带宽的目的。

LCP 的多链路捆绑可以在多种类型的物理接口上实现，包括异步串行接口、同步串行接口、ISDN 基本速率接口 BRI、ISDN 主速率接口 PRI。LCP 的多链路捆绑也支持不同的上层协议封装类型，如 X.25、ISDN、帧中继等。

限于篇幅，关于以上 LCP 协商选项的配置这里就不再详细介绍了，感兴趣的读者请参看有关参考书。

11.4 PPP 配置

11.4.1 PPP 基本配置

对于同步串行接口，默认的封装格式是 HDLC（Cisco 私有实现）。可以使用命令

Encapsulation ppp 将封装格式改为 PPP，如图 11-16 所示。

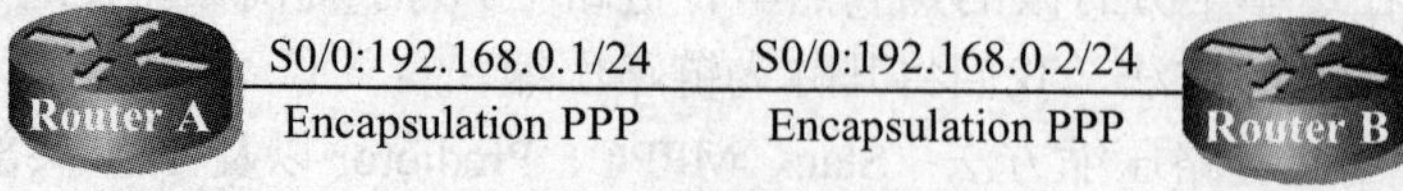

图 11-16 PPP 串行封装

当通信双方的某一方封装格式为 HDLC，而另一方为 PPP 时，双方关于封装协议的协商将失败。此时，此链路处于协议性关闭（protocol down）状态，通信无法进行，如图 11-17 所示。

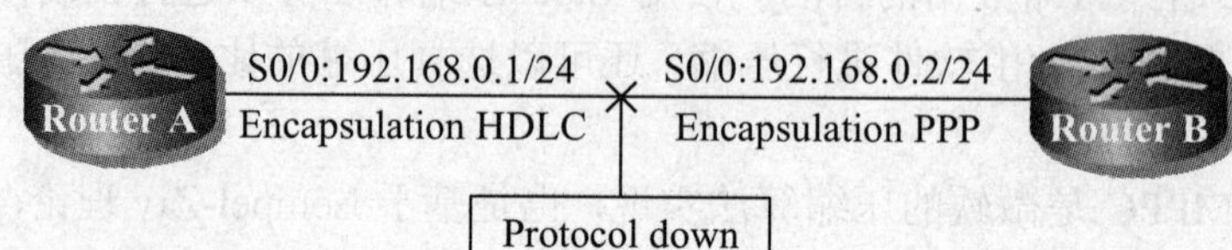

图 11-17 两端路由器串行接口封装格式不一致

这时，在路由器 A 与路由器 B 的链路没有成功建立之前，路由器 A 及路由器 B 的路由表将为空。

当路由器 A 的串行接口 serial 0/0 又改为封装成 PPP 协议时，双方的通信将恢复正常。如图 11-18 所示，是在路由器 A 上产生的 debug ppp events 的输出。可以发现，成功地安装了此链路的路由条目。同时，系统提示该链路协议被激活，链路可用。

```
*Mar  1 01:58:47.331: Se0/0 EVT: Setup [14] 0 0x0
*Mar  1 01:58:47.331: Se0/0 EVT: Packet [14] 1 0x6142E27C
*Mar  1 01:58:47.331: Se0/0 EVT: Packet [14] 1 0x61251590
*Mar  1 01:58:47.335: Se0/0 EVT: Packet [14] 2 0x6142B6A8
*Mar  1 01:58:47.335: Se0/0 EVT: Packet [14] 2 0x612512A4
*Mar  1 01:58:47.335: Se0/0 EVT: Packet [14] 0 0x6142C830
*Mar  1 01:58:47.339: Se0/0 EVT: Packet [14] 0 0x6142CE08
*Mar  1 01:58:47.339: Se0/0 EVT: Add Route [14] 0 0xC0A80002
*Mar  1 01:58:49.327: Se0/0 EVT: Add Route [14] 0 0xC0A80002
*Mar  1 01:58:49.327: Se0/0 EVT: Cstate [14] 4 0x6134DE18
*Mar  1 01:58:50.327: %LINEPROTO-5-UPDOWN: Line protocol on Interface Serial 0/0,
changed state to up
```

图 11-18 命令 debug ppp events 的输出

同时，使用 show ip route 命令可以看到路由器 A 安装了两条路由条目，一条是到达网络 192.168.0.0/24 的直连路由，另一条是到达主机 192.168.0.2/32 的直连路由，如图 11-19 所示。

```
RouterA#show ip route
… …
Gateway of last resort is not set

     192.168.0.0/24 is variably subnetted, 2 subnets, 2 masks
C       192.168.0.0/24 is directly connected, Serial0/0
C       192.168.0.2/32 is directly connected, Serial0/0
```

图 11-19 命令 show ip route 的输出

当将路由器 A 的 serial 0/0 的封装格式再次改为 HDLC 时，命令 debug ppp events 将给出如图

11-20 所示的提示信息，提示该链路上的路由条目被删除。同时，系统通告该接口协议性关闭。

```
*Mar  1 01:55:16.107: Se0/0 EVT: Remove Route [14] 0 0xC0A80002
*Mar  1 01:55:17.103: %LINEPROTO-5-UPDOWN: Line protocol on Interface Serial 0/0,
changed state to down
```

图 11-20　命令 debug ppp events 的输出

同时，debug ppp negotiation 的输出也表明了这一点，如图 11-21 所示。

```
*Mar  1 02:11:29.671: Se0/0 IPCP: Remove link info for cef entry 192.168.0.2
*Mar  1 02:11:29.671: Se0/0 IPCP: State is Closed
*Mar  1 02:11:29.671: Se0/0 CDPCP: State is Closed
*Mar  1 02:11:29.671: Se0/0 PPP: Phase is TERMINATING
*Mar  1 02:11:29.671: Se0/0 LCP: State is Closed
*Mar  1 02:11:29.671: Se0/0 PPP: Phase is DOWN
*Mar  1 02:11:29.679: Se0/0 IPCP: Remove route to 192.168.0.2
```

图 11-21　命令 debug ppp negotiation 的输出

11.4.2　PAP 配置

1. PAP 认证过程

PAP 认证可以在一方进行，即由一方认证另一方的身份，也可以进行双向身份认证。这时，要求被认证的双方都要通过对方的认证程序。否则，无法建立二者之间的链路。下面以单方认证为例分析 PAP 配置过程及诊断方法。

如图 11-22 所示，当双方都封装了 PPP 协议且要求进行 PAP 身份认证，同时它们之间的链路在物理层已激活后，认证服务器会不停地发送身份认证要求，直到身份认证成功。

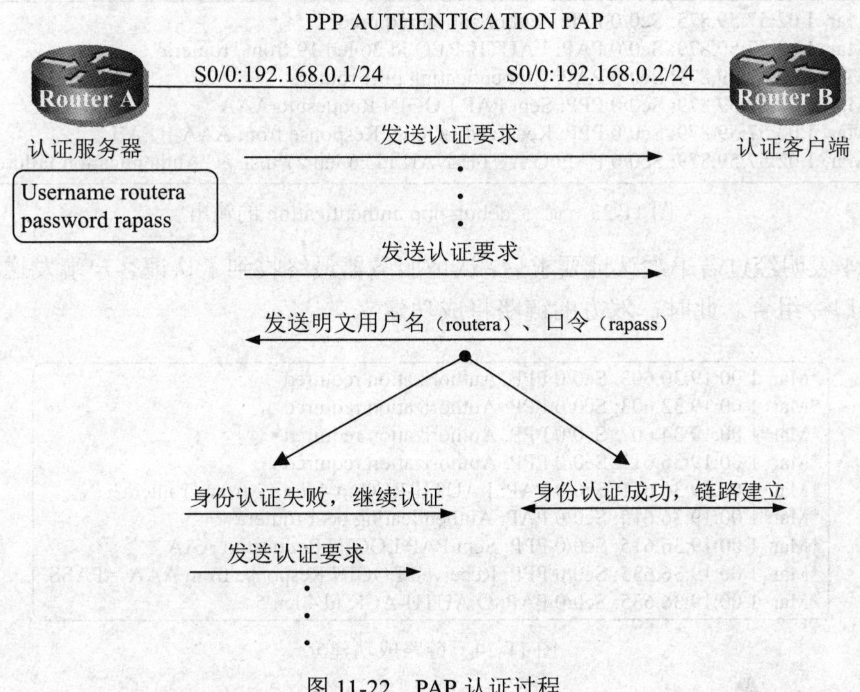

图 11-22　PAP 认证过程

在图 11-22 中，当认证客户端（被认证一端）路由器 B 发送了用户名或口令后，认证服务器会将收到的用户名或口令和本地口令数据库中的口令信息比较，如果正确，则身份认证成功，通信双方的链路最终成功建立。

如果被认证一端路由器 B 发送了错误的用户名或口令，认证服务器将继续不断地发送身份认证要求，直到收到正确的用户名和口令为止。

2. PAP 认证服务器的配置

PAP 认证服务器的配置分为两个步骤：建立本地口令数据库、要求进行 PAP 认证。

● 建立本地口令数据库

通过全局配置模式下的命令 username *username* password *password* 来为本地口令数据库添加记录，如下所示。

```
RouterA(config)#username routera password rapass
```

● 要求进行 PAP 认证

这需要在相应接口配置模式下使用命令 ppp authentication pap 来完成，如下所示。

```
RouterA(config)#interface serial 0/0
RouterA(config-if)#ppp authentication pap
```

3. PAP 认证客户端的配置

PAP 认证客户端的配置只需要一个步骤（命令），即将用户名和口令发送到对端，如下所示。

```
RouterB(config-if)#ppp pap sent-username routera pass rapass
```

4. PAP 的诊断

如果通信双方的链路因为身份认证的原因而没有建立成功，利用 debug ppp authentication 命令可以很容易发现问题所在。如图 11-23 所示，它表明认证客户端发送的用户名和口令没有通过认证服务器的认证。

```
*Mar  1 02:57:59.875: Se0/0 PPP: Authorization required
*Mar  1 02:57:59.879: Se0/0 PAP: I AUTH-REQ id 26 len 19 from "routera"
*Mar  1 02:57:59.879: Se0/0 PAP: Authenticating peer routera
*Mar  1 02:57:59.879: Se0/0 PPP: Sent PAP LOGIN Request to AAA
*Mar  1 02:57:59.879: Se0/0 PPP: Received LOGIN Response from AAA = FAIL
*Mar  1 02:57:59.879: Se0/0 PAP: O AUTH-NAK id 26 len 27 msg is "Authentication failure"
```

图 11-23　命令 debug ppp authentication 的输出

图 11-24 表明经过若干次认证要求后，认证服务器最终收到了认证客户端发送过来的正确的用户名和口令组合。此时，双方的链路将成功建立。

```
*Mar  1 00:19:30.603: Se0/0 PPP: Authorization required
*Mar  1 00:19:32.603: Se0/0 PPP: Authorization required
*Mar  1 00:19:34.607: Se0/0 PPP: Authorization required
*Mar  1 00:19:36.611: Se0/0 PPP: Authorization required
*Mar  1 00:19:36.611: Se0/0 PAP: I AUTH-REQ id 4 len 12 from "routera"
*Mar  1 00:19:36.615: Se0/0 PAP: Authenticating peer routera
*Mar  1 00:19:36.615: Se0/0 PPP: Sent PAP LOGIN Request to AAA
*Mar  1 00:19:36.635: Se0/0 PPP: Received LOGIN Response from AAA = PASS
*Mar  1 00:19:36.635: Se0/0 PAP: O AUTH-ACK id 4 len 5
```

图 11-24　链路成功建立

注意：

（1）PAP 认证过程中，口令是大小写敏感的。

（2）身份认证也可以双向进行，即互相认证。配置方法同单向认证类似，只不过需要将通信双方同时配置成认证服务器和认证客户端。

（3）口令数据库也可以存储在路由器以外的 AAA 服务器上。限于篇幅，此处不再赘述。

11.4.3 CHAP 配置

1. CHAP 认证过程

同 PAP 一样，CHAP 认证可以在一方进行，即由一方认证另一方身份，也可以进行双向身份认证。这时，要求被认证的双方都要通过对方的认证程序，否则，无法建立二者之间的链路。下面以单方认证为例分析 CHAP 配置过程及诊断方法。

如图 11-25 所示，当双方都封装了 PPP 协议且要求进行 CHAP 身份认证，同时它们之间的链路在物理层已激活后，认证服务器会不停地发送身份认证要求直到身份认证成功。与 PAP 不同的是，这时认证服务器发送的是“质询”字符串。

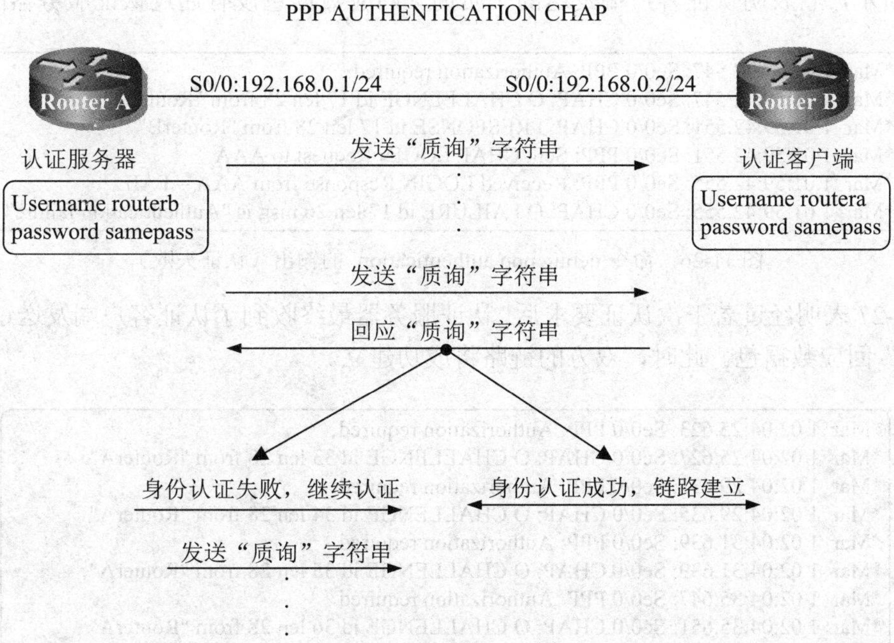

图 11-25　CHAP 验证

在图 11-25 中，当认证客户端（被认证一端）路由器 B 发送了对“质询”字符串的回应数据包后，认证服务器会按照摘要算法（MD5）验证对方的身份。如果正确，则身份认证成功，通信双方的链路最终成功建立。

如果被认证一端路由器 B 发送了错误的“质询”回应数据包，认证服务器将继续不断地发送身份认证要求直到收到正确的回应数据包为止。

2. CHAP 认证服务器的配置

CHAP 认证服务器的配置分为两个步骤：建立本地口令数据库、要求进行 CHAP 认证。

● 建立本地口令数据库

通过全局配置模式下的命令 username *username* password *password* 来为本地口令数据库添加记录。这里请注意，此处的 *username* 应该是对端路由器的名称，即 routerb，如下所示。

```
RouterA(config)#username routerb password samepass
```

● 要求进行 CHAP 认证

这需要在相应接口配置模式下使用命令 ppp authentication chap 来完成，如下所示。

```
RouterA(config)#interface serial 0/0
RouterA(config-if)#ppp authentication chap
```

3. CHAP 认证客户端的配置

CHAP 认证客户端的配置只需要一个步骤（命令），即建立本地口令数据库。请注意，此处的 username 应该是对端路由器的名称，即 routera，而口令应该与 CHAP 认证服务器口令数据库中的口令相同。如下所示。

```
RouterB(config-if)#username routera password samepass
```

4. CHAP 的诊断

对于 CHAP 身份认证中出现的问题也可以利用 debug ppp authentication 命令进行诊断。如图 11-26 所示，它表明认证客户端发送的“质询”回应数据包没有通过认证服务器的认证。

```
*Mar  1 01:59:42.547: Se0/0 PPP: Authorization required
*Mar  1 01:59:42.547: Se0/0 CHAP: O CHALLENGE id 17 len 28 from "RouterA"
*Mar  1 01:59:42.551: Se0/0 CHAP: I RESPONSE id 17 len 28 from "RouterB"
*Mar  1 01:59:42.551: Se0/0 PPP: Sent CHAP LOGIN Request to AAA
*Mar  1 01:59:42.555: Se0/0 PPP: Received LOGIN Response from AAA = FAIL
*Mar  1 01:59:42.555: Se0/0 CHAP: O FAILURE id 17 len 26 msg is "Authentication failure"
```

图 11-26 命令 debug ppp authentication 的输出（认证失败）

图 11-27 表明经过若干次认证要求后，认证服务器最终收到了认证客户端发送过来的正确的“质询”回应数据包。此时，双方的链路将成功建立。

```
*Mar  1 02:04:25.623: Se0/0 PPP: Authorization required
*Mar  1 02:04:25.627: Se0/0 CHAP: O CHALLENGE id 33 len 28 from "RouterA"
*Mar  1 02:04:29.635: Se0/0 PPP: Authorization required
*Mar  1 02:04:29.635: Se0/0 CHAP: O CHALLENGE id 34 len 28 from "RouterA"
*Mar  1 02:04:31.639: Se0/0 PPP: Authorization required
*Mar  1 02:04:31.639: Se0/0 CHAP: O CHALLENGE id 35 len 28 from "RouterA"
*Mar  1 02:04:35.647: Se0/0 PPP: Authorization required
*Mar  1 02:04:35.651: Se0/0 CHAP: O CHALLENGE id 36 len 28 from "RouterA"
*Mar  1 02:04:35.651: Se0/0 CHAP: I RESPONSE id 36 len 28 from "RouterB"
*Mar  1 02:04:35.655: Se0/0 PPP: Sent CHAP LOGIN Request to AAA
*Mar  1 02:04:35.655: Se0/0 PPP: Received LOGIN Response from AAA = PASS
*Mar  1 02:04:35.655: Se0/0 CHAP: O SUCCESS id 36 len 4
*Mar  1 02:04:36.651: %LINEPROTO-5-UPDOWN: Line protocol on Interface Serial0/0,
changed state to up
```

图 11-27 命令 debug ppp authentication 的输出（认证成功）

注意：

（1）CHAP 认证过程中，口令是大小写敏感的。

（2）身份认证也可以双向进行，即互相认证。配置方法同单向认证类似，只不过需要将通信双方同时配置成认证服务器和认证客户端。

（3）口令数据库也可以存储在路由器以外的 AAA 服务器上。限于篇幅，此处不再赘述。

通信认证双方选择的认证方法可能不一样，如一方选择 PAP，另一方选择 CHAP，这时双方的认证协商将失败。为了避免身份认证协议过程中出现这样的失败，可以配置路由器使用两种认证方法。当第一种认证协商失败后，可以选择尝试用另一种身份认证方法。如下的命令配置路由器首先采用 PAP 身份认证方法。如果失败，再采用 CHAP 身份认证方法。

```
RouterA(config-if)#ppp authentication pap chap
```

如下的命令则相反，首先使用 CHAP 认证，协商失败后采用 PAP 认证。

```
RouterA(config-if)#ppp authentication chap pap
```

实验 11-1　HDLC、PPP 配置

一、实验目的

1．掌握 HDLC 的基本配置步骤和方法。
2．掌握 PPP 的基本配置步骤和方法。
3．掌握 PAP、CHAP 的基本配置步骤和方法。
4．掌握对 PAP、CHAP 进行诊断的基本方法。

二、实验任务

1．配置路由器之间的 HDLC 连接。
2．配置路由器之间的 PPP 连接。
3．配置、验证 PAP 过程。
4．配置、验证 CHAP 过程。

三、实验设备

PC 终端一台，Dynamips/Dynagen 路由器模拟软件一套。

四、实验环境

实验环境如图 11-28 所示。

S0/0:192.168.0.1/24　S0/0:192.168.0.2/24

图 11-28　“HDLC、PPP 配置”实验环境

五、实验步骤

1．按图 11-28 设计、编写 Dynagen 所需.NET 文件。
2．通过 Dynagen 运行编写好的.NET 网络拓扑文件。
3．按照 3.3.5 节配置路由器基本参数。

4．按图 11-28 配置各路由器的 IP 地址等参数。配置路由器 A 的串行接口 serial 0/0 接口时钟频率为 64000。

5．配置路由器 A、B 间的串行接口的封装类型 HDLC。

6．使用 ping 命令测试路由器 A 和路由器 B 之间的连通性。

7．改变路由器 A 和路由器 B 串行接口 serial 0/0 的封装格式为 PPP，再次检查路由器 A 和路由器 B 之间的连通性。

8．配置路由器 A 和路由器 B 的串行接口 serial 0/0 进行 PAP 认证。

9．配置路由器 A 为 PAP 认证服务器：建立本地口令数据库——用户名 routerb，口令 rb。

10．配置路由器 B 为 PAP 认证客户端：将用户名 routerb 和口令 rb 发送到对端路由器。

11．在上述 PAP 配置过程中，利用 debug ppp authentication 命令进行诊断，观察终端输出。

12．配置路由器 A 和路由器 B 的串行接口 serial 0/0 进行 CHAP 认证。

13．配置路由器 A 为 CHAP 认证服务器：建立本地口令数据库——用户名 routerb（对端路由器名称），口令 samepwd。

14．配置路由器 B 为 CHAP 认证客户端：建立本地口令数据库——用户名 routera（对端路由器名称），口令 samepwd。

15．在上述 CHAP 配置过程中，利用 debug ppp authentication 命令进行诊断，观察终端输出。

思考与练习

1．画出 HDLC 的帧格式。

2．HDLC 是通过什么方式实现“数据透明”的？

3．HDLC 有几种帧类型？

4．什么情况下需要配置串行接口的时钟？

5．PPP 完成了哪些主要功能？

6．常见的 LCP 协商选项有哪些？

7．简述 PAP 的工作过程，它有什么特点？

8．简述 CHAP 的工作过程，它有什么特点？

9．练习配置 HDLC 封装。

10．练习配置 PPP 封装。

11．练习配置 PAP 验证。

12．练习配置 CHAP 验证。

附录 A　实验模拟器 Dynamips/Dynagen

A.1　Dynamips 简介

A.1.1　Dynamips 概述

Dynamips 软件是由 Christophe Fillot 开发的一套 Cisco IOS 模拟系统，它不但能够完整模拟几乎任何一个版本的 IOS，还可以以各种方式实现这些模拟的路由器设备的互连互通，更可以实现模拟路由器和 VMWARE（一种 OS 仿真软件）的互连，甚至能够实现模拟路由器和真实网络设备之间的通信。

除了支持 Cisco 7206 路由器外，经过不断开发、完善，目前 Dynamips 已经可以支持很多其他 Cisco 路由器平台，包括：3745、3725、3600、2691、2600、1700 等系列路由器。不得不说，Dynamips 的出现彻底改变了网络技术学习者的学习方法，实现了理论学习和实践检验相结合的最好学习方式。需要说明的是，尽管 Dynamips 模拟的只是 Cisco 公司的操作系统，但正如我们前面提到的那样，网络技术是相通的。当我们以 Cisco 产品为主线系统学习、掌握了路由、交换、远程访问等技术后，在日后接触这些技术的不同实现的时候，相信也能够很容易上手。同时，我们可以用 Dynamips 搭建生产环境中的实际网络模型加以验证，并能够很容易将设备的配置移植到其他产品实现中。

最后感谢 Dynamips 软件的作者 Christophe Fillot，他的努力和无私使我们能够将我们曾经的梦想变成现实。在我们追求技术提升的过程中，有了一个得力的工具。

A.1.2　Dynamips 命令行

1. 准备工作

Dynamips 通过将实际的 IOS 文件载入 RAM 来模拟真实路由器。因此必须有相应平台、相应版本的 IOS 文件。

当我们取得一个 IOS 文件后，该文件是经过压缩的。当路由器将其加载前，要先将其解压缩再载入 RAM。该过程需要一定时间。为了加快 IOS 文件的加载过程，一般要事先将该 IOS 文件解压缩。可以使用 WinRAR 或 WinZip 将扩展名为.BIN 的 IOS 文件解压缩。为了区别解压缩前后的 IOS 文件，可以将解压缩后的文件的扩展名改成.IMG、.IOS 等。例如：我们可以将 IOS 文件 c7200-jk9s-mz.123-24.bin 解压缩并重命名为 c7200-jk9s-mz.123-24.IMG。

2. Dynamips 命令行的使用

Dynamips 支持 Windows/Unix 平台，这里我们只讨论基于 Windows 平台的 Dynamips 命令行的使用。

Dynamips for Windows 是基于 MS-DOS 命令行模式启动的。

如图 A-1 所示，给出了我们要模拟的一个路由器互连网络拓扑。

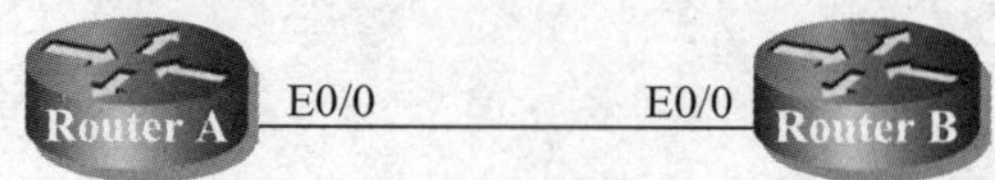

图 A-1 路由器互连网络拓扑示例

为了模拟图 A-1 中的网络，可以通过如下两行 Dynamips 命令：

路由器 A：

```
dynamips.exe -i 1 -T 3001 -P 2600 c2600-is-mz.122-46.IMG -s
0:0:udp:10002:127.0.0.1:20001
```

路由器 B：

```
dynamips.exe -i 2 -T 3002 -P 2600 c2600-is-mz.122-46.IMG -s
0:0:udp:20001:127.0.0.1:10002
```

上述两行命令用来模拟两台 Cisco 2600 路由器（使用 IOS 镜像文件：c2600-is-mz.122-46.IMG）。用户通过 MS-DOS 命令 telnet 127.0.0.1 3001 登录到路由器 A 的配置界面；通过 MS-DOS 命令 telnet 127.0.0.1 3002 登录到路由器 B 的配置界面。模拟路由器 A 通过自己的 ethernet 0/0 接口和另外一台模拟路由器 B 的 ethernet 0/0 接口相连接（在后台，Dynamips 通过 UDP 的 10002 端口及 20001 端口建立两台模拟路由器之间的接口连接）。

Dynamips 提供了丰富的命令行参数以实现各种路由器模拟、互连、优化等需求。通过不带任何参数的 Dynamips 命令可以得到这些参数的列表，如图 A-2 所示。

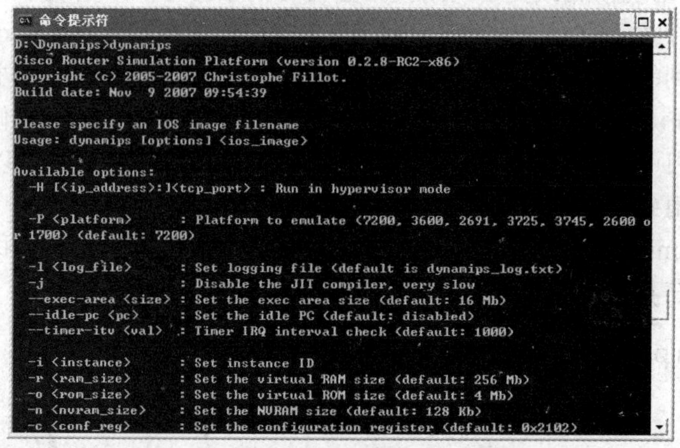

图 A-2 Dynamips 命令参数列表

A.1.3 Dynagen 概述

可以看出，由于存在着名目繁多的各种选项，所以当网络拓扑结构稍微复杂一点时，用 Dynamips 命令行参数来进行模拟就显得非常繁琐。这时我们可以使用 Dynagen 来简化模拟网络拓扑的过程。Dynagen 是 Dynamips 的一个基于文本的前端程序。Dynagen 的类似于.ini 文件的内容格式使我们能够很容易地模拟上面提到的各种 Cisco 路由器平台，同时方便地构造各种模拟网络拓扑。

除了 Dynagen，还可以使用 GNS-3 等图形化界面的 Dynamips 前端工具简化网络拓扑文件的生成、维护。

下面，我们以 Dynagen for Windows version 0.11.0 为参照讲解它的使用。

A.2　Dynagen 简要使用说明

A.2.1　Dynagen 的安装

1. WinPcap 的安装

WinPcap（Windows Packet Capture）是 Windows 平台下的一个网络应用程序，它为 Win32 应用程序提供访问网络底层的能力。Winpcap 可以用来监听网络上传送的数据包。虽然 WinPcap 对 Dynamips/Dynagen 来说不是必需的，但是只有安装了 WinPcap 才能使模拟路由器同运行 Dynamips/Dynagen 的主机上的网络适配器通信。当前 WinPcap 的版本是 4.0Beta。

2. Dynagen 的安装

Dynagen 的安装对终端没有什么特殊要求。但是，由于 Dynamips/Dynagen 模拟的是一台或多台真实的路由器，故取决于要模拟的路由器的数量、IOS 的类型，Dynamips/Dynagen 对终端的 CPU 及内存都有不同程度的需求（待模拟路由器的数量越多、IOS 特性越高级、模拟路由器上运行的协议越复杂，对 CPU、内存的需求越大）。

Dynagen 的安装过程也很简单，可供修改的选项不多，这里不再赘述。

A.2.2　Dynagen 的管理控制台

1. Dynagen 启动前的准备工作

Dynagen 默认安装在 C:\Program Files\Dynamips 文件夹下。在该文件夹下有三个子文件夹：docs、sample_labs、images 分别用来存放 Dynagen 帮助文件、网络拓扑配置示范文件（.NET 文件）、IOS 镜像文件。

同时，Dynagen 安装结束后，在桌面上将生成几个相关的快捷方式：

- Dynagen Sample Labs：链接到网络拓扑配置示范文件所在文件夹。
- Dynamips Server：Dynamips 后台服务程序，必须先启动此程序才能将网络拓扑配置文件装入到内存中。
- Network device list：用来获得模拟路由器与终端网卡通信的参数。
- Pemu Server：PIX Emu 后台服务程序。从版本 0.11.0 开始，Dynagen 开始集成模拟 Cisco 防火墙 PIX（ASA），必须先启动此程序才能将网络拓扑配置文件中的 PIX 设备相关配置装入到内存中。

在能够模拟一台路由器之前，必须先获得一个适当的 IOS 文件并将其拷贝到磁盘分区的某个文件夹内，如系统默认的位置：C:\Program Files\Dynamips\images。IOS 文件可以任意命名，但是需要在.NET 文件中指明。

2. 使用 Dynagen 管理控制台

Dynagen 除了大大简化直接使用 Dynamips 命令行来模拟路由器的复杂程度，同时也提供了一个功能强大的管理控制台。通过此管理控制台，用户可以获得网络拓扑配置文件中的设备清单，可以启动、挂起、停止、重启某台路由器，计算、保存 idle-pc 值等。

Dynagen 管理控制台在启动时需要读取网络拓扑配置文件的内容。默认安装下，在 C:\Program Files\Dynamips\sample_labs 文件夹下分类存放着一些.NET 示例文件供参考。如

simple1 文件夹下的 simple1.net、simple2 文件夹下的 simple2.net、frame_relay 文件夹下的 frame_relay1.net 等。

在编辑.NET 文件的时候可以使用“写字板”，执行该文件的时候只需要双击该文件即可（之前需要启动 Dynamips 后台服务程序，如图 A-3 所示）。

```
Dynamips
Cisco Router Simulation Platform (version 0.2.8-RC2-x86)
Copyright (c) 2005-2007 Christophe Fillot.
Build date: Nov  9 2007 09:54:39

ILT: loaded table "mips64j" from cache.
ILT: loaded table "mips64e" from cache.
ILT: loaded table "ppc32j" from cache.
ILT: loaded table "ppc32e" from cache.
Hypervisor TCP control server started (port 7200).
```

图 A-3　启动 Dynamips 后台服务程序

如图 A-4 所示，是 simple1 文件夹下的文件 simple1.net 的内容。

```
# Simple lab

[localhost]

  [[7200]]
  image = \Program Files\Dynamips\images\c7200-jk9o3s-mz.124-7a.image
  # On Linux / Unix use forward slashes:
  # image = /opt/7200-images/c7200-jk9o3s-mz.124-7a.image
  npe = npe-400
  ram = 160

  [[ROUTER R1]]
  s1/0 = R2 s1/0

  [[router R2]]
  # No need to specify an adapter here, it is taken care of
  # by the interface specification under Router R1
```

图 A-4　文件 simple1.net 的内容

如图 A-5 所示，是启动 simple1 文件夹下的 simple1.net 后，Dynagen 管理控制台的界面。

```
Dynagen
Reading configuration file...

*** Warning:  Starting R1 with no idle-pc value
*** Warning:  Starting R2 with no idle-pc value
Network successfully loaded

Dynagen management console for Dynamips and Pemuwrapper 0.11.0
Copyright (c) 2005-2007 Greg Anuzelli, contributions Pavel Skovajsa

=>
```

图 A-5　Dynagen 管理控制台的界面

注意：这里使用的是 IOS 文件：c7200-jk9o3s-mz.124-7a.image。需要将此文件拷贝到 C:\Program Files\Dynamips\images 中。此外，还需要修改 simple1.net 文件中 IOS 文件描述信息，如下：image = \Program Files\Dynamips\images\ c7200-jk9o3s-mz.124-7a.image。

3. 设备清单列表

当网络配置文件被读入到内存中后，可以使用 Dynagen 管理控制台命令 list（命令区分大小写）列出当前网络配置文件中模拟的路由器的名称、路由器平台类型、路由器当前运行状态、Dynamips 后台服务程序所在主机及互连端口、路由器控制台连接端口等信息，如图 A-6 所示。

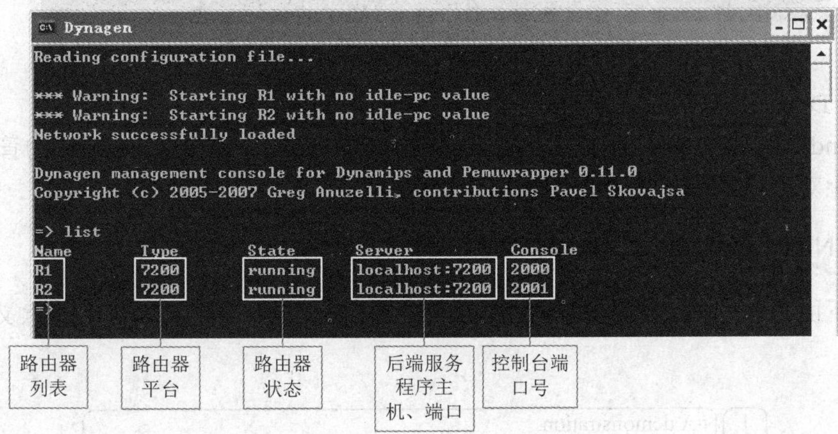

图 A-6　Dynagen 管理控制台命令 list 输出

4. 启动、挂起、恢复、停止、重启路由器

在 Dynagen 管理控制台中，我们可以根据需要使用命令 start/suspend/resume/stop/reload 启动、挂起、恢复、停止、重启某台或全部路由器。

start/suspend/resume/stop/reload 后接路由器的名称用来对单台路由器进行操作。

start/suspend/resume/stop/reload 后接参数/all 用来对所有路由器进行操作。

如图 A-7 所示，是挂起 R1、停止 R2 后的设备列表。

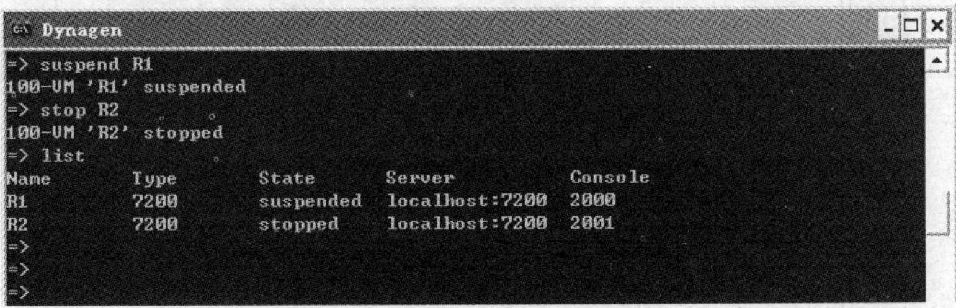

图 A-7　挂起 R1、停止 R2

注意：

（1）这里的 suspend 命令的作用是临时将某台模拟路由器的运行挂起（相当于从网络中断开），需要的时候使用命令 resume 恢复。

（2）Dynamips 不支持在模拟路由器控制台界面直接重启路由器。Dynagen 控制台命令 reload 实际上是停止然后再启动路由器。

5. 获得帮助

Dynagen 管理控制台命令“？”或“help”用来取得当前可用的 Dynagen 管理控制台命令列表。如图 A-8 所示。

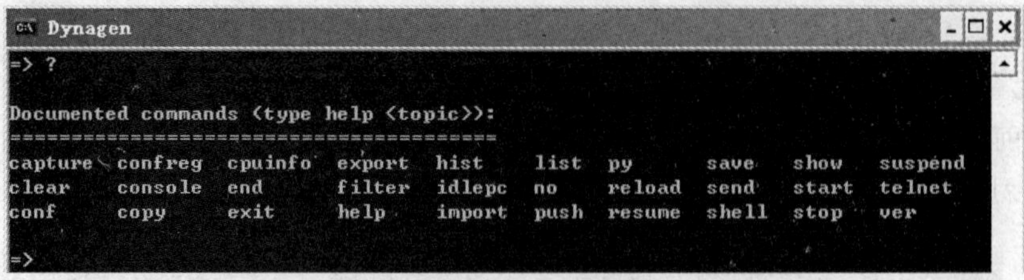

```
Dynagen
=> ?

Documented commands (type help <topic>):
========================================
capture  confreg  cpuinfo  export  hist    list  py      save   show   suspend
clear    console  end      filter  idlepc  no    reload  send   start  telnet
conf     copy     exit     help    import  push  resume  shell  stop   ver

=>
```

图 A-8　Dynagen 管理控制台命令“？”

6. 退出 Dynagen 的管理控制台

命令“end”或“exit”用来退出 Dynagen 的管理控制台。退出 Dynagen 的管理控制台也就意味着停止对当前网络拓扑文件的模拟过程。

A.2.3　.NET 文件解析

我们以下面的 demo.net 网络拓扑文件为例讲解.NET 文件中常见关键字的意义和用法，如图 A-9 所示。

```
#A demonstration
autostart = False

[localhost]
    workingdir = D:\Dynamips\tmp
    [[1760]]
        ram = 64
        image = D:\Dynamips\images\c1700-ipbase-mz.123-26.img
        confreg = 0x2102
        wic0/0 = WIC-2T
        wic0/1 = WIC-1ENET
    [[2621XM]]
        ram = 64
        image = D:\Dynamips\images\c2600-is-mz.122-46.img
        confreg = 0x2102
        wic0/0 = WIC-2T
        slot1 = NM-1FE-TX

    [[router r1]]
        model = 1760
        console = 3001
        s0/0 = r2 s0/0
        idlepc = 0x800a5a3c
    [[router r2]]
        model = 2621XM
        console = 3002
        idlepc = 0x80428000
```

图 A-9　网络拓扑示例文件

1. 注释

.NET 文件中任何以“#”开始的行都被视为注释，不会被解释执行。

2. autostart

该行用来控制.NET 文件载入后各模拟路由器是否自动启动。如 autostart = True 表示.NET 文件载入后各模拟路由器自动启动（默认值）；autostart = False 表示.NET 文件载入后各模拟路由器需使用 start 命令手动启动。

一般建议使用手动启动的方式启动各路由器，避免同时启动多台路由器时过多地密集占用 CPU 时间导致路由器启动时间的加长。

3. [localhost]

该行表示后续的各行所描述的模拟路由器运行所在的终端。“localhost”表示在本机进行模拟。除了“Localhost”，“[]”中的内容还可以是 IP 地址或主机名。

4. workingdir

每台模拟路由器在运行的时候都会在磁盘上产生很多临时文件。默认情况下，这些临时文件会存放在和网络拓扑文件相同的文件夹下。当运行的模拟路由器数量很多时，该文件夹下将变得杂乱无章。可以使用 workingdir = D:\Dynamips\tmp 将产生的临时文件统一存放在某临时文件夹下，如 D:\Dynamips\tmp。

5. [[1760]]

该行表示后续的各行所描述的内容是对 Cisco 1760 平台路由器的描述。同理，我们可以用“[[2611]]”、“[[3660]]”分别来描述 Cisco 2611、3660 平台路由器等。当前的 Dynagen 版本支持模拟下列 Cisco 路由器平台：

- 1700 系列（1710、1720、1721、1750、1751、1760）
- 2600 系列（2610、2611、2620、2621、2610XM、2611XM、2620XM、2621XM、2650XM、2651XM、2691）
- 3600 系列（3620、3640、3660）
- 3700 系列（3725、3745）
- 7206

6. ram

该行表示为一台模拟路由器分配的内存大小。如 ram = 64 表示为该模拟路由器分配 64 兆内存空间。

7. image

该行表示某台模拟路由器使用的 IOS 镜像文件在磁盘上的存储位置及名称。该 IOS 文件必须和该模拟路由器平台相符。如 image = D:\Dynamips\images\ c1700-ipbase-mz.123-26.img 表示该模拟路由器使用磁盘 D 分区 Dynamips\images 文件夹下的文件：c1700-ipbase-mz.123-26.img。

8. confreg

该行修改某台模拟路由器的配置寄存器的值。其作用主要是决定当模拟路由器启动的时候是否读取 NVRAM 中的启动配置。如 confreg = 0x2102 表示模拟路由器启动后读取之前保存在 NVRAM 中的配置文件；confreg = 0x2142 表示不读取 NVRAM 中的启动配置文件而是进入配置向导。

9. wic0/0、wic0/1…

该行用来指定一台模拟路由器的广域网接口卡（WIC）的类型。如 wic0/0= WIC-2T（注意，网络接口卡的描述必须是大写）表示该模拟路由器的 0/0 槽位是一块双串行接口卡；wic0/1 = WIC-1ENET 表示该模拟路由器的 0/1 槽位是一块单以太网接口卡。目前支持的接口卡包括：WIC-1T（单串行接口卡）、WIC-2T（双串行接口卡）、WIC-1ENET（单以太网接口卡）。

不同的路由器平台支持的网络接口卡的数量是不同的，具体参数请参考产品手册中的描述。

10．slot1、slot2…

该行用来指定一台模拟路由器的网络模块（Network Module，NM）的类型。如 slot1 = NM-1FE-TX（注意网络模块的描述必须是大写）表示该模拟路由器的 1 槽位是一块单端口快速以太网接口模块；slot2= NM-4E 表示该模拟路由器的 2 槽位是一块 4 端口以太网接口模块。不同的路由器平台支持的网络模块的数量、类型是不同的。具体如下：

- 2600 系列路由器
  - ♦ NM-1E：单端口以太网接口模块
  - ♦ NM-4E：4 端口以太网接口模块
  - ♦ NM-1FE-TX：单端口快速以太网接口模块
  - ♦ NM-16ESW：16 端口以太网交换模块
- 3600 系列路由器
  - ♦ NM-1E：单端口以太网接口模块
  - ♦ NM-4E：4 端口以太网接口模块
  - ♦ NM-1FE-TX：单端口快速以太网接口模块
  - ♦ NM-16ESW：16 端口以太网交换模块
  - ♦ NM-4T：4 端口串行接口模块
- 3700 系列路由器
  - ♦ NM-1FE-TX：单端口快速以太网接口模块
  - ♦ NM-16ESW：16 端口以太网交换模块
  - ♦ NM-4T：4 端口串行接口模块
- 7200 系列路由器
  - ♦ C7200-IO-FE：单端口快速以太网接口模块（只能安装在 slot 0）
  - ♦ C7200-IO-2FE：2 端口快速以太网接口模块（只能安装在 slot 0）
  - ♦ C7200-IO-GE-E：单端口千兆以太网接口模块（只能安装在 slot 0）
  - ♦ PA-FE-TX：单端口快速以太网端口适配器
  - ♦ PA-2FE-TX：双端口快速以太网端口适配器
  - ♦ PA-4E：4 端口以太网端口适配器
  - ♦ PA-8E：8 端口以太网端口适配器
  - ♦ PA-4T+：4 端口串行端口适配器
  - ♦ PA-8T：8 端口串行端口适配器
  - ♦ PA-A1：单端口 ATM 端口适配器
  - ♦ PA-POS-OC3：单端口 POS-OC3 端口适配器
  - ♦ PA-GE：单端口千兆以太网端口适配器

11．[[router r1]]

该行表示模拟一台路由器并命名为“r1”，在该行后面的若干行用于描述该路由器相关配置。在 Dynagen 的管理控制台设备列表中将显示该名称。

12．model

该行表示某台模拟路由器的平台型号。如 model = 1760 表示该模拟路由器为 Cisco 1760

路由器。

13. console

该行表示用来连接到一台模拟路由器控制台的 TCP 端口号。如 console = 3001 表示可以通过命令 telnet 127.0.0.1 3001 登录到该模拟路由器的控制台进行配置。

14. s0/0 =、f0/0 =…

该行模拟路由器间接口互连的方式。通过此行来构造网络拓扑。如在[[router r1]]段中，语句 s0/0 = r2 s0/0 表示模拟路由器 r1 通过串行接口 0/0 连接到路由器 r2 的串行接口 0/0（注意，此时不必再在[[router r2]] 段描述中声明 s0/0 = r1 s0/0）。

15. idle-pc

该行用来降低一台模拟路由器对宿主终端的 CPU 占用。其详细用法参见 A.2.4 节。

A.2.4 Dynagen 使用技巧

1. 降低 CPU 使用率

当一台模拟路由器第一次启动时，运行 Dynamips/Dynagen 的主机 CPU 占用率会达到 100%，如图 A-10 所示。

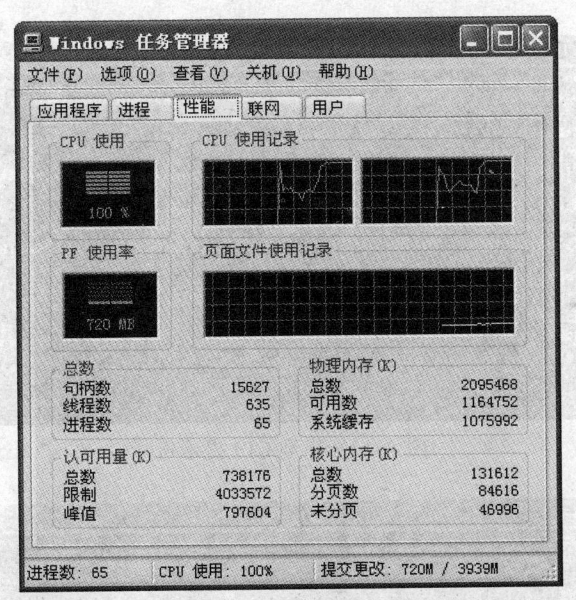

图 A-10 主机 CPU 占用率（使用 idle-pc 参数之前）

可以使用 idle-pc 参数将 CPU 占用率降到合理的范围内而不影响模拟路由器的运行。

如图 A-11 所示，当上述 demo.net 文件被载入内存后，启动路由器 r1 会得到提示：没有设置 idle-pc 值。

为了得到某台路由器的 idle-pc 值，首先需要登录到该路由器的控制台端口并等到该路由器启动完成并进入空闲状态为止，如图 A-12 和图 A-13 所示。

然后，在 Dynagen 的管理控制台窗口输入命令 idlepc get r1 开始计算 idle-pc 值。在一段时间后，在 Dynagen 的管理控制台窗口会得出相关的统计信息并给出潜在的最佳 idle-pc 值的建议（前面标有“*”的行），输入该行的编号选择此 idle-pc 值，如图 A-14 所示。

```
Dynagen
Reading configuration file...

Network successfully loaded

Dynagen management console for Dynamips and Pemuwrapper 0.11.0
Copyright (c) 2005-2007 Greg Anuzelli, contributions Pavel Skovajsa

=> list
Name       Type       State      Server           Console
r1         1760       stopped    localhost:7200   3001
r2         2621XM     stopped    localhost:7200   3002
r3         7200       stopped    localhost:7200   3003
=> start r1
Warning: Starting r1 with no idle-pc value
100-VM 'r1' started
=>
```

图 A-11 提示没有设置 idle-pc 值

```
Telnet localhost
Connected to Dynamips VM "r1" (ID 0, type c1700) - Console port


% Please answer 'yes' or 'no'.
Would you like to enter the initial configuration dialog? [yes/no]: n
```

图 A-12 退出路由器配置向导

```
Telnet localhost
inistratively down
*Mar  1 00:04:49.155: %LINK-5-CHANGED: Interface Ethernet1/0, changed state to a
dministratively down
*Mar  1 00:04:50.147: %LINEPROTO-5-UPDOWN: Line protocol on Interface FastEthern
et0/0, changed state to down
*Mar  1 00:04:50.155: %LINEPROTO-5-UPDOWN: Line protocol on Interface Ethernet1/
0, changed state to down
*Mar  1 00:04:53.423: %SYS-5-RESTART: System restarted --
Cisco Internetwork Operating System Software
IOS (tm) C1700 Software (C1700-IPBASE-M), Version 12.3(26), RELEASE SOFTWARE (fc
2)
Technical Support: http://www.cisco.com/techsupport
Copyright (c) 1986-2008 by cisco Systems, Inc.
Compiled Mon 17-Mar-08 14:24 by dchih
*Mar  1 00:04:53.487: %SNMP-5-COLDSTART: SNMP agent on host Router is undergoing
 a cold start
Router>
Router>
Router>
```

图 A-13 出现 CLI 提示符

```
Dynagen
=> telnet r1
=> idlepc get r1
Please wait while gathering statistics...
   1: 0x805199ec [73]
   2: 0x80519a20 [25]
   3: 0x80519a34 [36]
   4: 0x802b3d2c [72]
   5: 0x802b4ed8 [43]
   6: 0x800a5a3c [66]
*  7: 0x802b61a8 [57]
   8: 0x8051e20c [67]
   9: 0x802b6b48 [28]
  10: 0x802b6c8c [37]
Potentially better idlepc values marked with "*"
Enter the number of the idlepc value to apply [1-10] or ENTER for no change: 7
Applied idlepc value 0x802b61a8 to r1

=>
```

图 A-14 获得、应用 idle-pc 值

可以发现 CPU 占用率立刻大幅减小，恢复到正常值，如图 A-15 所示。

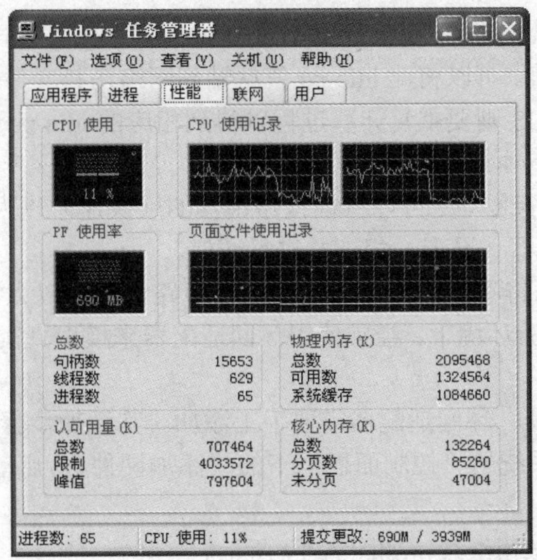

图 A-15　主机 CPU 占用率（使用 idle-pc 参数之后）

如果 CPU 占用率改善效果不明显，可以选择其他标有“*”的 idle-pc 值再试。如果本次计算没有得到推荐的 idle-pc 值。可以再次运行命令 idlepc get r1 重新计算，如此反复直到得到满意的结果。

最终选定的 idle-pc 值必须进行保存以免下次路由器启动时重新计算。命令 idlepc save r1 用于存储 idle-pc 值，如图 A-16 所示。

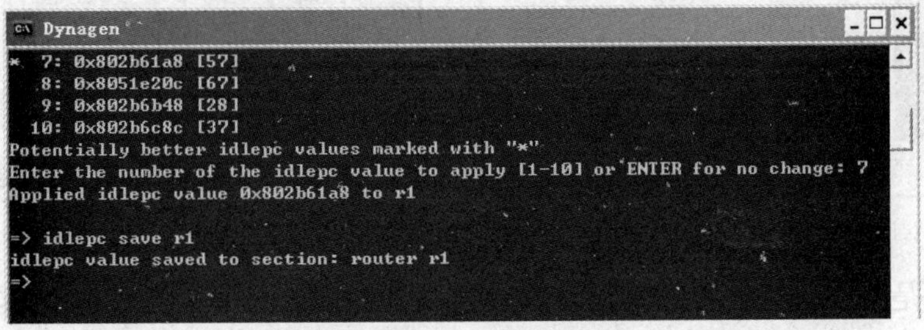

```
Dynagen
*  7: 0x802b61a8 [57]
   8: 0x8051e20c [67]
   9: 0x802b6b48 [28]
  10: 0x802b6c8c [37]
Potentially better idlepc values marked with "*"
Enter the number of the idlepc value to apply [1-10] or ENTER for no change: 7
Applied idlepc value 0x802b61a8 to r1

=> idlepc save r1
idlepc value saved to section: router r1
=>
```

图 A-16　保存 idle-pc 值

idle-pc 值会被存储到网络拓扑文件中该路由器的描述段，如图 A-17 所示。

```
#A demonstration
autostart = False

[localhost]
    [[1760]]
        ram = 64
        image = D:\Dynamips\images\c1700-ipbase-mz.123-26.img
        confreg = 0x2102
… …
    [[router r1]]
        model = 1760
        console = 3001
        s0/0 = r2 s0/0
        idlepc = 0x802b61a8
… …
```

图 A-17　网络拓扑文件中 idle-pc 值位置

idle-pc 的设置是基于 IOS 的，也就是说不同的 IOS 文件会有不同的 idle-pc 值；同样的 IOS 文件拥有相同的 idle-pc 值。可以将此 idle-pc 值粘贴到网络拓扑文件中使用相同 IOS 的路由器描述段内。对于不同的 IOS 则要重复计算过程以得到相应的 idle-pc 值。

2. 模拟单台路由器和本终端相连

Dynamips 的强大功能之一是可以将模拟路由器的（快速）以太网接口同运行 Dynamips 所在宿主主机的网络适配器（网卡）相连并进行通信。

根据实际需要，可以将不同的网络适配器同模拟路由器的以太网接口绑定，如有线以太网卡、无线网卡等。在实验环境下，经常使用环回适配器来模拟真实网卡，因为环回适配器总是激活的，便于测试。

（1）添加环回适配器。环回适配器需要手工添加。其添加步骤如下：

1）选择 Windows 系统的“控制面板”下的“添加硬件”，启动“添加硬件向导”，如图 A-18 所示。

2）单击“下一步”按钮继续，如图 A-19 所示。

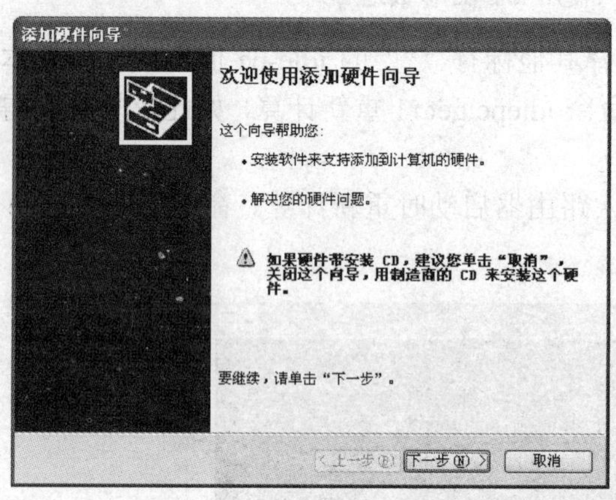

图 A-18 “添加硬件向导”

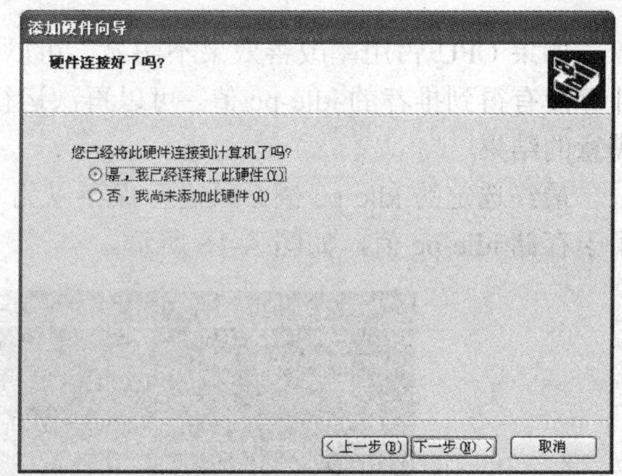

图 A-19 确认硬件已连接

3）选择“是，我已经连接了此硬件”单选按钮，单击“下一步”按钮继续，如图 A-20 所示。

4）选择“添加新的硬件设备”，单击“下一步”按钮继续，如图 A-21 所示。

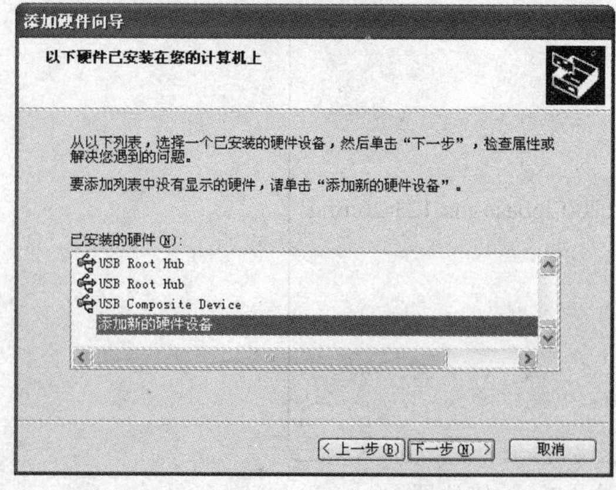

图 A-20 选择“添加新的硬件设备”

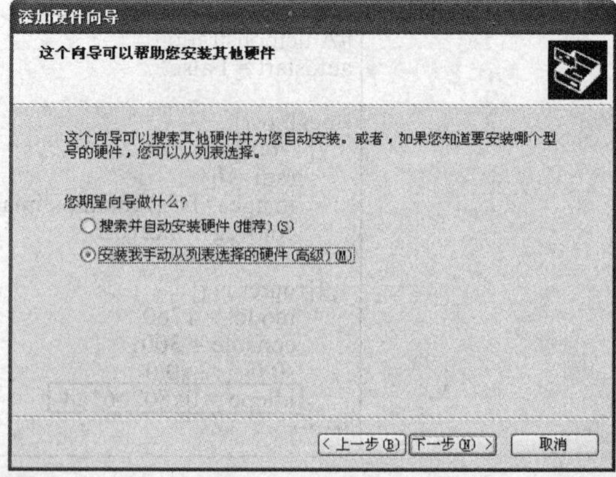

图 A-21 选择“安装我手动从列表选择的硬件（高级）”

5）选择“安装我手动从列表选择的硬件（高级）”单选按钮，单击“下一步”按钮继续，如图 A-22 所示。

6）选择“网络适配器”，单击“下一步”按钮继续，如图 A-23 所示。

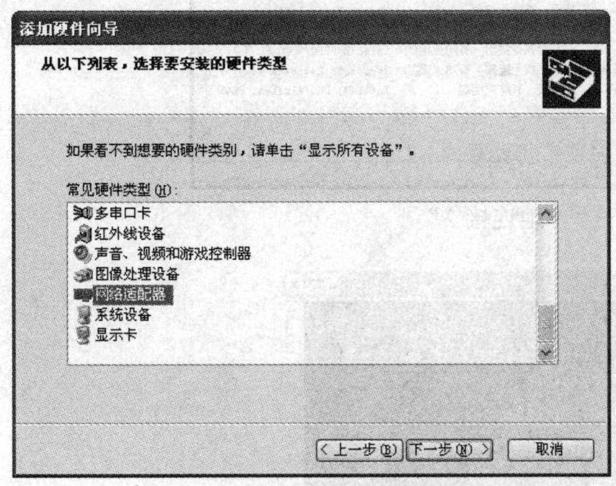

图 A-22　选择“网络适配器”

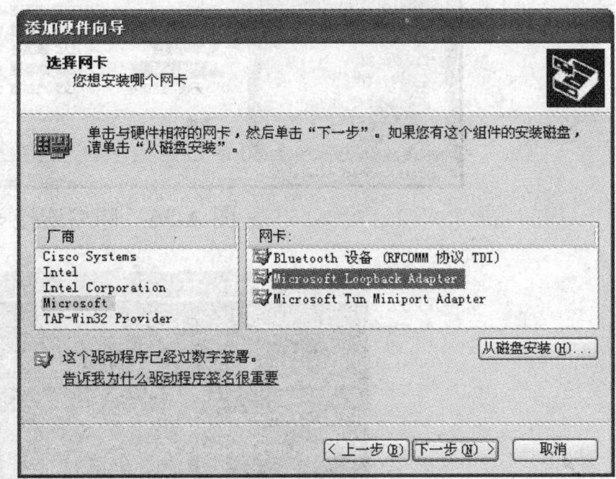

图 A-23　选择“Microsoft”的“Microsoft Loopback Adapter”

7）选择“Microsoft”的“Microsoft Loopback Adapter”，单击“下一步”按钮继续，如图 A-24 所示。

8）单击“下一步”按钮继续，如图 A-25 所示。

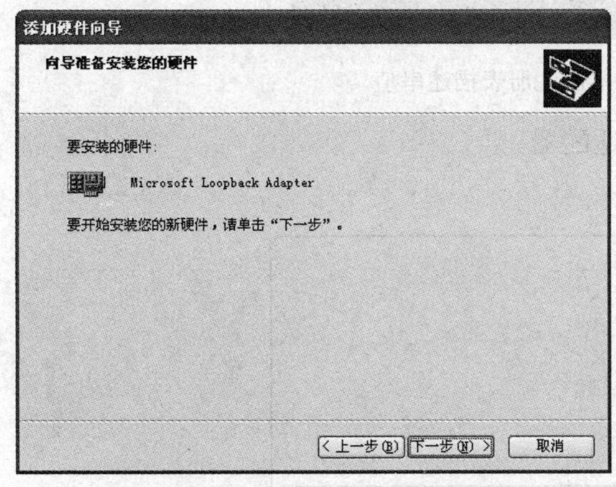

图 A-24　单击“下一步”继续

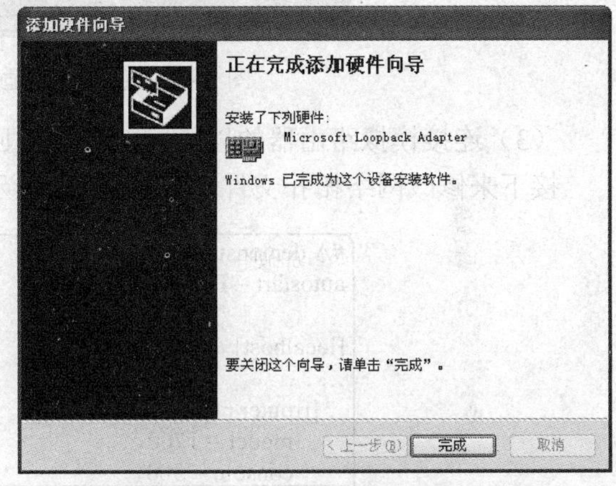

图 A-25　完成环回适配器的添加

9）单击“完成”完成环回适配器的添加。新添加的环回适配器会被命名为“本地连接 xxx”，如图 A-26 所示。

为了区别真实物理网卡，可以将新产生的“本地连接 2”重命名为“loop 0”等。还可以重复上述步骤添加多个环回适配器。

（2）获得环回适配器的注册表描述串值。

在 Windows 系统中通过注册表串值描述不同的网卡，为了将模拟路由器同主机的某个网卡相连，必须获得该网卡的注册表描述串值。

可以使用 Dynagen 安装后桌面上产生的快捷方式“Network device list”，得到各个网卡的注册表描述串值，如图 A-27 所示。该图还给出了注册表描述串值在网络拓扑文件中的用法。

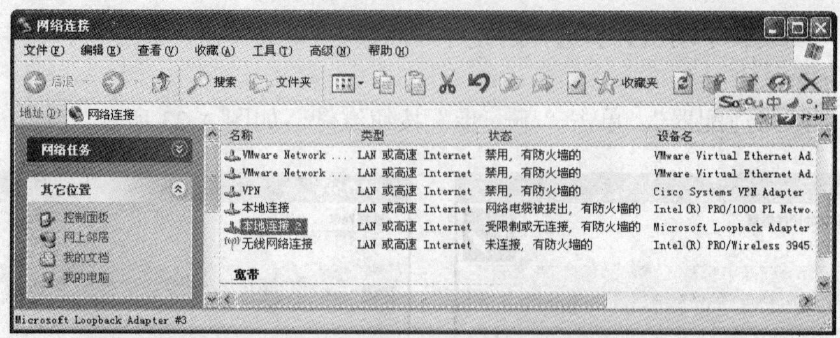

图 A-26 网络连接——“本地连接 2”

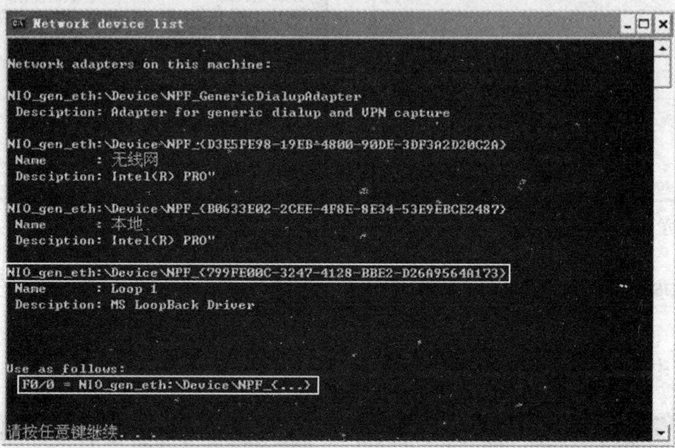

图 A-27 获得环回适配器的注册表描述串值

（3）连接模拟路由器的以太网接口和环回适配器。

接下来修改网络拓扑文件，如图 A-28 所示。

```
#A demonstration
autostart = False

[localhost]
… …
  [[router r1]]
    model = 1760
    console = 3001
    f0/0 = NIO_gen_eth:\Device\NPF_{799FE00C-3247-4128-BBE2-D26A9564A173}
    s0/0 = r2 s0/0
    idlepc = 0x802b61a8
… …
```

图 A-28 修改网络拓扑文件

最后，重新装入此网络拓扑文件。为模拟路由器的 f0/0 接口、环回适配器配置同一网段的地址，然后在 MS-DOS 方式下进行 ping 测试，如图 A-29 所示。

3. 桥接路由器

可以使用 Dynamips/Dynagen 将模拟路由器桥接起来。图 A-30 给出了相关的配置文件的内容。

```
命令提示符

Ethernet adapter Loop 1:

        Connection-specific DNS Suffix  . :
        IP Address. . . . . . . . . . . . : 192.168.1.1
        Subnet Mask . . . . . . . . . . . : 255.255.255.0
        Default Gateway . . . . . . . . . : 192.168.1.254

C:\>ping 192.168.1.254

Pinging 192.168.1.254 with 32 bytes of data:

Reply from 192.168.1.254: bytes=32 time=20ms TTL=255
Reply from 192.168.1.254: bytes=32 time=19ms TTL=255
Reply from 192.168.1.254: bytes=32 time=16ms TTL=255
Reply from 192.168.1.254: bytes=32 time=15ms TTL=255

Ping statistics for 192.168.1.254:
    Packets: Sent = 4, Received = 4, Lost = 0 (0% loss),
Approximate round trip times in milli-seconds:
    Minimum = 15ms, Maximum = 20ms, Average = 17ms

C:\>
```

图 A-29　测试

```
1   … …
2   [[router r1]]
3       model = 2621XM
4       console = 3001
5       f0/0 = LAN 1
6       f0/1 = LAN 2
7       idlepc = 0x80428000
8
9   [[router r2]]
10      model = 2621XM
11      console = 3002
12      f0/0 = LAN 1
13      f0/1 = LAN 2
14      idlepc = 0x80428000
```

图 A-30　桥接路由器

图 A-30 中的第 5、12 行将路由器 r1 的 f0/0 和路由器 r2 的 f0/0 放置在同一网段，而第 6、13 行将路由器 r1 的 f0/1 和路由器 r2 的 f0/1 放置在另一网段。

4. 用以太网交换机连接路由器

从 Dynamips 0.2.5-pre22 开始，也可以使用以太网交换机端口连接模拟路由器。图 A-31 给出了相关的配置文件的内容。

图 A-31 中的第 2～6 行将路由器 r1 的 f0/0 接入交换机 S1 的端口 1（属于 VLAN 10），f0/1 接入交换机 S1 的端口 3（属于 VLAN 20）；第 8～12 行将路由器 r2 的 f0/0 接入交换机 S1 的端口 2（属于 VLAN 10），f0/1 接入交换机 S1 的端口 4（属于 VLAN 20）；第 14～17 行将路由器 r3 的 f0/0 接入交换机 S1 的端口 5（是运行 802.1q 的 trunk 端口）。

图 A-31 中的第 19～25 行描述了交换机 S1。其中端口 1～4 为 access 端口，分别属于 VLAN 10、VLAN 20。端口 5、端口 6 均为 trunk 端口（NATIVE VLAN 为 1），其中端口 6 连接运行 Dynamips/Dynagen 的主机的网卡。如果该主机的网卡连接了一台外接的交换机，那么该交换机可以同交换机 S1 的端口 6 运行 802.1q 协议。

```
… …
  [[router r1]]
    model = 2621XM
    console = 3001
    f0/0 = S1 1
    f0/1 = S1 3

  [[router r2]]
    model = 2621XM
    console = 3002
    f0/0 = S1 2
    f0/1 = S1 4

  [[router r3]]
    model = 2621XM
    console = 3003
    f0/0 = S1 5

[[ETHSW S1]]
1 = access 10
2 = access 10
3 = access 20
4 = access 20
5 = dot1q 1
6 = dot1q 1 NIO_gen_eth:\Device\NPF_{B0633E02-2CEE-4F8E-8E34-53E9EBCE2487}
```

图 A-31　用以太网交换机连接路由器

5. 模拟交换机

Dynamips/Dynagen 目前还不能完全模拟真实的交换机设备。但是，某些平台的路由器（2600、3600、3700）支持以太网交换模块（NM-16ESW），可以用来模拟交换机的部分特性并完成一般性的交换实验。

以太网交换模块NM-16ESW的模拟方法很简单，只需要在网络拓扑文件中适当的路由器上添加槽位描述即可。如图 A-32 所示，是在 2691 路由器的槽位 1 安装了一块 16 端口以太网交换模块。

```
… …

 [[2691]]
   ram = 128
   image = D:\Dynamips\images\c2691-jk9s-mz.123-18a.img
   confreg = 0x2102
   slot1 = NM-16ESW

 [[router sw]]
   model = 2691
   console = 3001
```

图 A-32　安装 16 端口以太网交换模块

6. 模拟帧中继交换机

可以使用 Dynamips/Dynagen 将模拟路由器通过帧中继链路连接起来。图 A-33 给出了相关的配置文件的内容。

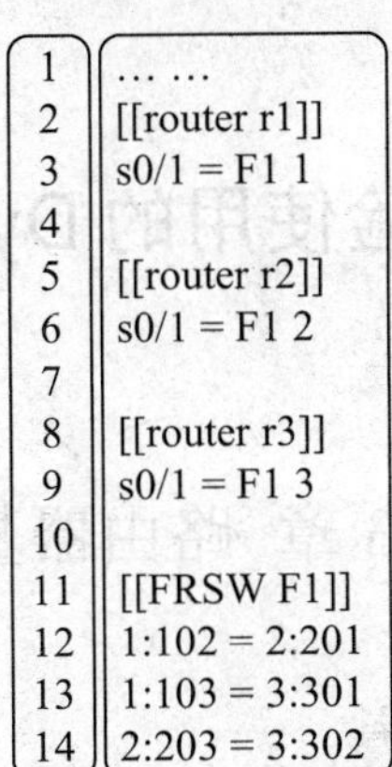

```
1  … …
2  [[router r1]]
3  s0/1 = F1 1
4
5  [[router r2]]
6  s0/1 = F1 2
7
8  [[router r3]]
9  s0/1 = F1 3
10
11 [[FRSW F1]]
12 1:102 = 2:201
13 1:103 = 3:301
14 2:203 = 3:302
```

图 A-33　模拟帧中继交换机

图 A-33 中的第 2～3、5～6、8～9 行分别将路由器 r1、r2、r3 的 s0/1 连接到帧中继交换机的端口 1、2、3。第 12 行将帧中继交换机的端口 1 的 DLCI 102 映射到端口 2 的 DLCI 201 上；同理，第 13 行将帧中继交换机的端口 1 的 DLCI 103 映射到端口 3 的 DLCI 301 上；第 14 行将帧中继交换机的端口 2 的 DLCI 203 映射到端口 3 的 DLCI 302 上。

这样，就实现了三台路由器通过各自的 serial 0/1 接口完成帧中继全网状结构（full-mesh）的互连。

A.2.5　相关链接

Dynamips/Dynagen、GNS-3 等相关软件的版本更新很快，其相关网址提供了最新的信息。建议读者经常访问这些网址以取得帮助及最新信息。

Dynamips：

http://www.ipflow.utc.fr/index.php/Cisco_7200_Simulator

Dynagen：

http://dyna-gen.sourceforge.NET/

GNS-3：

http://www.gns3.NET/

Dynamips / Dynagen / Dynagui（Hacki）论坛：

http://7200emu.hacki.at/index.php

附录 B　各章实验使用的 Dynagen 配置文件

B.1　第 3 章　路由器基本配置

B.1.1　实验 3-1　路由器配置向导

```
#Lab 3-1
autostart = False

[localhost]
   workingdir = D:\Dynamips\tmp

   [[1760]]
      ram = 64
      image = D:\Dynamips\images\c1700-ipbase-mz.123-26.img

   [[router r1]]
      model = 1760
      console = 3001
#下面一行中的以太网卡注册表串值需换成本终端要与 Dynamips 通信的网卡的注册表串值，后续例子同。
      f0/0 = NIO_gen_eth:\Device\NPF_{799FE00C-3247-4128-BBE2-D26A9564A173}
      idlepc = 0x802b3d2c
```

B.1.2　实验 3-2　路由器基本配置命令

同 B.1.1 节。

B.1.3　实验 3-3　配置文件与 IOS 文件管理

同 B.1.1 节。

B.2　第 4 章　路由器安全管理

B.2.1　实验 4-1　Telnet 会话管理

```
#Lab 4-1
autostart = False

[localhost]
   workingdir = D:\Dynamips\tmp

   [[1760]]
```

```
    ram = 64
    image = D:\Dynamips\images\c1700-ipbase-mz.123-26.img
    WIC0/0 = WIC-2T

  [[router r1]]
    model = 1760
    console = 3001
    s0/0 = r2 s0/0
     f0/0=NIO_gen_eth:\Device\NPF_{799FE00C-3247-4128-BBE2-D26A9564A173}
    idlepc = 0x802b3d2c

  [[router r2]]
    model = 1760
    console = 3002
    idlepc = 0x802b3d2c
```

B.2.2　实验 4-2　标准 ACL

同 B.2.1 节。

B.2.3　实验 4-3　扩展 ACL

同 B.2.1 节。

B.2.4　实验 4-4　加强路由器登录安全性

同 B.2.1 节。

B.2.5　实验 4-5　以 HTTP/HTTPS 方式访问路由器

```
#Lab 4-5
autostart = False

[localhost]
  workingdir = D:\Dynamips\tmp

  [[2691]]
    ram = 128
    image = D:\Dynamips\images\c2691-jk9s-mz.123-18a.img

  [[router r1]]
    model = 2691
    console = 3001
    s0/0 = r2 s0/0
     f0/0=NIO_gen_eth:\Device\NPF_{799FE00C-3247-4128-BBE2-D26A9564A173}
    idlepc = 0x604bfef0

  [[router r2]]
    model = 2691
    console = 3002
    idlepc = 0x604bfef0
```

B.2.6 实验 4-6 以 SSH 方式访问路由器

同 B.2.5 节。

B.3 第 5 章 IP 路由基础

B.3.1 实验 5-1 常规静态路由和缺省路由配置

同 B.2.1 节。

B.3.2 实验 5-2 汇总静态路由、负载分担静态路由、浮动静态路由配置

```
#Lab 5-2
autostart = False

[localhost]
    workingdir = D:\Dynamips\tmp

    [[3660]]
        ram = 128
        image = D:\Dynamips\images\c3660-jk9o3s-mz.124-19.img
        slot1 = NM-4T

    [[router r1]]
        model = 3660
        console = 3001
        f0/1 = r2 f0/1
        s1/0 = r2 s1/0
        idlepc = 0x60449148

    [[router r2]]
        model = 3660
        console = 3002
        idlepc = 0x60449148
```

B.4 第 6 章 RIP 动态路由协议原理与配置

B.4.1 实验 6-1 RIPv1 动态路由协议配置

```
#Lab 6-1
autostart = False

[localhost]
    workingdir = D:\Dynamips\tmp

    [[1760]]
```

```
   ram = 64
   image = D:\Dynamips\images\c1700-ipbase-mz.123-26.img
   WIC0/0 = WIC-2T

[[router r1]]
   model = 1760
   console = 3001
   f0/0 = r2 f0/0
   idlepc = 0x802b3d2c

[[router r2]]
   model = 1760
   console = 3002
   s0/0 = r3 s0/0
   idlepc = 0x802b3d2c

[[router r3]]
   model = 1760
   console = 3003
   idlepc = 0x802b3d2c
```

B.4.2　实验 6-2　RIPv2 的配置

同 B.3.2 节。

B.5　第 7 章　OSPF 动态路由协议原理与配置

B.5.1　实验 7-1　点到点链路 OSPF 配置

```
#Lab 7-1
autostart = False

[localhost]
   workingdir = D:\Dynamips\tmp

   [[3660]]
      ram = 128
      image = D:\Dynamips\images\c3660-jk9o3s-mz.124-19.img
      slot1 = NM-4T

   [[router r1]]
      model = 3660
      console = 3001
      s1/0 = r2 s1/0
      s1/1 = r3 s1/0
      idlepc = 0x60449148

   [[router r2]]
      model = 3660
```

```
        console = 3002
        idlepc = 0x60449148
        s1/1 = r3 s1/1

    [[router r3]]
        model = 3660
        console = 3003
        idlepc = 0x60449148
```

B.5.2 实验 7-2 广播网络 OSPF 配置

```
#Lab 7-2
autostart = False

[localhost]
    workingdir = D:\Dynamips\tmp

    [[1760]]
        ram = 64
        image = D:\Dynamips\images\c1700-ipbase-mz.123-26.img

    [[router r1]]
        model = 1760
        console = 3001
        f0/0 = LAN 1
        idlepc = 0x802b3d2c

    [[router r2]]
        model = 1760
        console = 3002
        f0/0 = LAN 1
        idlepc = 0x802b3d2c

    [[router r3]]
        model = 1760
        console = 3003
        f0/0 = LAN 1
        idlepc = 0x802b3d2c
```

B.5.3 实验 7-3 OSPF 选路调整

同 B.3.2 节。

B.6 第 8 章 交换机原理与基本配置

B.6.1 实验 8-1 交换机基本配置

```
#Lab 8-1
autostart = False
```

```
[localhost]
   workingdir = D:\Dynamips\tmp

   [[2691]]
      ram = 128
      image = D:\Dynamips\images\c2691-jk9s-mz.123-18a.img
      confreg = 0x2102
      slot1 = NM-16ESW

   [[router sw1]]
      model = 2691
      console = 3001
      idlepc = 0x6052aa98
       f1/0=NIO_gen_eth:\Device\NPF_{799FE00C-3247-4128-BBE2-D26A9564A173}
```

B.6.2　实验 8-2　VLAN 配置

```
#Lab 8-2
autostart = False

[localhost]
   workingdir = D:\Dynamips\tmp

   [[1760]]
      ram = 64
      image = D:\Dynamips\images\c1700-ipbase-mz.123-26.img

   [[2691]]
      ram = 128
      image = D:\Dynamips\images\c2691-jk9s-mz.123-18a.img
      confreg = 0x2102
      slot1 = NM-16ESW

   [[router sw1]]
      model = 2691
      console = 3001
      idlepc = 0x6052aa98
       f1/1 = r1 f0/0
       f1/2 = r2 f0/0
       f1/3 = r3 f0/0
       f1/4 = r4 f0/0

   [[router r1]]
      model = 1760
      console = 3002
      idlepc = 0x802b3d2c

   [[router r2]]
      model = 1760
      console = 3003
```

```
        idlepc = 0x802b3d2c

    [[router r3]]
        model = 1760
        console = 3004
        idlepc = 0x802b3d2c

    [[router r4]]
        model = 1760
        console = 3005
        idlepc = 0x802b3d2c
```

B.6.3 实验 8-3 VLAN 主干道配置

```
#Lab 8-3
autostart = False

[localhost]
    workingdir = D:\Dynamips\tmp

    [[1760]]
        ram = 64
        image = D:\Dynamips\images\c1700-ipbase-mz.123-26.img

    [[2691]]
        ram = 128
        image = D:\Dynamips\images\c2691-jk9s-mz.123-18a.img
        confreg = 0x2102
        slot1 = NM-16ESW

    [[router sw1]]
        model = 2691
        console = 3001
        idlepc = 0x6052aa98
         f1/1 = r1 f0/0
         f1/2 = r2 f0/0
         f1/15 = sw2 f1/15

    [[router sw2]]
        model = 2691
        console = 3002
        idlepc = 0x6052aa98
         f1/1 = r3 f0/0
         f1/2 = r4 f0/0

    [[router r1]]
        model = 1760
        console = 3003
        idlepc = 0x802b3d2c

    [[router r2]]
```

```
    model = 1760
    console = 3004
    idlepc = 0x802b3d2c

  [[router r3]]
    model = 1760
    console = 3005
    idlepc = 0x802b3d2c

  [[router r4]]
    model = 1760
    console = 3006
    idlepc = 0x802b3d2c
```

B.6.4　实验 8-4　VLAN 间路由配置

```
#Lab 8-4
autostart = False

[localhost]
  workingdir = D:\Dynamips\tmp

  [[1760]]
    ram = 64
    image = D:\Dynamips\images\c1700-ipbase-mz.123-26.img

  [[2691]]
    ram = 128
    image = D:\Dynamips\images\c2691-jk9s-mz.123-18a.img
    confreg = 0x2102
    slot1 = NM-16ESW

  [[router sw1]]
    model = 2691
    console = 3001
    idlepc = 0x6052aa98
     f1/1=NIO_gen_eth:\Device\NPF_{799FE00C-3247-4128-BBE2-D26A9564A173}
     f1/2 = r2 f0/0
     f1/15 = r1 f0/0

  [[router r1]]
    model = 2691
    console = 3002
    idlepc = 0x6052aa98

  [[router r2]]
    model = 1760
    console = 3003
    idlepc = 0x802b3d2c
```

B.7 第 9 章 生成树协议原理与配置

实验 9-1 生成树诊断、调整

```
#Lab 9-1
autostart = False

[localhost]
   workingdir = D:\Dynamips\tmp

   [[1760]]
      ram = 64
      image = D:\Dynamips\images\c1700-ipbase-mz.123-26.img

   [[2691]]
      ram = 128
      image = D:\Dynamips\images\c2691-jk9s-mz.123-18a.img
      confreg = 0x2102
      slot1 = NM-16ESW

   [[router sw1]]
      model = 2691
      console = 3001
      idlepc = 0x6052aa98
       f1/1 = sw2 f1/1
       f1/2 = sw3 f1/2

   [[router sw2]]
      model = 2691
      console = 3002
      idlepc = 0x6052aa98
       f1/2 = sw3 f1/1

   [[router sw3]]
      model = 2691
      console = 3003
      idlepc = 0x6052aa98
```

B.8 第 10 章 远程访问技术基础

实验 10-1 NAT 配置

```
#Lab 10-1
autostart = False

[localhost]
```

```
workingdir = D:\Dynamips\tmp

[[1760]]
   ram = 64
   image = D:\Dynamips\images\c1700-ipbase-mz.123-26.img
   WIC0/0 = WIC-2T

[[router r1]]
   model = 1760
   console = 3001
   s0/0 = r2 s0/0
    f0/0 = S1 2
   idlepc = 0x802b3d2c

[[router r2]]
   model = 1760
   console = 3002
   idlepc = 0x802b3d2c

[[router r3]]
   model = 1760
   console = 3003
   idlepc = 0x802b3d2c
    f0/0 = S1 3

[[ETHSW S1]]
 1 = dot1q 1 NIO_gen_eth:\Device\NPF_{799FE00C-3247-4128-BBE2-D26A9564A173}
 2 = access 1
 3 = access 1
```

B.9　第 11 章　HDLC 及 PPP 原理与配置

实验 11-1　HDLC、PPP 配置

同 B.2.1 节。

参考文献

[1] [美]Jeff Doyle，Jennifer Carroll 著．TCP/IP 路由技术（第一卷）（第二版）．葛建立，吴剑章译．北京：人民邮电出版社，2007．

[2] [美]Sean Convery 著．网络安全体系结构．王迎春，谢琳译．北京：人民邮电出版社，2005．

[3] [美]David Barnes，Basir Sakandar 著．Cisco 局域网交换基础．刘大伟译．北京：人民邮电出版社，2005．

[4] [美]Diane Teare；Catherine Paquet 著．园区网络设计．吴剑章等译．北京：人民邮电出版社，2007．

[5] [美]Gil Held 著．Cisco 访问表配置指南．前导工作室译．北京：机械工业出版社，2000．

[6] [美]Chris Lewis 著．Cisco 交换式网络互连．前导工作室译．北京：机械工业出版社，2000．

[7] [美]Andrew S.Tanenbaum 著．计算机网络（第 3 版）．熊桂喜等译．北京：清华大学出版社，2000．

[8] [美]Thomas A.Maufer 著．IP 技术基础：编址和路由．赵军锁等译．北京：机械工业出版社，2000．

[9] [美]Dave Roberts 著．Internet 协议手册．希望图书创作室译．北京：海洋出版社，2000．

[10] [美]W.Richard Stevens 著．TCP/IP 详解 卷 I．范建华等译．北京：机械工业出版社，2000．

[11] 姜汉龙等译．网络互联故障排除手册．北京：电子工业出版社，2002．

[12] 毕立波等译．TCP/IP 路由技术．北京：人民邮电出版社，2002．

[13] 张伟等译．CISCO OSPF 命令与配置手册．北京：人民邮电出版社，2003．

[14] Mark A.Sportack．IP Addressing Fundamentals．Cisco Press，2002．

[15] Faraz Shamim．Troubleshooting IP Routing Protocols．Cisco Press，2001．

[16] David Hucaby．Cisco Field Manual:Catalyst Switch Configuration．Cisco Press，2002．